中 国 国 家 标 准 汇 编

2010 年修订-18

中国标准出版社　编

中国质检出版社
中国标准出版社

北　京

图书在版编目（CIP）数据

中国国家标准汇编：2010 年修订. 18/中国标准出版社编. —北京：中国标准出版社，2012
ISBN 978-7-5066-6527-8

Ⅰ. ①中… Ⅱ. ①中… Ⅲ. ①国家标准-汇编-中国-2010 Ⅳ. ①T-652.1

中国版本图书馆 CIP 数据核字(2011)第 187860 号

中国质检出版社
中国标准出版社 出版发行
北京市朝阳区和平里西街甲 2 号(100013)
北京市西城区三里河北街 16 号(100045)
网址:www.spc.net.cn
总编室:(010)64275323 发行中心:(010)51780235
读者服务部:(010)68523946
中国标准出版社秦皇岛印刷厂印刷
各地新华书店经销
*
开本 880×1230 1/16 印张 36.25 字数 962 千字
2012 年 1 月第一版 2012 年 1 月第一次印刷
*
定价 220.00 元

出 版 说 明

1.《中国国家标准汇编》是一部大型综合性国家标准全集。自1983年起，按国家标准顺序号以精装本、平装本两种装帧形式陆续分册汇编出版。它在一定程度上反映了我国建国以来标准化事业发展的基本情况和主要成就，是各级标准化管理机构，工矿企事业单位，农林牧副渔系统，科研、设计、教学等部门必不可少的工具书。

2.《中国国家标准汇编》收入我国每年正式发布的全部国家标准，分为"制定"卷和"修订"卷两种编辑版本。

"制定"卷收入上一年度我国发布的、新制定的国家标准，顺延前年度标准编号分成若干分册，封面和书脊上注明"20××年制定"字样及分册号，分册号一直连续。各分册中的标准是按照标准编号顺序连续排列的，如有标准顺序号缺号的，除特殊情况注明外，暂为空号。

"修订"卷收入上一年度我国发布的、修订的国家标准，视篇幅分设若干分册，但与"制定"卷分册号无关联，仅在封面和书脊上注明"20××年修订-1,-2,-3,……"字样。"修订"卷各分册中的标准，仍按标准编号顺序排列(但不连续)；如有遗漏的，均在当年最后一分册中补齐。需提请读者注意的是，个别非顺延前年度标准编号的新制定的国家标准没有收入在"制定"卷中，而是收入在"修订"卷中。

读者配套购买《中国国家标准汇编》"制定"卷和"修订"卷则可收齐上一年度我国制定和修订的全部国家标准。

3.由于读者需求的变化，自1996年起，《中国国家标准汇编》仅出版精装本。

4.2010年我国制修订国家标准共2846项。本分册为"2010年修订-18"，收入新制修订的国家标准36项。

中国标准出版社

2011年8月

出版说明

目　　录

目　　录

ICS 19.040
K 04

中华人民共和国国家标准

GB/T 14597—2010
代替 GB/T 14597—1993

电工产品不同海拔的气候环境条件

Environmental climatic conditions appearing in different altitudes for electrical products

2010-11-10 发布　　　　2011-05-01 实施

中华人民共和国国家质量监督检验检疫总局
中国国家标准化管理委员会　发布

前　言

本标准代替 GB/T 14597—1993《电工产品　不同海拔的气候环境条件》。

本标准与 GB/T 14597—1993 比较，在技术方面未作修改，无技术性差异，仅作了编辑性修改，并增加了附录 A。

本标准的附录 A 为资料性附录。

本标准由中国电器工业协会提出。

本标准由全国高原电工产品环境技术标准化技术委员会(SAC/TC 330)归口。

本标准负责起草单位：昆明电器科学研究所。

本标准参加起草单位：中国电器科学研究院、湘潭电机股份有限公司、西安高压电器研究所有限责任公司、重庆大学、上海正泰电气股份有限公司、西门子(中国)有限公司、中国北车集团永济电机厂、哈尔滨电机厂有限责任公司、昆明电机有限责任公司、福建南平电机厂。

本标准主要起草人：廖学理、周琼芳、黄开云、赵磊、郭灯塔、田恩文、蒋兴良、张德勤、夏智峰、祁世发、谢国政、李水清。

本标准所代替标准的历次版本发布情况为：

——GB/T 14597—1993。

电工产品不同海拔的气候环境条件

1 范围

本标准规定了电工产品在设计、制造和安装、使用中遇到的自然界不同海拔处出现的相应气候环境条件值。

本标准适用于海拔 5 000 m 及以下设计、制造和安装、使用的电工产品。运输、贮存中的电工产品亦可参照使用。

本标准可为制定其他产品标准的气候环境条件提供参考。

2 规范性引用文件

下列文件中的条款通过本标准的引用而成为本标准的条款。凡是注日期的引用文件，其随后所有的修改单(不包括勘误的内容)或修订版均不适用于本标准，然而，鼓励根据本标准达成协议的各方研究是否可使用这些文件的最新版本。凡是不注日期的引用文件，其最新版本适用于本标准。

GB/T 11804 电工电子产品环境条件 术语

3 术语和定义

GB/T 11804 中确立的术语和定义适用于本标准。

4 不同海拔气候环境条件参数

4.1 电工产品使用环境条件的海拔分级从 0～5 000 m，每 1 000 m 为一级，共分 5 级。

4.2 电工产品不同海拔的气候环境条件参数见表 1。

表 1 电工产品不同海拔的气候环境条件参数

序号	环境参数		海拔/m					
			0	1 000	2 000	3 000	4 000	5 000
1	气压/kPa	年平均	101.3	90.0	79.5	70.1	61.7	54.0
		最低	97.0	87.2	77.5	68.0	60.0	52.5
2	空气温度/℃	最高	45、40	45、40	35	30	25	20
		最高日平均	35、30	35、30	25	20	15	10
		年平均	20	20	15	10	5	0
		最低	+5，−5，−15，−25，−40，−45					
	最大日温差/K		15，25，30					
3	相对湿度/%	最湿月月平均最大(平均最低气温)/℃	95、90 (25)	95、90 (25)	90 (20)	90 (15)	90 (10)	90 (5)
		最干月月平均最小(平均最高气温)/℃	20 (15)	20 (15)	15 (15)	15 (10)	15 (5)	15 (0)

表 1（续）

<table>
<tr><td rowspan="2">序号</td><td rowspan="2" colspan="2">环 境 参 数</td><td colspan="6">海拔/m</td></tr>
<tr><td>0</td><td>1 000</td><td>2 000</td><td>3 000</td><td>4 000</td><td>5 000</td></tr>
<tr><td rowspan="2">4</td><td rowspan="2">绝对湿度/（g/m³）</td><td>年平均</td><td>11.0</td><td>7.6</td><td>5.3</td><td>3.7</td><td>2.7</td><td>1.7</td></tr>
<tr><td>年平均最小值</td><td>3.7</td><td>3.2</td><td>2.7</td><td>2.2</td><td>1.7</td><td>1.3</td></tr>
<tr><td>5</td><td colspan="2">最大太阳直接辐射强度/（W/m²）</td><td>1 000</td><td>1 000</td><td>1 060</td><td>1 120</td><td>1 180</td><td>1 250</td></tr>
<tr><td>6</td><td colspan="2">最大风速/（m/s）</td><td colspan="6">25、30、35、40</td></tr>
<tr><td>7</td><td colspan="2">最大 10 min 降水量/mm</td><td colspan="6">30</td></tr>
<tr><td>8</td><td colspan="2">1 m 深土壤最高温度/℃</td><td>30</td><td>25</td><td>20</td><td>20</td><td>15</td><td>15</td></tr>
<tr><td colspan="9">注 1：在最低空气温度、最大日温差、最大风速、最大 10 min 降水量等几项中，可取所列数值之一。
注 2：最低空气温度、最大日温差、最大风速、最大 10 min 降水量参数的选用见附录 A。
注 3：海拔 5 000 m 以上的气候环境条件参数正在研究中。</td></tr>
</table>

附 录 A
（资料性附录）
气候环境条件参数的选用

A.1 最低气温参数一般情况下为－40 ℃，在1 000 m以上不同地区使用分为＋5 ℃、－5 ℃、－15 ℃、－25 ℃、－40 ℃、－45 ℃共6档。＋5 ℃档适用于户内。－5 ℃档适用于热带。－15 ℃档适用于云南、贵州、四川（川西除外）。－25 ℃档适用于甘肃、宁夏、山西、陕西、川西、青海东部、西藏东部、内蒙西部、新疆南部。－40 ℃档适用于青海西部、内蒙东部、新疆北部。寒冷地区为－45 ℃。

A.2 气温最大日温差的环境条件值一般为30 K。产品技术条件有规定的按产品技术条件规定，如交流高压断路器等标准规定在一般情况下日温差为15 K，部分电工产品在1 000 m以内日温差为25 K，为便于使用，故将最大日温差订为15 K、25 K、30 K三档。

A.3 最大风速与海拔没有明显的关系，最大风速的环境条件值一般为35 m/s。考虑我国的实际风速并参照有关标准，最大风速的环境条件值订为25 m/s、30 m/s、35 m/s、40 m/s 4档。如我国湿热带环境条件，电力部门对台风经常侵袭的沿海地区的最大风速一般取35 m/s，对户外山区架空输电线路一般取30 m/s，对平原地区一般取25 m/s。对3 km～5 km的地面运输一般取40 m/s。

A.4 最大降雨量随海拔升高略有降低，最大10 min降雨量一般情况下为30 mm，产品技术条件有规定的按产品技术条件规定。

ICS 29.120.70
K 45

中华人民共和国国家标准

GB/T 14598.9—2010/IEC 60255-22-3:2007
代替 GB/T 14598.9—2002

量度继电器和保护装置 第22-3部分:电气骚扰试验 ——辐射电磁场抗扰度

Measuring relays and protection equipment—
Part 22-3: Electrical disturbance tests—
Radiated electromagnetic field immunity

(IEC 60255-22-3:2007,IDT)

2010-11-10 发布 2011-05-01 实施

中华人民共和国国家质量监督检验检疫总局
中国国家标准化管理委员会 发布

前　言

GB/T 14598《量度继电器和保护装置》为多部分系列标准，主要包括以下部分：

——GB/T 14598.1　电气继电器　第23部分：触点性能；

——GB/T 14598.3　继电器　第5部分：量度继电器和保护装置的绝缘配合要求和试验；

——GB/T 14598.4　电气继电器　第十四部分：电气继电器触点的寿命试验　触点负载的优先值；

——GB/T 14598.5　电气继电器　第十五部分：电气继电器触点的寿命试验　试验设备的特性规范；

——GB/T 14598.6　电气继电器　第十八部分：有或无通用继电器的尺寸；

——GB/T 14598.7　电气继电器　第3部分：它定时限或自定时限的单输入激励量量度继电器；

——GB/T 14598.8　电气继电器　第20部分：保护系统；

——GB/T 14598.9　量度继电器和保护装置　第22-3部分：电气骚扰试验——辐射电磁场抗扰度；

——GB/T 14598.10　电气继电器　第22-4部分：量度继电器和保护装置的电气骚扰试验——电快速瞬变/脉冲群抗扰度试验；

——GB/T 14598.13　电气继电器　第22-1部分：量度继电器和保护装置的电气骚扰试验——1 MHz 脉冲群抗扰度试验；

——GB/T 14598.14　量度继电器和保护装置　第22-2分：电气骚扰试验——静电放电试验；

——GB/T 14598.15　电气继电器　第8部分：电热继电器；

——GB/T 14598.16　电气继电器　第25部分：量度继电器和保护装置的电磁发射试验；

——GB/T 14598.17　电气继电器　第22-6部分：量度继电器和保护装置的电气骚扰试验——射频场感应的传导骚扰的抗扰度；

——GB/T 14598.18　电气继电器　第22-5部分：量度继电器和保护装置的电气骚扰试验——浪涌抗扰度试验；

——GB/T 14598.19　电气继电器　第22-7部分：量度继电器和保护装置的电气骚扰试验——工频抗扰度试验；

——GB/T 14598.20　电气继电器　第26部分：量度继电器和保护装置的电磁兼容要求；

——GB 14598.27　量度继电器和保护装置　第27部分：产品安全要求；

——GB/T 14598.300　微机变压器保护装置通用技术要求；

——GB/T 14598.301　微机型发电机变压器故障录波装置技术要求。

本部分为 GB/T 14598.9《量度继电器和保护装置　第22-3部分：电气骚扰试验　辐射电磁场抗扰度》。

本部分按 GB/T 1.1—2009 给定的规则起草。

本部分代替 GB/T 14598.9—2002《电气继电器　第22-3部分：量度继电器和保护装置的电气骚扰试验　辐射电磁场骚扰试验》。

本部分与 GB/T 14598.9—2002 相比主要变化如下：

——本部分名称改为《量度继电器和保护装置　第22-3部分：电气骚扰试验——辐射电磁场抗扰度》；

——频率范围“80 MHz～1 000 MHz”改为“80 MHz～2.7 GHz”；

GB/T 14598 的本部分使用翻译法等同采用国际标准 IEC 60255-22-3:2007《量度继电器和保护装置 第 22-3 部分:电气骚扰试验——辐射电磁场抗扰度》(英文版)。

为便于使用,本部分作了下列编辑性修改:

——'本国际标准'一词改为'本部分';

——用小数点'.'代替作为小数点的',';

——删除国际标准的前言。

本部分由中国电器工业协会提出。

本部分由全国量度继电器和保护设备标准化技术委员会(SAC/TC 154)归口。

本部分主要起草单位:南京南瑞继保电气有限公司、国电南京自动化股份有限公司、许继电气股份有限公司、北京四方继保自动化股份有限公司、国家继电保护及自动化设备质量监督检验中心、珠海万力达电气股份有限公司、北京紫光测控有限公司、东方电子股份有限公司、积成电子股份有限公司、许昌继电器研究所、上海继电器有限公司、河北北恒电气科技有限公司、上海天正明日电力自动化有限公司、ABB(中国)有限公司、施耐德电气(中国)投资有限公司、西门子电力自动化有限公司、江苏金智科技股份有限公司。

本部分主要起草人:李抗、钟泽章、金全仁、范暐、李全喜、王磊、胡家为、权宪军、杜升云、刘文、王洁民、田建军、毛亚胜、李燕、姚莉、马师模、沈峻、祝斌。

本部分所代替标准的历次版本发布情况为:

——GB/T 14598.9—1995、GB/T 14598.9—2002。

量度继电器和保护装置
第22-3部分:电气骚扰试验
——辐射电磁场抗扰度

1 范围

GB/T 14598的本部分以GB/T 17626.3为基础,参考该出版物的适用部分,规定了辐射电磁场抗扰度的通用要求。这些试验适用于电力系统所用的量度继电器和保护装置,包括与这些装置一起使用的控制、监视和过程接口设备。

试验的目的是验证被试装置(EUT)在受到激励和处于来自80 MHz～2.7 GHz的频率范围内工作的辐射源所发出的电磁场中能否正确工作。

注1:产品标准GB/T 14598.17(以GB/T 17626.6为基础)将建立量度继电器和保护装置对频率范围0.15 MHz～80 MHz的抗扰度。

注2:本部分规定的试验方法是为确立试验结果在不同的试验设备上充分的可重复性,以便分析结果的性质。在这里不考虑使用便携式发射机[1]的试验方法,因为现在的电磁兼容指令规定了扫频试验必须使用标准的场强,而便携式发射试验一般不可再现。

本部分所规定的要求适用于新的量度继电器和保护装置,所有试验仅为型式试验。

2 规范性引用文件

下列文件对于本文件的应用是必不可少的。凡是注日期的引用文件,仅注日期的版本适用于本文件。凡是不注日期的引用文件,其最新版本(包括所有的修改单)适用于本文件。

GB/T 2900.17 电工术语 量度继电器

GB/T 2900.49 电工术语 电力系统保护(GB/T 2900.49—2004,IEC 60050-448:1995,IDT)

GB/T 4365 电工术语 电磁兼容(GB/T 4365—2003,IEC 60050(161):1990,IDT)

GB/T 14047 量度继电器和保护装置(GB/T 14047—1993,idt IEC 60255-6:1988)

GB/T 17626.3 电磁兼容 试验和测量技术 射频电磁场辐射抗扰度试验(GB/T 17626.3—2006,IEC 61000-4-3:2002,IDT)

3 术语和定义

GB/T 2900.17、GB/T 2900.49和GB/T 4365界定的以及下列术语和定义适用于本文件。

3.1

辅助设备 auxiliary equipment

为被试装置正常工作提供所需信号的设备,以及用来验证被试装置性能的设备。

3.2

被试装置 equipment under test;EUT

被试验的装置。可以是一只量度继电器或一台保护装置。

1) 使用便携式发射机的试验方法规定在本部分的GB/T 14598.9—1995的第1版(IEC 60255-22-3:1989)中。

3.3

端口 port

被试装置与电磁环境的特定接口。

[GB/T 2900.74—2008 的定义 131-12-60,和 IEC 61000-4-12:2006 的定义 3.7,修改]

4 试验严酷等级

在施加调幅之前,按照 GB/T 17626.3 测量到的场强应为 10 V/m。

注:该场强等级适用于使用在严酷的电磁辐射环境中的设备,例如,工作于距离收发机不少于 1 m 的设备所受到的典型辐射电磁场强度。

5 试验设备

所推荐的试验设备的描述见 GB/T 17626.3,其中包括对试验设备的描述和场强的校准方法。

6 试验配置

总的试验配置应符合 GB/T 17626.3 的规定。用于量度继电器和保护装置的具体细节如下所述。

在可能的情况下,所有的辅助设备宜置于试验场地边界之外的地方。

一般而言,应将被试装置放在距接地平面 0.8 m 的不导电的桌子上单独进行试验,被试装置的所有部位均应距任何金属表面至少 0.8 m。

被试装置单独安装于一个机柜内时,试验可施加于机柜内的被试装置。机柜宜放置在一个不导电的支撑架上。由于实用的原因,建议在机柜与接地平面之间有大约 0.1 m 的距离。

为了安全的目的需要接地时,接地线应连接于接地平面。如果制造厂没有另外提供或规定,接地引线(如果可行)的长度应为 1 m,并以不大于 0.1 m 的距离与辅助电源导线平行敷设。

特定的功能接地连接(例如为了 EMC 目的)或与由制造厂提供的安全接地连接共用同一个接线端的功能接地连接,也应连接到接地平面。这些连线的长度应尽可能短。

互连电缆应当符合下面要求:

——应当采用制造厂规定的布线方式和连接器;

——如果制造厂规范要求布线长度不大于 3 m,应采用所规定的长度;

——如果规定长度大于 3 m 或未作规定,那么,暴露在电磁场的长度应为 1 m。对其余的部分去耦,例如通过射频损耗铁氧管或低感应的捆扎电缆。去耦方法不应影响被试装置的动作。

暴露部分的走线方式应基本上模拟正常布线,即配线经过被试装置的一侧,然后向上或向下走线。

根据 GB/T 17626.3,量度继电器和保护装置典型的被试装置布置见图 1 和图 2。

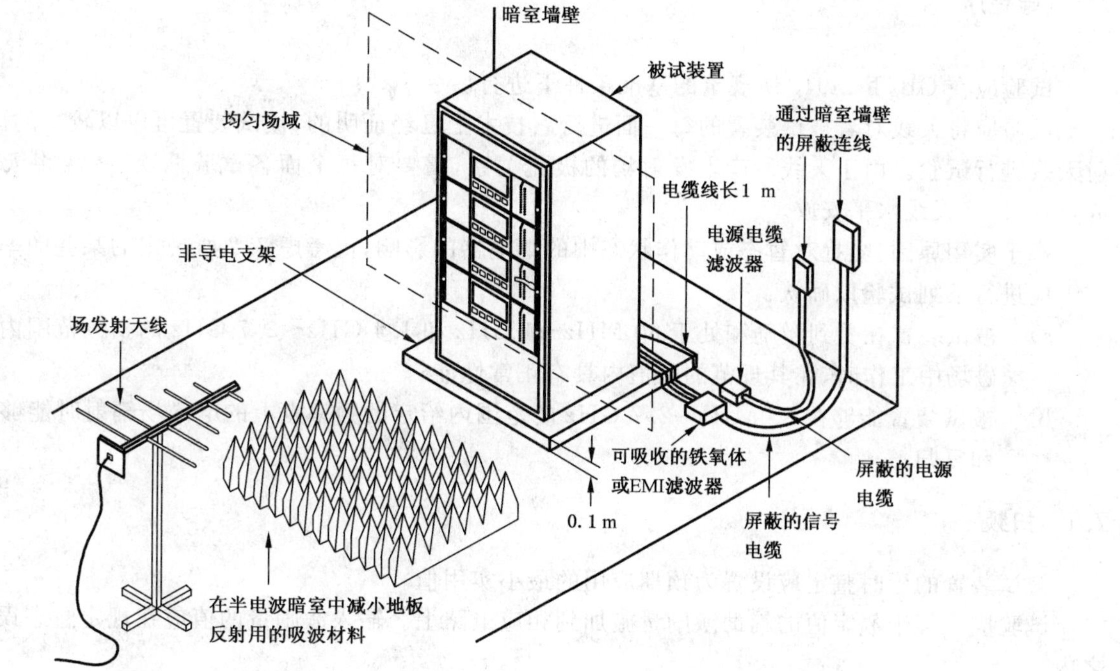

注：为了简明而省略了墙上的吸波材料。

图 1 地面安装设备的试验配置示例

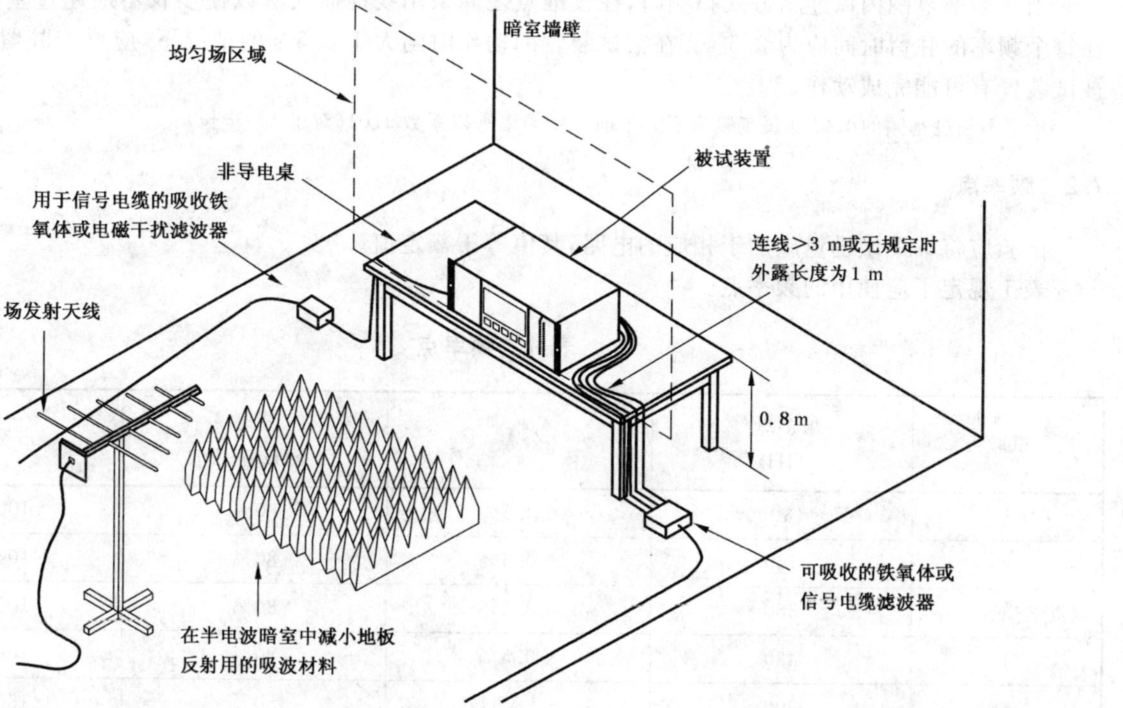

注：为了简明而省略了墙上的吸波材料。

图 2 单一设备试验配置的示例

7 试验程序

试验应在 GB/T 14047 所规定的基准条件下进行。

试验应将天线对着被试装置的每一面进行。技术上已经证明的,被试装置可以以较少的面,面对发射天线进行试验。由于天线所产生发射场的极化关系,需要对每个面各试验两次,一次将天线垂直安放,另一次将天线水平安放。

基于实用原因,骚扰对暂态或动作状态中的继电器的影响,仅考虑 7.2 所规定的某些频率点。

应进行下列试验以确认:

a) 被试装置在受到激励和处于 80 MHz~1 GHz 和 1.4 GHz~2.7 GHz 的扫频范围内的辐射电磁场中工作时,在其规范的限值内具有正常性能;

b) 被试装置能够在 80 MHz~2.7 GHz 的范围内给定的频率点上的电磁场辐射时能够正确动作和复归。

7.1 扫频

被试装置的延时整定应设置为预期应用的最小实用值。

试验应将等于额定值的辅助激励量施加到相应电路上。输入激励量的值应在规定暂态误差的两倍之内。

如果被试装置在额定条件下的输入激励量值远低于继电器的动作值,试验应在连续耐热值下进行。

用 1 kHz 正弦波对信号做 80%的调幅,在 80 MHz~1 GHz 和 1.4 GHz~2.7 GHz 的频率范围内扫频。如有必要,可以暂停扫描以调整射频信号电平或切换振荡器和天线。扫频速率不应超过 1.5×10^{-3} 十倍频程/秒。

当在频率范围内以递增方式扫频时,在校准点之间采用线性插入法以使步长不应超过基频的 1%。在每个频率的驻留时间应为 0.5 s。在被试装置的动作时间大于 0.5 s 的情况下,应增加驻留时间直至被试装置有可能完成动作。

注:"不超过基频的 1%"即每步频率不大于前一步频率乘以系数 1.01(对于 1%步长)。

7.2 频率点

试验应将辅助激励量施加于相应的电路,其值等于额定值。

表 1 规定了应使用的频率点。

表 1 频率点

试验	频率点/MHz	公差	调制(1 kHz 正弦波)	占空比
1	80	±0.5%	80%	100%
2	160	±0.5%	80%	100%
3	380	±0.5%	80%	100%
4	450	±0.5%	80%	100%
5	900	±5 MHz	80%	100%
6	1 850	±5 MHz	80%	100%
7	2 150	±5 MHz	80%	100%

在每次频率点试验中,应调整输入激励量使被试装置从正常被激励状态向动作状态转化,直至被试装置正常动作。然后重新调节输入激励量,使被试装置复归。

在每一频率点上的试验时间不宜少于 10 s。

8 验收准则

如果被试装置在试验的全部过程均显示其抗扰性,则表明试验合格。

表 2 列出了适用于量度继电器或保护装置的重要功能。在扫频和频率点试验中都应监视这些功能。

表 2 验收准则

功 能	验收准则
保护	在规定限值内性能正常
命令和控制	
测量	
人——机接口和可视报警	
数据通信	

9 试验报告

试验报告应包括 GB/T 14047 中规定的以及下述条款:

——被试装置的标识与配置;

——试验条件;

——被试装置的安装与定位;

——被试装置与天线之间的距离;

——所用互连导线的型号和数量及其与被试装置连接的端口;

——被试装置的动作条件,例如继电器整定值和输入激励量值;

——扫频速率、驻留时间、频率步长;

——试验严酷等级;

——频率点;

——所用试验设备;

——在频率点试验中所用的被试装置的操作方法;

——试验结论(合格/不合格)。

参 考 文 献

[1] GB/T 14598.17—2005 电气继电器 第22-6部分:量度继电器和保护装置的电气骚扰试验——射频场感应的传导骚扰的抗扰度(IEC 60255-22-6:2001,IDT)

[2] GB/T 14598.20—2007 电气继电器 第26部分:量度继电器和保护装置的电磁兼容要求(IEC 60255-26:2004,IDT)

[3] GB/T 17626.6 电磁兼容 试验和测量技术 射频场感应的传导骚扰抗扰度(IEC 61000-4-6:2006,IDT)

[4] GB/T 17799.2—2003 电磁兼容 通用标准 工业环境中的抗扰度试验(IEC 61000-6-2:1999,IDT)

[5] IEC 61000-4-12:2006 电磁兼容性—第4-12部分:试验和测量技术—振铃波抗扰度试验

ICS 29.120.70
K 45

中华人民共和国国家标准

GB/T 14598.14—2010/IEC 60255-22-2:2008
代替 GB/T 14598.14—1998

量度继电器和保护装置 第22-2部分：电气骚扰试验——静电放电试验

Measuring relays and protection equipment—
Part 22-2: Electrical disturbance tests—Electrostatic discharge tests

(IEC 60255-22-2:2008, IDT)

2010-11-10 发布　　2011-05-01 实施

中华人民共和国国家质量监督检验检疫总局
中国国家标准化管理委员会　发布

前　言

GB/T 14598《量度继电器和保护装置》为多部分系列标准，主要包括以下部分：

——GB/T 14598.1　电气继电器　第23部分：触点性能；

——GB/T 14598.3　继电器　第5部分：量度继电器和保护装置的绝缘配合要求和试验；

——GB/T 14598.4　电气继电器　第十四部分：电气继电器触点的寿命试验　触点负载的优先值；

——GB/T 14598.5　电气继电器　第十五部分：电气继电器触点的寿命试验　试验设备的特性规范；

——GB/T 14598.6　电气继电器　第十八部分：有或无通用继电器的尺寸；

——GB/T 14598.7　电气继电器　第3部分：它定时限或自定时限的单输入激励量量度继电器；

——GB/T 14598.8　电气继电器　第20部分：保护系统；

——GB/T 14598.9　量度继电器和保护装置　第22-3部分：电气骚扰试验——辐射电磁场骚扰试验；

——GB/T 14598.10　电气继电器　第22-4部分：量度继电器和保护装置的电气骚扰试验——电快速瞬变/脉冲群抗扰度试验；

——GB/T 14598.13　电气继电器　第22-1部分：量度继电器和保护装置的电气骚扰试验——1 MHz脉冲群抗扰度试验；

——GB/T 14598.14　量度继电器和保护装置　第22-2部分：电气骚扰试验——静电放电试验；

——GB/T 14598.15　电气继电器　第8部分：电热继电器；

——GB/T 14598.16　电气继电器　第25部分：量度继电器和保护装置的电磁发射试验；

——GB/T 14598.17　电气继电器　第22-6部分：量度继电器和保护装置的电气骚扰试验——射频场感应的传导骚扰的抗扰度；

——GB/T 14598.18　电气继电器　第22-5部分：量度继电器和保护装置的电气骚扰试验——浪涌抗扰度试验；

——GB/T 14598.19　电气继电器　第22-7部分：量度继电器和保护装置的电气骚扰试验——工频抗扰度试验；

——GB/T 14598.20　电气继电器　第26部分：量度继电器和保护装置的电磁兼容要求；

——GB 14598.27　量度继电器和保护装置　第27部分：产品安全要求；

——GB/T 14598.300　微机变压器保护装置通用技术要求；

——GB/T 14598.301　微机型发电机变压器故障录波装置技术要求；

——GB/Z 14598.302　±800 kV特高压直流输电控制与保护设备技术导则。

本部分为GB/T 14598.14《量度继电器和保护装置　第22-2部分：电气骚扰试验静电放电试验》。

本部分按GB/T 1.1—2009给定的规则起草。

本部分代替GB/T 14598.14—1998《量度继电器和保护装置的电气干扰试验　第2部分：静电放电试验》。

本部分与GB/T 14598.14—1998相比主要变化如下：

——本部分的名称改为《量度继电器和保护装置　第22-2部分：电气骚扰试验——静电放电试验》；

——详细描述了试验配置；

——按照装置的不同功能规定验收准则；

——附录B的内容变为附录A,删除附录B。

GB/T 14598的本部分使用翻译法等同采用IEC 60255-22-2:2008《量度继电器和保护装置—第22-2部分:电气骚扰试验—静电放电试验》(英文版)。

为便于使用,本部分作了下列编辑性修改:

a) ‘本国际标准’一词改为‘本部分’;

b) 用小数点‘.’代替作为小数点的‘,’;

c) 删除国际标准的前言。

本部分由中国电器工业协会提出。

本部分由全国量度继电器和保护设备标准化技术委员会(SAC/TC 154)归口。

本部分主要起草单位:许继电气股份有限公司、北京四方继保自动化股份有限公司、南京南瑞继保电气有限公司、国电南京自动化股份有限公司、国家继电保护及自动化设备质量监督检验中心、珠海万力达电气股份有限公司、北京紫光测控有限公司、东方电子股份有限公司、积成电子股份有限公司、许昌继电器研究所、上海继电器有限公司、河北北恒电气科技有限公司、上海天正明日电力自动化有限公司、ABB(中国)有限公司、施耐德电气(中国)投资有限公司、西门子电力自动化有限公司、江苏金智科技股份有限公司。

本部分起草人:金全仁、范暐、夏雨、王友龙、李全喜、王磊、胡家为、权宪军、杜升云、杨慧霞、王洁民、田建军、毛亚胜、李燕、姚莉、马师模、沈峻、邓迎君。

本部分所代替标准的历次版本发布情况为:

——GB/T 14598.14—1998。

量度继电器和保护装置　第22-2部分：电气骚扰试验——静电放电试验

1　范围

GB/T 14598的本部分以GB/T 17626.2为基础，参考该出版物的适用部分，规定了对静电放电试验的通用要求。这些试验适用于电力系统所用的量度继电器和保护装置，包括与这些装置一起使用的控制、监视和过程接口设备。

试验目的是验证被试装置在受到激励并受到静电放电骚扰时不会误动作。

本部分的各项要求适用于新的量度继电器和保护装置，规定的所有试验仅为型式试验。

本部分的目的是规定：

——所用术语的定义；

——试验严酷等级；

——试验设备；

——试验配置；

——试验程序；

——验收准则；

——试验报告。

2　规范性引用文件

下列文件对于本文件的应用是必不可少的。凡是注日期的引用文件，仅所注日期的版本适用于本文件。凡是不注日期的引用文件，其最新版本(包括所有的修改单)适用于本文件。

GB/T 2900.17　电工术语　量度继电器

GB/T 2900.49　电工术语　电力系统保护(GB/T 2900.49—2004,IEC 60050-448:1995,IDT)

GB/T 4365　电工术语　电磁兼容(GB/T 4365—2003,IEC 60050-161:1990,IDT)

GB/T 14047　量度继电器和保护装置(GB/T 14047—1993,idt IEC 60255-6:1988)

GB/T 17626.2—2006　电磁兼容　试验和测量技术　静电放电抗扰度试验(IEC 61000-4-2:2001,IDT)

3　术语和定义

GB/T 2900.17、GB/T 2900.49、GB/T 4365界定的和GB/T 17626.2中的专用术语以及下列术语和定义适用于本文件。

3.1

被试装置　equipment under test;EUT

被试验的装置，可以是一只量度继电器或一台保护装置。

3.2

接触放电法　contact discharge method

将试验发生器的电极与被试装置保持接触，并由发生器内的放电开关对被试装置触发放电的一种试验方法。

3.3

空气放电法 air discharge method

将试验发生器已充电的电极接近被试装置，由闪络触发对被试装置进行放电的一种试验方法。

3.4

直接施加 direct application

直接对被试装置实施放电。

3.5

直接施加 direct application

直接对被试装置实施放电。

3.6

辅助设备 auxiliary equipment

为被试装置正常工作提供所需信号和用来验证被试装置性能的设备。

4 试验严酷等级

GB/T 17626.2 提出两种试验方法和两种施加方法：

——试验方法：

- 接触放电；
- 空气放电。

——施加方法：

- 直接；
- 间接。

试验应按下述方法实施：

——接触放电法为优先采用的方法；

——只有当被试装置的可接近表面为非导体时才采用空气放电；

——应采用直接施加的试验方法；

——间接施加法不适用于安装在预期接地的机柜内的被试装置。

为了适用于各种不同的环境条件，本部分规定了不同的严酷等级。

在附录 A(资料性附录)中给出了选择严酷等级的一般指南。

试验的严酷等级应从表 1 中选取。该严酷等级以放电发生器贮能电容器中的充电电压表示。

表 1 试验严酷等级

单位为千伏

等级	试验电压(±5%)	
	接触放电/kV	空气放电/kV
0	—	—
1	2	2
2	4	4
3	6	8
4	8	15

量度继电器和保护装置的正常的试验严酷等级为 3 级。

量度继电器和保护装置的正常的试验严酷等级为 3 级。

同时也应满足表 1 中较低严酷等级的试验要求。

注 1：对于非常严酷的静电环境，需用比 4 级所规定的更高的电压等级进行试验时，应由用户和制造厂商定或由制造厂规定。如果规定了比表 1 更高的电压，可能需要特殊的试验设备。

注 2：对于 3 级和 4 级的接触放电法，比空气放电法的试验电压等级要低，这是由于这两种方法的性质所决定的，并不意味着这两种试验方法的试验严酷性是相等的。

5 试验设备

推荐的试验设备的描述见 GB/T 17626.2。

6 试验配置

试验配置由试验发生器、被试装置以及必需的辅助测量仪器组成，以适用于下述方式对被试装置施加直接放电：

a) 对导体表面施加接触放电；

b) 对绝缘表面施加空气放电。

所有试验应在试验室中以第 7 章所规定的基准环境条件下进行。

被试装置应在尽可能符合安装条件下试验。配线应与制造厂推荐的流程一致，被试装置应在其外壳或机柜中试验。所有预期接地的部件应至少用 20 mm 宽的铜带(或铜编织物)与接地基准板连接。

接地基准板应置于试验室的地面上或工作台上，它应至少为 0.25 mm 厚的金属板(铜或铝)；也可使用其他的金属板，其厚度应至少为 0.65 mm。基准平面的尺寸最少为 1 m^2，其具体尺寸取决于被试装置的大小。它应在各边超出被试装置或耦合平面至少 0.5 m，并与保护接地系统连接。任何时候都应符合当地的安全法规。

被试装置应放置于接地基准板上，并应使用至少 0.1 m 厚的绝缘支架与其隔离。与周围墙壁和金属结构的距离至少应为 1 m。

连接被试装置各部分的电缆线应与接地平面至少保持 0.1 m 距离。

放电发生器的放电回路电缆，在被试装置附近应直接与接地基准板连接。该电缆的总长度一般为 2 m。

当指定耦合板时，例如允许采用间接放电时，这些耦合板应采用与接地参考基准板相同的材料和厚度，而且经过每端通过一条设置一个 470 kΩ 的电阻器的电缆与接地参考基准板连接，当电缆置于接地参考基准板上时，这些电阻器应能耐受放电电压并具有良好的绝缘以避免对接地基准板的短路。试验配置示例见 GB/T 17626.2。

如果需要有监测设备，为了减少出现故障误指示的可能性，宜对监测设备去耦。

图 1 给出了试验配置的例子。

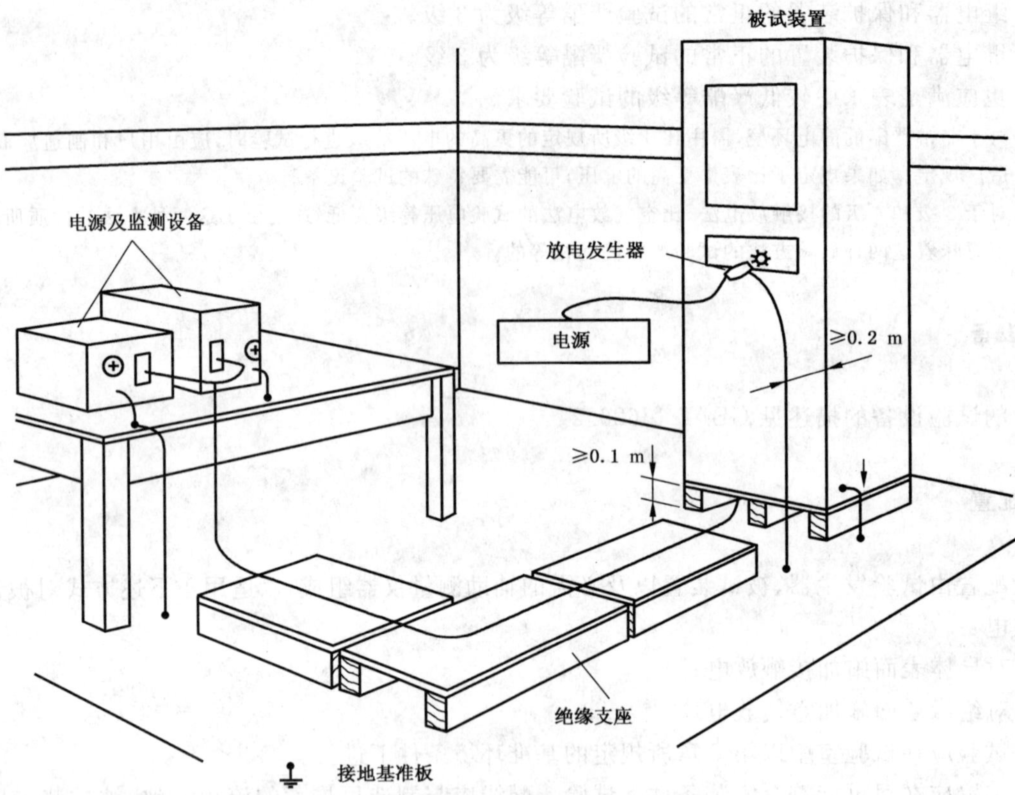

图 1 被试装置试验布置示例

7 试验程序

试验应在 GB/T 14047 规定的基准条件下进行。

试验时，应将辅助激励量和负载施加在相应的电路上，其值应等于额定值(见注 1)。

输入激励量值应尽可能地接近过渡状态，但不能超过静电放电骚扰所规定的变差值。

整定值及试验有关的相应变差值应由制造厂规定。

注 1：宜考虑耐热能力。

注 2：因为静电放电与故障极不可能同时发生，所以在装置的过渡状态或动作状态下不考虑放电对装置的影响。

试验点的选择应是正常运行条件下操作者易于接近的部位，包括通信端口和去掉装置外壳才能接近的整定调整部位。但不包括去掉外壳之后还需要任何操作(例如移动某个插件)才能整定调整的部位。

对仅为了修理和维护的目的才可接近的装置的任何点的放电，不在本部分的范围之内。

在选择试验点时，应注意下述几点：

——在正常运行中易于接触的旋钮、按钮、开关、通信接口等；

——导电部分接近其内面的绝缘盖的部位；

——虽然不属于被试装置，但靠近具有绝缘盖的被试装置的导电部位。

为了达到可再现的结果，建议被选择的试验点由制造厂规定。

接触放电法(优选的方法)应施加在被试装置的导电表面。

空气放电法只应施加于被试装置为非导电材料时的可接近表面。

为了确定故障的边界值，试验电压应从最小值增加到所选定的试验值。

推荐的放电发生器应包括一台监视装置，以便显示相应等级的实际放电情况。

试验应以单次放电来进行。在所选的每一试验点，应以正极性和负极性试验电压分别重复至少10次放电。

相继的单次放电的时间间隔推荐为1 s。如果为了确定是否出现故障，较长的时间间隔也可能是必要的。

注：宜施加放电的各个点的选择，可通过以20次/s或更多重复率的探测方法进行。

放电发生器的放电电极应与被施加放电的表面保持垂直，这样可以提高试验结果的可再现性。

在进行放电时，发生器的放电回路的返回电缆应与被试装置和除接地平面以外的金属表面应保持至少0.2 m的距离。

对于接触放电试验，应先将放电电极的尖端触及被试装置，然后再操作放电开关。

在预期的试验点的导电基体有涂覆层的情况下，应采用下列程序：

——在装置的制造厂未宣布涂覆层为绝缘涂层的情况下，放电发生器的尖端应穿透该涂覆层，与导电基体相接触；

——当涂覆层被宣布为绝缘涂层，并且其所规定的耐压超过空气放电法相应试验电压的情况下，则可以不对其表面进行接触放电试验。

对于空气放电试验，放电电极的放电尖端应接近并尽可能快速地碰及被试装置而不致造成机械性损伤。在每次放电后，放电电极应离开被试装置，而重新触发发生器进行新的单次放电。这一过程应多次重复，直到完成规定的放电次数。

对于不接地装置的试验方法见GB/T 17626.2。

8 验收准则

验收准则在表2中给出。在试验中应监视这些功能。

表2 验收准则

功 能	验 收 准 则
保护	在规定限值内性能正常
命令和控制	在规定限值内性能正常
测量	试验期间性能暂时下降，试验后自行恢复。存储数据不丢失
人机接口和可视报警	试验期间性能暂时下降或功能丧失，试验后自行恢复。存储数据不丢失
数据通信	误码率可能增加，但传输数据不丢失

9 试验报告

试验报告应包括GB/T 14047所列的及以下条款：

——被试装置的型号与配置；

——试验条件，包括重复率；

——所用试验设备的类型，以及被试装置、辅助设备和耦合、去耦器件的配置；

——所用互连导线的类型和数量，以及它们所连接的(被试装置的)端口；

——与推荐值不同时，去耦电感的实际值；

——被试装置的工作条件，例如继电器的整定值以及输入激励量的值；

——所用的试验设备；

——试验结论(合格/不合格)。

附 录 A
（资料性附录）
量度继电器和保护装置静电放电试验的说明性注释

A.1 一般的考虑

电子装置容易受到直接施加在装置上或装置附近的金属物体上的静电放电的影响。本部分主要关注的是来源于人体的放电对保护装置，特别是对静态型和微机型量度继电器和保护装置的影响。

来自操作者的放电可使装置单纯的误动作或造成电子元件损坏，其主要影响可归因于放电电流的各种参数（上升时间、历时等等）。

在干燥的大气环境和有合成织物的场所容易产生静电电荷，操作者的身体可直接或经静电感应而产生电荷。产生电荷的过程可能有许多情况，一种常见的情况是当操作人员在地毯上行走时，每走一步人体相对于织物会失去或获得电荷。人的衣物与座椅的摩擦也会产生电荷的交换。

这些电荷能够被穿着绝缘鞋的人携带着走过一段很长的距离，对此即使放置电子装置的地板是由导电材料组成的也无济于事。

不论在室内还是室外，装置都会受到静电放电的影响。

最常见的放电现象可分以下几类：

——在发生来自手或放电发生器的放电时，部分电荷由于受电容性束缚而局限在发生放电的区域内。这部分电荷以历时非常短的电流脉冲放电，该电流具有较高的幅值，因而能够代表对装置的一种严酷条件。剩余的放电所产生的电流分布在受放电影响的装置上，经过该装置传到与其连接的其他设备，并导入大地；

——如果装置外壳和导电地板之间接地良好，放电电流将通过壳体进入大地。电流波形决定于放电源的电容和电阻及接地通路的低电感。在这种情况下所产生的电流脉冲，其上升时间的数量级为几个纳秒，而其下降时间的数量级为几十纳秒；

——如果装置外壳不接地或接地通道具有较高阻抗，放电电流将流往其他部分。这些部分的电感可使其上升时间 10 倍于上述情况的上升时间，该电流波形为一衰减振荡波；

——当较大数量的放电电流通过其他部分进入大地时，电子电路会受电感性耦合或辐射的影响；

——当放电电流沿连接导线从一个单元流到另一个单元时，传输信号可能受干扰的强烈影响。

——更详细的说明性注释见 GB/T 17626.2—2006 的附录 A。

A.2 试验严酷等级的选择

静电放电的主要带电体是人体，而人体带电的电平取决于所穿衣物及所在房间（特别是地面）的材料和房间内的相对湿度。

选择严酷等级时，所选等级的试验电压宜高于预计的放电电压。

推荐的严酷等级取决于下列环境条件：

——0 级：放电电压可忽略的环境；

——1 级：放电电压保持在低于 2 kV 的环境。例如，地面由抗静电材料覆盖，并且相对湿度大于 35%；

——2 级：放电电压保持在低于 4 kV 的环境。例如，地面由抗静电材料覆盖，并且相对湿度大于 10%；

——3 级:放电电压保持在低于 8 kV 的环境。例如,地面由易于产生静电的材料(比如合成材料)覆盖,并且相对湿度大于 50%;

——4 级:放电电压保持在低于 15 kV 的环境,例如地面由易于产生静电的材料(比如合成材料)覆盖,并且相对湿度大于 10%。

3 级是量度继电器和保护装置常用的试验严酷等级。量度继电器和保护装置的设计应符合正常使用的电厂、变电站和工业企业的试验等级要求。

对于某一指定的具有外壳或不具有外壳的量度继电器或保护装置的具体位置,可以规定不同的试验严酷等级。例如,当去掉外壳后,可能引起误动或造成损坏的连接器、试验插座或整定器件等,施加具有外壳条件下所规定的最高试验严酷等级。在这种情况下,制造厂宜提供明确的资料以标明有关测量点,或提出防止这些点被偶然接触的方法(例如隔离措施)。

ICS 29.240.99
K 45

中华人民共和国国家标准

GB/T 14598.301—2010

微机型发电机变压器故障录波装置技术要求

General specification of transformer fault oscillograph equipment for microprocessor-based generator

2010-09-02 发布 2011-02-01 实施

中华人民共和国国家质量监督检验检疫总局
中国国家标准化管理委员会 发布

前 言

GB/T 14598 为多部分标准，主要包括以下几个部分：

——GB/T 14598.1—2002 电气继电器 第 23 部分：触点性能；

——GB/T 14598.3—2006 电气继电器 第 5 部分：量度继电器和保护装置的绝缘配合要求和试验；

——GB/T 14598.4—1993 电气继电器 第十四部分：电气继电器触点的寿命试验 触点负载的优先值；

——GB/T 14598.5—1993 电气继电器 第十五部分：电气继电器触点的寿命试验 试验设备的特性规范；

——GB/T 14598.6—1993 电气继电器 第十八部分：有或无通用继电器的尺寸；

——GB/T 14598.7—1995 电气继电器 第 3 部分：它定时限或自定时限的单输入激励量量度继电器；

——GB/T 14598.8—2008 电气继电器 第 20 部分：保护系统；

——GB/T 14598.9—2002 电气继电器 第 22-3 部分：量度继电器和保护装置的电气骚扰试验 辐射电磁场骚扰试验；

——GB/T 14598.10—2007 电气继电器 第 22-4 部分：量度继电器和保护装置的电气骚扰试验——电快速瞬变/脉冲群抗扰度试验；

——GB/T 14598.13—2008 电气继电器 第 22-1 部分：量度继电器和保护装置的电气骚扰试验——1 MHz 脉冲群抗扰度试验；

——GB/T 14598.14—1998 量度继电器和保护装置的电气干扰试验 第 2 部分：静电放电试验；

——GB/T 14598.15—1998 电气继电器 第 8 部分：电热继电器；

——GB/T 14598.16—2002 电气继电器 第 25 部分：量度继电器和保护装置的电磁发射试验；

——GB/T 14598.17—2005 电气继电器 第 22-6 部分：量度继电器和保护装置的电气骚扰试验——射频场感应的传导骚扰的抗扰度；

——GB/T 14598.18—2007 电气继电器 第 22-5 部分：量度继电器和保护装置的电气骚扰试验——浪涌抗扰度试验；

——GB/T 14598.19—2007 电气继电器 第 22-7 部分：量度继电器和保护装置的电气骚扰试验——工频抗扰度试验；

——GB/T 14598.20—2007 电气继电器 第 26 部分：量度继电器和保护装置的电磁兼容要求；

——GB 14598.27—2008 量度继电器和保护装置 第 27 部分：产品安全要求；

——GB/T 14598.300—2008 微机变压器保护装置通用技术要求；

——GB/T 14598.301—2010 微机型发电机变压器故障录波装置技术要求。

本部分为 GB/T 14598 的第 301 部分。

本部分的附录 A 为规范性附录。

本部分由中国电器工业协会提出。

本部分由全国量度继电器和保护设备标准化技术委员会(SAC/TC 154)归口。

本部分主要起草单位：河北电力调度通信中心、国家电力调度通信中心、华北电力调度通信中心、武汉中元华电科技有限公司、许继电气股份有限公司、北京四方继保自动化股份有限公司、国电南京自动化股份有限公司、国网南京自动化研究院、许继联华国际环境工程有限责任公司、许昌继电器研究所。

本部分主要起草人：赵自刚、赵春雷、程道、牛四清、王永业、康忠健、屠黎明、俞斌、孙国城、韩文博、李志勇。

微机型发电机变压器故障录波装置
技术要求

1 范围

本部分规定了微机型发电机变压器故障录波装置(以下简称装置)的技术要求、试验方法、检验规则、标志、标签、包装、运输、贮存、供货的成套性、质量保证等。

本部分适用于变电站、发电厂所用的微机型连续记录装置及电力系统连续记录装置。

2 规范性引用文件

下列文件中的条款通过本部分的引用而成为本部分的条款。凡是注日期的引用文件,其随后所有的修改单(不包括勘误的内容)或修订版均不适用于本部分,然而,鼓励根据本部分达成协议的各方研究是否可使用这些文件的最新版本。凡是不注日期的引用文件,其最新版本适用于本部分。

GB/T 2887—2000 电子计算机场地通用规范

GB/T 2900.17 电工术语 量度继电器

GB/T 2900.49 电工术语 电力系统保护(GB/T 2900.49—2004,IEC 60050(IEV 448):1995,IDT)

GB 4208 外壳防护等级(IP 代码)(GB 4208—2008,IEC 60529:2001,IDT)

GB/T 7261—2008 继电保护及安全自动装置基本试验方法

GB/T 9361 计算机场地安全要求

GB/T 11287—2000 电气继电器 第 21 部分:量度继电器和保护装置的振动、冲击、碰撞和地震试验 第 1 篇:振动试验(正弦)(idt IEC 60255-21-1:1988)

GB/T 14537—1993 量度继电器和保护装置的冲击与碰撞试验(idt IEC 60255-21-2:1988)

GB/T 14598.9—2002 电气继电器 第 22-3 部分:量度继电器和保护装置的电气骚扰试验 辐射电磁场骚扰试验(IEC 60255-22-3:2000,IDT)

GB/T 14598.10—2007 电气继电器 第 22-4 部分:量度继电器和保护装置的电气骚扰试验——电快速瞬变/脉冲群抗扰度试验(IEC 60255-22-4:2002,IDT)

GB/T 14598.13—2008 电气继电器 第 22-1 部分:量度继电器和保护装置的电气骚扰试验——1 MHz 脉冲群抗扰度试验(IEC 60255-22-1:2007,MOD)

GB/T 14598.14—1998 量度继电器和保护装置的电气干扰试验 第 2 部分:静电放电试验(idt IEC 60255-22-2:1996)

GB/T 14598.16—2002 电气继电器 第 25 部分:量度继电器和保护装置的电磁发射试验(IEC 60255-25:2000,IDT)

GB/T 14598.17—2005 电气继电器 第 22-6 部分:量度继电器和保护装置的电气骚扰试验——射频场感应的传导骚扰的抗扰度(IEC 60255-22-6:2001,IDT)

GB/T 14598.18—2007 电气继电器 第 22-5 部分:量度继电器和保护装置的电气骚扰试验——浪涌抗扰度试验(IEC 60255-22-5:2002,IDT)

GB/T 14598.19—2007 电气继电器 第 22-7 部分:量度继电器和保护装置的电气骚扰试验——工频抗扰度试验(IEC 60255-22-7:2003,IDT)

GB 14598.27—2008 量度继电器和保护装置 第 27 部分:产品安全要求

GB/T 22386—2008 电力系统暂态数据交换通用格式(IEC 60255-24:2001,IDT)

DL/T 634.5104—2002 远动设备及系统 第 5-104 部分:传输规约 采用标准传输协议子集的 IEC 60870-5-101 网络访问(IEC 60870-5-104:2000,IDT)

DL/T 667—1999　远动设备及系统　第 5 部分：传输规约　第 103 篇：继电保护设备信息接口配套标准(idt IEC 60870-5-103：1997)

3　术语和定义

GB/T 2900.17 和 GB/T 2900.49 确立的术语和定义适用于本部分。

4　技术要求

4.1　额定参数

装置的额定参数如下：

a)　交流电流：5 A、1 A；

b)　交流电压：$100/\sqrt{3}$ V、100 V；

c)　直流电压：0 V～600 V(发电机转子)；220 V、110 V(直流控制电源)；

d)　直流电流(转子)：75 mV；4 mA～20 mA/0 V～5 V(变送器输出)；

e)　频率：50 Hz(发电机励磁回路：400 Hz 等)。

4.2　影响量和影响因素的标准基准值

影响量和影响因素的标准基准值及试验允许误差见表 1。

表 1　影响量和影响因素的标准基准值和试验允许误差

<table>
<tr><th colspan="2">影响量或影响因素</th><th>基准条件</th><th>试验允许误差</th></tr>
<tr><td colspan="2">环境温度</td><td>20 ℃</td><td>±2 ℃</td></tr>
<tr><td colspan="2">大气压力</td><td>86 kPa～106 kPa</td><td>—</td></tr>
<tr><td colspan="2">相对湿度</td><td>45%～75%</td><td>见注[a]</td></tr>
<tr><td colspan="2">工作位置</td><td>垂直安装于与地平面垂直的立面</td><td>任一方向 2°</td></tr>
<tr><td colspan="2">外磁场感应强度</td><td>零</td><td>任一方向不大于 0.5 mT</td></tr>
<tr><td colspan="2">频率</td><td>额定值</td><td>±0.5%[b]</td></tr>
<tr><td colspan="2">交流电源波形</td><td>正弦</td><td>畸变因数 2%[c,d]</td></tr>
<tr><td colspan="2">直流中的交流分量[e]</td><td>零</td><td>6%[f]</td></tr>
<tr><td colspan="2">交流中的直流分量</td><td>零</td><td>暂态为峰值的 5%
稳态为峰值的 2%</td></tr>
<tr><td rowspan="4">平衡多相电源</td><td>各电压(线电压或相电压)值</td><td>相等</td><td>平均值的 1%</td></tr>
<tr><td>各相(对中性点)电压之间的相角</td><td>相等</td><td>2°电角</td></tr>
<tr><td>各相电流</td><td>相等</td><td>平均值的 1%</td></tr>
<tr><td>各相电流与其对应的相(对中性点)
电压之间夹角</td><td>相等</td><td>2°电角</td></tr>
</table>

[a] 在试验期间当温度变化时，只要不出现凝露，此湿度范围可以超过。

[b] 如果装置的性能与频率无关，试验允许误差可以大些。当装置性能与频率关系大并要求高的准确度时，可由企业产品标准规定较小的试验允许误差。

[c] 如果性能与波形关系很大，可由企业产品标准规定较小的试验允许误差。

[d] 畸变因数：从非正弦周期量中减去基波所得的谐波含量的有效值与非正弦量的有效值之间的比值，它通常用百分比表示。

[e] 直流中的交流分量定义为：$\frac{U_{max}-U_{min}}{U_{DC}}\times 100\%$

式中：

U_{max}——最大瞬时电压；

U_{min}——最小瞬时电压；

U_{DC}——直流分量电压。

[f] 在某些情况下，经制造厂和用户协商，可以要求较小的试验允许误差。

4.3 影响量和影响因素的标称范围的标准极限值

4.3.1 环境温度的标称范围

环境温度从下列数值中选取：

−5 ℃～+40 ℃，−10 ℃～+55 ℃。

4.3.2 其他影响量和影响因素的标称范围

其他影响量和影响因素的标称范围的极限值见表2。

表2 影响量和影响因素的标称范围

影响量或影响因素	标称范围
环境温度	见4.3.1
大气压力	80 kPa～110 kPa
相对湿度	最湿月的月平均相对湿度为90%，同时该月的平均最低温度为25 ℃，并且在装置上不宜出现凝露
工作位置	任一方向偏离基准5°
外磁场	不大于1.5 mT或由企业产品标准规定
输入激励电压	由企业产品标准规定
输入激励电流	由企业产品标准规定
输入激励量之间的相位角	由企业产品标准规定
输入激励量的变化范围	直流：额定值的80%～115% 交流：额定值的85%～115%
交流电源波形	畸变因数不大于5%
频率	不超过额定值的±2%
交流中的直流分量[a]	暂态：不大于峰值的10%；稳态：不大于峰值的5%
直流中的交流分量[b]	不大于直流额定值的12%
辅助激励量的变化范围	直流电源额定电压110 V和220 V时为额定值的80%～115%，交流电源额定电压为额定值的85%～110%

a 如果交流中的直流暂态分量影响显著，即影响达到与准确度等级指数相同或更高的数量级时，制造厂应给出进行校正的条件及其影响。

b 同表1脚注e。

4.4 对使用场所的其他要求

4.4.1 使用场所不应有超过本部分规定的振动和冲击。

4.4.2 使用场所不应有火灾、爆炸危险的介质，不应有腐蚀、破坏绝缘的气体及导电介质，不应充满水蒸汽及有严重的霉菌。

4.4.3 户内装置的使用场所应有防御雨、雪、风、沙的设施。

4.4.4 使用场所应符合GB/T 9361的规定。接地电阻应符合GB/T 2887—2000中4.4的规定。

4.5 环境温度极端范围的极限值

装置环境温度极端范围的极限值为−25 ℃和+70 ℃，在运输、贮存条件下，不施加激励量的装置应能耐受此范围内的温度而不出现不可逆变化。温度恢复后，装置性能应符合4.7的规定。

4.6 整套装置的主要功能

4.6.1 装置应具有非故障启动的、数据记录频率不小于1 kHz的连续录波功能，能完整记录电力系统大面积故障、系统振荡、电压崩溃等事件的全部数据，数据存储时间不小于7天。

4.6.2 装置应具有连续录波数据的扰动自动标记功能。当电网或发电机发生较大扰动时，装置能根据内置自动判据在连续录波数据上标记出扰动特征，以便于事件（扰动）提醒和数据检索。

4.6.3 装置所记录数据应有足够的真实性，能准确反应非周期分量、7次及以下的谐波分量。

4.6.4 装置所记录数据应有足够的安全性，不会因供电电源中断等偶然因素丢失。

4.6.5 装置应具有失电报警功能，并有不少于两付的触点输出。

4.6.6 装置数据通信应符合附录A中通信规约的要求。

4.6.7 装置应具有向其他就地及远方存储设备方便、快速导出数据的功能；也应具有同时利用数据网方式实现远方调用连续录波数据的功能，并可按时段和记录信道实现选择性调用。

4.6.8 装置应具有必要的硬件自动检测功能。当装置元器件损坏时，应能发出装置异常信号，并能指出异常部位。

4.6.9 装置应具有自复位功能，当软件工作不正常时应能通过自复位等手段自动恢复正常工作。装置对自复位命令应进行记录。

4.6.10 装置屏柜端子不应与装置弱电系统（指CPU的电源系统）有直接电气上的联系。针对不同回路，应分别采用光电耦合、带屏蔽层的变压器磁耦合等隔离措施。

4.6.11 装置应有独立的内部时钟，每24 h与标准时钟的误差不应超过±1 s；应提供外部标准时钟（如GPS时钟装置）的同步接口，与外部标准时钟同步后，装置与外部标准时钟的误差不应超过±1 ms，以便于对反应同一事件的异地多端数据进行综合分析。

4.7 装置的技术性能

4.7.1 记录量的配置

4.7.1.1 交流电压量：用于记录发电厂、变电站的母线电压、线路电压、主变压器各侧电压等。

4.7.1.2 交流电流量：用于记录发电厂、变电站的线路电流、主变压器各侧电流、主变压器中心点/间隙电流及母联、旁路、分段等联络开关电流等。

4.7.1.3 直流量：用于记录发电厂、变电站的直流控制电源的正负极对地电压、发电机转子电压/电流、主励磁机转子电压/电流等。

4.7.1.4 开关量：用于记录发电厂、变电站继电保护及安全自动装置的跳闸/重合触点、开关辅助及其他重要触点等。

4.7.2 时钟

4.7.2.1 内部独立时钟，每24 h与标准时钟的误差不应超过±1 s。

4.7.2.2 与外部标准时钟同步后，与外部标准时钟的误差不应超过±1 ms。

4.7.3 扰动标记的内置自动判据

4.7.3.1 电压突变

4.7.3.1.1 当$|\Delta U| \geqslant 5\% U_n$时，在连续录波数据上做出扰动标记。

4.7.3.1.2 电压突变判据的误差不应大于20%。

4.7.3.2 电压越限

4.7.3.2.1 当$U \geqslant 110\% U_n$或$U \leqslant 90\% U_n$时，在连续录波数据上做出扰动标记。

4.7.3.2.2 电压越限判据的误差不应大于5%。

4.7.3.3 负序交流电压越限

4.7.3.3.1 当$U_2 \geqslant 3\% U_n$时，在连续录波数据上做出扰动标记。

4.7.3.3.2 负序电压越限判据的误差不应大于10%。

4.7.3.4 零序交流电压越限

4.7.3.4.1 当$U_0 \geqslant 3\% U_n$时，在连续录波数据上做出扰动标记。

4.7.3.4.2 零序电压越限判据的误差不应大于10%。

4.7.3.5 电流突变

4.7.3.5.1 当$|\Delta I| \geqslant 10\% I_n$时，在连续录波数据上做出扰动标记。

4.7.3.5.2 电流突变判据的误差不应大于20%。

4.7.3.6 电流越限

4.7.3.6.1 当$I \geqslant 110\% I_n$时，在连续录波数据上做出扰动标记。

4.7.3.6.2 电流越限判据的误差不应大于5%。

4.7.3.7 负序交流电流越限

4.7.3.7.1 当$I_2 \geqslant 5\% I_n$时,在连续录波数据上做出扰动标记。

4.7.3.7.2 负序电流越限判据的误差不应大于10%。

4.7.3.8 零序交流电流越限

4.7.3.8.1 当$I_0 \geqslant 5\% I_n$时,在连续录波数据上做出扰动标记。

4.7.3.8.2 零序电流越限判据的误差不应大于10%。

4.7.3.9 过激磁

4.7.3.9.1 当$U^*/f^* \geqslant 1.06$时,在连续录波数据上做出扰动标记。

4.7.3.9.2 过激磁判据的误差不应大于5%。

4.7.3.10 逆功率起动

4.7.3.10.1 当逆功率值$P^* \geqslant 1\%$时,在连续录波数据上做出扰动标记。

4.7.3.10.2 逆功率判据的误差不应大于10%。

4.7.3.11 开关量变位

当外部开关量触点闭合(或断开)时间大于2 ms时,在连续录波数据上做出扰动标记。

4.7.4 装置的数据记录方式

4.7.4.1 装置的数据记录方式应采用非故障启动的连续记录方式。自装置投入运行起,即连续记录数据。

4.7.4.2 数据记录间隔不应大于1 ms,数据存储时间不应小于7天。

4.7.4.3 数据应带有绝对时间标记(最长每100 ms标记一次)。

4.7.5 离线分析软件

4.7.5.1 离线分析软件的配置

装置应配有能运行于常用操作系统下的离线分析软件,可对装置记录的连续录波数据进行离线的综合分析,并具有以下功能。

4.7.5.2 数据的综合分析

数据的综合分析功能包括:

a) 采用图形化界面;

b) 录波数据应能快速检索、查询;

c) 应具有编辑、漫游功能,提供波形的显示、迭加、组合、比较、剪辑、添加标注等分析工具,可选择性打印;

d) 应具有谐波分析(不低于7次谐波)、序分量分析、矢量分析等功能,能将记录的电流、电压及导出的阻抗和各序分量形成向量图,并显示阻抗变化轨迹;

e) 故障的计算分析。应能计算频率、有功功率、无功功率、功率因数、差流和阻抗等导出量,计算精度满足使用要求;

f) 可提供格式符合GB/T 22386—2008规定的数据,以方便与其他故障分析设备交换数据。

4.7.6 数据的远方传送

4.7.6.1 装置可设置参数的双向传送。远方修改装置参数应设置密码。

4.7.6.2 可按设定的时段、信道有选择地调用装置记录的录波数据。

4.7.6.3 可查询装置的当前状态和历史记录(如自检报告等)。

4.8 功率消耗

装置的功率消耗如下:

a) 交流电流回路:当$I_n=5$ A时,每相不大于1 VA;当$I_n=1$ A时,每相不大于0.5 VA;

b) 交流电压回路:当额定电压时,每相不大于1 VA;

c) 直流电源回路:由企业产品标准规定。

4.9 过载能力

装置的过载能力如下：

a) 交流电流回路：2倍额定电流，连续工作；
10倍额定电流，允许10 s；
40倍额定电流，允许1 s；

b) 交流电压回路：2倍额定电压，连续工作；

c) 直流电源回路：由企业产品标准规定。

装置经过载后，应无绝缘损坏，并能符合4.10、4.11的要求。

4.10 绝缘性能

4.10.1 绝缘电阻

4.10.1.1 试验部位

装置的试验部位如下：

a) 各电路对外露的可导电件（相同电压等级的电路互联）之间；

b) 各独立电路之间（每一独立电路的端子互联）。

4.10.1.2 绝缘电阻测量

额定绝缘电压大于63 V时，用开路电压为500 V（额定绝缘电压不大于63 V时，用开路电压为250 V）的测试仪器测定其绝缘电阻值不应小于100 MΩ。

4.10.2 介质强度

4.10.2.1 在试验的标准大气条件下，装置应能承受频率为50 Hz，历时1 min的工频耐压试验而无击穿、闪络及元器件损坏现象。如需要时也可采用直流试验电压，其值为规定交流电压试验值的1.4倍。

4.10.2.2 试验部位及其试验电压值按表3进行选择。

表3 试验电压规定值

单位为伏特

被试回路	额定绝缘电压	试验电压
整机输出端子和背板线对地	63～250	2 000
直流输入回路对地	63～250	2 000
交流输入回路对地	63～250	2 000
信号和报警输出触点对地	63～250	2 000
无电气联系的各回路之间	63～250	2 000
弱电部分对地	0～63	500

4.10.2.3 试验过程中，任一被试回路施加电压时，其余回路等电位互连接地。

4.10.3 冲击电压

4.10.3.1 冲击电压试验部位

冲击电压试验部位如下：

a) 同4.10.1.1a)；

b) 同4.10.1.1b)。

4.10.3.2 冲击电压试验值

上述部位应能承受标准雷电波1.2/50 μs的短时冲击电压试验，试验电压的峰值为1 kV（额定绝缘电压≤63 V）或5 kV（额定绝缘电压＞63 V）。

承受冲击电压试验后，装置主要性能指标应符合企业产品标准规定的出厂试验项目要求。试验过程中，允许出现不导致绝缘损坏的闪络，如果出现闪络，则应复查绝缘电阻及介质强度，此时介质强度试验电压值为规定值的75%。

4.11 耐湿热性能

装置在最高温度为40 ℃，试验周期为两周期（48 h）的条件下，经交变湿热试验，在试验结束前2 h

内,用电压等级为 500 V 的测试仪器,测试本部分 4.10.1.1 规定部位的绝缘电阻,不应小于 10 MΩ,测试本部分 4.10.1.2 规定部位的介质强度,试验电压为规定值的 75%。

4.12 机械性能

4.12.1 振动(正弦)

4.12.1.1 振动响应

装置应能承受 GB/T 11287—2000 中 3.2.1 规定的严酷等级为 1 级的振动响应试验,试验期间及试验后装置的性能应符合该标准 5.1 规定的要求。

4.12.1.2 振动耐久

装置应能承受 GB/T 11287—2000 中 3.2.2 规定的严酷等级为 1 级的振动耐久试验,试验期间及试验后装置的性能应符合该标准 5.2 规定的要求。

4.12.2 冲击

4.12.2.1 冲击响应

装置应能承受 GB/T 14537—1993 中 4.2.1 规定的严酷等级为 1 级的冲击响应试验,试验期间及试验后装置的性能应符合该标准 5.1 规定的要求。

4.12.2.2 冲击耐久

装置应能承受 GB/T 14537—1993 中 4.2.2 规定的严酷等级为 1 级的冲击耐久试验,试验期间及试验后装置的性能应符合该标准 5.2 规定的要求。

4.12.2.3 碰撞

装置应能承受 GB/T 14537—1993 中 4.3 规定的严酷等级为 1 级的碰撞试验,试验期间及试验后装置的性能应符合该标准 5.2 规定的要求。

4.13 电磁兼容要求

4.13.1 抗扰度要求

4.13.1.1 1 MHz 及 100 kHz 脉冲群抗扰度

装置的辅助电源端口、通信端口、输入和输出端口应能承受 GB/T 14598.13—2008 规定的频率为 1 MHz 及 100 kHz 脉冲群骚扰试验。

4.13.1.2 静电放电干扰

装置的外壳端口应能承受 GB/T 14598.14—1998 第 4 章规定的严酷等级为Ⅲ级的静电放电干扰试验。

4.13.1.3 辐射电磁场骚扰

装置的外壳端口应能承受 GB/T 14598.9—2002 第 4 章规定的严酷等级的辐射电磁场骚扰试验。

4.13.1.4 电快速瞬变/脉冲群抗扰度

装置应能承受 GB/T 14598.10—2007 第 4 章规定的严酷等级为 B 级的电快速瞬变抗扰度试验。装置的辅助电源端口、通信端口、功能地端口、输入和输出端口试验电压值见表 4。

表 4 被试产品端口的试验电压

试验端口	开路输出试验电压和脉冲重复率	
	峰值电压 ±10% kV	重复率 ±10% kHz
功能地线	2	5
辅助电源	2	5
输入/输出	2	5
通信	1	5

4.13.1.5 浪涌抗扰度

装置应能承受 GB/T 14598.18—2007 第4章规定的浪涌抗扰度试验，装置的辅助电源端口、通信端口、输入和输出端口的试验电压值见表5。

表5 被试产品端口的试验电压及电源阻抗

试验端口	试验条件：线对地			试验条件：线对线		
	开路试验电压 ±10% kV	耦合网络		开路试验电压 ±10% kV	耦合网络	
		R Ω	C μF		R Ω	C μF
辅助电源	2.0	10	9	1.0	0	18
输入/输出	2.0	40	0.5	1.0	40	0.5
通信	1.0	0	0	不试验	—	—

4.13.1.6 射频场感应的传导骚扰抗扰度

装置的辅助电源端口、通信端口、功能地端口、输入和输出端口应能承受 GB/T 14598.17—2005 第4章规定的严酷等级的射频场感应的传导骚扰抗扰度试验。

4.13.1.7 工频抗扰度

装置的输入和输出端口应能承受 GB/T 14598.19—2007 第4章规定的严酷等级为B级的工频抗扰度试验。

4.13.2 电磁发射试验

装置的电源端口应符合 GB/T 14598.16—2002 中4.1规定的传导发射限值(见表6)，外壳端口应符合 GB/T 14598.16—2002 中4.2规定的辐射发射限值(见表7)，按表6和表7规定的电磁发射限值和有关规定评定试验结果。

表6 传导发射限值

频率范围 MHz	限值 dB(μV)	
	准峰值	平均值
0.15～0.5	79	66
0.5～30	73	60

表7 辐射发射限值

发射频率范围 MHz	在10 m测量距离处辐射发射限值 dB(μV/m)
	准峰值
30～230	40
230～1 000	47

4.14 电源影响

4.14.1 交流电源影响

在试验的标准大气条件下，交流电源在规定的范围内变化时，装置应可靠工作，功能和性能应符合4.6、4.7.3、4.7.4的规定。

4.14.2 直流电源影响

4.14.2.1 在试验的标准大气条件下，直流电源在规定的范围内变化时，装置应可靠工作，功能和性能应符合4.6、4.7.3、4.7.4的规定。

4.14.2.2 将输入直流电源正负极性颠倒，装置应无损坏，并在恢复极性后能正常工作，功能和性能应符合4.6、4.7.3、4.7.4的规定。

4.14.2.3 装置突然加上电源、突然断电、电源电压缓慢上升或缓慢下降，装置均不应误发信号。

4.14.2.4 按GB/T 7261—2008中10.4的规定，进行直流电源中断50 ms影响试验，试验期间装置应正常工作。

4.15 连续通电

装置完成调试后，出厂前应进行不少于100 h(室温)或72 h(+40 ℃)连续通电试验。装置的功能和性能应符合4.6、4.7.3、4.7.4的规定。

4.16 结构及外观要求

4.16.1 装置的外观应无划痕及损伤。

4.16.2 装置机箱应采取必要的防静电及防电磁辐射干扰的措施。机箱的金属外壳(外露可导电部件)应在电气上连成一体，并可靠接地。

4.16.3 机箱应满足发热元器件的通风散热要求。

4.17 安全要求

4.17.1 一般安全要求

装置的一般安全要求应符合GB 14598.27—2008第4章的规定。

4.17.2 外壳防护(IP代码)

装置应有外壳防护，防护等级为GB 4208规定的IP20或IP50(有要求时)。

4.17.3 绝缘材料、元件和防火外壳的可燃性

装置的绝缘材料和元件的可燃性应符合GB 14598.27—2008中7.5的规定；装置的防火外壳的可燃性应符合GB 14598.27—2008中7.9的规定。

4.17.4 保护联结阻抗

装置的保护联结阻抗应符合GB 14598.27—2008中10.5.3.4.1的规定。

4.17.5 安全标志

装置的安全标志应符合GB 14598.27—2008中9.1的规定。

5 试验方法

5.1 试验条件

5.1.1 除另有规定外，试验条件应符合GB/T 7261—2008第4章的规定。

5.1.2 被试验装置和测试仪表应良好接地，并考虑周围环境电磁干扰对测试结果的影响。

5.2 结构和外观检查

测试4.16按GB/T 7261—2008第5章规定的方法进行。

5.3 环境温度影响试验

测试4.3.1环境温度影响，按GB/T 7261—2008第9章规定的方法进行，装置的性能应符合4.7.3、4.7.4的要求。

5.4 环境温度极端范围的极限值试验

测试4.5环境温度极端范围的极限值，按GB/T 7261—2008第9章规定的方法进行。

5.5 主要功能及技术性能试验

5.5.1 性能检测试验

5.5.1.1 零漂检查

5.5.1.1.1 装置各交流回路不加任何激励量(电压回路短路、电流回路开路)，查看装置所记录数据。

5.5.1.1.2 要求装置记录的电压零漂值在0.05 V以内，电流零漂值在$0.01I_n$以内。

5.5.1.2 **交流模拟量通道检查**

5.5.1.2.1 将装置各相电压回路端子同极性并联，按表 8 加入测试电压，装置所记录数据的测量误差满足要求。

表 8 测试电压及其测量误差

输入电压	3.0 V	10.0 V	30.0 V	60.0 V	90.0 V	120 V
测量误差	≤5%	≤2.5%	≤1%	≤0.5%	≤1%	≤5%

5.5.1.2.2 对装置接开口三角 3U0 的电压回路按表 9 加入测试电压，装置所记录数据的测量误差满足要求。

表 9 测试电压及其测量误差

输入电压	5.0 V	20.0 V	50.0 V	100 V	150 V	250 V
测量误差	≤5%	≤2.5%	≤1%	≤0.5%	≤2.5%	≤5%

5.5.1.2.3 将装置各电流回路端子顺极性串联并按表 10 通入测试电流，装置所记录数据的测量误差满足要求。

表 10 测试电流及其测量误差

输入电流	$0.20I_n$	$1.0I_n$	$5.0I_n$	$10I_n$	$20I_n$	$40I_n$
测量误差	≤2.5%	≤0.5%	≤1%	≤2.5%	≤5%	≤5%

5.5.1.3 **直流模拟量通道检查**

5.5.1.3.1 当装置用于记录发电机转子直流量时：

对装置直流电压回路按表 11 加入测试电压，装置所记录数据的测量误差满足要求（U_e 可以转子额定励磁电压为基准，取 600 V 或 75 mV）。

表 11 测试电压及其测量误差

输入电压	$0.1U_e$	$0.5U_e$	$1.0U_e$	$1.5U_e$	$2.5U_e$
测量误差	≤10%	≤5%	≤1%	≤2.5%	≤5%

对装置直流电流回路按表 12 加入测试电流，装置记录数据的测量误差满足要求。

表 12 测试电流及其测量误差

输入电流	4.8 mA	8 mA	12 mA	16 mA	20 mA
测量误差	≤5%	≤2.5%	≤1%	≤2.5%	≤5%

5.5.1.3.2 当装置用于记录变电站（电厂升压站）的直流控制电源时：

对装置直流电压回路按表 13 加入测试电压，装置所记录数据的测量误差满足要求（U_e 为直流控制电源的额定电压，取 220 V 或 110 V）。

表 13 测试电压及其测量误差

输入电压	$0.1U_e$	$0.5U_e$	$1.0U_e$	$1.2U_e$
测量误差	≤10%	≤5%	≤1%	≤2.5%

5.5.1.4 **交流电压、交流电流相位一致性检查**

5.5.1.4.1 将装置各电压回路端子同极性并联，将装置各电流回路端子顺极性串联，通入同相位的额定电压、额定电流（模拟纯电阻负载）。

5.5.1.4.2 要求装置所记录数据的各路电压、电流波形相位一致，相互之间的相位测量误差不大于 2°。

5.5.1.5 **非周期分量的记录性能检查**

5.5.1.5.1 任选一相交流电流回路，模拟短路故障，短路电流的基波分量为 5 倍额定电流值，控制合闸角使短路电流的非周期分量达到最大，非周期分量衰减时间常数为0.1 s。

5.5.1.5.2 要求装置所记录的电流波形非周期分量衰减时间常数的测量误差小于5%。

5.5.1.6 谐波的可观测性检查

5.5.1.6.1 任选一相交流电压回路，分别通入20%额定电压值的2、3、5、7次谐波电压。

5.5.1.6.2 要求装置记录的波形图上能明显观测到相应的谐波波形，且装置测量到的谐波幅值误差不大于5.0%。

5.5.1.7 开关量分辨率检查

5.5.1.7.1 用空触点闭合/断开的方式检查开关量的分辨率。

5.5.1.7.2 调整空触点闭合/断开时间为10.0 ms/10.0 ms，要求装置测量的闭合、断开时间误差均不大于1.0 ms。

5.5.1.8 有功及无功功率记录性能的检查

对装置施加50 Hz的额定电压、额定电流，功率因数角分别调整为0°、45°、90°，要求装置说记录数据的有功功率、无功功率测量误差不大于1.5%的视在功率。

5.5.1.9 频率记录性能的检查

5.5.1.9.1 装置应能记录电力系统动态过程中的频率变化过程。

5.5.1.9.2 对装置施加额定电压，在输入电压频率分别为45.0 Hz、50.0 Hz、55.0 Hz时，要求装置的频率测量误差不大于0.02 Hz。

5.5.1.10 内置扰动判据的检查

分别对每种扰动判据进行3次试验，要求判据动作速度不应大于25 ms，并满足4.7.3的要求。

5.5.1.11 数据记录性能的检查

选任一组交流电压通道、一组交流电流通道和一个直流电压通道，分别加入额定频率的测试电压、额定频率的测试电流、直流电压。在约2 min时间内将所加测试电压从$0.0U_n$升至$1.2U_n$，再经约0.5 min时间将电压降至$0.5U_n$，保持该电压；在约2 min内将所加测试电流从$0.0I_n$升至$1.2I_n$，再经约1 min时间将电流降至$0.5I_n$，保持该电流；在约2 min内将所加直流电压从0.0 V升至$1.2U_n$，保持该电压；约1 min后，断开所有加入的测试量。装置记录的数据应满足4.7.4的要求。

5.5.1.12 记录数据的安全性检查

5.5.1.12.1 通过交替、同时改变交流输入和开关量状态等方法模拟机组或电网的扰动，装置所记录数据应完整、准确。

5.5.1.12.2 通过操作装置(屏)上的任意开关、按键，或装置提供的软件界面，应均不应删除、修改已存储的记录数据，也不应造成已存储记录数据的破坏。

5.5.1.13 装置的数据传输功能检查

5.5.1.13.1 在后台计算机上，通过网络方式建立与装置的连接，进行如下测试。

5.5.1.13.2 测试能否将装置设定的参数调至后台计算机上；能否将后台计算机上编辑形成的装置参数传送至装置，装置执行该参数前有没有密码控制。

5.5.1.13.3 测试能否将设定的某时段的一个、一组或多组信道的录波数据调至后台计算机上。

5.5.1.13.4 测试装置数据通讯是否符合附录中通信规约的要求。

5.5.1.14 保存外部电源中断前所采数据能力的检查

用直流电源同时接入装置的直流电压通道，中断直流电源2 min。装置应能保存直流电源消失时刻各通道(包括录制直流电源的直流电压通道)的信息。

5.5.1.15 数据格式的检查

检查装置输出的数据格式，应符合GB/T 22386—2008的规定。

5.5.1.16 时钟同步功能检查

装置可以由外部标准时钟信号(如GPS)进行同步。在同步时钟信号中断的情况下，要求装置在

24 h 内与外部标准时钟的误差不超过±1 s。

5.5.1.17 存储容量检查

配置不少于 64 路模拟量、128 路开关量的装置连续运行 7 天，检查 7 天内记录的数据应保存良好。

5.5.2 装置动态模拟试验

5.5.2.1 动态模拟试验的分类

装置通过 5.5.1 的各项试验后，必要时可在电力系统动态模拟系统上进行整组试验，考核其整体性能。动态模拟试验可分两部分进行：电网故障的模拟、机组故障的模拟。

5.5.2.2 电网故障的模拟

电网模拟试验的系统模型为 500 kV 双侧电源系统，输电线路长度为 400 km，线路两端装有高压并联电抗器，被试装置装于某一侧。

数据的记录方式检查。在线路中点附近模拟线路单相永久性故障，其顺序为：0.0 s 单相故障→0.1 s 切除故障→1.0 s 重合于故障→1.1 s 故障再切除。要求装置的数据记录方式及采样速率满足 4.6、4.7.3、4.7.4 的要求。

大短路电流记录能力检查。A)在线路靠近装置一侧连续两次模拟三相短路，每次短路持续时间为 0.08 s，两次短路间隔时间为 1 s，控制合闸角，使某相短路电流的非周期分量达到最大；B)上述试验进行两次，试验时短路电流工频有效值分别为 20 倍和 10 倍额定电流，要求装置记录的电流波形不失真，电流瞬时值测量误差不大于 10%。

故障测距。A)在线路始端、中点、末端模拟单相金属性接地、两相金属性短路、单相经 10 Ω 过渡电阻接地和两相金属性短路再经 10 Ω 过渡电阻接地；B)在线路中点、末端模拟 A)中故障时，要求装置的测距误差不大于 5%，无判相错误。在线路始端模拟 A)中故障时，要求装置的测距误差不大于2.0 km，无判相错误。

5.5.2.3 机组故障的模拟

可根据动模机组情况进行故障模拟，装置应满足 4.6、4.7.3、4.7.4 的要求，模拟项目如下：

a) 空投变压器；
b) 过电压、过激磁；
c) 机组起动过程中的相间短路；
d) 全失磁，部分失磁，包括失磁引起的系统电压崩溃；
e) 低(过)频率；
f) 失步、系统振荡；
g) 逆功率。

5.6 功率消耗试验

测试 4.8 功率消耗，按 GB/T 7261—2008 第 7 章规定的方法进行。

5.7 过载能力试验

测试 4.9 过载能力，按 GB/T 7261—2008 第 14 章规定的方法进行。

5.8 绝缘性能试验

测试 4.10 绝缘性能，按 GB/T 7261—2008 第 12 章规定的方法进行。

5.9 耐湿热性能试验

测试 4.11 耐湿热性能，按 GB/T 7261—2008 第 9 章规定的方法进行。

5.10 机械性能试验

5.10.1 振动试验

5.10.1.1 振动响应试验

测试 4.12.1.1 振动响应，按 GB/T 7261—2008 第 11 章规定的方法进行。

5.10.1.2 振动耐久试验

测试 4.12.1.2 振动耐久，按 GB/T 7261—2008 第 11 章规定的方法进行。

5.10.2 冲击试验

5.10.2.1 冲击响应试验

测试 4.12.2.1 冲击响应，按 GB/T 7261—2008 第 11 章规定的方法进行。

5.10.2.2 冲击耐久试验

根据 4.12.2.2 冲击耐久，按 GB/T 7261—2008 第 11 章规定的方法进行。

5.10.3 碰撞试验

测试 4.12.3 碰撞，按 GB/T 7261—2008 第 11 章规定的方法进行。

5.11 电磁兼容试验

5.11.1 抗扰度试验

5.11.1.1 1 MHz 及 100 kHz 脉冲群抗扰度试验

测试 4.13.1.1 1 MHz 及 100 kHz 脉冲群骚扰，按 GB/T 7261—2008 中 13.1 规定的方法进行，试验期间，装置的合格评定准则见表 14。

5.11.1.2 静电放电干扰试验

测试 4.13.1.2 静电放电干扰，按 GB/T 7261—2008 中 13.2 规定的方法进行，试验期间，装置的合格评定准则见表 14。

表 14 合格评定准则

功能	合格评定准则
保护功能	在规定的限值内正常工作
命令和控制	在规定的限值内正常工作
测量	试验期间性能暂时下降，试验后自行恢复，存储数据无丢失
人机接口及可视报警	试验期间性能暂时下降或功能丧失，试验后自行恢复，存储数据无丢失
数据通信	误码率可能增大，但传输的数据不丢失

5.11.1.3 辐射电磁场骚扰试验

测试 4.13.1.3 辐射电磁场骚扰，按 GB/T 7261—2008 中 13.3 规定的方法进行，试验期间，装置的合格评定准则见表 14。

5.11.1.4 电快速瞬变/脉冲群抗扰度试验

测试 4.13.1.4 电快速瞬变/脉冲群抗扰度，按 GB/T 7261—2008 中 13.4 规定的方法进行，试验期间，装置的合格评定准则见表 14。

5.11.1.5 浪涌抗扰度试验

测试 4.13.1.5 浪涌抗扰度，按 GB/T 7261—2008 中 13.5 规定的方法进行，试验期间，装置的合格评定准则见表 14。

5.11.1.6 射频场感应的传导骚扰抗扰度试验

测试 4.13.1.6 射频场感应的传导骚扰抗扰度，按 GB/T 7261—2008 中 13.6 规定的方法进行，试验期间，装置的合格评定准则见表 14。

5.11.1.7 工频抗扰度试验

测试 4.13.1.7 工频抗扰度，按 GB/T 14598.19—2007 第 7 章规定的试验方法进行，试验期间，装置的合格评定准则见表 14。

5.11.2 电磁发射试验

测试 4.13.2 传导发射限值和辐射发射限值，按 GB/T 14598.16—2002 第 6 章规定的方法进行，满足相应的传导发射限值和辐射发射限值。

5.12 电源影响试验

测试4.14电源影响，按GB/T 7261—2008第10章规定的方法进行。

5.13 连续通电试验

5.13.1 装置在完成调试后应进行连续通电试验。

5.13.2 连续通电试验的被试装置只施加直流电源，必要时可施加其他激励量进行功能检测。

5.13.3 连续通电试验时间不少于100 h(室温)或72 h(+40 ℃)。

5.13.4 在连续通电试验过程中，装置应工作正常，信号指示正确，不应有元器件损坏或其他异常情况出现。

5.14 安全要求试验

5.14.1 外壳防护

测试4.17.2外壳防护，按GB 4208规定的方法进行。

5.14.2 绝缘材料、元件和防火外壳的可燃性

测试4.17.3绝缘材料、元件和防火外壳的可燃性，按GB 14598.27—2008中10.5.4.2规定的方法进行。

5.14.3 保护联结阻抗

测试4.17.4保护联结阻抗，按GB 14598.27—2008中10.5.3.4.1规定的方法进行。

5.14.4 安全标志检查

检查4.17.5安全标志，按GB 14598.27—2008中9.1的规定进行。

6 检验规则

6.1 一般概念

装置检验分为型式检验和出厂检验：

a) 型式检验：在出厂合格的装置中按抽样方案和规定的检验项目对装置的一种定期或非定期的合格评价；

b) 出厂检验：装置出厂前，由制造厂质检部门按照企业产品标准规定的检验项目对装置的一种合格评价。

6.2 型式检验

6.2.1 型式检验规定

有下列情况之一时，装置应进行型式检验：

a) 新产品定型前；

b) 正常生产后，如结构、材料、元器件、工艺等有较大改变，可能影响产品性能时；

c) 正常生产后的定期检验，其周期为4年；

d) 产品停产超过上述规定周期后再恢复生产时；

e) 国家质量监督机构要求时(检验项目按相应规定)。

6.2.2 型式检验项目

除6.2.1e)规定项目外，型式检验项目见表15。

表15 检验项目

序号	项目名称	"技术要求"的章、条	"试验方法"的章、条	型式检验	出厂检验
1	环境温度影响	4.3.1	5.3	√	
2	环境温度极端范围的极限值	4.5	5.4	√	
3	装置的功能	4.6	5.5	√	√
4	装置的技术性能	4.7	5.5	√	√

表 15（续）

序号	项目名称	"技术要求"的章、条	"试验方法"的章、条	型式检验	出厂检验
5	功率消耗	4.8	5.6	√	
6	过载能力	4.9	5.7	√	
7	绝缘性能	4.10	5.8	√	√[a]
8	耐湿热性能	4.11	5.9	√	
9	机械性能	4.12	5.10	√	
10	电磁兼容要求	4.13	5.11	√	
11	直流电源影响	4.14	5.12	√	
12	连续通电试验	4.15	5.13		√
13	结构及外观要求	4.16	5.2	√	√
14	安全要求	4.17	5.14	√	
注：√为要求的试验项目。					
[a] 仅进行绝缘电阻测量和介质强度试验。					

6.2.3 **产品的抽样及合格判定**

进行型式检验的样品应在检验合格的产品中随机抽样，每次二台，分组进行检验。其中：

第一台样品按 4.6（装置的功能）、4.7（装置的技术性能）、4.8（功率消耗）、4.14.2（直流电源影响）、4.16（结构与外观要求）各项进行检验；

第二台样品按 4.3.1（环境温度）、4.5（环境温度极端范围的极限值）、4.9（过载能力）、4.10（绝缘性能）、4.11（耐湿热性能）、4.12（机械性能）、4.13（电磁兼容要求）、4.17（安全要求）各项进行检验。

型式检验的合格判定为全部检验项目均合格。如果第一次抽样试验中除安全项目之外的项目不合格，允许第二次抽样。第二次抽样的试验项目全部合格，判为合格。如果第二次抽样试验仍有一项及以上项目不合格，则判为不合格。产品采用二次抽样，每次抽样一台。

6.3 出厂检验

每台装置均应进行出厂检验。

出厂检验项目见表 15，并应在企业产品标准中作出具体规定。

出厂检验的合格判定为全部检验项目均合格。

7 标志、标签、使用说明书

7.1 标志和标签

7.1.1 每台装置应有铭牌或相当于铭牌的标志，内容包括：

a) 制造厂名称和商标；
b) 装置型号和名称；
c) 规格号（需要时）；
d) 额定值；
e) 整定范围和刻度（需要时）；
f) 装置制造年、月；
g) 装置的编号；
h) 软件版本号；
i) 具有端子标志、同极性端子标志和接地标志的内部接线图。如果铭牌上无法绘制内部接线图，允许在其他明显的部位标志或在产品说明书中提供。

7.1.2 装置的端子旁应标明端子号。

7.1.3 静电敏感部件应有防静电标志。

7.1.4 装置外包装上应有收发货标志、包装、贮运图示标志等标志和标签。

7.1.5 装置的相关部位及说明书中应有安全标志，安全标志见 GB 14598.27—2008 中 9.1 表 9。

7.1.6 装置的使用说明书、质量证明文件或包装物上应标有装置执行的标准代号。

7.1.7 所有标志均应规范、清晰、持久。

7.2 使用说明书

使用说明书一般应提供以下信息：

a) 装置型号及名称；

b) 装置执行的标准代号及名称；

c) 主要用途及适用范围；

d) 使用条件；

e) 装置主要特点；

f) 装置原理、结构及工作特性；

g) 激励量及辅助激励量的额定值；

h) 主要性能及技术参数；

i) 安装、接线、调试方法；

j) 运行前的准备及操作方法；

k) 故障分析及排除方法；

l) 有关安全事项的说明；

m) 装置接口、附件及配套情况；

n) 维护与保养；

o) 运输及贮存；

p) 开箱及检查；

q) 质量保证及服务；

r) 附图：

  1) 外形图、安装图、开孔图；

  2) 原理图；

  3) 接线图；

s) 其他必要的说明。

8 包装、运输、贮存

8.1 包装

8.1.1 装置在包装前，应将其可动部分固定。

8.1.2 每台装置应用防水材料包好，再装有具有一定防振能力的包装盒内。

8.1.3 装置随机文件、附件及易损件应按企业产品标准和说明书的规定一并包装和供应。

8.2 运输

包装好的户内使用的装置在运输过程中的贮存温度为－25 ℃～＋70 ℃，相对湿度不大于 95%。装置应能承受在此环境中的短时贮存。

8.3 贮存

包装好的装置应贮存在－20 ℃～＋70 ℃、相对湿度不大于 80%、周围空气中不含有腐蚀性、火灾及爆炸性物质的室内。

9 供货的成套性

9.1 随装置供应的文件

出厂产品应配套供应以下文件：

a) 质量证明文件，必要时应附出厂检验记录；

b) 装置说明书(可按供货批次提供)；

c) 装置安装图(可含在装置说明书中)；

d) 装置原理图和接线图(可含在装置说明书中)；

e) 装箱单。

9.2 随装置供应的配套件

随装置供应的配套件应在相关文件中注明，一般包括：

a) 易损零部件及易损元器件；

b) 装置附件；

c) 合同中规定的备品、备件。

10 质量保证

10.1 除另有规定外，在用户完全遵守本部分、企业产品标准及装置说明书规定的运输、贮存、安装和使用要求的情况下，装置自出厂之日起至安装不超过两年，如果装置和配套件发生非人为损坏，制造厂负责免费修理或更换。

10.2 一般情况下，装置使用期限不超过10年。

附 录 A
（规范性附录）
微机型发电机变压器故障录波装置通信规约

A.1 概述

本通信规约规定了微机型发电机变压器故障录波装置（以下简称装置）与监控系统、继电保护故障信息子站之间的通信接口、通信协议和报文规范。

A.2 物理接口

装置应具有至少1个EIA RS-485接口，速度不低于9 600 bit/s。

装置应具有至少2个铜缆或光缆以太网接口，速度不低于10 Mbit/s。

A.3 链路层/网络层说明

A.3.1 一般说明

针对微机型发电机变压器故障录波装置，扩充定义了ASDU（应用服务数据单元），这些ASDU既适用于DL/T 667—1999，也适用于DL/T 634.5104—2002。DL/T 667—1999用于RS-485接口，DL/T 634.5104—2002规约用于以太网接口。

鉴于RS-485接口速度太低，且连续记录装置录波数据太大，DL/T 667—1999不必实现连续记录波形传输功能（ASDU_120/ASDU_121）。

在DL/T 667—1999、DL/T 634.5104—2002规约中，遥测、遥信可以采用不同的ASDU，作为2级用户数据周期性传送，也可以通过通用分类服务传送。本规约中，遥测、遥信只采用通用分类服务传送。

本规约主要引用了DL/T 667—1999、DL/T 634.5104—2002标准，并做了部分修改和扩充。在以下内容中，对于没有特别说明的地方，以DL/T 667—1999、DL/T 634.5104—2002标准规定为准。

若未特别说明，本附录中的UI32、I32、UI16、I16都是指低字节在前的整数。

A.3.2 DL/T 634.5104—2002协议通信参数协商

为了提高DL/T 634.5104—2002协议的传输效率和兼容性，控制端应该在数据传输启动（START_DT）后，立即发送通信参数协商命令ASDU_221，装置以ASDU_220回答，ASDU_220中提供了装置使用的通信参数，控制端应该立即根据装置的通信参数，调整自身的通信参数。两端的通信参数应满足表A.1。

表A.1 DL/T 634.5104—2002协议建议通信参数与协商方法

参数	装置侧	控制侧	
k	≥256	≥装置w	未被确认的I格式APDU的最大数目
w	≤2k/3	≤装置k	最迟确认APDU的最大数目
t0	NA	30 s	建立连接的超时
t1	15 s	15 s	发送或测试APDU超时
t2	≤5 s	≤5 s	无数据报文时确认超时
t3	25 s	<装置t3	长期空闲发送测试帧超时

A.4 通信功能和报文

表A.2、表A.3列出了在控制和监视方向上，使用的通信功能和报文。

表 A.2 控制方向的通信功能和报文

编号	信息内容	标识	报文	备注
	召唤一级用户数据	C-PL1-NA-3		
	召唤二级用户数据	C-PL2-NA-3		
	时间同步	C_SYN_TA_3	ASDU_6	
	总查询开始	C_IGI_NA_3	ASDU_7	
	一般命令	C_GRC_NA_3	ASDU_20	
	通用分类命令	C_GC_NA_3	ASDU_21	
	调取连续记录波形		ASDU_120	扩充报文
	终止数据传输命令		ASDU_122	扩充报文
	连续记录数据检索命令		ASDU_124	扩充报文
	通用文件列表命令		ASDU_101	扩充报文,可选功能
	通用文件读命令		ASDU_103	扩充报文,可选功能
	通用文件数据		ASDU_104	扩充报文,可选功能
	通用文件写命令		ASDU_105	扩充报文,可选功能
	通信参数自动协商命令		ASDU_221	DL/T 634.5104—2002 扩充报文

表 A.3 监视方向的通信功能和报文

编号	信息内容	标识	报文	备注
	带六个八位位组时标的双点信息		ASDU_100	扩充报文
	标识报文	M_IRC_NA_3	ASDU_5	
	总查询终止	M_TGI_NA_3	ASDU_8	
	通用分类数据	M_GD_N(T)A_3	ASDU_10	
	通用分类标识	M_GI_N(T)A_3	ASDU_11	
	连续记录波形数据		ASDU_121	扩充报文
	连续记录检索结果		ASDU_123	扩充报文
	通用文件列表数据		ASDU_102	扩充报文,可选功能
	通用文件数据		ASDU_104	扩充报文,可选功能
	通用文件写命令确认		ASDU_106	扩充报文,可选功能
	通用文件写命令认可		ASDU_108	扩充报文,可选功能
	通信参数自动协商数据		ASDU_220	DL/T 634.5104—2002 扩充报文

A.4.1 扩充的信息序号

在监视方向的信息序号 FUN=GLB〈255〉,INF=15 表示系统配置改变,控制系统应重新读取装置通用分类服务的定值组、数据检索对象组。装置应自发的传送该事件。定值值的改变不应产生该事件。

A.4.2 波形数据传输服务

波形统一采用 GB/T 22386—2008 格式。标准 GB/T 22386—2008 格式共包含 4 个文件,分别是 HDR、CFG、DAT、INF 文件,其中 HDR、CFG 和 DAT 文件应传送。建议装置都采用二进制格式传送波形文件。传输时,由装置将同一波形的多个文件文件打包成一个大文件传送。打包后的文件格式见表 A.4,文件类型定义见表 A.5。

表 A.4 波形数据格式

名称	类型	说明
文件 1 类型	UI32	波形文件类型
文件 1 长度	UI32	
……	……	
文件 n 类型	UI32	波形文件类型
文件 n 长度	UI32	
类型	UI32	应为 0,可变长文件头结束标志
长度	UI32	应为 0,可变长文件头结束标志
文件 1 数据		
……		
文件 n 数据		

表 A.5 波形文件类型格式

文件类型	说明
00524448H	HDR 文件
00474643H	CFG 文件
00544144H	DAT 文件
00464E49H	INF 文件
0	无效文件
其他值	厂家自定义

A.4.3 通用分类服务

通用分类服务用于历史事件查询、数据检索类型、数据检索对象、遥测遥信、整定值读写、定值区切换。如果装置实现了表 A.6 所列的功能,则应按照表 A.6 定义通用分类条目。控制端软件可以根据数据检索类型、数据检索对象自动生成各种报表。

表 A.6 统一定义的通用分类条目

通用分类功能	GIN	说明
定值区切换	0001H	该条目的值是运行定值区
读/写定值	0002H	定值组的起始组号
	0003H	定值组的结束组号
遥测	0004H	遥测组的起始组号
	0005H	遥测组的结束组号

表 A.6（续）

通用分类功能	GIN	说明
遥信	0006H	遥信组的起始组号
	0007H	遥信组的结束组号
历史事件查询	0008H	历史事件组的起始组号
	0009H	历史事件组的结束组号
数据检索类型	000AH	数据检索类型组的起始组号
	000BH	数据检索类型组的结束组号
数据检索对象	000CH	数据检索对象组的起始组号
	000DH	数据检索对象组的结束组号

本标准对通用分类描述的类别(KOD)和通用分类数据描述(GDD)的数据类型(DATA TYPE)进行了如下扩充(见表 A.7、表 A.8)：

表 A.7 对描述的类别(KOD)的扩充

描述的类别(KOD)	说明
101	额定值
102	检索对象类别，见表 A.12

表 A.8 对数据类型(DATA TYPE)的扩充

描述的类别(KOD)	说明
101	历史事件结构体，见表 A.9

A.4.3.1 历史事件组

通过读取若干个历史事件组所有条目的值，可以获得最近的若干条历史事件。读每个条目实际值应该有表 A.10 所示的响应。

表 A.9 历史事件结构体

结构成员	说明
功能类型(FUN)	UI8
信息序号(INF)	UI8
启动时间	CP56Time2a，无效时间表示时间未知
复归时间	CP56Time2a，无效时间表示尚未复归或复归时间未知

表 A.10 读历史事件组单个条目实际值的响应

类型标识(TYP)	11
可变结构限定词(VSQ)	81H
传送原因(COT)	
地址(ADDRESS)	
功能类型(FUN)	254
信息序号(INF)	244
返回信息标识(RII)	
通用分类数据集数目(NGD)	{1,0,0}

表 A.10(续)

通用分类标识序号(GIN)	
描述类别(KOD)	〈1〉实际值
通用分类数据描述(GDD)	101〈历史事件结构体〉 16 1
通用分类标识数据(GID)	历史事件结构体(16个八位位组)

A.4.3.2 数据检索类型组

数据检索类型组定义了装置所支持的可用于数据检索的检索类型,比如电压高越限、电压低越限、负序电流越限等。每个条目的GIN作为该检索类型的标识,描述作为该检索类型的名称。比如某装置数据检索类型组可能有如表A.11所示的条目。

表 A.11 数据检索类型组条目的例子

GIN	条目的描述
2001H	高越限
2002H	低越限
2003H	正序电压高越限
2004H	正序电流低越限
2005H	二次谐波越限
2006H	三次谐波越限
2007H	过激磁倍数越限
……	……

A.4.3.3 数据检索对象

数据检索对象分模拟量通道、开关量通道和元件(包括母线、线路、主变、发电机、发变组等,见表A.12)。该组的每个条目代表了一个可供检索的对象,条目的实际值表示了该对象可供检索的类型。每个条目应该包含表A.13所示的属性。

表 A.12 检索对象的分类

检索对象的类别	说明
0	未知或其他
1	交流电压通道
2	交流电流通道
3	直流电压通道
4	直流电流通道
5	频率通道
100	开关量通道
200	母线
201	线路
202	主变
203	发电机
204	发变组

表 A.13 数据检索对象组条目的属性

属性(KOD)	数据类型	说明
〈10〉描述	〈1〉OS8ASCII	检索对象名称,比如1#通道、3#主变等
〈101〉额定值	〈7〉R32.23	本部分扩充,额定值,可选属性
〈9〉量纲	〈1〉OS8ASCII	额定值的单位
〈102〉类别	〈3〉UI	检索对象的类别
〈1〉实际值	〈15〉GIN	实际值的数据长度(DATA SIZE)为2,数据数目(DATA NUM)该对象可支持的检索类型数目。每个值都是一个代表该对象可以支持的检索类型的GIN

比如假设检索对象"1#电压通道"的GIN为3001H,则通用分类读单个条目(3001H)目录的命令,有如表A.14所示的响应。

表 A.14 读数据检索组单个条目目录的响应的例子

类型标识(TYP)	11	
可变结构限定词(VSQ)	81H	
传送原因(COT)		
地址(ADDRESS)		
功能类型(FUN)	254	
信息序号(INF)	243	
返回信息标识(RII)		
通用分类标识序号(GIN)	3001H	
描述元素的数目(NDE)	{5,0,0}	
描述类别(KOD)	〈1〉实际值	描述元素1
通用分类数据描述(GDD)	15〈GIN〉 2 4	
通用分类标识数据(GID)	2001H〈高越限〉 2002H〈低越限〉 2005H〈二次谐波越限〉 2006H〈三次谐波越限〉	
描述类别(KOD)	9〈量纲〉	描述元素2
通用分类数据描述(GDD)	1〈OS8ASCII〉 1 1	
通用分类标识数据(GID)	V	
描述类别(KOD)	10〈描述〉	描述元素3
通用分类数据描述(GDD)	1〈OS8ASCII〉 1 10	
通用分类标识数据(GID)	1#电压通道	

表 A.14（续）

描述类别(KOD)	〈101〉额定值	描述元素 4
通用分类数据描述(GDD)	7 4 1	
通用分类标识数据(GID)	57.735	
描述类别(KOD)	〈102〉类别	描述元素 5
通用分类数据描述(GDD)	3〈UI〉 1 1	
通用分类标识数据(GID)	1〈交流电压通道〉	

A.4.4 通用文件传输服务

通用文件传输服务是采用文件系统的概念，支持对目录和文件的访问。通用文件传输服务作为可选项，由各厂家决定是否实现。

本标准中，文件系统的最顶级条目是根目录，用符号“/”表示。

目录名、目录/文件名长度为 100 个字节，不足部分在后面添加 0x00 补齐。各级目录之间用字符“/”隔开。目录应从根目录开始。

文件名可以包含空格和中文。文件名中不应包含字符“/”、“\”、“:”、“*”、“?”、“"”、“〈”、“〉”、“|”。

通配符为“?”和“*”，“?”表示一个任意字符，“*”表示不定数量的任意字符。

文件位置为 0 表示文件的第一个八位位组。

文件或目录属性为 1 个八位位组，定义如下：

比特	MSB						LSB	八位位组
	8	7	6	5	4	3	2	1	
	0	0	0	0	0	0	0	DIR	

DIR：1 表示是目录，0 表示是文件。

A.5 报文规范

A.5.1 控制方向的扩充通信功能和报文

A.5.1.1 调取连续记录波形 ASDU_120

类型标识(TYP)	120
可变结构限定词(VSQ)	81H
传送原因(COT)	0(未使用)
地址(ADDRESS)	
功能类型(FUN)	255
信息序号(INF)	0
返回信息标识(RII)	
波形起始时间	CP56Time2a
波形结束时间	CP56Time2a
开始传输位置	UI32
模拟量通道掩码	128 个八位位组
开关量通道掩码	128 个八位位组

通道掩码的第一个八位位组的最低位(LSB)对应第1通道,最高位(MSB)对应第8通道;第二个八位位组的最低位对应第9通道,最高位对应第16通道;以此类推。对应位为0表示不调取,为1表示调取。实际调取的通道数以调取的数据文件为准。

A.5.1.2 终止数据传输命令 ASDU_122

类型标识(TYP)	122
可变结构限定词(VSQ)	81H
传送原因(COT)	0(未使用)
地址(ADDRESS)	
功能类型(FUN)	255
信息序号(INF)	0
返回信息标识(RII)	
数据传输命令(CMD)	发起数据传输的报文类型标识

数据传输命令(CMD)定义:

CMD	含义
120	连续记录波形传输
101	通用文件目录传输
103	通用文件读传输
105	通用文件写传输

A.5.1.3 连续记录数据检索命令 ASDU_124

类型标识(TYP)	124
可变结构限定词(VSQ)	81H
传送原因(COT)	
地址(ADDRESS)	
功能类型(FUN)	255
信息序号(INF)	0
返回信息标识(RII)	
检索起始时间	CP56Time2a
检索结束时间	CP56Time2a
检索类型	UI16,在表A.11中定义
检索对象	UI16,在表A.12中定义
检索值	R32.23
检索条件	UI8,1表示"≤"比较;0表示"≥"比较

A.5.1.4 通用文件列表命令 ASDU_101

类型标识(TYP)	101
可变结构限定词(VSQ)	81H
传送原因(COT)	0(未使用)
地址(ADDRESS)	

表(续)

功能类型(FUN)	255
信息序号(INF)	0
返回信息标识(RII)	
查询起始时间	CP56Time2a
查询结束时间	CP56Time2a
目录/文件名	可包括通配符

A.5.1.5 通用文件读命令 ASDU_103

类型标识(TYP)	103
可变结构限定词(VSQ)	81H
传送原因(COT)	0(未使用)
地址(ADDRESS)	
功能类型(FUN)	255
信息序号(INF)	0
返回信息标识(RII)	
目录/文件名	
文件位置(POS)	UI32,开始读取的位置

A.5.1.6 通用文件数据 ASDU_104

类型标识(TYP)	103
可变结构限定词(VSQ)	81H
传送原因(COT)	0(未使用)
地址(ADDRESS)	
功能类型(FUN)	254
信息序号(INF)	0
返回信息标识(RII)	
后续位标志	
文件位置(POS)	UI32,本帧报文中的文件内容在原文件中的位置
文件内容	由 A.4.2 定义

注:后续标志为 0 表示 ASDU_104 传输完毕。

A.5.1.7 通用文件写命令 ASDU_105

类型标识(TYP)	105
可变结构限定词(VSQ)	81H
传送原因(COT)	0(未使用)
地址(ADDRESS)	
功能类型(FUN)	255
信息序号(INF)	0
返回信息标识(RII)	

表（续）

传送标记	0(1字节，未用)
目录/文件名	
文件时间	CP56Time2a
文件长度	UI32

A.5.1.8　通信参数自动协商命令 ASDU_221

类型标识(TYP)	221
可变结构限定词(VSQ)	81H
传送原因(COT)	0(未使用)
地址(ADDRESS)	
功能类型(FUN)	255
信息序号(INF)	0
返回信息标识(RII)	

注：本报文仅对 DL/T 634.5104—2002 协议有效。

A.5.2　监视方向的扩充通信功能和报文

A.5.2.1　带六个八位位组时标的双点信息 ASDU_100

类型标识(TYP)	100
可变结构限定词(VSQ)	81H
传送原因(COT)	
地址(ADDRESS)	
功能类型(FUN)	
信息序号(INF)	
双点信息(DPI)	
六个八位位组时标	CP56Time2a
附加信息(SIN)	

A.5.2.2　连续记录波形数据 ASDU_121

类型标识(TYP)	121
可变结构限定词(VSQ)	81H
传送原因(COT)	
地址(ADDRESS)	
功能类型(FUN)	255
信息序号(INF)	0
后续位标志	
文件位置(POS)	UI32，本帧报文中的文件内容在原文件中的位置
文件内容	

注：后续标志为0表示 ASDU_121 传输完毕。

A.5.2.3 连续记录检索结果 ASDU_125

类型标识(TYP)	125	
可变结构限定词(VSQ)	81H	
传送原因(COT)		
地址(ADDRESS)		
功能类型(FUN)	255	
信息序号(INF)	0	
返回信息标识(RII)		
描述元素的数目(NDE)		
起始时间	CP56Time2a	条目 1
结束时间	CP56Time2a	
……	……	……
起始时间	CP56Time2a	条目 n
结束时间	CP56Time2a	

注：NDE 的后续标志为 0 表示 ASDU_125 传输完毕。

A.5.2.4 通用文件列表数据 ASDU_102

类型标识(TYP)	102	
可变结构限定词(VSQ)	81H	
传送原因(COT)	0(未使用)	
地址(ADDRESS)		
功能类型(FUN)	254	
信息序号(INF)	0	
返回信息标识(RII)		
描述元素的数目(NDE)		
目录/文件名		条目 1
文件时间	CP56Time2a	
文件属性	UI8	
文件长度	UI32	
……	……	……
目录/文件名		条目 n
文件时间	CP56Time2a	
文件属性	UI8	
文件长度	UI32	

注：NDE 中后续标志为 0 表示 ASDU_102 传输完毕。

A.5.2.5　通用文件数据 ASDU_104

类型标识(TYP)	104
可变结构限定词(VSQ)	81H
传送原因(COT)	0(未使用)
地址(ADDRESS)	
功能类型(FUN)	254
信息序号(INF)	0
返回信息标识(RII)	
后续位标志	
文件位置(POS)	UI32,本帧报文中的文件内容在原文件中的位置
文件内容	

注：后续标志为 0 表示 ASDU_104 传输完毕。如果控制方向通过 ASDU_103 要求从 100 字节处开始传送，则装置响应的第一个 ASDU_104 中的文件位置 POS 应该为 100。

A.5.2.6　通用文件写命令确认 ASDU_106

类型标识(TYP)	106
可变结构限定词(VSQ)	81H
传送原因(COT)	
地址(ADDRESS)	
功能类型(FUN)	255
信息序号(INF)	0
返回信息标识(RII)	
传送标记	0(1 字节，未用)
文件名	
文件时间	CP56Time2a
文件长度	UI32

注：COT=14H 表示肯定确认，COT=15H 表示否定确认。

A.5.2.7　通用文件写命令的认可 ASDU_108

类型标识(TYP)	108
可变结构限定词(VSQ)	81H
传送原因(COT)	0(未使用)
地址(ADDRESS)	
功能类型(FUN)	254
信息序号(INF)	0
返回信息标识(RII)	
认可标志	UI8,0(未使用)
已接收长度	UI32

注：COT=14H 表示肯定认可，COT=15H 表示否定认可。

A.5.2.8 通信参数自动协商数据 ASDU_220

类型标识(TYP)	220
可变结构限定词(VSQ)	81H
传送原因(COT)	0(未使用)
地址(ADDRESS)	
功能类型(FUN)	255
信息序号(INF)	0
返回信息标识(RII)	
k	UI16,未被确认的I格式 APDU 的最大数目
w	UI16,最迟确认 APDU 的最大数目
t0	UI32,建立连接的超时,单位 ms
t1	UI32,发送或测试 APDU 超时,单位 ms
t2	UI32,无数据报文时确认超时,单位 ms
t3	UI32,长期空闲发送测试帧超时,单位 ms

注:本报文仅对 DL/T 634.5104—2002 协议有效。

ICS 77.120.99
H 65

中华人民共和国国家标准

GB/T 14633—2010
代替 GB/T 14633—2002

灯用稀土三基色荧光粉

Rare earth three-band phosphors for fluorescent lamps

2010-08-09 发布　　2011-05-01 实施

中华人民共和国国家质量监督检验检疫总局
中国国家标准化管理委员会　发布

前　言

本标准代替 GB/T 14633—2002《灯用稀土三基色荧光粉》。

本标准与 GB/T 14633—2002 相比，主要有如下变化：

——规范性引用文件中增加了引用标准 GB/T 5838《荧光粉名词术语》和 GB/T 20170.1《稀土金属及其化合物物理性能测试方法　稀土化合物粒度分布的测定》；

——删除“粒度分布”、“相关色温”的定义；增加“热猝灭性”的定义；对“热稳定性”中相对亮度和色品坐标的符号表示进行了调整；

——对红色荧光粉色品坐标的中心值(x_m，y_m)、蓝色荧光粉色品坐标的中心值(y_m)及对原表 1、表 2、表 3、表 4 中的颗粒特性(包括中心粒径、比表面积)的考核，均由考核中心值和偏差值调整为只考核偏差值，中心值由供需双方协商确定；

——删除原表 1、表 2、表 3 中对粒度分布的考核；

——删除原表 1、表 2 中对热稳定性的考核，原表 3 热稳定性的考核温度由 550 ℃调整为 600 ℃；

——合并原表 1、表 2、表 3。

——各牌号增加对热猝灭性、pH 值及电导率的考核指标；

——删除原表 4 对相对亮度、相关色温的考核；对色品坐标的偏差值和显色指数的指标做了调整。

本标准的附录 A 为资料性附录。

本标准由全国稀土标准化技术委员会提出并归口。

本标准负责起草单位：江门市科恒实业股份有限公司。

本标准参加起草单位：上海跃龙新材料股份有限公司、厦门通士达新材料有限公司、广州有色金属研究院、杭州大明荧光材料有限公司、常熟亚太荧光材料有限公司。

本标准主要起草人：万国江、黄瑞甜、卢杰山、陈饶。

本标准所代替标准的历次版本发布情况为：

——GB/T 14633—1993、GB/T 14633—2002。

灯用稀土三基色荧光粉

1 范围

本标准规定了灯用稀土三基色荧光粉的要求、试验方法、检验规则及标志、包装、运输、贮存。

本标准适用于经高温反应制得的，以铕激活的氧化钇、以铽、铈激活的铝酸镁、以低价铕(或低价铕、锰)激活的铝酸钡镁，在253.7 nm紫外线激发下分别发射红色、绿色、蓝色荧光的荧光粉，以及由上述三种荧光粉按一定比例混合而成的灯用稀土三基色荧光粉。主要用于低压汞蒸气体荧光灯。

2 规范性引用文件

下列文件中的条款通过本标准的引用而成为本标准的条款。凡是注日期的引用文件，其随后所有的修改单(不包括勘误的内容)或修订版均不适用于本标准，然而，鼓励根据本标准达成协议的各方研究是否可使用这些文件的最新版本。凡是不注日期的引用文件，其最新版本适用于本标准。

GB/T 5838 荧光粉名词术语

GB/T 8170 数值修约规则与极限数值的表示和判定

GB/T 14634(所有部分) 灯用稀土三基色荧光粉试验方法

GB/T 17262 单端荧光灯 性能要求

GB/T 20170.1 稀土金属及其化合物物理性能测试方法 稀土化合物粒度分布的测定

GB/T 23595.5 白光LED灯用稀土黄色荧光粉试验方法 第5部分：pH值的测定

GB/T 23595.6 白光LED灯用稀土黄色荧光粉试验方法 第6部分：电导率的测定

3 术语

GB/T 5838确立的以及下列术语和定义适用于本标准。

3.1

标准荧光粉 standard phosphors

按指定牌号及一定要求制得的、并经过性能标定的、用于产品性能相对测量用的荧光粉。

注：本标准采用相对应的灯用稀土三基色荧光粉国家标准样品为标准荧光粉。

3.2

发射主峰 emission dominant peak

发射光谱中强度最大的谱峰。单位nm。

3.3

比表面积 specific surface area

颗粒的表面积与其质量(或体积)之比。单位为平方厘米每克(cm^2/g)或平方厘米每立方厘米(cm^2/cm^3)。

3.4

热稳定性 thermostability

器件制造工艺中，荧光粉对热处理的稳定性。

注：本标准中包含相对亮度的热稳定性(ΔB_h)及色品坐标的热稳定性(Δx_h、Δy_h)。

3.5

热猝灭性(温度猝灭) temperature quenching

由温度升高引起的发光性能变弱/化，当温度恢复时，发光性能随之恢复的现象。

注：本标准中包含相对亮度的热猝灭性(ΔB_q)及色品坐标的热猝灭性(Δx_q、Δy_q)。

4 要求

4.1 灯用稀土三基色红色、蓝色、绿色荧光粉的牌号及相对亮度、色品坐标、热稳定性、密度、中心粒径的偏差值、比表面积的偏差值应符合表 1 的规定；中心粒径的中心值($D[V,50]$)、比表面积的中心值(S_w)、红色荧光粉的色品坐标的中心值(x_m，y_m)、蓝色荧光粉色品坐标的中心值(y_m)由供需双方协商确定；热猝灭性、pH 值、电导率为参考值，具体指标由供需双方商定，并在合同中注明。

4.2 灯用稀土三基色混合荧光粉的牌号及色品坐标、中心粒径、显色指数应符合表 2 的规定。色品坐标的中心值(x_m、y_m)、中心粒径的中心值($D[V,50]$)由需方按自身的生产工艺向供方提出。

4.3 产品为白色粉末，应洁净，无目视可见的夹杂物。

表 1

灯用稀土三基色荧光粉			红色荧光粉	蓝色荧光粉		绿色荧光粉
数字牌号			200000	200101A	200101B	200202
字符牌号			G27	G26—1	G26—2	G25
光学性能	相对亮度/%		≥99.0	≥80.0	≥99.0	≥99.0
	色品坐标	x	x_m±0.005 0	0.145 0±0.005 0	0.145 0±0.005 0	0.325 0±0.005 0
		y	y_m±0.005 0	≤0.007 0	y_m±0.005 0	0.595 0±0.005 0
	发射主峰/nm		611±1	450±5	450±5；515±5(次峰)	543±2
	热稳定性(600 ℃，0.5 h)	ΔB_q/%	—	≤7.0	≤10.0	—
		Δx_q	—	≤0.003 0	≤0.003 0	—
		Δy_q	—	≤0.006 0	≤0.010 0	—
	热猝灭性(200 ℃，20 min)	$\lvert\Delta B_q\rvert$/%	≤5	≤10	≤20	≤5
		$\lvert\Delta x_q\rvert$	≤0.005 0	≤0.003 0	≤0.003 0	≤0.002 0
		$\lvert\Delta y_q\rvert$	≤0.005 0	≤0.006 0	≤0.050 0	≤0.002 0
密度/(g/cm³)			5.1±0.2	3.7±0.2	3.7±0.2	4.3±0.2
中心粒径($D[V,50]$)/μm			$D[V,50]$±0.50	$D[V,50]$±0.50	$D[V,50]$±0.50	$D[V,50]$±0.50
比表面积(S_w)/(cm²/g)			S_w±200	S_w±300	S_w±300	S_w±200
pH 值			7.0±1.0			
电导率/(μS/cm)			<15	<20	<20	<15
参考化学组成			Y_2O_3:Eu	$BaMgAl_{10}O_{17}$:Eu	$BaMgAl_{10}O_{17}$:(Eu·Mn)	$CeMgAl_{11}O_{19}$:Tb

表 2

数字牌号	字符牌号	色品坐标 x	色品坐标 y	中心粒径($D[V,50]$)/μm	显色指数(R_a)
200303A	G-RD	x_m±0.003 0	y_m±0.003 0	$D[V,50]$±0.50	≥80
200303B	G-RN	x_m±0.003 0	y_m±0.003 0	$D[V,50]$±0.50	≥83
200303C	G-RB	x_m±0.003 0	y_m±0.003 0	$D[V,50]$±0.50	≥85
200303D	G-RL	x_m±0.003 0	y_m±0.003 0	$D[V,50]$±0.50	≥85
200303E	G-RZ	x_m±0.003 0	y_m±0.003 0	$D[V,50]$±0.50	≥85
200303F	G-RR	x_m±0.003 0	y_m±0.003 0	$D[V,50]$±0.50	≥85

注：灯用稀土三基色混合荧光粉数字牌号(字符牌号)与荧光灯牌号(色调)对应关系见附录 A。

5 试验方法

5.1 相对亮度、色品坐标、发射主峰值波长(蓝粉次峰)、热稳定性、热猝灭性、密度、比表面积的测定按GB/T 14634的规定进行。

5.2 中心粒径的测定按GB/T 20170.1中方法2的规定进行。

5.3 pH值的测定按GB/T 23595.5的规定进行。

5.4 电导率的测定按GB/T 23595.6的规定进行。

5.5 数值修约规则按GB/T 8170的规则进行。

5.6 外观检查时,采用牛角勺从不同部位约取10 g试样,均匀地平摊在白色瓷板或白色油光纸上,其摊开面积不小于200 cm^2,在日光下用目视法观察。

6 检验规则

6.1 检查和验收

6.1.1 产品应由供方技术监督部门进行检验,保证产品质量符合本标准(或定货合同)的规定,并填写质量证明书。

6.1.2 需方应对收到的产品按本标准的规定进行检验。如检验结果与本标准规定不符时,可在收到产品之日起三个月内向供方提出,由供需双方协商解决。如需仲裁,可委托双方认可的单位进行,并在需方共同取样。

6.2 组批

产品应成批提交检验,每批应由同一牌号的产品组成。

6.3 检验项目

每批产品出厂前应进行相对亮度、色品坐标、发射主峰、热稳定性、密度、中心粒径、比表面积和外观的检验。如用户需要其他性能指标的检测结果,应由供需双方协商确定,并在合同(或订货单)中注明。

6.4 取样和制样

仲裁取样按表3的规定进行。每件(袋)取样量不少于10 g。将试样充分混匀后,用四分法迅速缩分至试样所需数量,装入试样袋密封。

表3

件(袋)数	1～5	6～49	50～100	>100
取样件(袋)数	件(袋)数的100%	5	件(袋)数的10%取整数	件(袋)数的平方根取正整数

6.5 检验结果判定

除外观外,仲裁分析结果与本标准规定不符时,则从该批产品中取双倍试样对不合格项目进行重复试验,如仍有一项结果不合格,则该批产品为不合格。

外观检验结果与本标准规定不符时,则直接判定该批产品不合格。

7 标志、包装、运输、贮存

7.1 标志、包装

7.1.1 每箱(桶)外应注明:供方名称、产品名称、牌号、批号、净重、出厂日期及"防潮"标志或字样。

7.1.2 产品分装于双层塑料袋或塑料瓶中,每袋(瓶)净重为5 kg、10 kg、20 kg、25 kg。袋(瓶)置于钙塑箱(或纸箱、木箱或铁桶、塑料桶)中。

7.2 运输、贮存

产品运输时严防受潮,存放于干燥处,不得露天放置。

7.3 质量证明书

每批产品应附质量证明书,注明:

a) 供方名称;

b) 产品名称和牌号;

c) 批号;

d) 净重和件数;

e) 各项分析检验结果和技术监督部门印记;

f) 本标准编号;

g) 出厂日期。

附 录 A
（资料性附录）
灯用稀土三基色混合荧光粉数字牌号（字符牌号）与荧光灯牌号（色调）对应关系

为了与 GB/T 17262 中的牌号表示方法相对应，灯用稀土三基色混合荧光粉数字牌号（字符牌号）与荧光灯牌号（色调）对应关系见表 A.1。

表 A.1

荧光灯牌号（色调）	灯用稀土三基色混合荧光粉数字牌号	灯用稀土三基色混合荧光粉字符牌号
F2700（白炽灯色）	200303A	G-RD
F3000（暖白色）	200303B	G-RN
F3500（白色）	200303C	G-RB
F4000（冷白色）	200303D	G-RL
F5000（中性白色）	200303E	G-RZ
F6500（日光色）	200303F	G-RR

ICS 77.120.99
H 14

中华人民共和国国家标准

GB/T 14634.1—2010
代替 GB/T 14634.1—2002

灯用稀土三基色荧光粉试验方法 第1部分:相对亮度的测定

Test methods of rare earth three-band phosphors for fluorescent lamps—Part 1:Determination of relative brightness

2010-08-09 发布　　2011-05-01 实施

中华人民共和国国家质量监督检验检疫总局
中国国家标准化管理委员会　发布

前　言

GB/T 14634《灯用稀土三基色荧光粉试验方法》共分 7 个部分：

——第 1 部分：相对亮度的测定；

——第 2 部分：发射主峰和色度性能的测定；

——第 3 部分：热稳定性的测定；

——第 4 部分：电传感法粒度分布测定；

——第 5 部分：密度的测定；

——第 6 部分：比表面积的测定；

——第 7 部分：热猝灭性的测定。

本部分为第 1 部分。

本部分是对 GB/T 14634.1—2002《灯用稀土三基色荧光粉试验方法　相对亮度测定》的修订。

本部分与 GB/T 14634.1—2002 相比，主要变化如下：

——增加了精密度条款；

——对标准文本进行了编辑性修改。

本部分由全国稀土标准化技术委员会提出并归口。

本部分负责起草单位：江门市科恒实业股份有限公司。

本部分参加起草单位：上海跃龙新材料股份公司、厦门通士达新材料有限公司、杭州大明荧光材料有限公司、陕西彩虹荧光材料公司。

本部分主要起草人：黄瑞甜、陈饶。

本部分参加起草人：张飞、戴茜玲、何海燕、王伍宝。

本部分所代替标准的历次版本发布情况为：

——GB/T 14634.1—1993、GB/T 14634.1—2002。

灯用稀土三基色荧光粉试验方法
第1部分:相对亮度的测定

1 范围

GB/T 14634的本部分规定了灯用稀土三基色荧光粉相对亮度的测定方法。

本部分适用于灯用稀土三基色荧光粉相对亮度的测定。

2 方法原理

灯用稀土三基色荧光粉在253.7 nm紫外线激发下发出可见光,通过经$V(\lambda)$函数校正的光电探测器将它转换成光电流或光电压,记录此值,然后与同类标准荧光粉在同样条件下测得的光电流或光电压值比较,得出灯用稀土三基色荧光粉的相对亮度。

3 仪器与装置

3.1 试样的激发、测量条件

3.1.1 “0/d”是指激发光方向与试样表面垂直,用积分球收集试样荧光。积分球内壁涂无荧光中性漫反射材料,反射比(80±5)%。

3.1.2 “45/0”是指激发光方向与试样表面法线方向成45°,接受方向垂直试样的表面。

3.1.3 “0/45”是指激发光方向与试样表面垂直,接受方向与试样表面法线成45°。

3.2 仪器原理

仪器原理示意图见图1。

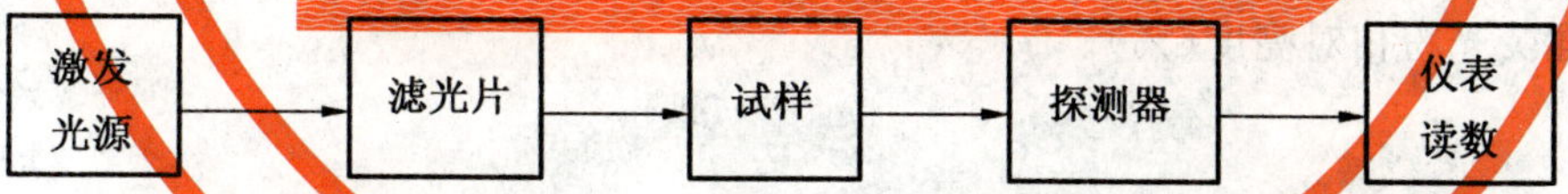

图1

3.3 激发光源

发射253.7 nm紫外线低压汞灯,功率为2 W～20 W,配253.7 nm紫外滤光片,该滤光片的峰值透射比大于10%,在300 nm～800nm波长范围内透射比不大于0.1%;激发光源的稳定度不低于0.2%。

3.4 样品盘

用不锈钢制作,内径≥20 mm,边缘宽度≤0.5 mm,深度≥3 mm。

3.5 光电探测器

相对光谱响应率与$V(\lambda)$一致,探测器的光谱响应率符合一级$V(\lambda)$光电探测器的要求。

3.6 读数仪表

读数仪表的线性优于0.2%,对标准荧光粉,仪器显示最大读数不小于100,分辨率不低于0.1。

3.7 标准荧光粉的选择

按表1的规定,选择与待测试样相对应的标准荧光粉。

表 1

待测试样荧光粉牌号	相对应的标准荧光粉国家标准样品编号
200000(红粉)	GSB04-1650—2003
200101A(单峰蓝粉)	GSB04-1652—2003
200101B(双峰蓝粉)	GSB04-1653—2003
200202(绿粉)	GSB04-1651—2003

4 分析步骤

4.1 将试样和标准荧光粉分别装入样品盘内，用平面玻璃压平，使表面平整。标准样品只能使用一次。

4.2 用 253.7 nm 紫外线稳定激发试样和标准荧光粉。

4.3 用光电探测器将试样与标准荧光粉发出的光转换成光电流(或光电压)，并记录数值。试样和标准荧光粉连续重复读数三次，相对偏差不应超过 0.5%。取算术平均值进行计算。

5 测试结果的表述

按式(1)或式(2)计算试样的相对亮度(B_r)：

$$B_r(\%) = \frac{I}{I_0} \times B_A \quad \cdots\cdots(1)$$

$$B_r(\%) = \frac{V}{V_0} \times B_A \quad \cdots\cdots(2)$$

式中：

I——试样的光电流；

I_0——标准荧光粉的光电流；

V——试样的光电压；

V_0——标准荧光粉的光电压；

B_A——标准荧光粉相对亮度(%)。

6 精密度

6.1 重复性

在重复性条件下获得的两次独立测试结果的测定值，在以下给出的平均值范围内，这两个测试结果的绝对差值不超过重复性限(r)，超过重复性限(r)的情况不超过 5%，重复性限(r)按表 2 数据采用线性内插法求得。

表 2

试样牌号	相对亮度(B_r)/%	重复性限(r)/%
200000(红粉)	105.4	1.0
200101A(单峰蓝粉)	91.8	1.1
200101B(双峰蓝粉)	111.8	1.3
200202(绿粉)	102.0	0.7
注：重复性限(r)为 2.8×Sr，Sr 为重复性标准差。		

6.2 允许差

实验室之间相对亮度分析结果的差值应不大于表 3 所列允许差。

表 3

试样牌号	允许差(%)
200000(红粉)	2.0
200101A(单峰蓝粉)	3.0
200101B(双峰蓝粉)	3.0
200202(绿粉)	2.0

ICS 77.120.99
H 14

中华人民共和国国家标准

GB/T 14634.2—2010
代替 GB/T 14634.2—2002

灯用稀土三基色荧光粉试验方法 第2部分:发射主峰和色度性能的测定

Test methods of rare earth three-band phosphors for fluorescent lamps—Part 2: Determination of emission dominantpeak and chromaticity

2010-08-09 发布　　2011-05-01 实施

中华人民共和国国家质量监督检验检疫总局
中国国家标准化管理委员会　发布

前　言

GB/T 14634《灯用稀土三基色荧光粉试验方法》共分 7 个部分：

——第 1 部分：相对亮度的测定；

——第 2 部分：发射主峰和色度性能的测定；

——第 3 部分：热稳定性的测定；

——第 4 部分：电传感法粒度分布测定；

——第 5 部分：密度的测定；

——第 6 部分：比表面积的测定；

——第 7 部分：热猝灭性的测定。

本部分为第 2 部分。

本部分是对 GB/T 14634.2—2002《灯用稀土三基色荧光粉试验方法　发射光谱和色度性能测定》的修订。

本部分与 GB/T 14634.2—2002 相比，主要变化如下：

——范围中修改为“本部分适用于灯用稀土三基色荧光粉发射主峰、色品坐标、显色指数等色度性能参数的测定”；

——规范性引用文件中增加 CIE 15 色度学，CIE 1931 标准色度观察者，CIE 1976 $L^* u^* v^*$ 颜色空间和 u'，v' 均匀色品标度图；

——调整了部分分析条件；

——增加了精密度条款；

——对标准文本进行了编辑性修改。

本部分的附录 A 为资料性附录。

本部分由全国稀土标准化技术委员会提出并归口。

本部分负责起草单位：江门科恒实业股份有限公司。

本部分参加起草单位：上海跃龙新材料股份公司、杭州远方光电信息有限公司、杭州大明荧光材料有限公司、厦门通士达新材料有限公司、有研稀土新材料股份有限公司、陕西彩虹荧光材料公司。

本部分主要起草人：卢杰山、黄瑞甜。

本部分参加起草人：陈惠新、闵芳胜、何海燕、戴茜玲、何涛、王伍宝。

本部分所代替标准的历次版本发布情况为：

——GB/T 14634.2—1993、GB/T 14634.2—2002。

灯用稀土三基色荧光粉试验方法
第2部分:发射主峰和色度性能的测定

1 范围

GB/T 14634的本部分规定了灯用稀土三基色荧光粉发射主峰和色度性能的测定方法。

本部分适用于灯用稀土三基色荧光粉发射主峰、色品坐标、显色指数等色度性能参数的测定。

2 规范性引用文件

下列文件中的条款通过本部分的引用而成为本部分的条款。凡是注日期的引用文件,其随后所有的修改单(不包括勘误的内容)或修订版均不适用于本部分,然而,鼓励根据本部分达成协议的各方研究是否可使用这些文件的最新版本。凡是不注日期的引用文件,其最新版本适用于本部分。

GB/T 5702 光源显色性评价方法

CIE 15—2004 色度学

CIE 1931 标准色度观察者

CIE 1976 $L^{*}u^{*}v^{*}$ 颜色空间和 u',v'均匀色品标度图

3 方法原理

试样在253.7 nm紫外线激发下发射出的可见光,经光谱辐射测试仪分光与光电转换,把单色光信号转成电信号,再经标准灯校正,获得与光强对应的电信号值;按一定的波长间隔测得整个可见光波段,获得该试样在整个可见光波段相对发射光谱功率分布,再根据CIE 15—2004计算各种色度性能参数。

4 仪器

4.1 测量系统装置

4.1.1 光谱辐射测试仪,测试仪必须满足下列指标要求。

4.1.1.1 波长不确定度:标准偏差不大于0.5 nm;

4.1.1.2 波长重现性:标准偏差均不大于0.2 nm;

4.1.1.3 测量标准灯:按CIE 1976色品坐标 u',v',标准重现性优于0.000 3,标准A光源自身稳定性 u',v'优于0.000 1;

4.1.1.4 测量荧光粉试样:按CIE 1976色品坐标 u',v',标准偏差不大于0.000 5(连续3次以上)。

4.1.2 激发、测试条件:激发(照射)光线与试样(或漫反射白板)表面法线方向成45°,接受方向垂直试样表面(45/0);或激发光线与试样表面垂直,接受方向与试样表面法线成45°(0/45)。

4.1.3 漫反射白板要求:计量部门标定过的压制分析纯 $BaSO_4$。

4.2 激发部件

253.7 nm紫外线低气压汞灯加配滤色片,滤色片峰值透射比应大于10%,300 nm~800 nm的透射比不大于0.01%,253.7 nm辐射强度稳定度优于0.2%/10 min,否则应加补偿。

4.3 校正部件

4.3.1 波长校正灯:波长为404.66 nm、435.88 nm、546.07 nm的低气压汞特征谱线,另外还应有大于600 nm的谱线。如波长为656.10 nm的氘谱线,或波长为632.80 nm的He-Ne激光,或汞氩灯在600 nm~800 nm间的谱线等。

4.3.2 光谱响应校正灯：经过国家计量部门检定的已知光谱功率分布的标准光源，并按国家计量部门规定送检。

5 测试步骤

5.1 光谱辐射测试仪波长校正

分光仪波长读数和被测光源实际波长对应关系的校正：用满足4.3.1条件的已知波长的光源，校正分光仪出射波长与仪器波长读数。校正后测试此波长的光源多次，测得波长与已知波长关系应满足4.1.1.1与4.1.1.2要求。

5.2 光谱辐射测试仪光谱响应的校正

5.2.1 将漫反射白板放置于试样位置，用光谱响应校正灯按4.1.2要求照射漫反射白板。

5.2.2 调正仪器灵敏度，使光谱辐射仪处于线性工作区。

5.2.3 选择合适的仪器带宽，带宽一般为1 nm或5 nm。

5.2.4 从380 nm～780 nm按确定的$\Delta\lambda$顺序记录光电信号。

5.2.5 校正后测试此光谱响应校正灯及较高色温的试样，应满足4.1.1.3与4.1.1.4要求。按式(1)计算出系统光谱响应函数$\alpha(\lambda)$：

$$\alpha(\lambda)=\frac{S_0(\lambda)}{I_0(\lambda)} \qquad \cdots\cdots(1)$$

式中：

$\alpha(\lambda)$——系统光谱响应函数；

$S_0(\lambda)$——校正光源的相对光谱功率分布；

$I_0(\lambda)$——测得的光电信号。

5.3 测试

5.3.1 激发灯满足4.2要求，激发灯与试样位置满足4.1.2，激发试样。

5.3.2 从380 nm～780 nm按一定的波长间隔测得试样光电信号$I(\lambda)$。

5.3.3 按式(2)计算试样相对光谱功率分布：

$$S(\lambda)=I(\lambda)\times\alpha(\lambda) \qquad \cdots\cdots(2)$$

式中：

$S(\lambda)$——试样的相对光谱功率分布；

$I(\lambda)$——测得的光电信号；

$\alpha(\lambda)$——系统光谱响应函数。

6 测试结果表述

6.1 色品坐标

6.1.1 按CIE 1931—XYZ系统计算色品坐标：x，y；

6.1.2 按CIE 1976—UCS系统计算色品坐标：u'，v'。

6.2 发射主峰波长

由5.3.3求得的相对光谱功率分布中，能量最大的发射峰所对应的波长为发射主峰，所得值的准确性为$\lambda\pm(\Delta\lambda/2)$，其中$\Delta\lambda$是测量带宽。

6.3 显色指数

灯用稀土三基色混合荧光粉考察显色指数，根据GB/T 5702，由所测得的相对光谱功率分布计算试样的显色指数。

7 精密度

7.1 重复性

在重复性条件下获得的两次独立测试结果的测定值，在以下给出的平均值范围内，这两个测试结果的绝对差值不超过重复性限(r)，超过重复性限(r)的情况不超过5%，发射主峰和色品坐标的重复性限按表1和表2数据采用线性内插法求得。

表 1

试样牌号	发射主峰(λ)/nm	重复性限(r)/nm
200000(红粉)	610	0.1
200101A(单峰蓝粉)	451	0.8
200101B(双峰蓝粉)	454	1.2
200202(绿粉)	545	0.1
注：重复性限(r)为2.8×Sr,Sr为重复性标准差。		

表 2

试样牌号	色品坐标 x	色品坐标 x 的重复性限(r)	色品坐标 y	色品坐标 y 的重复性限(r)
200000(红粉)	0.649 5	0.000 4	0.346 3	0.000 4
200101A(单峰蓝粉)	0.146 1	0.000 4	0.065 8	0.000 6
200101B(双峰蓝粉)	0.142 7	0.000 5	0.138 6	0.000 9
200202(绿粉)	0.326 9	0.000 5	0.596 4	0.000 5
注：重复性限(r)为2.8×Sr,Sr为重复性标准差。				

7.2 允许差

实验室之间发射主峰(λ)和色品坐标(x,y)分析结果的差值应不大于表3所列的允许差。

表 3

试样牌号	发射主峰(λ)允许差/nm	色品坐标(x,y)允许差
200000(红粉)	1	0.003 0
200101A(单峰蓝粉)	5	
200101B(双峰蓝粉)	5	
200202(绿粉)	2	

ICS 77.120.99
H 14

中华人民共和国国家标准

GB/T 14634.3—2010
代替 GB/T 14634.3—2002

灯用稀土三基色荧光粉试验方法
第3部分：热稳定性的测定

**Test methods of rare earth three-band phosphors for fluorescent lamps—
Part 3: Determination of thermostability**

2010-08-09 发布　　2011-05-01 实施

中华人民共和国国家质量监督检验检疫总局
中国国家标准化管理委员会　发布

前　言

GB/T 14634《灯用稀土三基色荧光粉试验方法》共分 7 个部分：

——第 1 部分：相对亮度的测定；

——第 2 部分：发射主峰和色度性能的测定；

——第 3 部分：热稳定性的测定；

——第 4 部分：电传感法粒度分布测定；

——第 5 部分：密度的测定；

——第 6 部分：比表面积的测定；

——第 7 部分：热猝灭性的测定。

本部分为第 3 部分。

本部分是对 GB/T 14634.3—2002《灯用稀土三基色荧光粉试验方法　热稳定性测定》的修订。

本部分与 GB/T 14634.3—2002 相比，主要变化如下：

——对加热炉的设定温度进行了调整；

——对相对亮度的热稳定性公式进行了修改；

——增加了精密度条款；

——对标准文本进行了编辑性修改。

本部分由全国稀土标准化技术委员会提出并归口。

本部分负责起草单位：江门市科恒实业股份有限公司。

本部分参加起草单位：杭州大明荧光材料有限公司、上海跃龙新材料股份公司、厦门通士达新材料有限公司、有研稀土新材料股份有限公司、陕西彩虹荧光材料公司。

本部分主要起草人：黄瑞甜、陈饶。

本部分参加起草人：何海燕、陈惠新、戴茜玲、何涛、王伍宝。

本部分所代替标准的历次版本发布情况为：

——GB/T 14634.3—2002。

灯用稀土三基色荧光粉试验方法 第3部分:热稳定性的测定

1 范围

GB/T 14634 的本部分规定了灯用稀土三基色荧光粉的热稳定性的测定方法。

本部分适用于灯用稀土三基色荧光粉的热稳定性的测定。

2 方法原理

将空炉加热至规定的温度,再放入灯用稀土三基色荧光粉试样,在规定的温度下加热至规定时间,随即取出,在空气中自然冷却至室温。对未加热处理过的试样和加热处理过的试样进行相对亮度、色品坐标测定,用两者之间差异绝对值来表示所试验的灯用稀土三基色荧光粉的热稳定性。

3 仪器与装置

间热式加热炉,最高工作温度为1 000 ℃。温度控制器控温偏差小于5 ℃。炉膛内工作区域(即恒温区)温度偏差小于10 ℃,其最小尺寸为200 mm×100 mm×80 mm。

4 测定步骤

4.1 对加热炉设定加热温度。

4.2 接通电源,使其温度均匀升到设定温度(600 ℃),保温0.5 h。

4.3 称取5 g试样放置在30 mL氧化铝坩埚内。

4.4 将坩埚放在氧化铝舟中,每次不得超过4只坩埚。

4.5 用支架把放有坩埚的氧化铝舟撑起,放在炉膛恒温区。

4.6 加热处理至规定时间(例如0.5 h),把氧化铝舟从加热炉子内取出,自然冷却。

4.7 待该试样冷却至室温后,测定其相对亮度或色品坐标,并与未加热处理过的同批试样的相对亮度或色品坐标对比。

4.8 计算试样的热稳定性。

5 测试结果的表述

5.1 按式(1)计算相对亮度的热稳定性 ΔB_h,两次平行测定相对亮度的热稳定性差值不大于1%时,取其平均值。

$$\Delta B_h = \frac{|B_h - B_0|}{B_0} \times 100 \quad \cdots\cdots(1)$$

式中:

ΔB_h——相对亮度的热稳定性(%);

B_0——未加热处理过的试样相对亮度(%);

B_h——加热处理过的试样相对亮度(%)。

两次平行测定相对亮度的热稳定性差值不大于1%时,取其平均值。

5.2 按式(2)、式(3)计算色品坐标的热稳定性 Δx_h 及 Δy_h,两次平行测定色品坐标的热稳定性分别不大于0.001 0时,取其平均值。

$$\Delta x_h = | x_h - x_0 | \quad \cdots\cdots(2)$$

$$\Delta y_h = | y_h - y_0 | \quad \cdots\cdots (3)$$

式中：

Δx_h、Δy_h——色品坐标的热稳定性；

x_0、y_0——未加热处理过的试样的色品坐标；

x_h、y_h——加热处理过的试样的色品坐标。

6 精密度

6.1 重复性

在重复性条件下获得的两次独立测试结果的测定值，在以下给出的平均值范围内，这两个测试结果的绝对差值不超过重复性限(r)，超过重复性限(r)的情况不超过5%，重复性限(r)按表1数据采用线性内插法求得。

表1

试样牌号	热稳定性(ΔB_h)/%	ΔB_h 的重复性限(r)/%	热稳定性(Δy_h)	Δy_h 的重复性限(r)
200101A(单峰蓝粉)	7.0	1.5	0.004 2	0.001 5
200101B(双峰蓝粉)	8.0	1.5	0.005 3	0.001 5

注1：数字牌号为200000的红色荧光粉的热稳定性(Δx_h 和 Δy_h)、数字牌号为200101A的单峰蓝色荧光粉和数字牌号为200101B的双峰蓝色荧光粉的热稳定性(Δx_h)及数字牌号为200202的绿色荧光粉的热稳定性(Δx_h 和 Δy_h)良好，均不考核其重复性。

注2：重复性限(r)为2.8×Sr，Sr为重复性标准差。

6.2 允许差

实验室之间相对亮度和色品坐标热稳定性分析结果的差值应不大于表2所列允许差。

表2

试样牌号	热稳定性(ΔB_h)允许差/%	热稳定性(Δy_h)允许差
200101A(单峰蓝粉)、 200101B(双峰蓝粉)	3.0	0.003 0

ICS 77.120.99
H 14

中华人民共和国国家标准

GB/T 14634.5—2010
代替 GB/T 14634.5—2002

灯用稀土三基色荧光粉试验方法 第5部分:密度的测定

Test methods of rare earth three-band phosphors for fluorescent lamps—Part 5: Determination of density

2010-08-09 发布

2011-05-01 实施

中华人民共和国国家质量监督检验检疫总局
中国国家标准化管理委员会
发布

前　言

GB/T 14634《灯用稀土三基色荧光粉试验方法》共分7个部分：

——第1部分：相对亮度的测定；

——第2部分：发射主峰和色度性能的测定；

——第3部分：热稳定性的测定；

——第4部分：电传感法粒度分布测定；

——第5部分：密度的测定；

——第6部分：比表面积的测定；

——第7部分：热猝灭性的测定。

本部分为第5部分。

本部分是对GB/T 14634.5—2002《灯用稀土三基色荧光粉试验方法　密度测定》的修订。

本部分与GB/T 14634.5—2002相比，主要变化如下：

——调整了部分分析条件；

——增加了精密度条款，调整了允许差；

——对标准文本进行了编辑性修改。

本部分的附录A为资料性附录。

本部分由全国稀土标准化技术委员会提出并归口。

本部分负责起草单位：江门科恒实业股份有限公司。

本部分参加起草单位：厦门通士达新材料有限公司、上海跃龙新材料股份公司、杭州大明荧光材料有限公司、陕西彩虹荧光材料公司、有研稀土新材料股份有限公司。

本部分主要起草人：卢杰山、黄瑞甜。

本部分参加起草人：戴茜玲、游淑春、金杰、何海燕、王伍宝、何涛。

本部分所代替标准的历次版本发布情况为：

——GB/T 14634.5—2002。

灯用稀土三基色荧光粉试验方法
第5部分:密度的测定

1 范围

GB/T 14634 的本部分规定了灯用稀土三基色荧光粉密度的测定方法。

本部分适用于灯用稀土三基色荧光粉密度的测定。

2 方法原理

在相同温度下,分别测定充满已知质量的比重瓶中加入和不加入灯用稀土三基色荧光粉试料时无水乙醇的质量,由无水乙醇的质量来确定比重瓶的容积及试料的体积,根据试料的质量及体积即可计算其密度。

3 仪器与装置

3.1 天平:精度 0.000 1 g。

3.2 温度计:分度值应小于 0.5 ℃。

3.3 比重瓶:容量为 25 mL 并配有塞子(见图 1)。

3.4 真空装置:真空度 0.9 kPa。

3.5 水浴式超声清洗器:功率 40 W～100 W。

图 1 比重瓶

4 试样的制备

将试样在(105±2)℃下干燥 2 h,然后在干燥器中冷却至室温。

5 测定步骤

5.1 称取比重瓶的质量,并将适量干燥过的试料装入已洗涤过的干燥的比重瓶中(取约 8 g～10 g),用天平称量,精确至 0.001 g。

5.2 向比重瓶中注入 2/3 体积的无水乙醇,然后置于功率为 40 W～100 W 的水浴式超声清洗器中清洗处理 5 min。

5.3 将比重瓶置于真空装置逐步减压,真空度达 0.9 kPa 时,持续 10 min,以排除气泡。在常压下放置 5 min 后再注无水乙醇至全满,盖上塞子,此时有少量无水乙醇溢出,用滤纸擦干比重瓶的外表面,在天平上称量。

5.4 用温度计测量比重瓶中的无水乙醇分析纯温度。

5.5 倒出比重瓶的被测液，洗净、干燥，用相同温度的无水乙醇注满比重瓶(不同温度下无水乙醇的密度见附录A)，擦干瓶的外表面，用天平称量。

6 测试结果的表述

荧光粉的密度按式(1)计算：

$$\rho_f = \frac{m_2 - m_1}{(m_4 - m_1) - (m_3 - m_2)} \times \rho_t \quad \cdots\cdots(1)$$

式中：

ρ_f——荧光粉密度，单位为克每立方厘米(g/cm^3)；

ρ_t——t ℃时无水乙醇的密度，单位为克每立方厘米(g/cm^3)；

m_1——比重瓶质量，单位为克(g)；

m_2——比重瓶加试料的总质量，单位为克(g)；

m_3——比重瓶加试料再注满无水乙醇后的总质量，单位为克(g)；

m_4——比重瓶注满无水乙醇后的总质量，单位为克(g)。

7 精密度

7.1 重复性

在重复性条件下获得的两次独立测试结果的测定值，在以下给出的平均值范围内，这两个测试结果的绝对差值不超过重复性限(r)，超过重复性限(r)的情况不超过5%，重复性限(r)按表1数据采用线性内插法求得。

表 1

试样牌号	密度/(g/cm^3)	重复性限(r)/(g/cm^3)
200000(红粉)	5.11	0.02
200101A(单峰蓝粉)	3.74	0.02
200101B(双峰蓝粉)	3.71	0.02
200202(绿粉)	4.23	0.02
注：重复性限(r)为2.8×Sr，Sr为重复性标准差。		

7.2 允许差

实验室之间分析结果的差值应不大于0.05 g/cm^3。

附 录 A
（资料性附录）
无水乙醇的密度

无水乙醇的密度见表 A.1。

表 A.1

t/℃	ρ/(g/cm^3)	t/℃	ρ/(g/cm^3)
0	0.806 25	20	0.789 45
1	0.805 41	21	0.788 60
2	0.804 57	22	0.787 75
3	0.803 74	23	0.786 91
4	0.802 90	24	0.786 06
5	0.802 07	25	0.785 22
6	0.801 23	26	0.784 37
7	0.800 39	27	0.783 52
8	0.798 56	28	0.782 67
9	0.798 72	29	0.781 82
10	0.797 88	30	0.780 97
11	0.797 04	31	0.780 12
12	0.796 20	32	0.779 27
13	0.795 35	33	0.778 41
14	0.794 51	34	0.777 56
15	0.793 67	35	0.776 71
16	0.792 83	36	0.775 85
17	0.791 98	37	0.775 00
18	0.791 14	38	0.774 14
19	0.790 29	39	0.773 29

ICS 77.120.99
H 14

中华人民共和国国家标准

GB/T 14634.6—2010
代替 GB/T 14634.6—2002

灯用稀土三基色荧光粉试验方法 第6部分:比表面积的测定

Test methods of rare earth three-band phosphors for fluorescent lamps—Part 6: Determination of specific surface area

2010-08-09 发布 2011-05-01 实施

中华人民共和国国家质量监督检验检疫总局
中国国家标准化管理委员会 发布

前言

GB/T 14634《灯用稀土三基色荧光粉试验方法》共分7个部分：

——第1部分：相对亮度的测定；

——第2部分：发射主峰和色度性能的测定；

——第3部分：热稳定性的测定；

——第4部分：电传感法粒度分布测定；

——第5部分：密度的测定；

——第6部分：比表面积的测定；

——第7部分：热猝灭性的测定。

本部分为第6部分。

本部分对GB/T 14634.6—2002《灯用稀土三基色荧光粉试验方法 比表面积测定》的修订。

本部分与GB/T 14634.6—2002相比，主要变化如下：

——调整了部分分析条件；

——增加了精密度条款，调整了允许差；

——对标准文本进行了编辑性修改。

本部分的附录A为资料性附录。

本部分由全国稀土标准化技术委员会提出并归口。

本部分负责起草单位：江门市科恒实业股份有限公司。

本部分参加起草单位：陕西彩虹荧光材料公司、上海跃龙新材料股份公司、杭州大明荧光材料有限公司、厦门通士达新材料有限公司。

本部分主要起草人：万国江、黄瑞甜、卢杰山。

本部分参加起草人：王伍宝、张飞、何海燕、戴茜玲。

本部分所代替标准的历次版本发布情况为：

——GB/T 14634.6—2002。

灯用稀土三基色荧光粉试验方法
第6部分：比表面积的测定

1 范围

GB/T 14634 的本部分规定了灯用稀土三基色荧光粉比表面积的测定方法。

本部分适用于灯用稀土三基色荧光粉比表面积的测定。

2 方法原理

在一定温度下，层流的空气通过一定厚度的粉末床层所需的时间与粉末的比表面积成一定函数关系。流入一定厚度的粉末床层的空气量是变化着的流量对于时间积分的结果。根据空气通过粉末床层的时间来测定粉末的比表面积。

3 仪器与装置

3.1 比表面积测定仪(见图 1)。

3.2 天平：精度 0.001 g。

3.3 仪器常数 K 的测定

3.3.1 称取荧光粉标准样品(m_0)，精确到 0.01 g。称取量使标准样品空隙率(e_0)在松紧度合适的范围之间，见式(1)。

3.3.2 在样品室底部先放入多孔圆铜片，再放入一片与多孔圆铜片同直径的滤纸，与铜片紧密吻合。

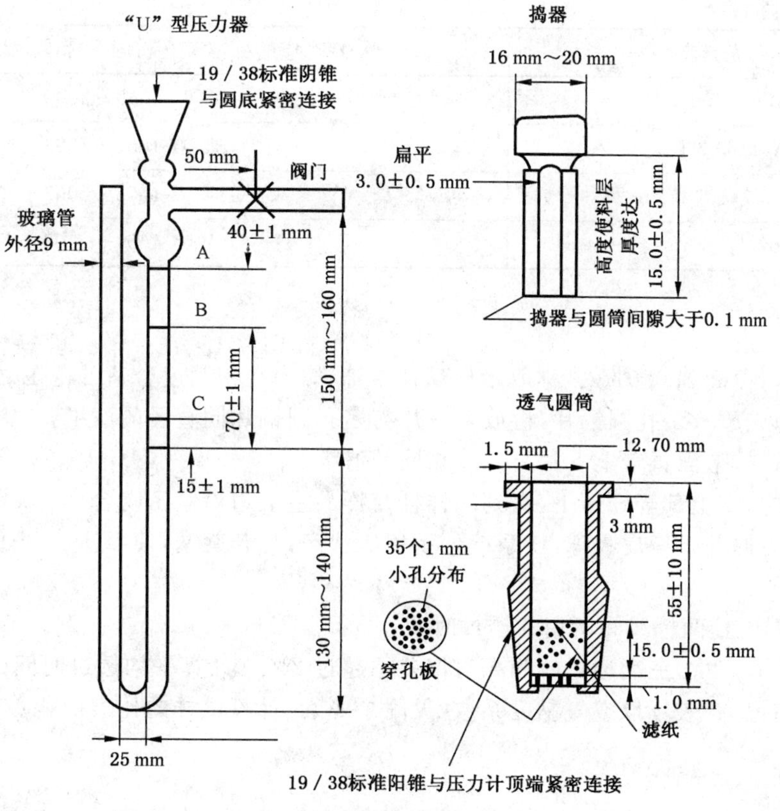

图 1

3.3.3 倒入称好的标准样品，上面再盖上一片与3.3.2中相同的滤纸。

3.3.4 将压样杆从样品室上部轻轻压下，直到压样杆与样品室上边沿紧密吻合。

3.3.5 关闭旋塞，用力握几下橡皮吸球，使系统处于负压状态，打开旋塞，使U形管中的凹液面超过标线A，再关闭旋塞。

3.3.6 读取液体流经B、C两标线间所用的透过时间。

3.3.7 重复3.3.5至3.3.6步骤三次，三次透过时间相对偏差不超过1%，计算平均透过时间(t_0)。

3.3.8 记录测试时室温，查表读取空气黏度系数(见附录A)，计算仪器常数(K)。

3.3.9 重复3.3.1至3.3.8步骤三次，三次相对偏差不大于1%，取其平均值，计算平均仪器常数(K)。

3.4 按式(1)计算仪器常数(K)值：

$$K=\frac{S_0\times\rho_0(1-e_0)\eta_0{}^{1/2}}{e_0{}^{3/2}\times t_0{}^{1/2}} \quad \cdots\cdots(1)$$

$$e_0=1-\frac{m_0}{\rho_0\times V_0} \quad \cdots\cdots(2)$$

式中：

K——仪器常数；

S_0——标准样品的比表面积，单位为克每立方厘米(g/cm^3)；

ρ_0——标准样品的密度，单位为克每立方厘米(g/cm^3)；

e_0——标准样品的空隙率，按式(2)计算；

η_0——测试温度下的空气黏度系数；

t_0——标准样品的平均透过时间，单位为秒(s)；

m_0——标准样品的质量，单位为克(g)；

V_0——样品室体积，单位为立方厘米(cm^3)。

3.5 按表1的规定，选择与待测试样相对应的标准荧光粉。

表 1

待测试样荧光粉牌号	相对应的标准荧光粉国家标准样品编号
200000(红粉)	GSB 04-1649—2003
200101A(单峰蓝粉)	GSB 04-1652—2003
200101B(双峰蓝粉)	GSB 04-1653—2003
200202(绿粉)	GSB 04-1651—2003

4 步骤

4.1 称取待测试样，精确到0.01 g。称取量使试样空隙率(e)在松紧度合适的范围之间，见式(3)。

4.2 在样品室底部先放入多孔圆铜片，再放入一片与多孔圆铜片同直径的滤纸，与铜片紧密吻合。

4.3 倒入称好的试样，上面再盖上一片与4.2相同的滤纸。

4.4 将压样杆从样品室上部轻轻压下，直到压样杆与样品室上边沿紧密吻合。

4.5 关闭旋塞，用力握几下橡皮吸球，使系统处于负压状态，打开旋塞，使U形管中的凹液面超过标线A，再关闭旋塞。

4.6 读取液体流经B、C两标线间所用的透过时间。

4.7 重复4.5至4.6三次，三次透过时间相对偏差不超过2%。计算平均透过时间(t)。

4.8 记录测试时室温，查表读取空气黏度系数(见附录A)。计算试样的比表面积。

5 测试结果的表述

按式(3)计算试料质量比表面积：

$$S_w = \frac{K \times e^{3/2} \times t^{1/2}}{\rho_f(1-e)\eta^{1/2}} \qquad \cdots\cdots(3)$$

$$e = 1 - \frac{m}{\rho_f \times V_0} \qquad \cdots\cdots(4)$$

式中：

S_w——样品的质量比表面积，单位为克每立方厘米（g/cm³）；

K——仪器常数；

e——样品的空隙率，按式（4）计算；

m——样品的质量，单位为克（g）；

ρ_f——样品的密度，单位为克每立方厘米（g/cm³）；

V_0——样品室体积，单位为立方厘米（cm³）；

t——样品的平均透过时间，单位为秒（s）；

η——测试温度下的空气黏度系数。

6 精密度

6.1 重复性

在重复性条件下获得的两次独立测试结果的测定值，在以下给出的平均值范围内，这两个测试结果的绝对差值不超过重复性限（r），超过重复性限（r）的情况不超过5%，重复性限（r）按表2数据采用线性内插法求得。

表 2

试样牌号	比表面积/（cm²/g）	重复性限（r）/（cm²/g）
200000（红粉）	2 578	22
200101A（单峰蓝粉）	3 859	35
200101B（双峰蓝粉）	3 828	33
200202（绿粉）	2 912	25
注：重复性限（r）为2.8×Sr，Sr为重复性标准差。		

6.2 允许差

实验室之间分析结果的差值应不大于100（cm²/g）。

附　录　A
（资料性附录）
空气黏度系数

空气黏度系数见表 A.1。

表 A.1

温度 t/℃	空气黏度的平方根($\sqrt{\eta}$)
8	0.013 22
10	0.013 26
12	0.013 30
14	0.013 33
16	0.013 37
18	0.013 41
20	0.013 45
22	0.013 48
24	0.013 52
26	0.013 55
28	0.013 59
30	0.013 63
32	0.013 66
34	0.013 70

ICS 77.120.99
H 14

中华人民共和国国家标准

GB/T 14634.7—2010

灯用稀土三基色荧光粉试验方法 第7部分：热猝灭性的测定

Test methods of rare earth three-band phosphors for fluorescent lamps—Part 7: Determination of temperature quenching

2010-08-09 发布

2011-05-01 实施

中华人民共和国国家质量监督检验检疫总局
中国国家标准化管理委员会 发布

前　言

GB/T 14634《灯用稀土三基色荧光粉试验方法》共分7个部分：

——第1部分：相对亮度的测定；

——第2部分：发射主峰和色度性能的测定；

——第3部分：热稳定性的测定；

——第4部分：电传感法粒度分布测定；

——第5部分：密度的测定；

——第6部分：比表面积的测定；

——第7部分：热猝灭性的测定。

本部分为第7部分。

本部分由全国稀土标准化技术委员会提出并归口。

本部分负责起草单位：江门市科恒实业股份有限公司。

本部分参加起草单位：厦门通士达新材料有限公司、杭州大明荧光材料有限公司。

本部分主要起草人：黄瑞甜、陈饶、文春琼。

灯用稀土三基色荧光粉试验方法 第7部分:热猝灭性的测定

1 范围

GB/T 14634 的本部分规定了灯用稀土三基色荧光粉热猝灭性的测定方法。

本部分适用于灯用稀土三基色荧光粉热猝灭性的测定。

2 方法原理

利用热猝灭分析系统,以 253.7 nm 作为激发波长,在室温下测试试样的相对亮度、色品坐标,然后将试样放入 200 ℃恒温的样品室里,待温度重新达到 200 ℃并恒温 20 min 后,再次测试试样的相对亮度、色品坐标,与室温下测试的值相比较,确定(或计算)相对亮度、色品坐标的热猝灭性。

3 仪器与装置

3.1 热猝灭分析系统:光谱范围 200 nm~800 nm;温控装置的最高工作温度不低于 250 ℃,精度为 ±1.5%。

3.2 烘箱:带热风循环。

3.3 样品盘:用不锈钢制作,内径 20 mm±0.5 mm,深度 3.0 mm ±0.1 mm。

4 试样

待测试样应在烘箱(3.2)中于 105 ℃烘干 2 h,并置于干燥环境中冷却至室温备用。

5 测试步骤

5.1 仪器校正

参照仪器说明书进行仪器的校正。

5.2 测试

5.2.1 将待测试样(4)装入样品盘(3.3)内,用平面玻璃将试样压平后,使样品盘内每次荧光粉重量和密实程度趋于一致,放到样品室里。

5.2.2 设置样品室温度 25 ℃±2 ℃,以 253.7 nm 作为激发波长,测试试样的相对亮度(B_0)、色品坐标(x_0,y_0),测试完成后,取出试样。

5.2.3 设置样品室温度为 200 ℃,待仪器达到设置温度并恒温 20 min 后,放入已取出的试样,待温度重新达到 200 ℃并恒温 20 min 后,以 253.7 nm 作为激发波长,再次测试试样的相对亮度(B_q)、色品坐标(x_q,y_q)的值,并与室温(25 ℃)下测试的值相比较。

6 测试结果表述

6.1 按式(1)计算相对亮度的热猝灭性 ΔB_q,两次平行测定相对亮度的热猝灭性差值不大于 1%时,取其平均值。

$$\Delta B_q = \frac{B_q - B_0}{B_0} \times 100 \qquad \cdots\cdots(1)$$

式中:

ΔB_q——相对亮度的热猝灭性(%);

B_0——(25±2)℃时的样品相对亮度(%)；

B_q——200 ℃时的样品相对亮度(%)。

6.2 按式(2)、式(3)计算色品坐标的热猝灭性 Δx_q 及 Δy_q，两次平行测定色品坐标的热猝灭性分别不大于 0.001 0 时，取其平均值。

$$\Delta x_q = x_q - x_0 \quad \cdots\cdots(2)$$

$$\Delta y_q = y_q - y_0 \quad \cdots\cdots(3)$$

式中：

Δx_q、Δy_q——色品坐标的热猝灭性；

x_0、y_0——25 ℃±2 ℃时试样的色品坐标；

x_q、y_q——200 ℃时试样的色品坐标。

7 精密度

7.1 重复性

在重复性条件下获得的两次独立测试结果的测定值，在以下给出的平均值范围内，这两个测试结果的绝对差值不超过重复性限(r)，超过重复性限(r)的情况不超过 5%，重复性限(r)按表 1 数据采用线性内插法求得。

表 1

样品编号	热猝灭性/%			重复性限(r)		
	Δx_q	Δy_q	ΔB_q	Δx_q	Δy_q	ΔB_q
200000(红粉)	−0.003 9	0.004 6	3.50	0.000 8	0.000 8	2.60
200101A(单峰蓝粉)	0.000 8	0.003 4	−2.89	0.000 2	0.000 6	2.01
200101B(双峰蓝粉)	0.003 1	0.040 1	14.88	0.000 7	0.002 6	3.95
200202(绿粉)	−0.000 5	−0.000 2	4.26	0.000 5	0.000 9	2.60
注：重复性限(r)为 2.8×Sr，Sr 为重复性标准差。						

7.2 允许差

实验室之间色品坐标的热猝灭性(Δx_q，Δy_q)和相对亮度的热猝灭性(ΔB_q)分析结果的差值应不大于表 2 所列的允许差。

表 2

试样牌号	允许差		
	Δx_q/%	Δy_q/%	ΔB_q/%
200000(红粉)	0.002 0	0.002 0	4.0
200101A(单峰蓝粉)	0.002 0	0.002 0	4.0
200101B(双峰蓝粉)	0.002 0	0.006 0	8.0
200202(绿粉)	0.002 0	0.002 0	4.0

ICS 65.020
B 60

中华人民共和国国家标准

GB/T 14721—2010
代替 GB/T 14721.1—1993

林业资源分类与代码　森林类型

Classification and codes for forestry resources—Forest types

2010-06-30 发布　　2011-01-01 实施

中华人民共和国国家质量监督检验检疫总局
中国国家标准化管理委员会　发布

前言

本标准代替 GB/T 14721.1—1993《林业资源分类与代码　森林类型》。

本标准与 GB/T 14721.1—1993 相比，主要变化如下：

——对术语条款修改和增删。

——根据我国森林类型的现状，在森林类型代码表中增加了一些类型。

——对附录 A 做了修改：增加了森林类型代码表中新增类型涉及的植物名称；增加了 1993 版标准在正文中出现，而附录 A 中未见的植物名称；删去 1993 版标准在正文中未见而在附录 A 中出现的植物名称。

本标准附录 A 为资料性附录。

本标准由国家林业局提出并归口。

本标准的起草单位：中国林业科学研究院森林生态环境与保护研究所。

本标准主要起草人：臧润国、张炜银、丁易。

本标准于 1993 年首次发布，本次为第一次修订。

林业资源分类与代码　森林类型

1　范围

本标准规定了乔木林和具有一定盖度、面积并且相对稳定的灌木林的类型、代码及其分类原则。

本标准适用于森林资源管理、建立森林资源与环境信息系统，作为区分森林类型，进行信息交换和处理的统一标准。

2　术语和定义

下列术语和定义适用于本标准。

2.1　树种组成

2.1.1

森林类型　forest type

森林按其生态生活型、外貌、树种组成与结构所划分的类别。

2.1.2

纯林　pure forest

单一树种构成的森林或当存在多个树种时，其中有一个树种（即优势树种），其组成在65%以上。

2.1.3

混交林　mixed forest

组成森林的各树种中，任一树种的组成均不足65%。

2.1.4

优势树种　dominant tree species

优势种　dominant species

在主林层中，数量最多，盖度最大，对森林环境作用最明显，并对森林生态环境起指示作用的树种。

2.1.5

建群树种　edificator

建群种

主林层中的优势树种。

2.1.6

共建优势种　coedificator

共建种

建群种中，有两种以上共建优势的树种。

2.1.7

标志树种　character species

标志种

特征种

对森林生态环境和森林类型划分起指示作用的树种。

2.1.8

组成树种　composition trees species

在某一林层中，具有一定数量，占森林营养空间因而占有一定组成的树种。

2.2　森林的生态外貌

2.2.1

林层　storey

森林中,林木构成的层次。

2.2.2

乔木林　arbor forest

由具有高大明显主干的非攀缘性多年生木本植物为主体构成的植被,高度一般大于5 m。

2.2.3

灌木林　shrub forest

由生长低矮的多年生木本植物为主体构成植被,覆盖度大于30%,高度一般低于5m。有以下四种:

a)　有目的培养和经营的灌木林;

b)　专门用作防护的灌木林;

c)　分布在森林线上限的灌木林;

d)　森林砍伐后生长起来的过渡次生灌木林。

前三种灌木林应计入森林覆被率,最后一种是宜林地上的灌木林,不计入森林覆被率。

2.2.4

针叶林　coniferous forest

由松、柏、杉等裸子植物的乔木树种为主构成的森林,针叶树占65%以上。

2.2.5

阔叶林　broadleaved forest

由双子叶乔木树种为主构成的森林,阔叶树合计占65%以上。

2.2.6

落叶阔叶林　deciduous broadleaved forest

由冬季落叶的双子叶乔木树种为主构成的森林,落叶阔叶树占65%以上。

2.2.7

常绿阔叶林　evergreen broadleaved forest

亚热带湿润地区由终年保持绿色的常绿阔叶树乔木树种为主构成的森林,常绿阔叶树占65%以上。

2.2.8

雨林　rain fores

热带和亚热带湿润地区由高大常绿阔叶树种构成的茂密森林,林内富含藤本和寄(附)生植物。

2.2.9

季雨林　monsoon forest

南亚热带和热带季风区域的一种森林,上部林冠由旱季落叶树种构成。

2.2.10

矮曲林　dwarf forest

生长在森林线上限,高山顶部,分枝低矮弯曲的特殊森林,树高一般在10 m以下。

2.2.11

竹林　bamboo forest

由具有一定高度和密度的木质茎禾本科植物构成的森林。

2.2.12

经济林　nonwood forest

以生产果品、食用油料、工业原料和药材等为主要目的的林木。

3　分类原则

分类原则采用三级分类，由高层到低层分别为森林植被型、森林类型组和森林类型。

a)　森林植被型

主林层优势树种（建群种）的生活型相同或相似的森林组成森林植被型。

b)　森林类型组

主林层优势树种（建群种）间亲缘关系相近，因而在一些森林特征上相近的森林联合为森林类型组。一般由同一属或相近不同属的优势树种构成的森林联合而成。

c)　森林类型

由主林层（即建群种或共建种）相同的森林组成。

4　编码方法

用五位层次码表示森林类型，自左至右分别表示森林植被型、森林类型组、森林类型，其结构如下：

```
××  ×  ××
│   │   └──────森林类型
│   └──────────森林类型组
└──────────────森林植被型
```

5　森林类型代码表

森林类型代码见表1，其中树种名参见附录A。

表1　森林类型代码表

代码	类型名称	说明
10000	乔木林	由乔木树种构成的森林
11000	针叶林	由针叶树为优势种构成的森林
11100	落叶松林组	由落叶松属各树种为优势种构成的森林
11101	兴安落叶松林	兴安落叶松为优势种的纯林，混生有白桦、樟子松等
11102	西伯利亚落叶松林	西伯利亚落叶松为优势种的纯林，混生树种主要有西伯利亚冷杉，西伯利亚红松、西伯利亚云杉、雪岭云杉、欧洲山杨、垂枝桦等
11103	长白落叶松林	长白落叶松为优势种的纯林，混生树种主要有红皮云杉、鱼鳞云杉、臭冷杉、紫椴、春榆、水曲柳、色木槭、蒙古栎、风桦等
11104	华北落叶松林	华北落叶松为优势种的纯林，混生树种主要有臭冷杉、白杄、白桦、风桦、色木槭等
11105	太白红杉林	太白红杉为优势种的纯林，混生树种主要有冷杉、红桦等
11106	红杉林	红杉为优势种的纯林，混生树种主要有四川红杉、大果红杉、云杉、冷杉等
11107	大果红杉林	大果红杉为优势种的纯林，混生树种主要有川滇高山栎、糙皮桦、长苞冷杉、川西云杉、丽江云杉、高山松等

表 1（续）

代码	类型名称	说明
11108	四川红杉林	四川红杉为优势种的纯林，混生树种有冷杉、云杉等
11109	西藏红杉林	西藏红杉为优势种或与喜马拉雅红杉组成共建种，混生树种主要有怒江红杉、大果红杉、林芝云杉、喜马拉雅冷杉、川白桦等
11111	日本落叶松林	日本落叶松为优势种的森林，混生有胡枝子、榛子、东北山梅花、盐肤木等
11112	喜马拉雅红杉林	喜马拉雅红杉为优势种的森林，混生有绣毛吴茱萸五加、康藏花楸、硬刺杜鹃等
11190	其他落叶松林	以其他落叶松属树种为建群种的森林
11200	冷杉林组	由冷杉属各树种为优势种构成的森林
11201	臭冷杉林	臭冷杉为优势种的纯林，混生树种主要有红皮云杉、鱼鳞云杉、风桦等
11202	西伯利亚冷杉林	西伯利亚冷杉为优势种的纯林，混生树种主要有西伯利亚落叶松等
11203	巴山冷杉林	巴山冷杉为优势种的纯林，混生树种主要有冷杉、云杉、红杉、铁杉、华山松、桦木属、槭属等
11204	秦岭冷杉林	秦岭冷杉为优势种的纯林，混生树种主要有巴山冷杉、红桦等
11205	黄果冷杉林	黄果冷杉为优势种的纯林，混生树种主要有鳞皮冷杉、川西云杉、青杆、川滇高山栎等
11206	长苞冷杉林	长苞冷杉为优势种的纯林，混生树种主要有鳞皮冷杉、川西云杉、川滇冷杉、丽江云杉、大果红杉等
11207	鳞皮冷杉林	鳞皮冷杉为优势种的纯林或与长苞冷杉、川滇冷杉组成混交林，其他组成树种主要有红杉、大果红杉、丽江云杉、方枝柏、大果圆柏等
11208	喜马拉雅冷杉林	喜马拉雅冷杉为优势种的纯林，混生树种主要有云南铁杉、丽江云杉、林芝云杉、怒江红杉、西藏红杉等
11209	苍山冷杉林	苍山冷杉为优势种的纯林，混生多种杜鹃
11211	岷江冷杉林	岷江冷杉为优势种的纯林，混生树种主要有青杆、紫果云杉、川西云杉、麦吊云杉、杜鹃属等
11212	冷杉林	冷杉为优势种的纯林
11213	川滇冷杉林	川滇冷杉为优势种的纯林，混生树种主要有丽江云杉、长苞冷杉、高山栎、杜鹃属等
11214	怒江冷杉林	怒江冷杉为优势种的纯林，混生树种主要有怒江红杉、云南铁杉、云南黄果冷杉、槭属等
11215	峨眉冷杉林	峨眉冷杉为优势种的森林，混生树种主要有三尖杉、红豆杉、粗榧、华西枫杨、领春木等
11216	梵净山冷杉林	梵净山冷杉为优势种的森林，混生树种主要有扇叶槭、野樱、毛序花楸、红毛花楸、木姜子等
11217	急尖长苞冷杉林	急尖长苞冷杉为优势种的森林，混生有糙皮桦、白桦、川滇长尾槭、丽江槭等
11218	台湾冷杉林	台湾冷杉为优势种的森林，混生树种有铁杉、华山松等
11219	西藏冷杉林	西藏冷杉为优势种的森林，混生有云南铁杉、高山栎、乔松、长叶云杉等

表 1（续）

代　码	类 型 名 称	说　　明
11221	元宝山冷杉林	元宝山冷杉为优势种的森林，混生有南方铁杉、包果石栎、水青冈等
11222	资源冷杉林	资源冷杉为优势种的森林，混生有南方铁杉、褐叶青冈、多脉青冈等
11290	其他冷杉林	以其他冷杉属树种为建群种的森林
11300	云杉林组	由云杉属各树种为建群种构成的森林
11301	鱼鳞云杉林	以鱼鳞云杉为优势种的纯林，混生树种主要有臭冷杉、红皮云杉、红松等
11302	红皮云杉林	红皮云杉为优势种的纯林，混生树种主要有鱼鳞云杉、臭冷杉、红松、兴安落叶松或长白落叶松等
11303	西伯利亚云杉林	西伯利亚云杉为优势种的纯林，混生树种主要有西伯利亚落叶松、垂枝桦、苦杨、黑杨等
11304	雪岭云杉林	雪岭云杉为优势种的纯林，混生树种主要有西伯利亚落叶松、欧洲山杨、垂枝桦、天山桦等
11305	天山云杉林	天山云杉为优势种的纯林，有时混生圆柏及桦木
11306	白杆林	白杆为优势种的纯林，混生树种主要有青杆、黑桦、白桦、红桦、山杨等
11307	青杆林	青杆为优势种的纯林，混生树种主要有白杆、红桦、白桦、山杨等
11308	青海云杉林	青海云杉为优势种的纯林，混生树种主要有祁连圆柏、山杨、红桦等
11309	云杉林	云杉为优势种的纯林或与青杆组成共建优势种，混生树种主要有青杆、紫果云杉、川西云杉、岷江冷杉、鳞皮冷杉、红桦、川白桦等
11311	丽江云杉林	丽江云杉为优势种的纯林，混生树种主要有川西云杉、油麦吊云杉、川滇冷杉、长苞冷杉、鳞皮冷杉、桦属等
11312	林芝云杉林	林芝云杉为优势种的纯林，混生树种主要有川西云杉、喜马拉雅冷杉等
11313	川西云杉林	川西云杉为优势种的纯林，混生树种主要有丽江云杉、紫果云杉、鳞皮冷杉、黄果冷杉等
11314	紫果云杉林	紫果云杉为优势种的纯林，混生树种主要有川西云杉、岷江冷杉等
11315	麦吊云杉林	麦吊云杉为优势种的纯林，混生树种主要有岷江冷杉、铁杉、槭属、川白桦、红桦等
11316	油麦吊云杉林	油麦吊云杉为优势种的纯林，混生树种主要有丽江云杉、川滇冷杉、冷杉、云南铁杉、槭属、糙皮桦、香桦等
11317	长叶云杉林	长叶云杉为优势种的森林，混生有乔松、西藏冷杉、高山栎、头状四照花、长穗桦以及多种槭树等
11318	台湾云杉林	台湾云杉为优势种组成的森林，混生有铁杉、台湾扁柏、台湾果松、台湾冷杉和台湾杉木等
11319	西藏云杉林	西藏云杉为优势种组成的森林，混生有乔松、西藏冷杉、西藏红杉等
11390	其他云杉林	以其他云杉属树种为建群种的森林
11400	松林组	由松属各树种为优势种构成的森林
11401	樟子松林	樟子松为优势种的纯林，混生树种主要有兴安落叶松、蒙古栎、白桦、黑桦等

表 1（续）

代　码	类　型　名　称	说　　明
11402	西伯利亚红松林	西伯利亚红松为优势种的森林，混生树种主要有西伯利亚落叶松、西伯利亚冷杉、西伯利亚云杉等
11403	红松林	红松为优势种的森林，混生树种主要有蒙古栎、水曲柳、紫椴、黄檗、核桃楸、鱼鳞云杉等
11404	赤松林	赤松为优势种的森林，混生树种主要有蒙古栎、核桃楸、大叶朴、黄檀、黄连木、山合欢等
11405	兴凯松林	兴凯松为优势种的纯林，有时混生蒙古栎
11406	油松林	油松为优势种的森林，混生树种主要有栎属、坚桦、山杨、槭属、椴属、华山松、铁杉、千金榆等
11407	白皮松林	白皮松为优势种的森林，混生树种主要有油松、槲栎、栓皮栎、侧柏、辽东栎、锐齿槲栎、山杨等
11408	华山松林	华山松为优势种的森林，混交树种主要有高山松、干香柏、千金榆、滇青冈、尼泊尔桤木、槲栎、栓皮栎、山杨、红桦、锐齿槲栎、铁杉、云杉等
11409	黄山松林	黄山松为优势种的森林，混生树种主要有栎属、化香树、亮叶桦、水青冈、鹅耳枥、石灰花楸、玉兰、锥栗、甜槠栲、包果石栎、水青冈、兰果树、银木荷等
11411	高山松林	高山松为优势种的森林，混生树种主要有川西云杉、川白桦、山杨、槭属等
11412	巴山松林	巴山松为优势种的森林，混生树种主要有华山松、三尖杉、栓皮栎、锐齿槲栎、刺叶高山栎、亮叶水青冈、米心水青冈、化香树、四照花、槭属、枫香、白桦、茅栗、漆树等
11413	马尾松林	马尾松为优势种的森林，其他组成树种主要有栎、栗、青冈、栲、木荷等属的一些种类，以及枫香、黄檀、化香、杉木、山合欢等
11414	云南松林	云南松为优势种的森林，混生树种主要有高山栲、黄毛青冈、锥连栎、大叶栎、栓皮栎、滇石栎、尼泊尔桤木、云南油杉、华山松等
11415	乔松林	乔松为优势种的森林，混生树种主要有云南铁杉、喜马拉雅冷杉、油麦吊云杉、垂枝柏、高山栎、糙皮桦、花楸树、槭属等
11416	思茅松林	思茅松为优势的纯林，混生树种主要有峨眉木荷、刺栲、印度栲、银叶栲、截果石栎、茶梨、滇楠、西南桦、栓皮栎等
11417	南亚松林	南亚松为优势种的纯林
11418	湿地松林	湿地松为优势种的纯林
11419	华南五针松林	华南五针松为优势种的森林，常见混交树种主要有长苞铁杉、金毛石栎、疏齿木荷、细叶青冈、甜槠栲、大果马蹄荷、五列木、桂南木莲、福建柏等
11421	长白松林	长白松为优势种的森林，混生有胡枝子、大黄柳和青楷槭等
11422	大明松林	大明松为优势种的森林，混生有长苞铁杉、水青冈、厚皮栲等
11423	刚松林	刚松为优势种的森林
11424	黑松林	黑松为优势种的森林

表 1（续）

代 码	类 型 名 称	说 明
11425	火炬松林	火炬松为优势种的纯林
11426	加勒比松林	加勒比松为优势种的纯林
11427	西藏白皮松林	西藏白皮松为优势种的森林，混生树种主要有椒叶白蜡树、乔松和高山栎等
11428	西藏长叶松林	西藏长叶松为优势种的森林，混生树种有乔松、吉隆缘毛杨、长叶云杉等
11429	细叶云南松林	细叶云南松为优势种的森林，混生有栓皮栎、木棉等
11490	其他松林	以松属其他树种为建群种的森林
11500	铁杉油杉林组	以铁杉、油杉、黄杉、金钱松、银杉等属的树种为建群种的森林
11521	云南油杉林	云南油杉为优势种的森林，混生树种主要有云南松、华山松、滇青冈、高山栲、黄毛青冈等
11522	铁坚油杉林	铁坚油杉为优势种的森林，混生树种主要有马尾松、栓皮栎、化香树等
11531	金钱松林	金钱松为优势种的纯林或与水杉、水松、落羽杉构成混交林
11541	铁杉林	铁杉为优势种的纯林，混生树种主要有槭属、糙皮桦、多毛椴、川白桦、水青冈、鹅耳枥、山杨、漆树等
11542	云南铁杉林	云南铁杉为优势种，常见混交树种主要有云南黄果冷杉、丽江云杉、华山松、云南松、高山松、红豆杉、糙皮桦、栲属、银木荷、尼泊尔桤木、高山栎、长尾槭等
11543	长苞铁杉林	长苞铁杉为优势种，常见混交树种主要有缺萼枫香、疏齿木荷、水青冈、船柄茶、杜英、香桦、小叶青冈、甜槠栲、金叶含笑等
11544	南方铁杉林	南方铁杉为优势种的森林，混生树种主要有香桦、灰叶稠李、长苞铁杉等
11551	华东黄杉林	华东黄杉为优势种的森林，混生树种主要有黄山松、南方铁杉、木荷、玉兰等
11561	银杉林	银杉为优势种的纯林，混生有长苞铁杉、广东松等
11590	其他铁杉油杉林	以铁杉、油杉、黄杉、金钱松、银杉等属的其他树种为建群种的森林
11600	柏木林组	由柏科树种为建群种构成的森林
11610	柏木林	由柏木为优势种构成的纯林，混生树种主要有化香树、山合欢、青冈、小叶青冈、多穗石栎、黄樟、瓜木、光叶榉、小叶朴、黄连木、青檀等
11611	干香柏林	干香柏为优势种的纯林，混生树种主要有刺柏、长穗高山栎等
11612	巨柏林	巨柏为优势种的纯林
11613	西藏柏木林	西藏柏木为优势种的森林，混生树种有香椿、朴树、华山松、西藏润楠等
11620	侧柏林	侧柏为优势种的纯林，混生树种主要有榆、杨属、旱柳、槐、刺槐、臭椿、麻栎等
11630	翠柏林	翠柏为优势种的纯林

表 1（续）

代码	类型名称	说明
11640	圆柏林	由圆柏属各建群种如大果圆柏，祁连圆柏、方枝柏、垂枝香柏、塔枝圆柏、垂枝柏、高山柏等的一种或数种构成的森林
11641	方枝柏林	方枝柏力优势种的纯林，混生大果圆柏等
11642	大果圆柏林	大果圆柏为优势种的纯林，混生树种主要有川西云杉、紫果云杉、鳞皮冷杉、长苞冷杉等
11643	祁连山圆柏林	祁连山圆柏为优势种的纯林，混生有大果匮柏、青海云杉等
11644	垂枝香柏林	垂枝香柏为优势种的纯林
11645	塔枝圆柏林	塔枝圆柏为优势种的纯林，混生树种主要有鳞皮冷杉、川西云杉、岷江冷杉等
11646	垂枝柏林	垂枝柏为优势种的纯林，混生树种主要有苍山冷杉、云南铁杉、黄背栎、槭属等
11647	喜马拉雅圆柏林	喜马拉雅圆柏为优势种的纯林，混生有杜鹃等
11648	昆仑方枝柏林	昆仑方枝柏为优势种的纯林
11650	朝鲜崖柏林	朝鲜崖柏为优势种的森林
11660	杜松林	杜松为优势种的森林，混生树种主要有青海云杉、白桦、山杨、油松、侧柏等
11670	福建柏林	福建柏为优势种的森林，混生有杜鹃、杉木、红润楠、厚皮香、乌冈栎等
11680	日本扁柏林	日本扁柏为优势种的森林
11690	其他柏木林	以柏科其他树种为建群种的森林
11700	杉木林组	由杉科各树种为建群种构成的森林
11710	杉木林	杉木为优势种的纯林，混生树种主要有马尾松、枫香、山合欢、枹栎、化香、木荷、红楠、杜英、薯豆仕英、栲属、石栎属等
11720	柳杉林	柳杉为优势种的纯林，混生树种主要有杉木等
11730	水松林	水松为优势种的纯林
11740	水杉林	水杉为优势种的纯林，混生树种主要有杉木、红豆杉、水青冈、枫香、茅栗、锥栗、漆树、檫木、槭属、栎属、连香树等
11750	秃杉林	秃杉为优势种的纯林，混生树种主要有楸树、香叶树、刺栲、青冈栎、银木荷、华山松、杉木等
11790	其他杉类林	以杉科其他树种为建群种的森林
11800	针叶混交林组	针叶树占优势，针叶各树种的组成合计在65％以上
11810	落叶松针叶混交林	落叶松属树种为建群种，与其他针叶树种构成的针叶混交林
11811	落叶松云冷杉林	落叶松属为优势，与云杉属、冷杉属的某些种构成的森林
11820	冷杉针叶混交林	冷杉属树种为建群种，与其他针叶树种构成的针叶混交林
11821	台湾冷杉台湾云杉林	台湾冷杉及台湾云杉为建群种，其他组成树种主要有台湾铁杉、高山柏等
11830	云杉针叶混交林	云杉属树种为建群种，与其他针叶树种构成的针叶混交林

表 1（续）

代　码	类 型 名 称	说　　明
11831	鱼鳞云杉臭冷杉林	共建优势种鱼鳞云杉和臭冷杉，其他混生树种主要有红皮云杉、风桦、岳桦、椴树、红松等
11832	云杉冷杉混交林	以云杉属及冷杉属各树种构成建群种的森林
11833	川西云杉鳞皮冷杉林	川西云杉、鳞皮冷杉组成共建种，混交树种主要有黄果冷杉、丽江云杉、紫果云杉、长苞冷杉、岷江冷杉、高山松、川白桦、糙皮桦、山杨等
11840	松树针叶混交林	松属树种为建群种，与其他针叶树构成的针叶混交林
11841	红松云冷杉林	红松为主与鱼鳞云杉、红皮云杉、臭冷杉组成共建种，组成树种主要有风桦、紫椴、裂叶榆等
11842	红松沙松冷杉林	红松为优势，沙松冷杉为标志种的针叶混交林，其他组成树种主要有风桦、紫椴、千金榆、槭属等
11843	马尾松杉木林	由马尾松和杉木组成的混交沐
11850	杉类针叶混交林	以铁杉、油杉、黄杉、银杉、金钱松、雪松等属的树种为建群种，与其他树种构成的针叶混交林
11851	油杉铁杉林	由油杉、铁坚油杉、云南油杉、江南油杉、黄枝油杉等树种为建群种构成的森林
11852	银杉针叶混交林	银杉为建群种，组成树种有华南五针松、福建柏、亮叶水青冈、青冈栎、甜槠栲、猴头杜鹃等
11853	秃杉针叶混交林	秃杉为建群种，其他组成树种主要有铁杉、乔松青冈、滇藏木兰、云南樟、楠木、木荷、滇楸、刺栲、杉木、马尾松、石栎属等
11860	柏木针叶混交林	以柏科树种为建群种，与其他针叶树构成的针叶混交林
11879	杉木针叶混交林	以杉木为建群种与其他针叶树构成的针叶混交林
11890	其他针叶混交林	由其他针叶树种构成的混交林
11900	其他针叶林	由其他针叶树种为建群种构成的森林
12000	针叶混交林组	由针叶和阔叶树种构成的森林，针叶或阔叶的组成均在 65%以下
12100	落叶松针阔混交林	以落叶松属与阔叶树为建群种构成的混交林
12200	冷杉针阔混交林	由冷杉属树种为建群种与阔叶树构成的森林
12300	云冷杉针阔混交林	云杉属与阔叶树及冷杉组成建群种的混交林
12311	鱼鳞云杉裂叶榆林	鱼鳞云杉与裂叶榆组成共建种，组成树种主要有风桦、红松、臭冷杉、紫椴、水曲柳、黄檗、色木槭等
12312	鱼鳞云杉风桦林	鱼鳞云杉、风桦（或岳桦）为共建优势种，其他组成树种主要有臭冷杉、红松、椴树等
12390	其他云杉阔叶混交林	云杉属其他树种为建群种与阔叶树种构成的森林
12400	松树针阔混交林	松属各树种为建群种，与阔叶树种构成混交林
12420	红松针阔混交林	红松为建群种与阔叶树紫椴、风桦、水曲柳、黄檗、核桃楸、春榆、裂叶榆、大青杨、色木槭、香杨、蒙古栎等多种阔叶树的某些种构成的森林
12421	红松蒙古栎混交林	红松与蒙古栎组成共建种，其他组成树种主要有紫锻、风桦、鹅耳枥、色木槭等

表 1(续)

代 码	类 型 名 称	说 明
12422	红松椴树混交林	红松与椴树组成共建种,其他组成树种主要有风桦、裂叶榆、水曲柳、色木槭、蒙古栎、黄檗、核桃楸等
12423	红松春榆林	红松与春榆组成共建种,其他组成树种主要有水曲柳、风桦、香杨、紫椴、色木槭、白桦、裂叶榆、蒙古栎、臭冷杉等
12430	马尾松针阔混交林	马尾松为建群种,与栎属、栗属、青冈属、栲属、木荷属、化香属的某些种以及杉木、枫、厚皮香、赤杨叶等构成的森林
12431	马尾松枫香林	由马尾松、枫香组成共建种,其他混生树种主要有翅荚香槐、榔榆、冬青、柞木、紫弹树等
12432	马尾松石栎林	马尾松为优势种,其他混生树种主要有石栎、枫香、山合欢等
12433	马尾松银木荷甜槠栲林	由马尾松、银木荷、甜槠栲组成共建种,其他混生树种主要有黄杞、红皮树、玉兰、越南天料木、湘椴、圆锥石栎、枫香、赤杨叶、木姜润楠、蓝果树、木瓜红、银钟花、水青冈等
12434	马尾松木荷林	马尾松与木荷组成的混交林,其他混生树种主要有枫香、黄杞、山乌桕、大花枇杷、黧蒴栲、小红栲、石笔木、鹿角栲、臀形果、腺毛杜鹃等
12440	云南松针阔混交林	云南松为建群种,与栎属、栗属、青冈属、栲属、木荷属、桤木属等的一种或多种阔叶树组成的针阔混交林
12450	黄山松针阔混交林	黄山松为建群种,与黄杉、南方铁杉、福建柏、红豆杉、多脉青冈、水青冈、细叶青冈、包果石栎等多种针阔叶树种构成的森林
12490	其他松树针阔混交林	以其他松属树种为建群种,与阔叶树组成的针阔混交林
12500	铁杉油杉类针阔混交林	以铁杉、油杉、黄杉、雪松、银杉、金钱松等属的某些树种与其他针阔叶树种构成的混交林
12511	铁杉针阔混交林	铁杉为优势种,与槭属、多毛椴、糙皮桦、川白桦、白蜡树等构成的混交林
12512	云南铁杉针阔混交林	云南铁杉为优势种,与槭属、糙皮桦、木荷、光叶高山栎、黄背栎、多变石栎、华山松、云南黄果冷杉、丽江云杉、红豆杉等构成的混交林
12513	云南油杉针阔混交林	云南油杉为优势种,与滇青冈、高山栎、黄毛青冈、锐齿槲栎、麻栎、尼泊尔桤木等组成的混交林
12514	黄杉针阔混交林	黄杉为建群种,与油杉属、马尾松、甜槠栲、石栎、黄山松、南方铁杉、木荷、缺萼枫香、曼青冈、猴头杜鹃等构成的混交林
12600	柏木针阔混交林	由柏科树种为建群种,与阔叶树构成的针阔混交林
12621	福建柏针阔混交林	福建柏为建群种,与栲类、圆齿木荷、长苞铁杉、黄山松等组成的针阔混交林,混生树种主要有多脉青冈、细叶青冈、金毛石栎、大果马蹄荷等
12700	杉木针阔混交林	杉木与甜槠栲、栲、云山青冈、红楠、木荷、苦槠栲、赤杨叶、檫木、南酸枣、毛竹等构成的混交林
12711	杉木甜槠栲林	杉木,甜槠栲为共建优势种,其他组成树种主要有细叶青冈、枹栎、老鼠矢、白檀、黄檀、怀槐、鸡爪槭、三尖杉、银木荷、赤杨叶、锥栗、灯台树等
12712	杉木栲树林	杉木、栲树为共建优势种,其他组成树种主要有湘楠、黄丹木姜子、木荷、檫木、大萼红淡、华鼠刺、冬青属等

表 1（续）

代码	类型名称	说明
12781	杉竹混交林	以杉木为优势，杉木与毛竹的混交林，其他混生树种主要有甜槠栲、栲树、苦槠栲、木荷、赤杨叶等
12900	其他针阔混交林	由其他针叶树与阔叶树构成的混交林
12911	竹柏针阔混交林	竹柏为标志种的竹柏与青冈、甜槠栲、苦槠栲、石栎、木荷、南酸枣、闽楠、檫木、绵石栎、枫香、猴欢喜、黄檀、山黄皮、赤杨叶、南酸枣、樟属、毛竹等构成的森林
13000	落叶阔叶林	由落叶阔叶树为建群种构成的森林，落叶阔叶树的组成合计在65%以上
13100	栎及栗类林组	由栎属或栗属落叶树种为优势种构成的森林
13101	蒙古栎林	蒙古栎为优势种的纯林、混生树种主要有黑桦、椴树、色木槭、白桦、榆树、山杨及其他栎属等
13102	辽东栎林	辽东栎为优势种的纯林，混生树种主要有蒙古栎、黑桦、山杨、白桦、山杏等
13103	枹栎林	枹栎为优势种的纯林，混生树种主要有锐齿槲栎、栓皮栎、山杨、鹅耳枥等
13104	槲栎林	槲栎力优势种的纯林，混生树种主要有栎属、槭属、椴属、黄连木、鹅耳枥、盐肤木、油松、华山松等
13105	麻栎林	麻栎为优势种的纯林，混生树种主要有栓皮栎、槲栎、山合欢、盐肤木、化香树、黄檀、白栎、栾树、枫香、茅栗等
13106	栓皮栎林	栓皮栎为优势种的纯林，混生树种主要有麻栎、槲树、锐齿槲栎、山合欢、栾树、躺栎、青冈、短柄枹栎、白栎、峨眉木荷、黄檀、化香树、马尾松、油松等
13107	橿子栎林	橿子栎为优势种的纯林，混生树种主要有鹅耳枥、槲栎、华山松、油松、三尖杉等
13108	锐齿槲栎林	锐齿槲栎为优势种的纯林，其他组成树种主要有枹栎、栓皮栎、漆树、千金愉、山杨、椴树、华山松、鹅耳枥、油松等
13111	小叶栎林	小叶栎为优势种的纯林，混生树种有枫香等
13112	铁橡栎林	铁橡栎为优势种的纯林，混生树种主要有乌冈栎、栓皮栎等
13113	短柄枹栎林	短柄枹栎为优势种的森林，伴生树种有茅栗、湖北海棠、苦枥木、灯台树、细叶青冈、木荷、交让木等
13114	槲树林	槲树为优势种的森林，混生树种主要有栓皮栎、漆树、槲栎等
13115	黄山栎林	黄山栎为优势种的森林，混生有茅栗、日本椴、黄山木兰和黄山松等
13120	锥栗林	锥栗为建群种的纯林，混生树种主要有短柄枹栎、茅栗、黄檀、黄山松、化香树、小叶青冈等
13130	栎类混交林	优势种不明显，由栓皮栎、短柄枹栎、麻栎、槲栎、槲树、辽东栎、尖叶栎、岩栎等落叶栎类及其他树种构成的森林
13131	蒙古栎黑桦林	蒙古栎、黑桦组成共建种，其他组成树种主要有紫椴等
13132	槲树阔叶混交林	以槲树为优势种，混生树种主要有槲栎、栓皮栎、短柄枹栎、马尾松、油杉、侧柏、盐肤木等

表 1（续）

代码	类型名称	说明
13190	其他栎及栗类林	由其他落叶栎类为优势种构成的森林
13200	杨柳林组	由杨柳科各树种为优势种构成的森林
13211	山杨林	山杨为优势种的纯林，混生树种主要有白桦、栎属、椴属、槭属及松属等树种
13212	欧洲山杨林	欧洲山杨为优势种的纯林，混生树种主要有云杉、杨属等
13213	密叶杨林	密叶杨为优势种的纯林，混生树种主要有云杉、杨属等
13214	胡杨林	胡杨为优势种的纯林，混生树种主要有灰胡杨、尖果沙枣等
13215	灰胡杨林(灰杨)	灰胡杨为优势种的纯林，混生树种有胡杨、沙枣等
13216	苦杨林	苦杨为建群种，常见混生树种有银白杨、欧洲山杨、白柳、柳属、疣枝桦、西伯利亚云杉、西伯利亚落叶松等
13217	银灰杨林	以银灰杨为优势种的纯林，常见混生树种有银白杨、疣枝桦、黑杨等
13218	黑杨林	黑杨为建群种，常见混生树种有银白杨、银灰杨、白柳等
13219	青杨林	青杨为优势种的纯林，混生树种主要有巴山松、华山松、锐齿槲栎等
13221	大青杨林	大青杨为优势种的纯林，常见混生树种主要有山杨、白桦、紫椴、水曲柳、核桃楸、黄檗、裂叶榆、色木槭、钻天柳、辽东桤木及红松、冷杉属等
13222	银白杨林	银白杨为优势种的纯林，混生树种主要有银灰杨、黑杨、白柳、苦杨等
13223	毛白杨林	毛白杨为优势种的纯林
13224	长序杨林	长序杨为优势种的纯林，混生树种有尼泊尔桤木、高山松和云南松等
13225	冬瓜杨林	冬瓜杨为优势种的纯林，混生有小叶杨、红桦、青杆、青海云杉等
13226	额河杨林	以额河杨为优势种的纯林，混生树种主要有欧洲黑杨、银白杨、银灰杨和苦杨等
13227	二白杨林	二白杨为优势种的纯林
13228	河北杨林	河北杨为优势种的森林，混生有山杨、小叶杨、旱柳等
13231	山杨白桦林	山杨、白桦组成共建种，其他组成树种主要有水曲柳、春榆、青楷槭、色木槭、蒙古栎、黑桦等
13232	甜杨林	以甜杨为优势种的纯林，混生树种主要有钻天柳等
13233	香杨林	香杨为建群种，混生树种主要有水曲柳、春榆等
13234	滇杨林	以滇杨为建群种的纯林
13235	吉隆缘毛杨林	吉隆缘毛杨为优势种的森林，混生有乔松、通麦栎、长叶云杉、尼泊尔桤木等
13236	箭杆杨林	箭杆杨为优势种的纯林
13237	欧美杨林	以各种欧美杨为优势种的森林，混生有小叶杨、青杨、刺槐和旱柳等
13238	帕米尔杨林	帕米尔杨为优势种的纯林
13239	青海杨林	青海杨为优势种的纯林

表 1（续）

代 码	类 型 名 称	说 明
13241	响叶杨林	响叶杨为优势种的森林，混生树种主要有枫香、黄连木、杉木、锥栗、板栗等
13242	小叶杨林	小叶杨为优势种的森林，混生有榆树、桦木、山杨、青杨、椴树、刺槐等
13243	新疆杨林	新疆杨为优势种的森林
13250	其他杨树林	以杨属其他树种为建群种构成的森林
13261	黄花柳林	黄花柳为优势种的纯林
13262	山柳林	山柳为优势种的纯林，混生树种主要有白桦、山杨、黑桦等
13263	旱柳林	旱柳为优势种的纯林
13264	钻天柳林	钻天柳为优势种的纯林，混生树种主要有日本桤、辽东桤木、大青杨、甜杨、春榆等
13265	白柳林	白柳为优势种，常见混生树种有银白杨、银灰杨、黑杨、疣枝桦等
13290	其他柳树林	由其他柳属树种为优势种构成的森林
13300	桦木桤木林组	由桦木科树种为优势种构成的森林
13311	白桦林	白桦为优势种的纯林，混生树种有落叶松属、栎属、椴属、槭属、山杨及桦木属其他树种
13312	黑桦林	黑桦为优势种的纯林，混生树种主要有兴安落叶松、蒙古栎、山杨、椴树、白桦等
13313	长穗桦林	长穗桦为优势种的森林，混生有水青树、飞蛾槭、红麸杨等
13314	垂枝桦林	垂枝桦为优势种的纯林，常见混生树种有西伯利亚云杉、西伯利亚落叶松、银灰杨、欧洲山杨、苦杨、疣枝桦等
13315	坚桦林	坚桦为优势种的纯林，混生树种主要有锐齿槲栎、华山松、槭属等
13316	天山桦林	天山桦为优势种，常见混生树种有天山云杉、欧洲山杨等
13317	红桦林	红桦为优势种的森林，混生树种主要有冷杉、华山松、白桦、锐齿槲栎、毛槭、扇叶槭、山杨、青杆及椴属等
13318	光皮桦林	光皮桦为优势种的森林，混生树种主要有冬瓜杨、华西枫杨、山杨、多脉青冈和响叶杨等
13319	川白桦林	川白桦为优势种的纯林，混生树种主要有丽江云杉、长苞冷杉、红杉、红桦、云南铁杉、油麦吊云杉等
13321	糙皮桦林	糙皮桦为优势种的纯林，混生树种主要有云杉属、冷杉属、铁杉属、槭属、红杉、山杨、川白桦、川滇高山栎等
13322	西南桦林	西南桦为优势种，其他组成树种主要有杯状栲、短刺栲、南酸枣、檫木、峨眉木荷、八角枫、山龙眼、麻栎、喜树、山黄麻等
13324	白桦蒙古栎林	白桦、蒙古栎组成共建种的森林
13325	风桦阔叶混交林	风桦为优势种的阔叶混交林，常见混生树种有紫椴、水曲柳、核桃楸、黄檗、白桦及红松、鱼鳞云杉、臭冷杉等
13329	其他桦木林	由桦木属其他树种为建群种构成的纯林

表 1（续）

代码	类型名称	说明
13331	日本桤木林	日本桤木为优势种或与尼泊尔桤木组成共建种的森林，混生树种主要有云杉、冷杉、落叶松等属的部分树种以及枫杨、水曲柳、核桃楸、盐肤木等
13332	尼泊尔桤木林	尼泊尔桤木为优势种的森林，混生树种主要有云南松、思茅松、云南油杉、锐齿槲栎、高山栲、麻栎、峨眉木荷、西南桦、刺栲、枫香、赤杨叶、川白桦、盐肤木等
13333	江南桤木林	江南桤木为优势种的森林
13334	川滇桤木林	以川滇桤木为优势种的森林
13335	鹅耳枥川滇桤木林	鹅耳枥、川滇桤木、各种槭树为优势种，其他组成树种主要有漆树、盐肤木、连香树、水青树、锐齿槲栎、椴树等
13336	辽东桤木林	辽东桤木为优势种的纯林，混生有水曲柳、核桃楸、白桦、春榆等
13400	槭树白蜡林组	以槭树属及白蜡树属、椴属各树种为建群种构成的森林
13412	元宝槭林	元宝槭为优势种的森林
13413	白牛槭林	白牛槭为优势种的森林
13481	色木槭椴树林	色木槭、紫椴、糠椴为共建种，其他树种还有核桃楸、水曲柳、春榆、裂叶榆、红松、黄檗及云杉、冷杉、杨、桦木等属的某些树种
13482	色木槭阔叶混交林	色木槭为优势种的阔叶混交林，常见混生树种有紫椴、风桦、蒙古栎、白牛槭、春榆、裂叶榆、水曲柳、红松等
13483	水曲柳核桃楸林	水曲柳、核桃楸组成共建种，其他组成树种主要有色木槭、春榆、蒙古栎、椴树、黄檗、山杨等
13484	椴树阔叶混交林	紫椴、糠椴、蒙椴等椴属树种为优势的阔叶混交林，其他常见树种主要有红松、鱼鳞云杉、臭冷杉、蒙古栎、春榆、水曲柳、大青杨、核桃楸等
13485	小叶白蜡林	以小叶白蜡为主与密叶杨、天山槭组成共建种，常见混生树种主要有天山桦、新疆野苹果等
13500	胡桃林组	由胡桃科树种为建群种的森林
13511	核桃楸林	核桃楸为优势种的纯林
13521	化香黄檀林	化香树为建群种，其他组成树种主要有栓皮栎、黄檀、锐齿槲栎、栓皮栎、麻栎、枫杨、山合欢等
13531	枫杨林	枫杨为优势种，混生树种主要有漆树、槭树属、山杨、椴树等
13581	核桃楸春榆水曲柳林	核桃楸、春榆、水曲柳组成共建种，其他组成树种还有色木槭、山杨、裂叶榆、椴树、香杨、黄檗等
13582	核桃楸春榆林	以核桃楸、春榆为共建优势种，其他组成树种还有水曲柳、色木槭、山杨、裂叶榆、椴树、香杨、黄檗等
13583	化香树糯米椴林	化香树与糯米椴或短毛椴组成共建种，其他组成树种主要有灯台树、短柄枹栎、白檀、黄檀、四照花、茅栗等
13600	榆树林组	以榆科各树种为建群种构成的森林
13611	榆树林	榆树为优势种的纯林，混生树种主要有刺槐、杨属及松属的某些树种

表 1（续）

代码	类型名称	说明
13612	春榆水曲柳林	春榆、水曲柳为优势种的混交林，常见混生树种主要有色木槭、紫椴、糠椴、核桃楸、白桦、山杨等
13616	大果榆林	大果榆为优势种的纯林，混生树种主要有色木槭、蒙古栎、花曲柳、山楂、山杨、紫椴等
13631	裂叶榆风桦林	裂叶榆与风桦组成共建种，其他组成树种主要有水曲柳、色木槭、白牛槭、核桃楸、蒙古栎、红松、鱼鳞松、臭冷杉等
13700	泡桐林	泡桐属为建群种的森林，由白花泡桐、楸叶泡桐、兰考泡桐、毛泡桐、光泡桐的一种或多种构成
13701	毛泡桐林	毛泡桐为优势种的纯林
13702	兰考泡桐林	兰考泡桐为优势种的纯林
13703	白花泡桐林	白花泡桐为优势种的纯林
13900	其他落叶阔叶林	由其他落叶阔叶树种组成的森林
13901	枫香林	枫香为优势种的纯林
13902	枫香糙叶树林	枫香、糙叶树为优势种，其他组成树种主要有樟树、木棉、柴桂、长柄苹婆、椿树等
13903	枫香黄连木林	枫香、黄连木组成共建种，其他组成树种主要有樟树、麻栎、亮叶水青冈、小叶栎、黄檀、红枝柴、豆梨、栲属等
13911	鹅掌柴林	鹅掌柴为优势种的纯林
13921	楸树林	楸树为优势种的纯林，组成树种主要有楸树、灰楸、刺槐、山杏等
13922	滇楸林	滇楸为优势种的纯林，混生树种主要有云南山檀、银木荷、黄花远志等
13923	刺楸阔叶混交林	刺楸为优势种的阔叶混交林，常见混生树种有紫椴、风桦、蒙古栎、核桃楸、水曲柳、红松等
13931	刺槐林	刺槐为建群种的纯林，混生树种主要有山合欢、楝树、黄檀、臭椿、加拿大杨、旱柳、榆树等
13932	刺槐臭椿林	刺槐与臭椿组成共建种，混生树种主要有栓皮栎、榆树、栾树等
13941	臭椿林	臭椿为优势种的纯林
13942	臭椿阔叶混交林	臭椿与栾树、榆树、山合欢、小叶白蜡、栓皮栎、槲树、麻栎等树种构成的混交林
13951	漆树栎类林	漆树为标志种，主要组成树种有漆树、华山松、枹栎、锐齿槲栎、山杨等
13961	南酸枣林	南酸枣为优势种的纯林
13962	南酸枣山合欢林	南酸枣、山合欢等组成共建种，其他组成树种主要有枫香、樟树、檫木、化香树、豆梨、粗糠树、茅栗等
13971	赤杨叶林	赤杨叶为优势种的纯林
13972	赤杨叶阔叶混交林	赤杨叶为建群种，其他组成树种主要有甜槠栲、苦槠栲、青冈等
13991	尖果沙枣林	尖果沙枣为优势的纯林，混生树种主要有胡杨等
13992	新疆野苹果林	新疆野苹果为优势种的纯林，混生树种主要有山杏、欧洲山杨、小叶白蜡、雪岭云杉等

表 1（续）

代码	类型名称	说明
13993	山杏林	以野生杏树为优势种的纯林，常见混生树种有新疆野苹果、山楂等
13994	山桃林	
13995	野核桃林	以野生核桃为优势种的纯林，常见混生树种有新疆野苹果、野杏等
13996	沙棘林	沙棘为优势种的纯林，混生树种主要有柳属、冷杉、云杉等
14000	落叶常绿阔叶混交林	由落叶阔叶与常绿阔叶树种构成的混交林
14100	栎类常绿阔叶混交林	由落叶栎类与常绿阔叶树种构成的阔叶混交林
14101	栓皮栎苦槠栲青冈林	以栓皮栎为主，其他落叶栎类主要有短柄枹栎、麻栎、白栎、小叶栎、槲栎、茅栗等，其组成合计在65%以上，常绿阔叶树种主要有苦槠栲、青冈、冬青、樟树等
14102	栓皮栎岩栎林	以栓皮栎为主，主要建群种有栓皮栎、岩栎，其他混交树种主要有槲栎、锐齿槲栎、化香树、黄连木、匙叶栎、橿子栎、苦槠栲、女真等
14111	麻栎尖叶栎林	以麻栎为主，其他落叶栎类主要有枹栎、栓皮栎、白栎、槲树、茅栗等，其组成合计在65%以上，常绿阔叶树种有尖叶栎、刺叶高山栎、女贞等
14200	水青冈常绿阔叶林	以水青冈属为主与常绿阔叶树种青冈属、石栎属、栲属，以及其他栎类、樟属、润楠属、木荷属等树种构成的混交林
14201	水青冈山矾林	落叶阔叶树种占优势，主要有水青冈、米心水青冈、三角枫、鹅耳枥属、红桦、华南桦、多种槭树等，常绿阔叶树种主要有四川山矾、润楠、新木姜子、披针叶冬青等
14202	水青冈青冈林	落叶阔叶树种占优势，主要建群种有亮叶水青冈、水青冈、米心水青冈及青冈等，其他组成树种有槭属、野漆、枫香、连香树、水青树、华南桦、椴属等，常绿阔叶树种有小叶青冈、厚皮栲、包果石栎、粗穗石栎、贵州石栎、曼青冈等
14203	水青冈鹿角栲林	由落叶阔叶水青冈、缺萼枫香与常绿阔叶云山青冈、鹿角栲为主构成，其他组成树种主要有木莲、桂南木莲、深山含笑、海南树参、五裂槭、野漆、毛八角枫等
14204	水青冈曼青冈杨梅叶蚊母树林	常绿阔叶树种占优势，主要有曼青冈、杨梅叶蚊母树、银木荷、江西石栎、冬青属，落叶阔叶树种有水青冈、亮叶水青冈、鸦头梨、兴山榆、椴树、糙皮桦等
14205	水青冈包果石栎林	落叶阔叶树种占优势，主要有水青冈、亮叶水青冈、米心水青冈、巴山水青冈、青榨槭、光皮桦、红桦，常绿阔叶树种有包果石栎、青冈、小叶青冈、曼青冈、四川山矾等
14300	青冈落叶阔叶混交林	以青冈属为优势种但组成不足65%，与其他阔叶树构成的混交林
14301	细叶青冈鹅耳枥林	组成树种以青冈属常绿阔叶为主，主要建群种有细叶青冈、青冈栎、川陕鹅耳枥、交让木、豹皮樟、木荷等，其他混生树种主要有檫木、枫香、白木乌桕、黄山木兰、野漆等
14302	多脉青冈枫香林	常绿为主的阔叶混交林，主要建群种有多脉青冈、缺萼枫香、尾叶甜槠栲，其他混交树种主要有木莲、银木荷、硬斗石栎、交让木、中华槭、裂叶白辛树、银钟花、野漆、川陕鹅耳枥等

表 1（续）

代 码	类 型 名 称	说 明
14303	曼青冈蚊母树枫香林	常绿阔叶占优势，主要建群种有曼青冈、杨梅叶蚊母树、枫香，其他组成树种主要有绵石栎、银木荷、江西石栎、豺皮樟、凹叶冬青、长柄冬青、假大柄冬青、杨桐、水青冈、山榆、兴山榆、椴树、紫弹树、糙皮桦、川陕鹅耳枥等
14304	青冈交让木水青冈林	常绿阔叶树种占优势，主要建群种有青冈、交让木、米心水青冈，其他组成树种主要有绵石栎、川陕鹅耳枥、黄山木兰等
14306	青冈鹅耳枥化香树林	常绿落叶阔叶混交，优势不明显，主要建群种有青冈、细叶青冈、鹅耳枥、化香树等，其次有天竺桂、云南樟、红果黄肉楠、香叶树、虎皮楠、杨梅叶蚊母树、石楠、柞木、珊瑚朴、榉树、榔榆、青檀、黄檀、楝木等
14307	青冈铜钱树林	常绿与落叶阔叶混交，优势不明显，主要建群种有青冈、铜钱树等，其他组成树种有冬青、柞木，石栎、黄连木、化香树、黄檀、山合欢、栎属、糙叶树、小叶朴、榉树、榆树等
14308	滇青冈化香树林	常绿阔叶占优势，主要建群种有滇青冈、珠眼石栎、石栎、小叶青冈、桃叶石楠、树参、黄樟、绿叶润楠、大花枇杷、化香树、云贵鹅耳枥、野漆、朴树、紫弹树、糙叶树、榔榆、大果榉、南酸枣等
14309	青冈仪花青檀林	常绿落叶阔叶混交，无明显优势，主要建群种有青冈、仪花等，其他组成树种有华南朴、褐叶柄果木、黄葛树、金丝李、倒吊笔、海南栲、青檀、华南皂荚、朴树、小叶栾树、圆果化香树、南酸枣、鸡仔木等
14313	青冈石栎水青冈林	青冈、石栎组成共建种，其他组成树种主要有水青冈、檫木、枫香、木荷、光皮桦、五裂槭、野漆、石灰花楸等
14315	云山青冈亮叶水青冈林	常绿树种占优势，有云山青冈、小红栲、鹿角栲、褐叶青冈、银木荷等，落叶树种有亮叶水青冈、缺萼枫香、光皮桦、五裂槭、椴树等
14400	石栎落叶阔叶混交林	以石栎属为主含有少量青冈栲属树种，与落叶阔叶的水青树、桦木、槭、椴等属构成常绿与落叶阔叶混交林
14401	多变石栎水青树林	常绿阔叶占优势，以多变石栎、大叶石栎、青冈为主，其他树种主要有包果石栎、曼青冈、细叶青冈、永青树、灯台树、糙皮桦、漆树、多毛椴、青榨槭、化香树等
14402	包果石栎珙桐林	常绿阔叶占优势，以包果石栎、瓦山栲、大叶石栎、青冈、蛾眉栲为主，落叶阔叶主要有珙桐、香桦、水青树、连香树、槭属等
14500	栲类落叶阔叶混交林	以栲属为优势与落叶阔叶树构成的混交林
14501	甜槠栲锥栗林	由甜槠栲、锥栗组成共建种，其他组成树种主要有青钩栲、青冈、苦槠栲、豺皮樟、虎皮楠、楠木、老鼠矢、茅栗、枫香、青榨槭、白檀、红枝柴、灯台树、小叶白辛树等
14502	苦槠白栎林	常绿树种以苦槠为主，还有青冈、冬青、石楠等，落叶树种以栎为主，有白栎、短柄枹栎、麻栎、栓皮栎、槲栎等
14503	尾叶甜槠缺萼枫香林	落叶树种除缺萼枫香较多外，还有中华槭、银钟花、华南桦、野漆、水青冈等，常绿树种有尾叶甜槠、曼青冈、硬斗石栎、银木荷和半枫荷等
14600	木荷落叶阔叶混交林	以木荷为优势种与青冈属、栲属、椴属、槭属、鹅耳枥等构成的阔叶混交林

表 1(续)

代码	类型名称	说明
14601	木荷鹅耳枥林	以木荷、川陕鹅耳枥、粗穗石栎组成共建种，混生树种主要有湘椴、水青冈、红枝柴、臭辣树、甜槠栲、化香、青冈、南酸枣、赤杨叶等
14602	木荷紫槭林	常绿阔叶木荷占优势与紫槭、青冈、冬青、野漆树、青钱柳、青榨槭、山合欢、赤杨叶等构成的阔叶混交林
14900	其他落叶常绿阔叶混交林	由其他落叶阔叶与常绿阔叶树种构成的混交林
14901	鱼骨木小叶栾树林	低矮常绿落叶阔叶混交，建群种为鱼骨木、小叶栾树，其他混生树种主要有柞木、土密树、倒吊笔、革叶铁榄、临桂石楠、翅荚香槐、无患子、青檀、朴树、榔榆、圆叶乌桕、黄连木、菜豆树、皂荚、铜钱树、鸡仔木、化香树等
14911	檫树林	檫木为建群种的纯林或与樟树、栲树、杉木、马尾松、毛竹构成的混交林
15000	常绿阔叶林	由常绿阔叶树为优势种构成的森林
15100	栲类常绿阔叶混交林	以栲属各树种为标志种与其他树种构成的混交林
15110	栲类混交林	以栲属树种为主的混交林，组成树种主要有栲树、罗浮栲、青钩栲、鹿角栲、南岭栲、黧蒴栲、木荷、青冈、红楠、大果马蹄荷、华润楠、披针叶杜英、毛桂、黄樟、蕈树等
15111	栲树林	以栲树为优势种的森林
15112	钩栲栲树林	以钩栲、栲树为共建种，其他组成树种主要有大叶青冈、绵石栎、薯豆杜英、披针叶杜英、红楠、青冈、黧蒴栲、石栎、黄瑞木、南酸枣等
15113	罗浮栲林	罗浮栲为优势种或与栲树、鹿角栲、青冈等组成共建种，组成树种主要有木荷、红楠、华南石栎、甜槠栲、光叶石楠、大叶含笑、木莲、石梓等
15114	小红栲甜槠栲林	小红栲、甜槠栲为共建优势种，其他组成树种主要有木荷、薯豆杜英、绵石栎、五列木、黄樟、青冈、剑叶翅子树、大叶冬青、红楠、罗浮栲、木莲、天竺桂、石笔木、黄丹木姜子等
15115	南岭栲栲树林	南岭栲为建群种或与栲、黧蒴栲组成共建种，其他组成树种主要有鹿角栲、木荷、披针叶杜英、半枫荷、楠木、黄檀、硬壳桂、广东琼楠、多花山竹子、光叶石栎等
15116	青钩栲林	青钩栲为优势种，其他组成树种主要有小红栲、栲树、甜槠栲、木荷等
15117	刺栲印度栲林	刺栲、印度栲为优势种，其他组成树种主要有蒺藜栲、峨眉木荷、云南黄杞、褐叶柄果木、绿叶桢楠、短尾鹅耳枥、合果含笑、滇石栎、澜沧栲等
15118	杯状栲罗浮栲林	杯状栲为优势种或与罗浮栲组成共建种，其他组成树种主要有截果石栎、水仙石栎、双齿山茉莉、云南柿、马蹄荷、红花荷、楠木、大叶木莲、黄杞、木瓜红、刺栲等
15120	栲树石栎林	以鹿角栲、硬斗石栎为共建优势种，其他组成树种主要有华润楠、披针叶杜英、虎皮楠、红楠、甜槠栲、山黄皮、黧蒴栲、杜英、栲树、厚叶冬青、越南天料木、华南石栎等

表 1（续）

代码	类型名称	说明
15121	元江栲石栎木荷林	元江栲、刺斗石栎、银木荷为共建优势种，其他组成树种主要有白穗石栎、滇青冈、船柄茶、茶梨、厚皮香、木莲、多花含笑、滇南木姜子、团香果、赤杨叶、大花八角等
15122	鹿角栲硬斗石栎林	以鹿角栲为建群种或与硬斗石栎组成共建种，其他组成树种主要有罗浮栲、小红栲、南岭栲、华润楠、披针叶杜英、甜槠栲、虎皮楠、红楠、黧蒴栲、杜英等
15123	小果栲截果石栎林	由小果栲和截果石栎组成共建种，其他组成树种主要有茶梨、毛枝青冈、四角蒲桃、短药蒲桃、峨眉木荷、银木荷、元江栲、黄毛青冈、包果石栎、赤杨叶、杯状栲等
15131	苦槠栲豺皮樟林	以苦储栲为建群种与豺皮樟、石栎等组成的混交林，其他组成树种主要有美叶石栎、木荷、青冈、冬青、花榈木、黄檀、红楠、湘楠、罗浮栲、枫香、山合欢、四川山矾等
15141	高山栲青冈林	以高山栲、黄毛青冈、滇石栎为共建优势种，其他组成树种主要有滇青冈、小叶青冈、尼泊尔桤木、栓皮栎、香叶树、槲栎等
15142	元江栲滇青冈林	元江栲、滇青冈、滇石栎为共建优势种，组成树种主要有银木荷、野山茶、山玉兰、珊瑚冬青、云南木犀榄、云南泡花树、露珠杜鹃、牛筋条、青皮木、香叶树、厚皮香、云南松、云南樟等
15151	甜槠栲木荷林	甜槠栲、木荷为共建优势种，其他组成树种主要有金毛石栎、小叶脊冈、薯豆杜英、绵石栎、蕈树、冬青、黄樟、雷公青冈、粗穗石栎、香桂、小叶青冈、罗浮栲、樟树、华南石栎、罗浮柿、细叶青冈、光叶石楠、木莲、红楠、树参等
15152	峨眉栲木荷林	以峨眉栲、木荷为共建优势种，组成树种还有粗穗石栎、大叶石栎、栲树、青冈、巴东栎、细叶青冈、大头茶、山矾、天竺桂、多种槭树等
15153	栲类杜英木荷林	以栲树、杜英、木荷为共建种，其他组成树种主要有多穗石栎、粗壮润楠、楠木、白楠、峨眉栲、厚壳桂、华鼠刺、小果冬青、黄杞、野漆、枫香、南酸枣等
15154	栲类木莲木荷林	以栲树、刺栲、木莲、木荷为共建种，其他组成树种有润楠属、水仙石栎、含笑、小花红花荷、猴欢喜、水青冈等
15155	栲类木荷林	以多种栲如印度栲、刺栲、思茅栲、银叶栲、棕毛栲和峨眉木荷为主，其他组成树种主要有小果石栎、截果石栎、槭果黄杞、茶梨、滇银柴、云南蒲桃、围涎树等
15161	栲类木莲林	瓦山栲、杯状栲等多种栲类与多种木莲如木莲、大果木莲等为优势，其他混生树种主要有硬斗石栎、滇石栎、刺斗石栎、柳叶黄肉楠、多果新木姜子、刀把木、野八角等
15171	栲类厚壳桂林	栲属与厚壳桂属树种组成共建种，其他组成树种主要有橄榄、红枝蒲桃、山杜英、红鳞蒲桃、黄桐、黄叶树、白桂木、水石梓、谷木、褐叶柄果木、糙叶水锦树、黄牛木、软荚红豆、山龙眼、榕树等
15172	小红栲厚壳桂林	小红栲与厚壳桂组成共建种，其他组成树种主要有樟树、榕树、薯豆杜英、黄杞、铁冬青、飞蛾槭、笔管榕、重阳木、无患子等
15173	刺栲厚壳桂林	刺栲与厚壳桂组成共建种，其他组成树种主要有鳞苞栲、红鳞蒲桃、赤皮青冈、樟树、台湾厚壳桂、台湾含笑、山蒲桃、桃叶石楠、桂林栲、硬壳桂、围涎树、山杜英、赤楠、薯豆杜英、黄杞、天竺桂、黄樟、黄桐、剑叶翅子树等

表 1（续）

代码	类型名称	说明
15174	桂林栲厚壳桂林	桂林栲与厚壳桂、黄果厚壳桂组成共建种，其他组成树种主要有乌榄、橄榄、山蒲桃、谷木、滇银柴、黄叶树、黄桐、褐叶柄果木、岭南山竹子、臀形果等
15175	细刺栲黄果厚壳桂林	细刺栲与黄果厚壳桂组成共建种，其他组成树种主要有橄榄、格木、披针叶杜英、华润楠、广东润楠、大果木榸子、岭南山竹子、峨眉木荷、猴欢喜、罗浮柿、白颜树、鹅掌柴等
15181	罴蒴栲林	罴蒴栲为优势种的森林
15200	青冈常绿阔叶林	以青冈为标志种，由青冈属某些树种和其他常绿阔叶树组成的常绿阔叶混交林
15211	青冈林	青冈为优势种的纯林或混交林
15212	黄毛青冈林	以黄毛青冈为优势种，其他组成树种主要有滇青冈、元江栲、川西栎、滇石栎、白穗石栎、毛枝青冈、大叶栎、峨眉栲、云南松、银木荷、贵州石栎、青皮木、厚皮香等
15213	细叶青冈云山青冈林	以细叶青冈、云山青冈为共建优势种，其他组成树种主要有甜槠栲、硬斗石栎、木荷、薯豆杜英、水青冈、光叶石楠、多穗石栎、红楠、榕叶冬青等
15221	滇青冈滇石栎林	以滇青冈为优势种，其他主要组成树种有滇石栎、云南油杉、锐齿槲栎、包果石栎、云南松、川西栎、掌叶梁王茶、厚皮香、灰背栎、滇润楠、长梗润楠等
15231	曼青冈鹿角栲林	以曼青冈为优势种或与鹿角栲、红楠组成共建种，其他组成树种主要有木荷、青钩栲、罗浮栲、杨桐、甜槠栲、小红栲、薯豆杜英、猴欢喜、杜英、华润楠、红皮树、虎皮楠、大花枇杷、云山青冈等
15241	青冈红楠林	以青冈为建群种或与红楠同为共建种的常绿阔叶混交林，其他组成树种主要有鹿角栲、苦槠栲、罗浮栲、绵石栎、石栎、紫楠、虎皮楠、大叶山矾、薯豆杜英、木荷、冬青、杉木、马尾松等
15242	青冈石栎含笑槭树林	由薄片青冈、木壳石栎、含笑及多种槭树等组成，其他混生树种还有木兰、黄丹木姜子等
15251	多脉青冈林	以多脉青冈为优势种，混生树种有杜鹃、甜槠、鹅掌楸等
15261	福建青冈林	福建青冈为优势种，主要伴生树种有青冈、栲树、多穗石栎、木荷、樟树、华杜英、毛冬青等
15271	褐叶青冈林	以褐叶青冈为优势种，混生树种主要有木荷、小红栲、亮叶水青冈、枫香、米心水青冈、华西花楸等
15281	云山青冈林	云山青冈为优势种，混生树种有潺槁木姜子、浙江新木姜、厚皮香、紫楠、闽楠、水青冈、毛竹、冬青、栲树等
15300	石栎常绿阔叶混交林	以石栎为标志种，由石栎属树种和其他阔叶树组成的常绿阔叶混交林
15306	石栎林	以石栎和其他常绿或落叶树种所组成的混交林，常见伴生树种有青冈、苦槠栲、樟、枫香等
15311	刺斗石栎林	刺斗石栎为主与滇青冈组成共建优势种，其他组成树种主要有滇木荷、美脉杜英、新樟、马蹄荷、川滇木莲等

表 1（续）

代码	类型名称	说明
15312	白穗石栎滇青冈林	白穗石栎、滇青冈为共建优势种，其他组成树种主要有元江栲、银木荷、峨眉栲及少量云南冬青、长毛楠、穗序鹅掌柴、曼青冈、掌叶梁王茶及桤属、桦木属某些树种等
15313	美叶石栎林	美叶石栎为建群种或与木荷、甜槠栲、栲树、鹿角栲组成共建种，其他组成树种有深山含笑、冬青、蓝果树、亮叶桦、南酸枣、润楠、云山青冈、毛桂、猴欢喜、黄丹木姜子、桃叶石楠等
15314	多变石栎林	多变石栎为优势种，与青冈、银木荷、硬斗石栎等组成的森林
15321	硬斗石栎鹿角栲林	硬斗石栎为建群种或与鹿角栲组成共建种，其他组成树种主要有华润楠、青冈、光叶石楠、杜英、甜槠栲、大叶含笑、盘柱冬青、猴欢喜、披针叶杜英、红楠、红皮树、虎皮楠等
15322	包果石栎峨眉栲林	由包果石栎、峨眉栲组成共建种，与少量樟科、山茶科、木兰科、桦木科及冬青、桤属某些树种构成的森林
15331	杏叶石栎厚壳桂林	由杏叶石栎、瘤果石栎、白背厚壳桂组成共建种，其他组成树种主要有小叶白颜树、滨木犀榄、冬青、大萼木姜子、山矾等
15341	金毛石栎木荷甜槠栲林	以金毛石栎为主或与木荷、甜槠栲同为共建优势种，其他组成树种还有福建柏、长苞铁杉、小叶青冈、岭南酸枣、白花含笑、红楠、厚叶冬青等
15342	刺斗石栎滇木荷林	由刺斗石栎、滇木荷组成共建种，其他组成树种主要有川滇木莲、红花木莲等
15351	壶斗石栎银木荷林	壶斗石栎和银木荷占优势的森林，混生有粗穗石栎、多穗石栎、小叶青冈、滇青冈、厚皮香、红花木莲等
15400	樟类阔叶混交林	以樟科各树种为建群种的森林
15411	樟树林	樟树为建群种的纯林或混交林
15412	湘楠林	湘楠为建群种或与华南栲组成共建种，其他组成树种主要有大叶含笑、桂南木莲、木荷、薯豆杜英、山黄皮、黄瑞木、光叶石楠、苦槠栲、樟树、杜英、冬青、鹿角栲等
15413	楠木栲树林	由楠木和栲组成共建种，其他组成树种主要有曼青冈、苹婆猴欢喜、异叶鹅掌柴、贵州鹅耳枥、薯豆杜英、圆叶乌桕、蒙自苹婆等
15414	楠木林	楠木为建群种的纯林或混交林
15415	紫楠林	紫楠为优势种的森林，伴生有枫香、麻栎、苦槠栲、樟树等
15420	润楠阔叶混交林	以润楠为标志种，由润楠属各树种和其他阔叶树组成的常绿阔叶混交林
15421	红楠林	以红楠为建群种，其他主要组成树种有云山青冈、鹿角栲、甜槠栲、薯豆杜英、钩栲、华润楠、披针叶杜英、绢毛木兰、苦梓含笑、硬斗石栎、榕叶冬青、罗浮柿、老鼠矢等
15422	华润楠林	华润楠为建群种或与青冈、甜槠栲、栲树、鹿角栲组成共建种，其他组成树种主要有深山含笑、交让木、山杜英、山乌桕、薯豆杜英、密花树、杉木等
15423	润楠青冈林	以润楠属与青冈组成共建优势种，其他组成树种主要有木荷、光叶四照花、罗浮栲、赤杨叶、猴欢喜及樟属等

表 1（续）

代码	类型名称	说明
15424	纳槁润楠林	以纳槁润楠、基脉润楠为共建优势种，主要组成树种还有山龙眼、香皮树、多花山竹子等
15425	润楠栲树青冈林	以润楠、网脉琼楠、罗浮栲、青冈为主的常绿阔叶混交林，其他组成树种主要有黄樟、赤杨叶、猴欢喜、滇藏杜英、檫木、云南松、马蹄荷、云南蕈树、木荷等
15500	木兰阔叶混交林	以木兰科各属为建群种的森林
15507	木莲林	木莲为优势种的森林，混生有钩栲、亮叶含笑、栲树、华润楠、银木荷等
15509	海南木莲林	海南木莲为优势种的森林，混生树种有青冈属树种、石栎、木荷等
15511	川滇木莲刺斗石栎林	川滇木莲为优势种与刺斗石栎、水青树等构成的混交林
15521	深山含笑林	以深山含笑为建群种或与厚皮香、美叶石栎组成共建种，其他组成树种主要有木荷、云山青冈、小红栲、赤杨叶、鹅耳枥等
15523	火力楠林	火力楠为优势种的森林，混生树种有橄榄、刺栲、木荷、罗浮栲、樟树等
15600	山茶类阔叶混交林	以山茶科树种为建群种与其他树种构成的混交林
15612	木荷青冈栲树林	以木荷为建群种或与云山青冈、罗浮栲、红楠组成共建优势种，其他组成树种主要有薯豆杜英、大果马蹄荷、树参、尖嘴林檎、华南石栎等
15613	银木荷甜槠栲红楠林	银木荷为建群种或与甜槠栲、红楠组成共建优势种，其他树种主要有细叶青冈、云山青冈、石栎、水青冈、薯豆杜英、硬斗石栎、光叶石楠、毛桂、越南山矾、黄山松、铁杉等
15614	银木荷壶斗石栎林	由银木荷、壶斗石栎、多穗石栎组成共建种，其他组成树种主要有滇润楠、硬斗石栎、八角枫、尼泊尔桤木、圆齿木荷、水青树等
15620	厚皮香林	以厚皮香为优势种或与甜槠栲、虎皮楠等组成共建种，其他组成树种主要有杜英、山杜英、猴欢喜、中华蚊母树、密花树、青冈、木荚红豆、木荷、野漆等
15700	桉树林	以各种桉树为建群种的森林
15711	大叶桉林	以大叶桉为优势种的森林
15721	柠檬桉林	以柠檬桉为优势种的森林
15731	窿缘桉林	以窿缘桉为优势种的森林
15741	赤桉林	以赤桉为优势种的森林
15751	蓝桉林	以蓝桉为优势种的森林
15790	其他桉树林	以其他桉树为优势种的森林
15800	常绿栎类林	由川滇高山栎、黄背栎、帽斗栎、长穗高山栎、川西栎、光叶高山栎、刺叶高山栎、高山栎、灰背栎、匙叶栎、铁橡栎、锥连栎等壳斗科树种构成的森林
15801	川滇高山栎林	川滇高山栎为优势种的纯林
15802	黄背栎林	黄背栎为优势种的纯林

表 1（续）

代码	类型名称	说明
15803	帽斗栎林	帽斗栎为优势种的纯林或与长穗高山栎组成共建种的森林，其他混生树种主要有高山松、华山松、丽江槭等
15804	川西栎林	川西栎为优势种的纯林，混生少量高山栎、西南桦等
15805	高山栎林	高山栎为优势种的纯林，混生有云南铁杉、树形杜鹃、箭竹等
15807	锥连栎林	锥连栎为优势种的纯林，混生树种主要有清香木、毛叶黄杞、云南松、云南油杉、黄毛青冈等
15808	灰背栎林	灰背栎为优势种的纯林，混生树种主要有盐肤木等
15809	光叶高山栎林	光叶高山栎为优势种的纯林或与滇青冈组成共建种，混生树种主要有清香木、新樟等
15811	乌冈栎林	乌冈栎为优势种的纯林，混生树种主要有鹅耳枥、化香树、岩栎、黄连木等
15900	其他常绿阔叶林	以其他常绿树种为建群种构成的森林
15911	薯豆杜英林	薯豆杜英为建群种，与青冈、红楠、冬青、楠木、杨桐、马蹄荷，罗浮柿、野柿、云山青冈、赤杨叶、杉木等组成的混交林
15921	虎皮楠林	虎皮楠为建群种，与栲树、甜槠栲、青冈、多穗石栎、细叶香桂、楠木、黄丹木姜子、红楠、黄瑞木、深山含笑、山杜英、薯豆杜英、冬青属等组成的混交林
15931	小花红花荷滇桂木莲林	由小花红花荷、滇桂木莲为建群种，其他组成树种主要有野山茶、槭属、滇楠、毛果黄肉楠、楠木、大叶新木姜子、长蕊木兰、大果木姜子、冬青属、滇石栎等
15932	蚊母树林	以蚊母树为建群种，与虎皮楠、大叶楠、冬青、椤木石楠等组成的混交林
15933	大果马蹄荷林	大果马蹄荷为优势种，与虎皮楠、甜槠栲、黄瑞木、鹿角栲、小果冬青、深山含笑、豺皮樟、黄楠、软荚红豆、多穗石栎、杉木等组成的混交林
15941	猴欢喜红花荷栲树林	由膜叶猴欢喜、小花红花荷及栲属组成共建种，其他组成树种主要有硬斗石栎、滇藏杜英、薯豆杜英、银木荷、樟叶泡花树、红花木莲等
15951	大叶相思林	大叶相思组成的纯林，或与桉树组成混交林
15952	台湾相思林	台湾相思组成的纯林，或与马尾松、湿地松、杉木、桉树、刺栲、樟树、木荷等组成混交林
15953	马占相思林	马占相思组成的纯林
15961	木麻黄林	引种的木麻黄属为优势种的森林
16000	季雨林和雨林	由热带多种干季落叶或常绿阔叶树种构成的复层茂密森林
16100	落叶季雨林	由热带多种干季落叶阔叶树种(包括部分落叶树种)构成的复层茂密森林
16111	木棉楹树林	以木棉、楹树为标志种，组成树种常见有西南猫尾树、对叶榕、南岭楝树、火绳树、居间紫薇、长果桑、八宝树、木蝴蝶、羊蹄甲、红椿、垂叶榕、重阳木、朴叶扁担杆、香合欢、粗糠柴、山黄麻、滇银柴、云山黄杞、厚皮树、毛麻楝等

表1(续)

代码	类型名称	说明
16112	海南榄仁厚皮树林	由海南榄仁、厚皮树等多种落叶和半常绿树种构成,混交树种还有香合欢、银柴、小叶山様子、黄豆树、冬青、毛叶青冈、海南栲、台湾栲、龙眼、毛柿、细基丸、剑叶翅子树等
16113	干果榄仁刺桐林	以干果榄仁及刺桐为主,与美脉杜英、八宝树、四数木、红椿、木棉、楹树等构成的混交林
16114	马蹄果刺栲林	以马蹄果、刺栲、山牡荆、小花五桠果、黄杞、滇银柴、印度栲、云南石梓等构成的复层混交林
16115	柚木林	柚木为优势与木棉、偏叶椿等树种组成的混交林
16116	羊蹄甲林	以羊蹄甲为优势的混交林,组成树种主要有余甘子、朴叶扁担杆、粗糠柴、翅果麻、木蝴蝶等
16190	其他落叶季雨林	由其他季节常绿阔叶树种为主与常绿树种构成的森林
16200	半常绿季雨林	常绿树种占优势,由热带干季落叶阔叶树种与常绿阔叶树构成的混交林
16211	擎天树风吹楠林	以擎天树为标志种的复层阔叶混交林,其他组成种主要有海南风吹楠、方榄、蚬木、金丝李、肥牛木、顶果木、中国无忧花、毛麻楝、水石梓
16212	望天树番龙眼林	望天树占上层优势并以望天树、番龙眼为标志种,其他混生树种主要有千果榄仁、樫木、云南肉豆蔻、红光树、版纳柿、景洪暗罗、梭果玉蕊、云南银钩花、云树、网脉肉托果、山韶子、胭脂木等
16221	陆均松蕈树林	由陆均松、蕈树组成共建种,其他组成树种主要有子凌蒲桃、长柄梭罗树、厚叶冬青、小叶白颜树、大萼木姜子等
16222	陆均松紫荆木石栎林	由陆均松、海南紫荆木、瘤果石栎、多穗石栎组成共建种,其他组成树种主要有杏叶石栎、光叶白颜树、白背厚壳桂、木荷等
16223	陆均松栲类林	以陆均松为标志种的复层混交林,常见混生树种有多种栲类、岭南青冈、五列木、线枝蒲桃、厚壳桂、滨木樨榄、光叶拟单性木兰、长柄梭罗树、短穗石栎、木荷、厚皮香等
16224	陆均松五列木林	以陆均松、五列木为标志种的复层混交林,组成树种还有岭南青冈、线枝蒲桃、厚壳桂、滨木犀榄、短穗石栎、长柄梭萝树、光叶拟单性木兰、海南粗榧、木荷、厚皮香等
16231	榕树香蒲桃林	以榕树、香蒲桃、假苹婆为主的复层混交林,组成树种还有潺槁木姜子、香叶树、鹅掌柴、土密树等
16232	高山榕毛麻楝林	由高山榕、毛麻楝为主的复层混交林,常见组成树种有樟叶朴、椰椰果、羊蹄甲、粗糠柴、乌墨蒲桃、八宝树、峨眉木荷、滇银柴、云南黄杞、剑叶翅子树、滇龙眼、重阳木、中国无忧花、仪花、楹树、木棉、菩提树、木蝴蝶、水同榕等
16233	见血封喉龙果林	以见血封喉、龙果为优势种的复层阔叶混交林,其他组成树种主要有橄榄、高山榕、剑叶翅子树、盆架树、番龙眼、白颜树、泰国黄叶树等
16234	无忧花樫木林	以无忧花、红果樫木、梭子果为主的复层阔叶混交林,其他组成树种主要有桄榔、大花五桠果、大叶山楝、肉实树、杜英、壳苹果、胭脂木、鹅掌柴、大叶藤黄、乌墨蒲桃、苹婆、羽叶楸、黄杞等

表 1（续）

代　码	类　型　名　称	说　　明
16235	铁刀木林	铁刀木为优势种，混生树种主要有粗糠柴、绒毛紫薇、鹊肾树、多花白头树、云南石梓、重阳木等
16236	刺桐千果榄仁林	以硬核刺桐、千果榄仁、木棉、美脉杜英、八宝树、四数木为主，其他组成树种主要有番龙眼、红椿、楹树、居间紫薇、常绿榆、川桑等
16237	铁力木林	以铁力木为优势种，其他组成树种主要有长穗桦、印度栲、红光树、高山榕、西南猫尾树、林生杧果、四蕊朴、番龙眼等
16238	四数木多花白头树林	以四数木、多花白头树为标志种，组成树种主要有家麻树、越南榆、毛紫薇、槟榔青、毛麻楝、番龙眼、橙木、油朴、剑叶翅子树、薄姜木、长果桑、光叶白颜树、闭花木、细子龙、水同榕、云树等
16239	蒲桃栲树林	由各类蒲桃（如子凌蒲桃、思茅蒲桃、线枝蒲桃等）及各种栲类（如青钩栲、罗浮栲等）组成建群种，其他组成树种主要有长柄梭罗树、二叶黄杞、小叶白颜树等
16241	黄桐围涎树林	以黄桐、围涎树、水石梓为主的复层混交林，其他组成树种主要有黄杞、橑子树、牛矢果、广东琼楠、银柴、小叶胭脂木、黄果厚壳桂等
16242	蕈树油丹林	蕈树、海南油丹、油丹组成共建种，其他组成树种主要有小叶白颜树、梭罗树和毛柿山矾、杜英等
15243	橄榄油丹林	由橄榄、油丹组成建群种，其他组成树种主要有光叶白颜树、中平树、红毛丹、琼榄、五椏果、米仔兰、鹅掌柴等
16244	橙木千果榄仁林	橙木、千果榄仁、细青皮、西藏天料木为主的复层林，其他组成树种主要有盖裂木、厚鳞石栎、大叶桂、马蛋果、米仔兰、苹婆、剑叶翅子树等
16245	合果含笑糖胶树林	合果含笑、厚果糖胶树组成共建种，树种组成复杂，其他组成树种主要有刺栲、思茅黄肉楠、峨眉木荷、浆果乌桕、网脉肉托果、云树、毛叶黄杞、槭叶翅子树、云南胡桐、薄姜木、榕属、截果石栎、橄榄、栲属、滇桂木莲、泰国黄叶树等
16251	小叶白颜九丁树林	小叶白颜树、九丁树、多种榕树为主组成的复层混交林，组成树种还有胭脂木、海南菜豆树、割舌树、青果榕、山木患等
16262	砚木金丝李林	以舰木、金丝李、肥牛木、卵叶桂、密花核果木为优势的复层混交林，其他组成树种主要有华南朴、广西槭、倒吊笔、菜豆树、长梗铜钱树、米杨噎、胭脂木、藤春、白桂木、岭南酸枣等
16265	紫荆木栎类林	由海南紫荆木、竹叶栎、盘壳栎组成共建种，其他组成树种主要有子凌蒲桃、大叶白颜树、谷木、冬青等
16290	其他半常绿季雨林	由其他热带干季落叶阔叶树与常绿阔叶树为建群种构成的森林
16300	常绿雨林	由热带常绿阔叶树种为优势构成的森林，多层，乔木树种高大，组成复杂，板根现象明显，木质藤本和附生高等植物丰富
16311	青梅林	以青梅为优势种的复层混交林，其他混生树种主要有油楠、光叶巴豆、海南暗罗、单叶豆、橄榄等
16312	青梅栎类林	由青梅、竹叶栎、盆果栎、黄背栎等组成共建种，其他组成树种主要有土沉香、橄榄、尖萼蒲桃，长叶柄柿等
16313	青梅荔枝林	由青梅、荔枝等组成共建种，其他组成树种主要有光叶巴豆、白背厚壳桂、细子龙、白茶树、榕树、油楠等

表 1（续）

代　码	类 型 名 称	说　　明
16314	青梅紫荆木林	由青梅、海南紫荆木等组成共建种，其他组成树种主要有白茶树、蒲桃属、栎属、润楠属、光叶白颜树、油丹等
16315	青梅细子龙林	由青梅与细子龙组成共建种，其他组成树种主要有光叶巴豆、厚皮树、岭南山竹子、银柴、润楠、黄杞、琼楠等
16316	青梅蕈树林	由青梅与蕈树组成共建种，其他组成树种主要有小叶白颜树、琼楠、疏脉柿等
16317	青梅木荷栎类林	由青梅、木荷、竹叶栎、盘壳栎组成共建种，其他组成树种主要有小叶白颜树、子凌蒲桃、多花山竹子等
16318	青梅蝴蝶树林	以青梅、蝴蝶树为主的复层阔叶混交林，其他组成树种主要有坡垒、樫木、栎子青冈、白背厚壳桂、油楠、肖蒲桃、黄叶树、水石梓、荔枝、硬壳桂等
16321	青钩栲鸡毛松林	以罗汉松科的鸡毛松为标志种的复层混交林，其他树种主要有青钩栲、阴香、海南蕈树、黄叶树、杜英、白肉榕、显脉新木姜子、木莲、黄樟、齿叶柃、鹅掌柴、多花山竹子、蒲桃属等
16331	千果榄仁番龙眼林	以千果榄仁、番龙眼为主的复层阔叶混交林，其他混生树种有剑叶翅子树、光叶天料木、梭果玉蕊、山楝、麻楝、硬核刺桐、八宝树、山韶子、木莲、红椿、蒲桃、光叶合欢等
16332	坡垒乌榄林	以坡垒为标志种的复层阔叶混交林，其他主要组成树种有橄榄、乌榄、小叶胭脂木、多花山竹子、绢毛杜英、香港樫木、梭子果、胭脂木、黄叶树、广东假黄树、山蒲桃、紫荆木、厚壳桂、蕈树、竹叶木荷、厚皮香、大花枇杷、水石梓等
16341	云南龙脑香多毛坡垒林	以云南龙脑香、多毛坡垒为主的复层阔叶混交林，其他树种主要有隐翼木、人面子、细子龙、樫木、麻楝、大叶山楝、龙眼、仪花、无忧花、糖胶树、梭果玉蕊、番龙眼、千果榄仁、橄榄、八宝树、团花、四数木等
16342	龙脑香樫木林	以龙脑香属的大果龙脑香、翅果龙脑香、陀螺龙罗香等与樫木、野树波罗组成共建优势种，其他组成树种主要有滇榄、千果榄仁、八宝树、四数木、槭叶翅子树、细青皮、红花木莲、润楠等
16343	肉托果穗序樫木林	以网脉肉托果、穗序樫木为标志种的复层混交林，主要组成树种还有泰国黄叶树、山木患、山牡荆、苹婆、滇楠、刺栲、截果石栎、龙果、峨眉木荷、云树、琼楠等
16344	阿萨姆娑罗双林	由阿萨姆娑罗双、大叶娑罗双组成共建种，其他组成树种主要有见血封喉、陀螺龙脑香、椿树、红椿、南亚含笑、高山大风子、无忧花、常绿臭椿、桄榔等
16345	滇木花生云南蕈树林	由滇木花生、云南蕈树、网脉肉托果等组成共建种，树种组成复杂，其他常见树种主要有毛叶黄杞、刺栲、细青皮、峨眉木荷、金叶含笑、重阳木、鸡毛松、小花红花荷、山韶子、美脉杜英、苹婆、越南栲、云南船柄茶等
16346	台湾肉豆蔻翅子树林	由台湾肉豆蔻、白翅子树、台湾山榄、长叶桂木、网脉新乌檀、台湾毛柿、大叶山榄等组成的复层混交林，其他组成树种主要有樫木、台湾木仔兰、番龙眼、大叶肉托果等

表 1（续）

代码	类型名称	说明
16347	肉托果合果含笑滇楠林	以网脉肉托果、合果含笑、滇楠为标志种的复层混交林，混生树种主要有滇南红厚壳、穗序桂木、盆架树、思茅黄肉楠、钝叶桂、大山龙眼、槭叶翅子树、细青皮、云南蕈树、樫木、峨眉木荷、龙果、泰国梭罗树、羽叶楸、滇桂木莲、山木患、刺栲等
16390	其他常绿雨林	由其他热带常绿阔叶树种构成的森林
17000	亚高山矮曲林	分布于森林线上限低矮弯曲的小乔木林
17101	偃松林	生长于森林上限以偃松为优势种的低矮森林
17200	杜鹃矮林	以猴头杜鹃、大喇叭杜鹃、秀雅杜鹃、都枝杜鹃的一种或多种为优势种的小乔木林，混生的其他树种还有美丽马醉木、冷箭竹、厚皮香、沙巴乌饭及山茶科某些种
17201	猴头杜鹃林	以猴头杜鹃为优势种的森林
17202	云锦杜鹃吊钟花林	以云锦杜鹃、吊钟花为建群种，其他混生树种有中华槭、野茉莉、茶条果、岩柃等
17203	杜鹃乌饭八角林	由树状杜鹃、乌饭树、八角树组成共建种，其他组成树种主要有南烛属、白珠属、马醉木属及吊钟花属各树种等
17300	吊钟花矮林	以吊钟花为优势种的小乔木林，混生树种主要有云锦杜鹃、野茉莉、中华槭及榕属某些种
17900	其他矮曲林	由其他分布于森林线上限的矮小乔木树种构成的森林
17901	岳桦矮曲林	岳桦为优势种的纯林，混生树种主要有花楸树、东北桤木、鱼鳞云杉、长白落叶松、臭冷杉等
17903	黄杨林	优势种为黄杨，其他混生树种主要有茶条果、白檀、粗榧、三尖杉、黄山花楸等
18000	红树林与珊瑚岛常绿林	
18100	红树林	
18111	海莲木榄林	以海莲和木榄为优势种，组成树种还有红海榄、榄李、海漆等
18112	红树角果木林	以红树、角果木为优势种，组成树种还有木榄、榄李等
18113	红海榄林	以红海榄为优势种，其他混生树种还有海莲、角果木、秋茄树、红榄李等
18115	桐花树林	以桐花树为优势种，混生树种还有秋茄付、海榄雌、老鼠簕等
18116	秋茄树桐花树林	以秋茄树和桐花树为优势种，混生树种还有海榄雌等
18117	海榄雌桐花树林	以海榄雌为优势种，混生树种还有桐花树、秋茄树等
18118	海桑林	以海桑为优势种的纯林
18119	水椰林	以水椰为优势种的纯林
18121	海漆林	海漆为优势种，混生树种有木果楝、瓶花木、银叶树、木榄、秋茄等
18122	角果木林	角果木为优势种，混生树种有木榄、海莲、木果楝等
18125	无瓣海桑林	引种无瓣海桑为优势种，混生有秋茄、桐花树等
18127	木榄林	木榄为优势种，混生有海莲、木果楝、秋茄、桐花树、海漆等
18129	银叶树林	银叶树为优势种，混生有黄槿、海杧果等

表 1（续）

代码	类型名称	说明
18300	珊瑚岛常绿林	
18311	麻疯桐林	以麻疯桐为优势种的纯林
18312	海岸桐林	以海岸桐为优势种的纯林，混生树种有海棠果、麻疯桐等
18313	草海桐林	以草海桐为优势种的纯林，混生树种有海岸桐、银毛树、麻疯桐、海人树、海巴戟、露兜树等
18314	银毛树林	以银毛树为优势种的纯林，混生树种有海岸桐、草海桐等
18315	水芫花林	以水芫花为优势种的纯林
18316	许树林	许树为优势种的纯林
18317	南蛇簕林	南蛇簕为优势种的纯林
18318	伞序臭黄荆林	伞序臭黄荆占优势，混生有海岸桐、麻疯桐、银毛树等
20000	竹林	以各类竹子组成的纯林或仅混生少量针阔叶树种
21100	大径竹林	竹径在 3 cm 以上的竹林
21101	毛竹林	纯林，常有栲属、青冈属、润楠属、枫杨、杨属、檫木、枫香、山合欢、杉木、栓皮栎等混生
21102	桂竹林	纯林，常有栲属、榆属、枫香、杉木等混生
21104	唐竹林	纯林，常有多种常绿阔叶树混生
21105	车筒竹林	纯林
21106	硬头黄竹林	纯林
21107	凤凰竹林	纯林
21108	慈竹林	纯林，常混生八角枫、黄连木、槲栎、盐肤木等
21110	刚竹林	纯林，常有朴属、榆属等多种阔叶树混生
21111	泰竹林	纯林
21112	茶秆竹林	纯林，常混生马尾松、栲属、木荷等
21113	粉单竹林	纯林
21114	山骨罗竹林	常与雨林季雨林树种混生
21115	麻竹林	纯林
21116	龙竹林	纯林，有时混生树种常有刺栲、印度栲、云南樟、尼泊尔桤木、木荷等
21117	牡竹林	纯林，有时混生木棉、刺栲、黄牛木、羊蹄甲等
21118	簕竹林	纯林，有时混生少量阔叶树
21119	青皮竹林	纯林，有时混生少量阔叶树
21121	撑篙竹林	纯林
21122	薄竹林	纯林，有时混生少量阔叶树，如云南白颜树、山楝、番龙眼、梭果玉蕊等
21123	箯篣竹林	纯林，常混生阔叶树
21124	大薄竹林	纯林，林中常混生阔叶树，如云树、云南黄杞等
21199	其他大径竹林	由其他竹径在 3 cm 以上的竹种构成的竹林

表 1（续）

代　码	类 型 名 称	说　　明
21200	小茎竹林	胸径不足 3 cm 的竹林
21201	筇竹林	纯林，有时生长于常绿阔叶林下，混生树种主要有栲属、槭属、水青冈等
21202	箬竹林	箬竹为优势的竹林或生长于林下
21203	华箬竹林	华箬竹为优势的竹林或生长于林下
21204	大节竹林	纯林，常混生阔叶树种，如：木荷、八宝树、橄榄等
21205	箬叶竹林	箬叶竹为优势的竹林或生长于林下
21206	浙赣箬竹林	浙赣箬竹为优势的竹林或生长于林下
21207	箭竹林	单优势种纯林或二至三种箭竹混交，混生乔木树种主要有巴山冷杉、亮叶水青冈、鹅耳枥等
21208	玉山竹林	玉山竹为优势的纯林，常混生台湾冷杉、杜鹃属等
21211	短穗竹林	纯林
21212	矮形竹林	纯林，有时生长于常绿阔叶林下
21213	苦竹林	纯林或与大箭竹混生，有时混生冷杉、松属、桦属等
21214	泡竹林	纯林
21215	方竹林	方竹或方竹属竹种构成的纯林，常生长于乔木林内
21216	毛藤竹林	与藤竹组成混交林，常生长于季雨林内
21217	淡竹林	纯林，常有白栎、杨属、枫杨等混生
21218	水竹林	纯林，常有柳属、枫杨等阔叶树混生
21219	台湾桂竹林	纯林，常有阔叶树混生
21221	石竹林	纯林，常有阔叶树混生
21223	巴山木竹林	纯林，常混生冷杉、千金榆、红桦、山杨等
21299	其他小径竹林	由竹径小于 3 cm 的其他竹种构成的竹林
21400	竹木混交林	以竹类为优势种，与杉木、松属及阔叶树构成的森林
21410	竹杉混交林	以竹类为优势种，与杉木构成的混交林
21420	竹松混交林	以竹类为优势种，与松属各树种构成的混交林
21430	竹针阔混交林	以竹类为优势种，与各种针叶和阔叶树种构成的混交林
21440	竹阔混交林	以竹类为优势种，与各种阔叶树种构成的混交林
30000	经济林	人工经营管理或栽培的以获取果实、树脂、树胶、树液、树皮、树叶、寄生虫分泌物等产品的森林
31100	油料林	
31111	胡桃林	
31112	薄壳山核桃林	
31121	油茶林	
31122	浙江红花油茶林	
31123	攸县油茶林	

表 1（续）

代　码	类　型　名　称	说　　明
31124	高州油茶	
31125	宛田红花油茶林	
31126	腾冲红花油茶林	
31127	广宁红花油茶林	
31128	小果油茶林	
31131	油桐林	
31132	千年桐林	
31141	油橄榄林	
31142	油棕林	
31151	乌桕林	
31154	文冠果林	
31161	翅果油树林	
31171	毛梾林	
31200	干果林	
31211	板栗林	
31212	枣树林	
31213	柿树林	
31214	银杏林	
31217	阿月浑子林	
31218	杨梅林	
31219	巴旦杏林	
31221	山杏林	
31222	槟榔林	
31223	山楂林	
31224	乌榄林	
31225	香榧林	
31226	腰果林	
31227	余甘子林	
31300	树胶树脂林	
31311	漆树林	
31312	紫胶虫寄生林	由钝叶黄檀、木豆、泡火绳、黄杞等可以放养胶虫的树种组成的纯林或混交林
31321	巴西橡胶林	
31400	调料林	
31411	花椒林	

表 1（续）

代 码	类 型 名 称	说 明
31412	八角林	
31413	胡椒林	
31421	肉桂林	
31500	药用林	
31511	杜仲林	
31512	厚朴林	
31513	槟榔林	
31514	金鸡钠林	
31516	宁夏枸杞林	
31518	山茱萸林	
31600	饮料林	
31611	茶叶林	
31612	咖啡林	
31613	可可林	
31800	鲜果林	
31811	苹果林	
31812	梨树林	由各种梨树如白梨、褐梨、秋子梨、沙梨、夏梨等一种或多种梨树构成
31813	桃树林	
31814	杏树林	
31815	李树林	
31818	葡萄林	
31821	柑桔林	由柑、橙的一种或两种构成
31822	柚子林	
31823	龙眼林	
31824	荔枝林	
31825	香蕉林	
31826	椰子林	
31827	杧果林	
31828	樱桃林	
31829	橄榄林	由橄榄、乌榄构成的纯林或混交林
31832	波罗蜜林	
31833	阳桃林	
31834	猕猴桃林	
31835	番木瓜林	

表 1（续）

代　码	类 型 名 称	说　明
31900	其他经济林	
31911	桑树林	
31912	棕榈林	
31913	蒲葵林	
40000	灌木林	由生长低矮的木本植物构成，高度低于 5 m
41000	针叶灌木林	以低矮的针叶树种为优势种构成的灌木林
41100	圆柏灌木林	以圆柏为优势种的灌木林
41101	高山柏灌木林	以高山柏为优势种的灌木林，常混生黄背栎等
41102	高山香柏灌木林	
41103	滇藏方枝柏灌木林	
41104	新疆方枝柏灌木林	
41106	喀什方枝柏灌木林	
41107	叉子圆柏灌木林	
41200	刺柏属灌木林	以刺柏属为优势种的灌木林
41201	西伯利亚刺柏灌木林	
41300	松属灌木林	以灌木型松属树种为优势种的灌木林
41301	地盘松灌木林	
42000	常绿革叶灌木林	以革质常绿阔叶树为优势种的灌木林
42100	杜鹃灌木林	
42101	雪层杜鹃灌木林	
42102	隐蕊杜鹃灌木林	
42103	太白杜鹃灌木林	
42104	爬枇杷灌木林	
42105	腺房杜鹃灌木林	
42106	川滇杜鹃灌木林	
42107	灰背杜鹃灌木林	
42108	腋花杜鹃灌木林	
42109	锈叶杜鹃灌木林	
42111	密枝杜鹃灌木林	
42112	山光杜鹃灌木林	
42113	两色杜鹃灌木林	
42115	金背枇杷灌木林	以金背枇杷为优势种，混生黄毛杜鹃等
42116	髯花杜鹃灌木林	
42117	毛喉杜鹃灌木林	
42118	刚毛杜鹃灌木林	

表 1（续）

代码	类型名称	说明
42121	理塘杜鹃灌木林	
42122	矮杜鹃灌木林	
42124	钟花杜鹃灌木林	
43000	落叶阔叶灌木林	以灌木型落叶阔叶树为优势种的灌木林
43100	壳斗科灌木林	以萌生灌木型壳斗科树种为优势种的灌木林
43111	矮高山栎灌木林	
43112	白栎灌木林	白栎为优势种的灌木林，常混生枹栎、麻栎等
43113	枹栎灌木林	
43114	栓皮栎灌木林	栓皮栎为优势种的灌木林，常混生白栎、枹栎、麻栎等
43115	麻栎灌木林	以麻栎为优势种的灌木林，常混生白栎、栓皮栎、映山红、檵木、马银花等
43116	乌冈栎灌木林	
43121	茅栗灌木林	以茅栗为优势种的灌木林，常混生白栎、盐肤木、化香等
43200	桦木科灌木林	以灌木型桦木科树种为优势种的灌木林
43211	甸生桦灌木林	
43212	圆叶桦灌木林	
43213	柴桦灌木林	
43221	榛子林	以榛为优势种的灌木林，常混生胡枝子等
43223	榛子胡枝子灌木林	以榛、胡枝子、蒙古栎为共建优势种的灌木林
43231	虎榛子绣线菊灌木林	以虎榛子及绣线菊为共建优势种的灌木林
43300	杨柳科灌木林	以灌木型杨柳科树种为优势种的灌木林
43311	黄花柳灌木林	以黄花柳为优势种的灌木林，常混生川康栒子、蔷薇属等
43312	蒙古柳灌木林	
43313	油柴柳灌木林	
43314	杯腺柳灌木林	
43315	皂柳灌木林	以皂柳为优势种的灌木林，混生胡枝子、榛子等
43316	山生柳灌木林	
43317	红皮柳灌木林	
43318	黄柳灌木林	以黄柳为优势种的灌木林，常混生沙棘等
43319	圆叶柳越桔灌木林	以圆叶柳、越桔为共建优势种的灌木林
43390	其他杨柳科灌木林	以其他柳属树种为优势种的灌木林
43400	豆科灌木林	以豆科树种为优势种的灌木林
43410	锦鸡儿灌木林	以锦鸡儿属为优势种的灌木林
43411	小叶锦鸡儿灌木林	
43412	柠条锦鸡儿灌木林	

表 1（续）

代码	类型名称	说明
43413	甘蒙锦鸡儿灌木林	
43414	准噶尔锦鸡儿灌木林	
43415	白皮锦鸡儿灌木林	
43416	昆仑锦鸡儿灌木林	
43417	多叶锦鸡儿灌木林	
43418	金雀花锦鸡儿灌木林	
43419	鬼箭锦鸡儿灌木林	
43421	新疆锦鸡儿灌木林	
43422	云南锦鸡儿灌木林	
43424	繁花锦鸡儿灌木林	
43425	锦鸡儿柳类灌木林	以锦鸡儿、柳属为共建优势种的灌木林
43426	变色锦鸡儿灌木林	
43427	毛刺锦鸡儿灌木林	
43429	其他锦鸡儿灌木林	
43431	美丽胡枝子灌木林	美丽胡枝子为优势种的灌木林，常混生胡颓子属及绣线菊属某些种
43432	短梗胡枝子灌木林	短梗胡枝子为优势种的灌木林，常混生杭子梢及胡枝子属其他种等
43433	胡枝子灌木林	
43434	铁扫帚灌木林	铁扫帚为优势种的灌木林，常混生胡枝子属
43439	其他胡枝子灌木林	以胡枝子属其他种为优势的灌木林
43441	白刺花狼牙刺灌木林	白刺花狼牙刺为优势种的灌木林，常混生密叶雀梅藤、马鞍叶羊蹄甲等
43442	西藏狼牙刺灌木林	
43451	紫穗槐灌木林	
43471	铃铛刺灌木林	
43481	杭子梢灌木林	
43500	蔷薇科灌木林	以蔷薇科树种为优势的灌木丛
43511	腺齿薇灌木林	
43512	樱草蔷薇灌木林	
43513	刺玫蔷薇灌木林	
43514	黄蔷薇灌木林	黄蔷薇为优势种的灌木林，常混生白刺花狼牙刺、鲜黄小檗、胡颓子等
43515	峨眉蔷薇灌木林	
43516	蔷薇野花椒灌木林	以蔷薇属和花椒为标志种的灌木丛
43517	小果蔷薇火棘灌木林	以小果蔷薇和火棘为共建种的灌木丛
43519	其他蔷薇灌木林	

表 1（续）

代码	类型名称	说明
43521	灰栒子灌木林	
43531	山杏灌木林	山杏为优势种的灌木林，常混生大花溲疏、大果榆、绣线菊等
43532	西伯利亚杏灌木林	以西伯利亚杏为优势种的灌木林，混生小叶朴、绣线菊、鼠李属等
43533	山桃灌木林	山桃为优势种的灌木林，常混生黄蔷薇、白刺花狼牙刺等
43534	扁桃灌木林	
43541	金露梅灌木林	
43542	银器梅灌木林	
43550	花楸灌木林	以花楸属为优势的灌木林
43551	陕甘花楸灌木林	以陕甘花楸为优势的灌木林，混生湖北花楸等
43560	绣线菊灌木林	
43561	石蚕叶绣线菊灌木林	
43562	毛叶绣线菊灌木林	
43563	中华绣线菊灌木林	
43571	川梨火棘灌木林	以川梨为标志种的灌木林
43590	其他蔷薇科灌木林	以蔷薇科其他树种为优势种构成的灌木林
43600	胡颓子科灌木林	以胡颓子科树种为优势种的灌木林
43611	胡颓子灌木林	以胡颓子为优势种的灌木林，常混生黄栌、胡枝子属等
43700	柽柳科灌木林	以柽柳科为优势种的灌木林
43710	红柳灌木林	
43711	多枝柽柳灌木林	
43712	细穗柽柳灌木林	
43713	短穗红柳灌木林	
43715	刚毛柽柳灌木林	
43719	其他柽柳灌木林	以柽柳属其他种为优势种的灌木林
43800	蓼科及藜科灌木林	以蓼科及藜科树种为优势种的灌木林
43810	沙拐枣属灌木林	以沙拐枣属为优势种的灌木林
43811	泡果沙拐枣灌木林	
43812	无叶沙拐枣灌木林	
43813	白杆沙拐枣灌木林	
43814	红皮沙拐枣灌木林	
43815	密枝沙拐枣灌木林	
43816	蒙古沙拐枣灌木林	
43817	头状沙拐枣灌木林	
43818	塔里木沙拐枣灌木林	
43821	梭梭灌木林	

表 1（续）

代码	类型名称	说明
43822	白梭梭灌木林	
43830	白刺灌木林	以白刺属为优势种的灌木林
43831	泡泡刺灌木林	
43832	西伯利亚白刺灌木林	
43833	齿叶白刺灌木林	
43834	唐古特白刺灌木林	
43835	盐白刺灌木林	
43841	盐穗木灌木林	
43842	盐节木灌木林	
43851	枸杞灌木林	
43900	其他落叶阔叶灌木林	以其他种类的落叶阔叶树种为优势种构成的灌木林
43911	盐肤木灌木林	
43912	黄栌灌木林	以黄栌为优势种的灌木林，混生胡枝子属等
43921	马桑灌木林	以马桑为优势种的灌木林，常混生卫矛、火棘等
43923	水柏枝灌木林	
43931	连翘灌木林	以连翘为优势种的灌木林，常混生胡枝子、黄栌、榛等
43940	化香树灌木林	以化香树属为优势种的灌木林
43950	雀梅藤灌木林	以雀梅藤为优势种的灌木林
43960	小檗灌木林	以小檗属为优势种的灌木林
43961	秦岭小檗灌木林	
43962	伞花小檗灌木林	
43971	黄荆灌木林	
43972	荊条灌木林	
43973	荆条酸枣黄栌灌木林	以荆条、酸枣、黄栌为共建优势种的灌木林
43974	荆条酸枣灌木林	以荆条及酸枣为共建优势种的灌木林
43975	荆条马桑黄檀灌木林	以荆条、马桑、黄檀为共建优势种的灌木林
43981	余甘子灌木林	以余甘子为优势种的灌木林，常混生算盘子、杭子梢、青香木等
43982	麻疯树灌木林	以麻疯树为优势种的灌木林
44000	常绿阔叶灌木林	以常绿阔叶树为优势的灌木林
44101	映山红乌饭灌木林	以映山红、乌饭树为共建优势种的灌木林，常混生齿叶柃木、白栎等
44102	映山红檵木灌木林	以映山红、檵木、桃金娘为共建优势种的灌木林，常混生野牡丹等
44103	南烛属灌木林	以南烛属为优势种的灌木林
44104	大白杜鹃乌雅果灌木	以大白杜鹃、乌雅果为共建优势种的灌木林，混生厚皮香、铁仔等
44105	狭叶南烛矮杨梅灌木	以狭叶南烛、矮杨梅为标志种的灌木林
44200	桃金娘科灌木林	以桃金娘科树种为优势的灌木林

表 1（续）

代码	类型名称	说明
44211	桃金娘灌木林	桃金娘为优势，常混生银柴、野牡丹等
44212	桃金娘岗松灌木林	以桃金娘、岗松、野牡丹为共建优势种的灌木林，常混生大沙叶等
44213	番石榴灌木林	以番石榴为优势的灌木林，常混生红背山麻杆、黄荆、马缨丹等
44221	岗松山芝麻灌木林	岗松、山芝麻为共建优势种的灌木林，常混生桃金娘、米碎花、华山矾、银柴等
44300	金缕梅科灌木林	以金缕梅科树种为优势的灌木林
44301	檵木映山红灌木林	以檵木乌饭树映山红为共建优势种的灌木林
44400	忍冬科灌木林	以忍冬科树种为优势的灌木林
44411	荚蒾灌木林	以荚蒾属为优势的灌木林
44412	樟叶荚蒾竹叶椒灌木	樟叶荚蒾、竹叶椒为优势的灌木林，常混生羊蹄甲、大叶紫珠及山麻杆属等
44413	霸王鞭灌木林	
44500	大戟科灌木林	以大戟科树种为优势的灌木林
44511	山麻杆浆果楝灌木林	以红背山麻杆、浆果楝为优势的灌木林
44512	中平树灌木林	以中平树为优势的灌木林，常混生银叶巴豆、破布叶、白背桐等
44600	番荔枝科灌木林	以番荔枝科树种为优势的灌木林
44611	假鹰爪灌木林	以假鹰爪为优势的灌木林，常见混生有斜叶澄广花、滇槁木姜子等
44612	小花龙血树灌木林	以小花龙血树为优势的灌木林，常混生青檀、浆果楝、红背山麻杆、滇槁木姜子等
44700	紫金牛科灌木林	
44711	铁仔小檗灌木林	以铁仔及小檗属某些种为共建优势种的灌木林，常混生小叶枸子等
44811	青香木铁仔灌木林	以青香木和铁仔为优势的灌木林
44900	其他常绿阔叶灌木林	以常绿阔叶树种为优势的灌木林
44911	矮沙冬青灌木林	
44921	坡柳灌木林	
44922	水柳灌木林	以水柳为优势的灌木林，常混生柳叶蒲桃、榕属、木姜子属的灌木树种
44931	糙叶水锦树灌木林	以糙叶水锦树属为优势种的灌木林，常混生云南银柴等
44941	虾子花金合欢灌木林	以虾子花为优势的灌木林，常混生金合欢
44951	银合欢灌木林	以银合欢为优势种的灌木林，常混生平麻等
44960	黄连木灌木林	
44981	露兜树酒饼簕灌木林	露兜树、酒饼簕为优势的灌木林，有时混生仙人掌属、刺葵等
44982	仙巴掌灌木林	
44983	刺葵灌木林	
90000	自定义森林类型	本标准没有包括，而由使用者自行分类定义的森林类型
91100	自定义针叶林	由针叶树种构成的森林，但具体类型本标准没有包括，而由使用者自行分类定义的森林类型

表 1（续）

代　码	类　型　名　称	说　　明
91200	自定义落叶阔叶林	由落叶阔叶乔木树种构成的森林，但具体类型本标准没有包括，而由使用者自行分类定义
91300	自定义落叶常绿阔叶混交林	由落叶及常绿阔叶乔木树种构成的森林，但本标准没有包括，而由使用者自行分类定义的森林类型
91500	自定义常绿阔叶林	由常绿阔叶乔木树种构成的森林，但本标准没有包括，而由使用者自行分类定义的森林类型
91600	自定义季雨林或雨林	属热带、亚热带季雨林或雨林森林类型，但本标准没有包括，而由使用者自行分类定义的森林类型
91700	自定义亚高山矮曲林	由生长在森林线上限的低矮弯曲的小乔木构成的森林，但本标准没有包括，而由使用者自行分类定义的森林类型
92000	自定义竹林	由竹类构成的森林，但具体类型本标准没有包括，而由使用者自行分类定义的森林类型
93000	自定义经济林	由经济林树种构成，但具体类型本标准没有包括，而由使用者自行分类定义的类型
94000	自定义灌木林	由生长低矮无明显主干的木本植物构成，但具体类型本标准没有包括，而由使用者自行分类定义的类型

附　录　A
（资料性附录）
本标准内出现的树种名及其学名

表 A.1　森林树种名录[1)]

序号	树　种　名	拉　丁　学　名
	A	
	ai	
1	阿月浑子	*Pistacia vera* Linn.
2	矮杜鹃	*Rhododendron haemonium* Dwarf Azalea
3	矮高山栎	*Quercus monimotricha*（Hand.-Mazz.）
4	矮沙冬青	*Ammopiptanthus nanus* Cheng. F
5	矮形竹	*Indosasa shibataeoides* McClure
6	矮杨梅	*Myrica nana* A. Cheval.
	an	
7	桉类	*Eucalyptus* spp.
	ao	
8	凹叶冬青	*Ilex championii* Loes.
	B	
	ba	
9	八宝树	*Duabanga grandiflora*（Roxb. ex DC.）Walp.
10	八角	*Illicium verum* Hook. f.
11	八角枫	*Alangium chinense*（Lour.）Harms.
12	八角属	*Illicium*
13	巴旦杏	*Prunus communis* Fritsh
14	巴东栎	*Quercus engleriana* Seem.
15	巴山冷杉	*Abies fargesii* Franch.
16	巴山木竹	*Arundinaria fargesii* E. G. Camus
17	巴山水青冈	*Fagus pashanica* C. C. Yang
18	巴山松	*Pinus henryi* Mast.
19	巴西橡胶	*Hevea brasiliensis*（Willd. ex. A. Juss.）Muell. Arg.
20	霸王鞭	*Euphorbia royleana* Boiss.
	bai	
21	白背厚壳桂	*Cryptocarya maclurei* Merr.
22	白背桐	*Mallotus paniculatus*（Lam.）Muell.

1）以树种名称汉语拼音为序排列。

表 A.1（续）

序号	树种名	拉丁学名
23	白茶树	*Koilodepas hainanense*（Merr.）Airy Shaw .
24	白翅子树	*Pterospermum niveum* Vidal
25	白刺	*Nitraria sibirica* Pall.
26	白刺花狼牙刺	*Sophora viciifolia* Hance.
27	白刺属	*Nitraria*
28	白杆沙拐枣	*Calligonum leucocladum*（Schrenk）Bge.
29	白桂木	*Artocarpus hypargyreus* Hance
30	白花含笑	*Michelia mediocris* Dandy
31	白花泡桐	*Paulownia fortunei* Hemsl.
32	白桦	*Betula platyphylla* Suk.
33	白蜡树	*Fraxinus chinensis* Roxb.
34	白梨	*Pyres bretschneideri* Rehd.
35	白栎	*Quercus fabri* Hance
36	白柳	*Salix alba* L.
37	白木乌桕	*Sapium japonicum*（Sieb. et Zucc.）Pax et Hoffm.
38	白楠	*Phoebe neurantha*（Hemsl.）Gamble var. *neurantha*
39	白牛槭	*Acer mandshuricum* Maxim.
40	白皮锦鸡儿	*Caragana leucophloea* Pojark.
41	白皮松	*Pinus bungeana* Zucc. ex Endl.
42	白杆	*Picea meyeri* Rehd. et Wils.
43	白肉榕	*Ficus championii* Benth. in Journ. Bot. Kew Misc.
44	白穗石栎	*Lithocarpus leucostachyus* A. Camus
45	白梭梭	*Haloxylon persicum* Bunge ex Boiss. Et Buhse
46	白檀	*Symplocos paniculata*（Thunb.）Miq.
47	白辛树	*Pterostyrax psilophylla* diels ex perk
48	白颜树	*Gironniera subaequalis* Planch.
49	白珠树属	*Gaultheria* Kalm ex L.
50	柏科	*Cupressaceae* Bartling
51	柏木	*Cupressus funebris* Endl.
	ban	
52	板栗	*Castanea mollissima* Blume
53	版纳柿	*Diospyros xishuangbannaensis* C. Y. Wu & H. Chu
54	半枫荷	*Semiliquidambar cathayensis* Chang
	bao	
55	包果石栎	*Lithocarpus cleistocarpus* Rehd. et Wils.

表 A.1（续）

序号	树 种 名	拉 丁 学 名
56	薄壳山核桃	*Carya illinoensis* Koch.
57	薄片青冈	*Cyclobalanopsis lamellosa* (Smith) Oersted
58	薄竹	*Schizostachyum chinense* Rendle
59	枹栎	*Quercus glandulifera* Nakai
60	暴马丁香	*Syringa reticulata* (Blume) Hara var. *mandshurica*
61	豹皮樟	*Litsea coreana* var. *sinensis* (Allen) Yang et PHHuang
	bei	
62	杯腺柳	*Salix cupularis* Rehd.
63	杯状栲	*Castanopsis calathiformis* (Skan) Rehd. et Wils. in Sarg.
	bi	
64	笔管榕	*Ficus wightiana* Wall. ex Benth.
65	闭花木	*Cleistanthus saichikii* Hook. f. ex Planch.
66	臂形果	*Pygeum topengii* Merr.
	bian	
67	扁桃	*Prunus dulcis* (Miller) D. A. Webb
68	变色锦鸡儿	*Caragana versicolor* Benth.
	bin	
69	滨木犀榄	*Olea brachiata* (Loureiro) Merrill ex GW Groff.
70	槟榔	*Areca catheeu* L.
71	槟榔青	*Spondias pinnata* (LF) Kurz.
	cai	
72	菜豆树	*Radermachera sinica* (Hance) Hemsl.
	cang	
73	苍山冷杉	*Abies delavayi* Franch.
	cao	
74	糙皮桦	*Betula utilis* D. Don.
75	糙叶树	*Aphananthe aspera* (Thunb.)Planch.
76	糙叶水锦树	*Wendlandia scabra* Kurz
	cao	
77	草海桐	*Scaevola sericea* Vahl.
	ce	
78	侧柏	*Platycladus orientalis* (L.) Franco
79	簕竹	*Bambusa flexuosa* Munro
	cha	
80	叉子圆柏	*Sabina vulgaris* Ant.

表 A.1（续）

序号	树 种 名	拉 丁 学 名
81	茶秆竹	*Pseudosasa amabilis*(McClure)Keng f.
82	茶梨	*Anneslea fragrans* Wall. var. *fragrans.*
83	茶条果	*Symplocos ernestii* Dunn
84	檫木	*Sassafras tzumu* (Hemsl.) Hemsl.
	chai	
85	柴桂	*Cinnamomum tamala* (Buch.-Ham.) Th
86	柴桦	*Betula fruticosa* Pall.
87	豺皮樟	*Litsea chinensis* var. *oblongifolia* (Nees) Allen
	chan	
88	潺槁木姜子	*Litsea glutinosa* (Lour.) CB Rob.
	chang	
89	昌化鹅耳枥	*Carpinus tschonoskii* Maxim. var. *tschonoskii.*
90	长白落叶松	*Larix olgensis* Henry var. *Changpaiensis* Yang et Y. L. chou
91	长白松	*Pinus sylvestris* Linn.
92	长苞冷杉	*Abies georgei* Orr.
93	长苞铁杉	*Tsuga longibracteata* W. C. Cheng
94	长柄冬青	*Ilex pedunculosa* Miq.
95	长柄苹婆	*Sterculia longipitiolata* nobilis Smith.
96	长柄梭罗树	*Reevesia longipediolata* Merr. et Chun
97	长梗润楠	*Machilus longipedicellata* Lec.
98	长果桑	*Morus laevigata* Wall
99	长毛楠	*Phoebe forrestii* W. W. Smith.
100	长蕊木兰	*Alcimandra cathcardii* (Hook. f. et Thoms.) Dandy.
101	长穗高山栎	*Quercus longispica* (Hand.-Mazz.) A. Camus.
102	长穗桦	*Betula cylindrostachya* Lindl.
103	长尾槭	*Acer caudatum* Wall. var. *caudatum.*
104	长序杨	*Populus pseudoglauca* C. Wang et P. Y. Fu
105	长叶柄柿	*Diospyros longipetiolata*
106	长叶云杉	*Picea smithiana* (Wall.) Boiss
107	常绿臭椿	*Ailanthus malabarica* DC.
108	常绿榆	*Ulmus lanceaefolia* Roxb. ex wall
	chao	
109	朝鲜崖柏	*Thuja koraiensis* Nakai
	che	
110	车筒竹	*Bambusa sinospinosa* McClure.

表 A.1（续）

序号	树 种 名	拉 丁 学 名
	cheng	
111	柽柳	*Tamarix chinensis* Lour.
112	柽柳属	*Tamarix* L.
113	撑篙竹	*Bambusa pervariabilis* McClure.
114	橙	*Citrus sinensis*（Linn.）Osbeck cv. Liu Cheng
	chi	
115	匙叶栎	*Quercus spathulata* Seem.
116	齿叶白刺	*Nitraria roborowskii* Kom.
117	赤桉	*Eucalyptus camaldulensis* Dehnh.
118	赤楠	*Syzygium buxifolium* Hook. et Arn.
119	赤皮青冈	*Cyclobalanopsis gilva* (Blume) Oersted
120	赤松	*Pinus densiflora* Sieb. Et Zucc.
121	赤杨叶	*Alniphyllum fortunei*（Hemsl.）Makino
122	翅果龙脑香	*Dipterocarpus alatus* Roxb.
123	翅果麻	*Kydia calycina* Roxb.
124	翅果油树	*Elaeagnus mollis* Diels
125	翅荚香槐	*Cladrastis platycarpa*（Maxim.）Makino.
	chong	
126	重阳木	*Bischofia javanica* Blume
	chou	
127	臭椿	*Ailanthus altissima*（Mill.）Swingle
128	臭辣树	*Evodia fargesii* Dode.
129	臭冷杉	*Abies nephrolepis*（Trautv.）Maxim.
	chuan	
130	川白桦	*Betula platyphylla* var. *szechuanica*(C. K. Schneider) Rehder
131	川滇长尾槭	*Acer caudatum* Wall. var. prattii Rehd.
132	川滇杜鹃	*Rhododendron traillianum* Forrest et W. W. Smith
133	川滇高山栎	*Quercus aquifolioides* R. et W.
134	川滇冷杉	*Abies forrestii* C. C. Rogers
135	川滇木莲	*Manglietia duclouxii* Finet et Gagnep.
136	川滇桤木	*Alnus ferdinandi-coburgii* Schneid.
137	川康栒子	*Cotoneaster ambiguus* Rehd. et Wils.
138	川梨	*Pyrus pashia* Buch.-Ham. ex D. Don.
139	川桑	*Morus notabilis* Schneid.
140	川陕鹅耳枥	*Carpinus fargesiana* H. Winkl.

表 A.1(续)

序号	树种名	拉丁学名
141	川西栎	*Quercus gilliana* Rehd. et Wils.
142	川西云杉	*Picea likiangensis* var. *balfouriana* (Rehd. et Wils.) Hillier ex Slavin
143	船柄茶	*Hartia sinensis* Dunn
	chui	
144	垂叶榕	*Ficus benjamina* Linn.
145	垂枝柏	*Sabina recurva* (Buch.-Hamilt.) Ant
146	垂枝桦	*Betula pendula* Roth.
	chun	
147	春榆	*Ulmus propinqua* Koidz.
	ci	
148	慈竹	*Sinocalamus affinis* (Rendle)Mc Clure
149	刺柏	*Juniperus formosana* Hayata
150	刺柏属	*Juniperus* L.
151	刺斗石栎	*Lithocarpus echinotholus* (Hu) Chun et CC Huang ex YC Hsu et HW Jen.
152	刺槐	*Robinia pseudoacacia* L.
153	刺栲	*Castanopsis hystrix* A. DC.
154	刺葵	*Phoenix hanceana* Naud.
155	刺玫蔷薇	*Rosa davurica* Pall.
156	刺楸	*Kalopanax xeptemlobus* (Thunb.) Koidz.)
157	刺叶高山栎	*Quercus spinosa* David ex Franchet
	cu	
158	粗榧	*Cephalotaxus sinensis* (Rehder et E. H. Wilson) H. L. Li
159	粗糠柴	*Mallotus philippinensis* (Lam.) Muell.-Arg.
160	粗糠树	*Ehretia dicksonii* Hance.
161	粗穗石栎	Lithocarpus grandifolius
162	粗壮润楠	*Machilus robusta* W. W. Smith
	cui	
163	翠柏	*Calocedrus macrolepis* Kurz
	D	
	da	
164	大白杜鹃	*Rhododendron decorum* Franch.
165	大萼红淡	*Adinandra* macrosepala
166	大萼木姜子	*Litsea baviensis* Lec.
167	大果红杉	*Larix potaninii Batalin* var. *macrocarpa* Law
168	大果榉	*Zelkova sinica* Schneid.

表 A.1（续）

序号	树种名	拉丁学名
169	大果龙脑香	*Dipterocarpus pilosus* Roxb.
170	大果马蹄荷	*Exbucklandia tonkinensis* (Lec.) Stennis
171	大果木姜子	*Litsea lancilimba* Merr.
172	大果木莲	*Manglietia grandis* Hu et Cheng
173	大果榆	*Ulmus macrocarpa* Hance
174	大果圆柏	*Sabina tibetica* Kom.
175	大花八角	*Illicium macranthum* A. C. Smith
176	大花枇杷	*Eriobotrya cavaleriei* (Lévl.) Rehd.
177	大花溲疏	*Deutzia grandiflora* Bunge
178	大花五桠果	*Dillenia turbinata* Finet et Gagnep.
179	大黄柳	*Salix raddeana* Laksch.
180	大戟科	*Euphorbiaceae*
181	大箭竹	*Sinarundinaria chungii* (Keng) Keng f.
182	大节竹	*Indosasa crassiflora* McClure
183	大喇叭杜鹃	*Rhododendron excellens* Hemsl. et Wils.
184	大明松	*Pinus taiwaniana* var. *damingshanensis* Cheng et L. K. Fu
185	大青杨	*Populus ussuriensis* Kom.
186	大沙叶	*Pavetta arenosa* Lour. F. arenosa
187	大山龙眼	*Helicia grandis* Hemsl.
188	大头茶	*Gordonia axillaris* (Roxb.) Dietr.
189	大叶桉	*Eucalyptus robusta* Smith.
190	大叶冬青	*Ilex latifolia* Thunb.
191	大叶桂	*Cinnamomum iners* Reinw. ex Bl.
192	大叶含笑	*Michelia fallax* Dandy
193	大叶栎	*Quercus griffithii* Hook. f. et Thoms. ex Miquel
194	大叶木莲	*Manglietia megaphylla* Hu et Cheng
195	大叶朴	*Celtis koraiensis* Nakai.
196	大叶青冈	*Cyclobalanopsis jenseniana* (Hand.-Mazz.) Cheng et T. Hong
197	大叶肉托果	*Semecarpus gigantifolia* Vidal.
198	大叶山矾	*Symplocos grandis* Hand.-Mazz.
199	大叶山楝	*Aphanamixis grandifolia* Bl.
200	大叶石砾	*Lithocarpus megalophyllus* Rehder et EH Wilson
201	大叶娑罗双	*Shorea robusta* Roxb
202	大叶藤黄	*Garcinia xanthochymus* Hook. f. ex T. Anders
203	大叶相思	*Acacia auriculiformis* A. Cunn. ex Benth

表 A.1（续）

序号	树种名	拉丁学名
204	大叶新木姜子	*Neolitsea levinei* Merr.
205	大叶紫珠	*Callicarpa macrophylla* Vahl.
	dan	
206	单叶豆	*Ellipanthus glabrifolius* Merr.
207	淡竹	*Phyllostachys nigra* var. *henonis* Mak
	dao	
208	刀把木	*Cinnamomum pittosporoides* Hand.-Mazz.
209	倒吊笔	*Wrightia pubescens* R. Br.
	deng	
210	灯台树	*Cornus controversa* Hemsl.
	di	
211	地盘松	*Pinus yunnanensis* var. *pygmaea* (Hsueh) Hsueh.
	dian	
212	滇藏杜英	*Elaeocarpus braceanus* Watt ex C. B. Clarke
213	滇藏方枝柏	*Sabina wallichiana* (Hook. f. et. Thoms)
214	滇藏木兰	*Magnolia campbelii* Hook. f. et Thoms
215	滇桂木莲	*Manglietia forrestii* W. W. Smith ex Dandy
216	滇榄	*Canarium strictum* Roxb.
217	滇龙眼	*Dimocarpus yunnanensis* (WT Wang) CY Wu et TL Ming.
218	滇木荷	*Schima noronhae* Reinw. ex Bl. Bijdr.
219	滇木花生	*Madhuca pasquieri* (Dubard) HJ Lam.
220	滇南红厚壳	*Calophyllum polyanthum* Wall. ex Choisy
221	滇南木姜子	*Litsea garrettii* Gamble
222	滇楠	*Phoebe nanmu* (Oliv.) Gamble
223	滇青冈	*Cyclobalanopsis glaucoides* Schotky
224	滇楸	*Catalpa fargesii* *f*. *duclouxii* (Dode) Gilmour
225	滇润楠	*Machilus yunnanensis* Lec.
226	滇石栎	*Lithocarpus dealbatus* (JD Hooker et Thomson ex Miquel) Rehder.
227	滇杨	*Populus yunnanensis* Dode
228	滇银柴	*Aporosa yunnanensis* Metc.
229	甸生桦	*Betula humilis* Schrank
	diao	
230	吊钟花	*Enkianthus quinqueflorus* Lour.
231	吊钟花属	*Enkianthus* Lour.

表 A.1（续）

序号	树 种 名	拉 丁 学 名
	ding	
232	顶果木	*Acrocarpus fraxinifolius* Wight ex Arn.
	dong	
233	东北桤木	*Alnus mandshurica*（Callier ex C. K. Schneider）Hand.-Mazz.
234	东北山梅花	*Philadelphus schrenkii* Rupr.
235	冬瓜杨	*Populus purdomii* Rehd.
236	冬青	*Ilex chinensis* Sims
237	冬青属	*Ilex* L.
	dou	
238	都枝杜鹃	*Rhododendron shanii* fang
239	豆梨	*Pyrus calleryana* Dcne.
	du	
240	杜鹃属	*Rhododendron*
241	杜松	*Juniperus rigida* Sieb. et Zucc
242	杜英	*Elaeocarpus decipiens* Hemsl.
243	杜仲	*Eucommia ulmoides* Oliv.
	duan	
244	短柄枹栎	*Quercus glandulifera* var. *brevipetiolata* Nakai.
245	短刺栲	*Castanopsis echidnocarpa* A. DC.
246	短梗胡枝子	*Lespedeza cyrtobotrya* Miq.
247	短毛椴	*Tilia breviradiata*（Rehd.）Hu et Cheng
248	短穗红柳	*Tamarix laxa* Willd.
249	短穗石栎	*Lithocarpus brachystachyus* Chun
250	短穗竹	*Brachytachyum densifolorum*（Rendle）Keng
251	短尾鹅耳枥	*Carpinus londoniana* var. *londoniana*
252	短药蒲桃	*Syzygium brachyantherum* Merr. et Perry
253	椴树	*Tilia tuan* Szyszyl.
254	椴属	*Tilia*
	dui	
255	对叶榕	*Ficus hispida* Linn. Ficus.
	dun	
256	钝叶桂	*Cinnamomum bejolghota*（Buch.-Ham.）Sweet
257	钝叶黄檀	*Dalbergia obtusifolia*（Baker）Prain
	duo	
258	多变石栎	*Lithocarpus variolosus*（Franch）Chun

表 A.1（续）

序号	树 种 名	拉 丁 学 名
259	多果新木姜子	*Neolitsea polycarpa* Liou
260	多花白头树	*Garuga floribunda* Decne
261	多花含笑	*Michelia floribunda Finet et Gagn.*
262	多花山竹子	*Garcinia multiflora* Champ
263	多脉青冈	*Cyclobalanopsis multinervis* Cheng et T. Hong
264	多毛椴	*Tilia intonsa* Wils. ex Rehd. et Wils.
265	多毛坡垒	*Hopea mollissima* C. Y. Wu
266	多穗石栎	*Lithocarpus polystachyus* Rehd
267	多叶锦鸡儿	*Caragana pleiophylla* (Regel) Pojark.
	E	
	e	
268	峨眉栲	*Castanopsis platyacantha* Rehd. et Wils.
269	峨眉冷杉	*Abies fabri* (Mast.) Craib
270	峨眉木荷	*Schima wallichii* (DC.) Choisy.
271	峨眉蔷薇	*Rosa omeiensis* Rogle.
272	鹅耳枥	*Carpinus turczaninowii* hance.
273	鹅耳枥属	*Carpinus*
274	鹅掌柴	*Schefflera octophylla* (Lour.) Harms
275	鹅掌楸	*Liriodendron chinensis* Sarg
276	额河杨	*Populus × jrtyschensis* Ch. Y. Yang
	er	
277	二白杨	*Populus gansuensis* C. Wang et H. L. Yang
278	二叶黄杞	*Engelhardia roxburghiana* var. *unijuga* Wall.
	F	
	fan	
279	番龙眼	*Pometia pinnata* Forst.
280	番石榴	*Psidium guajava* Linn.
281	繁花锦鸡儿	*Caragana maximowicziana* Fabr.
282	梵净山冷杉	*Abies fanjingshanensis* W. L. Huang, Y. L. Tu et S. Z. Fang
	fang	
283	方榄	*Canarium bengalanse* Roxb.
284	方枝柏	*Sabina saltuaria* (Rehd. et Wils) Cheng et WT Wang.
285	方竹	*Chimonobambusa quadrangularis* (Fenzi) Makino
	fei	
286	飞蛾槭	*Acer oblongum* Wall. ex DC.

表 A.1（续）

序号	树 种 名	拉 丁 学 名
287	肥牛木	*Cephalomappa sinensis* (chun et How) Kosterm.
	fen	
288	粉单竹	*Lingnania chungii* (McCl.)McCl.
	feng	
289	风桦	*Betula costata* Trautv.
290	枫香	*Liquidambar formosana* Hance.
291	枫杨	*Pterocarya stenoptera* C. DC.
292	凤凰竹	*Bambusa multiplex* (Lour.) Raeuschel ex J. A. et J. H. Schult.
	fu	
293	福建柏	*Fokienia hodginsii* (Dunn) Henry et Thomas.
294	福建青冈	*Cyclobalanopsis chungii* (F. P. Metcalf) Y. C. Hsu et H. W. Jen ex Q. F. Zheng
	G	
	gai	
295	盖裂木	*Talauma hodgsoni* Hook. f. et Thoms
	gan	
296	干香柏	*Cupressus duclouxiana* Hichel
297	甘蒙锦鸡儿	*Caragana opulens* Kom.
298	柑	*Citrus reticulata* Blanco
299	橄榄	*Canarium album* (Lour.) Rauesch.
	gang	
300	刚毛柽柳	*Tamarix hispida* Willd.
301	刚松	*Pinus rigida* Miller
302	刚竹	*Phyllostachys viridis* (Young) Mc Clure
303	岗松	*Baeckea frutescens* Linn.
	gao	
304	高山柏	*Sabina squamata* (Buch. -Hamilt.) Ant
305	高山栲	*Castanopsis delavayi* Franch.
306	高山栎	*Quercus semicarpifolia* Smith
307	高山榕	*Ficus altissima* Bl.
308	高山松	*Pinus densata* Mast.
309	高州油茶	*Camellia gauchowensis* Chang
	ge	
310	割舌树	*Walsura robusta* Roxb.
311	革叶铁榄	*Sinosideroxylon wightianum* (Hook. et Arn.) Aubreville.
312	格木	*Erythrophleum fordii* Oliv.

表 A.1（续）

序号	树种名	拉丁学名
	gong	
313	珙桐	*Davidia involucrata* Baill.
314	gou	
315	枸杞	*Lycium chinense* Miller
316	构栲	*Castanopsis tibetana* Hance.
	gu	
317	谷木	*Memecylon ligustrifolium* Champ.
	gua	
318	瓜木	*Alangium platanifolium* Harms.
	guang	
319	光泡桐	*Pavlownia tomentosa* var. *tsinlingensis* (Pai) Gong Tong.
320	光皮桦	*Betula luminifera* H. Winkl
321	光叶巴豆	*Croton laevigatus* Vahl
322	光叶白颜树	Gironniera nitida
323	光叶高山栎	*Quercus rehderiana* Hand. -Mazz.
324	光叶合欢	*Albizzia lucidior* (Steud.) Nielsen
325	光叶榉	*Zelkova serrata* (Thunb.) Mak.
326	光叶拟单性木兰	*Parakmeria nitida* (WW Smith) Law.
327	光叶石楠	*Photinia glabra* (Thunb.) Maxim.
328	光叶四照花	*Dendrobenthamia melanotricha* (Pojark.) Fang
329	桄榔	*Arenga pinnata* (Wurmf.) Merr.
330	广东假黄树	*Xanthophytopsis kwangtungensis*
331	广东琼楠	*Beilschmiedia fordii* Dunn
332	广东润楠	*Machilus kwantungensis* Yang
333	广东松	*Pinus kwangtungensis* Chun ex Tsi-ang
334	广宁红花油茶	*Camellia semiserrata* Chi
335	广西槭	*Acer kwangsinense* (Fang et Fang f.) Fang.
	gui	
336	鬼箭锦鸡儿	*Caragana jubata* (Pall.) Poir. var. *jubata*.
337	贵州鹅耳枥	*Carpinus kweichowensis* Hu
338	贵州石栎	*Lithocarpus elizabethae* (Tutcher) Rehd.
339	桂林栲	*Castanopsis chinensis* (Sprengel) Hance.
340	桂南木莲	*Manglietia chingii* Dandy
341	桂竹	*Phyllostachys bambusoides* Sieb. et Zucc.

表 A.1（续）

序号	树 种 名	拉 丁 学 名
	H	
	hai	
342	海岸桐	*Guettarda speciosa* Linn.
343	海巴戟	*Morinda citrifolia* L.
344	海榄雌属	*Avicennia* L.
345	海莲	*Bruguiera sexangula*（Lour.）Poir. var. *sexangula*
346	海杧果	*Cerbera manghas* Linn
347	海南暗罗	*Polyalthia laui* Merr.
348	海南菜豆树	*Radermachera hainanensis* Merr.
349	海南粗榧	*Cephaiotaxus hainanensis* Li
350	海南风吹楠	*Horsfieldia hainanensis* Merr.
351	海南栲	*Castanopsis hainanensis* Merr.
352	海南榄仁	*Terminalia hainanensis* Exell.
353	海南木莲	*Manglietia hainanensis* Dandy
354	海南树参	*Dendropanax hainanensis*（Merr. et Chun）Chun.
355	海南蕈树	*Altingia obovata* Merr. et Chun.
356	海南紫荆木	*Madhuca hainanensis* Chun et How.
357	海漆	*Excoecaria agallocha* Linn.
358	海人树	*Suriana maritima* Linn.
359	海桑	*Sonneratia caseolaris*（Linn.）Engl.
360	海棠果	*Calophyllum inophyllum* Linn.
	han	
361	含笑	*Michelia figo*（Lour.）Spreng.
362	旱柳	*Salix matsudana* Koidz.
	hang	
363	杭子梢	*Campylotropis macrocarpa*（Bge.）Rehd.
	he	
364	合果含笑	*Paramichelia baillonii*（Pierre）Hu
365	河北杨	*Populus hopeiensis* Hu et Chow
366	核桃楸	*Juglans mandshurica* Maxim.
367	褐梨	*Pyrus phaeocarpa* Rehd.
368	褐叶柄果木	*Mischocarpus fuscescens*（Roxb.）Radlk.
369	褐叶青冈	*Cyclobalanopsis stewardiana*（A. Camus）Y. C. Hsu et H. W. Jen var. *stewardiana*
	hei	
370	黑桦	*Betula dahurica* Pall.

表 A.1（续）

序号	树　种　名	拉　丁　学　名
371	黑松	*Pinus thunbergii* Parlatore.
372	黑杨	Populus nigra Linn.
	hong	
373	红背山麻杆	Alchornea trewioides (Benth.) Muell. Arg.
374	红椿	Toona ciliata Roem.
375	红豆杉	Taxus chinensis (Pilg.) Rehd.
376	红麸杨	*Rhus punjabensis* Stewart var. *sinica* (Diels) Rehd. et Wils.
377	红光树	Knema furfuracea (Hook. f. et Thoms.) Warb.
378	红果黄肉楠	Actinodaphne cupularis Hemsl Gamble
379	红果坚木	Dysoxylum binectariferum (Roxb.) Hook. f. ex Bedd.
380	红海榄	Rhizophora stylosa Griff.
381	红花荷	Rhodoleia championii Hook. f.
382	红花木莲	Manglietia insignis (Wall) Blume
383	红桦	Betula albo-sinensis Burk.
384	红榄李	Lumnitzera littorea (Jack.) Voigt.
385	红鳞蒲桃	Syzygium hancei Merr. et Perry.
386	红柳	Tamarix ramosissima Ledeb.
387	红毛丹	Nephelium lappaceum Linn.
388	红毛花楸	*Sorbus rufopilosa* Schneid
389	红楠	Machilus thunbergii Sieb. & Zucc.
390	红皮柳	Salix sino-purpurea L.
391	红皮沙拐枣	Calligonum rubicundum Bge.
392	红皮树	Stytax suberifolius Hook. et Arn.
393	红皮云杉	Picea koraiensis Nakai.
394	红润楠	*Machilus thunbergii* Sieb. et Zucc
395	红杉	Larix potaninii Batalin
396	红树	Rhizophora apiculata Bl.
397	红松	*Pinus koraiensis* Siebold et Zuccarini
398	红枝柴	*Meliosma oldhamii* Maxim.
399	红枝蒲桃	*Syzygium rehderianum* Merr. et Perry.
	hou	
400	猴欢喜	*Sloanea sinensis* (Hance) Hemsl.
401	猴头杜鹃	*Rhododendron simiarum* Hance
402	厚果糖胶树	*Alstonia pachycarpa* Merr. et Chun
403	厚壳桂	*Cryptocarya chinensis* (Hance) Hemsl.

表 A.1（续）

序号	树 种 名	拉 丁 学 名
404	厚鳞石栎	*Lithocarpus pachylepis* A. Camus.
405	厚皮栲	*Castanopsis chunii* cheng.
406	厚皮树	*Lannea coromandelica*（Houtt.）Merr.
407	厚皮香	*Ternstroemia gymnanthera*（Wight et Arn.）Beddome.
408	厚叶冬青	*Ilex pachyphylla* chun
	hu	
409	胡椒	*Piper nigrum* Linn
410	胡桃	*Juglans regia* Linn.
411	胡桃科	*Juglandaceae*
412	胡颓子	*Elaeagnus pungens* Thunb.
413	胡杨	*Populus euphratica* Oliv.
414	胡枝子	*Lespedeza bicolor* Turcz.
415	胡枝子属	*Lespedeza*
416	壶斗石栎	*Lithocarpus echinophorus* View.
417	湖北海棠	*Malus hupehensis*（Pamp.）Rehd.
418	湖北花楸	*Sorbus hupehensis* Schneid.
419	槲栎	*Quercus aliena* Blume.
420	槲树	*Quercus dentata* Thunb.
421	蝴蝶树	*Heritiera parvifolia* Merr.
422	虎皮楠	*Daphniphyllum oldhami*（Hemsl.）Rosenth.
423	虎榛子	*Ostryopsis davidiana* Decaisne.
	hua	
424	花椒	*Zanthoxylum bungeanum* Maxim.
425	花榈木	*Ormosia henryi* Prain.
426	花楸树	*Sorbus pohuashanensis*（Hance）Hedl.
427	花楸属	*Sorbus* L.
428	花曲柳	*Fraxinus rhynchophylla* Hance.
429	华北落叶松	*Larix principis-rupprechtii* Mayr
430	华东黄杉	*Pseudotsuga gaussenii* Flous.
431	华杜英	*Elaeocarpus chinensis*（Gardn. et Champ.）Hk. f. ex Benth
432	华南桦	*Betula austro-sinensis* Chun ex P. C. Li
433	华南栲	*Castanopsis concinna*（Champ. ex Benth.）A. DC.
434	华南朴	*Celtis austro-sinensis* Linndl . ex Planch.
435	华南石栎	*Lithocarpus fenestratus*（Roxburgh）Rehd.
436	华南五针松	*Pinus kwangtungensis* Chun ex Tsiang.

表 A.1（续）

序号	树 种 名	拉 丁 学 名
437	华南皂荚	*Gleditsia fera* (Lour.) Merr.
438	华润楠	*Machilus chinensis* (Champ. ex Benth.) Hemsl.
439	华箬竹	*Indocalamus sinicus* (Hance) nakai
440	华山矾	*Symplocos chinensis* (Lour.) Druce.
441	华山松	*Pinus armandi* Franch.
442	华鼠刺	*Itea chinensis* Hook. et Arn.
443	华西枫杨	*Pterocarya insignis* Rehd. et Wils
444	华西花楸	*Sorbus wilsoniana* Schneid.
445	化香树	*Platycarya strobilacea* Sieb. et Zucc.
446	化香属	*Platycarya* strobilacea Sieb. et Zucc.
447	桦木科	*Betulaceae*
448	桦木属	*Betula* L.
	hui	
449	怀槐	*Maackia amurensis* Rupr. et Maxim. var. *amurensis*
450	槐树	*Sophora japonica* L.
451	槐属	*Sophora*
	huang	
452	黄背栎	*Quercus pannosa* Hand.-Mazz.
453	黄檗	*Phellodendron amurense* Rupr.
454	黄丹木姜子	*Litsea elongate* (wall. Ex Nees) Benth. Et Hook. F.
455	黄葛树	*Ficus lacor* Buch.
456	黄果厚壳桂	*Cryptocarya concinna* Hance.
457	黄果冷杉	*Abies ernestii* Rehd.
458	黄花柳	*Salix caprea* Linn.
459	黄花远志	*Polygala arillata* Buch.-Ham. ex D. Don
460	黄荆	*Vitex negundo* Linn.
461	黄连木	*Pistacia chinensis* Bunge
462	黄柳	*Salix gordejevii* Y. L. Chang et Skv.
463	黄栌	*Cotinus coggygria* Scop.
464	黄毛杜鹃	*Rhododendron rufum* Batalin
465	黄毛青冈	*Cyclobalanopsis delavayi* (Franch.) Schott.
466	黄牛木	*Cratoxylum ligustrinum* (Spach.) Bl.
467	黄杞	*Engelhardia roxburghiana* Wall.
468	黄蔷薇	*Rosa hugonis* Hemsl.
469	黄瑞木	*Adinandra millettii* (Hk. et Arn.) Benth. et Hk. f. ex Hance.

表 A.1（续）

序号	树 种 名	拉 丁 学 名
470	黄山花楸	*Sorbus amabilis* Cheng ex Yü.
471	黄山栎	*Quercus stewardii* Rehd.
472	黄山木兰	*Magnolia cylindrica* Wils.
473	黄山松	*Pinus taiwanensis* Hayata
474	黄杉	*Pseudotsuga sinensis* Dode
475	黄檀	*Dalbergia hupeana* Hance
476	黄桐	*Endospermum chinense* Benth.
477	黄杨	*Buxus sinica*（Rehd. et Wils.）Cheng
478	黄叶树	*Xanthophyllum hainanense* Hu.
479	黄樟	*Cinnamomum porrectum*（Roxb.）Kosterm.
480	黄枝油杉	*Keteleeria calcarea* Cheng et LK Fu.
	hui	
481	灰背杜鹃	*Rhododendron hippophaeoides* Balf. F. et WW Smith
482	灰背栎	*Quercus senescens* Hand.-Mazz.
483	灰胡杨	*Populus pruinosa* Schrenk
484	灰楸	*Catalpa fargesii* Bur.
485	灰栒子	*Cotoneaster acutifolius* Turcz.
486	灰叶稠李	*Padus grayana*（Maxim.）Schneid
	huo	
487	火棘	*Pyracantha fortuneana*（Maxim.）Li
488	火炬松	*Pinus taeda* Linn.
489	火力楠	*Michelia macclurei* var. *sublanea*
490	火绳树	*Eriolaena malvacea* var. *spectabilis*(DC.)Planch
	J	
	ji	
491	鸡毛松	*Podocarpus imbricatus* Bl.
492	鸡爪槭	*Acer palmatum* Thunb.
493	鸡仔木	*Adina racemosa*
494	基脉润楠	*Machilus decursinervis* Chun.
495	吉隆缘毛杨	*Populus ciliata* Wall. apud Royle var. *gyirongensis* C. Wang et Tung
496	急尖长苞冷杉	*Abies georgei* Orr var. smithii (Viguie et Gaussen) Cheng et L
497	蒺藜栲	*Castanopsis tribuloides*（Smith.）A. DC.
498	檵木	*Loropetalum chinense*（R. Br.）Oliver
	jia	
499	加勒比松	*Pinus caribaea* Morelet

表 A.1(续)

序号	树种名	拉丁学名
500	加拿大杨	*Populus Canadensis* Moench.
501	家麻树	*Sterculia pexa* Pierre
502	荚蒾属	*Viburnum* L.
503	假大柄冬青	*Ilex macropoda* var. *pseudomacropoda*
504	假苹婆	*Sterculia lanceolata* Cav.
505	假鹰爪	*Desmos chinensis* Lour.
	jian	
506	尖萼蒲桃	*Syzygium acutisepalum* (Hayata) Mori.
507	尖果沙枣	*Elaeagnus oxycarpa* Schlechtend.
508	尖叶栎	*Quercus oxyphylla* (Wils.)Hand.-Mazz.
509	尖嘴林檎	*Malus melliana* (Hand.-Mazz.) Rehd
510	坚桦	*Betula chinensis* Maxim.
511	坚木	*Dysoxylum gobara* (Buch. -Ham.) Merr.
512	见血封喉	*Antiaris toxicaria* Lesch.
513	剑叶翅子树	*Pterospermum lanceaefolium* Roxb
514	箭杆杨	*Populus nigra* Linn. var. *thevestina* (Dode)Bean
515	箭竹	*Fargesia spathacea* Franch.
	jiang	
516	江南桤木	*Alnus trabeculosa* Hand.-Mazz.
517	江南油杉	*Keteleeria cyclolepis* Flous.
518	江西石栎	*Lithocarpus kiangshiensis*
519	浆果乌桕	*Sapium baccatum* Roxb.
520	橿子栎	*Quercus baronii* Skan.
	jiao	
521	交让木	*Daphniphyllum macropodum* Miq.
522	椒叶白蜡树	*Fraxinus xanthoxyloides* (G. Don) DC.
523	角果木	*Ceriops tagal* (Perr.) C. B. Rob.
	jie	
524	截果石栎	*Lithocarpus truncatus* Rehd. et Wils.
	jin	
525	金背枇杷	*Rhododendron przewalskii* Maxim.
526	金合欢	*Acacia farnesiana* (Linn.) Willd.
527	金鸡纳树	*Cinchona ledgeriana* (Howard) Moens et Trim.
528	金露梅	*Potentilla fruticosa* Linn.
529	金毛石栎	*Lithocarpus chrysocomus* Chun et Tsiang

表 A.1（续）

序号	树 种 名	拉 丁 学 名
530	金钱松	*Pseudolarix kaempferi* (Lindl.)Gord.
531	金雀花金鸡儿	*Caragana frutex* (L.) O. Koch
532	金丝李	*Garcinia paucinervis* Chun et How.
533	金叶含笑	*Michelia foveolata* Merr. ex Dandy var. *foveolata*.
534	锦鸡儿属	*Caragana* Fabr.
	jing	
535	荆条	*Vitex negundo* Linn. var. *heterophylla* (Franch.) Rehd.
536	景洪暗罗	*Polyalthia cheliensis* Hu
	jiu	
537	九丁树	*Ficus nervosa* Heyne ex Roth
538	酒饼簕	*Atolantia buxifolia* (Poir.) Oliv.
	ju	
539	居间紫薇	*Lagerstroemia intermedia* Koehne.
540	榉树	*Zelkova schneideriana* Hand.-Mazz.
541	巨柏	*Cupressus gigantea* Cheng et L. K. Fu
	juan	
542	绢毛杜英	*Elaeocarpus nitentifolius* Merr. et Chun
543	绢毛木兰	*Magnolia alboseri cea* Chun et C. Tsoong
	K	
	ka	
544	咖啡	*Coffea arabica* L
545	喀什方枝柏	*Sabina pseudosabina* (Fisch. et Mey.) Cheng et W. T. Wang var. *turkestanica* (Kom.) C. Y. Yang
	kang	
546	康藏花楸	*Sorbus thibetica* (Card.) Hand.-Mazz
547	糠椴	*Tilia mandshurica* Rupr. et Maxim.
	kao	
548	栲树	*Castanopsis fargesii* Franch.
549	栲属	*Castanopsis*
	ke	
550	壳斗科	*Fagaceae*
551	壳苹果	*Mytilaria laosensis* Lec.
552	可可	*Theobroma cacao* Linn.
	ku	
553	苦枥木	*Fraxinus insularis* Hemsl

表 A.1（续）

序号	树 种 名	拉 丁 学 名
554	苦杨	*Populus laurifolia* Ledeb.
555	苦槠栲	*Castanopsis sclerophylla* Schott.
556	苦竹	*Pleioblastus amarus* (Keng) Keng f.
557	苦梓含笑	*Michelia balansae* (A. DC.) Dandy
	kun	
558	昆仑锦鸡儿	*Caragana polourensis* (Leguminosae)
	L	
	lai	
559	梾木	*Cornus macrophylla* Wall.
	lan	
560	兰考泡桐	*Paulownia elongate* S. Y. Hu
561	蓝桉	*Eucalyptus globulus* Labill.
562	蓝果树	*Nyssa sinensis* Oliv.
563	澜沧栲	*Castanopsis mekongensis* A. Camus.
564	榄李	*Lummitzera racemosa* Willd.
	lang	
565	榔榆	*Ulmus parvifolia* Jacq.
	lao	
566	老鼠簕	*Acanthus ilicifolius* Linn.
567	老鼠矢	*Symplocos stellaris* Brand.
	lei	
568	雷公青冈	*Cyclobalanopsis hui* (Chun) Y. C. Hsu & H. W.
	leng	
569	冷箭竹	*Bashania fangiana* (A. Camus) Keng f. et Wen.
570	冷杉	*Abies fabri* (Mast.) Craib.
571	冷杉属	*Abies* Mill.
	li	
572	梨属	*Pyrus* L.
573	黧蒴栲	*Castanopsis fissa* (Champion ex Bentham) Rehder et EH Wilson.
574	李	*Prunus salicina* Lindl.
575	李属	*Prunus*
576	理塘杜鹃	*Rhododendron litangense*
577	丽江槭	*Acer forrestii* Diels, View.
578	丽江云杉	*Picea likiangensis* (Franch) Pritz
579	栎属	*Quercus*

表 A.1(续)

序号	树 种 名	拉 丁 学 名
580	栎子青冈	*Cyclobalanopsis blakei*
581	荔枝	*Litchi chinensis* Sonn.
582	栗属	*Castanea*
	lian	
583	连翘	*Forsythia suspensa* (Thunb.) Vahl
584	连香树	*Cercidiphyllum japonicum* Sieb. et Zucc.
585	楝树	*Melia azedarach* Linn.
	liang	
586	两色杜鹃	*Rhododendron dichroanthum* Diels
587	亮叶含笑	*Michelia fulgens* Dandy
588	亮叶桦	*Betula luminifera* H. Winkl.
589	亮叶水青冈	*Fagus lucida* Rehd. et Wils .
	liao	
590	辽东栎	*Quercus liaotungensis* Koidz.
591	辽东桤木	*Alnus sibirica* Fisch
	lie	
592	裂叶白辛树	*Pterostyrax leveillei* Chun
593	裂叶榆	*Ulmus laciniata* (Trautv.) Mayr, Fremdl. Wald-u.
	lin	
594	林生芒果	*Mangifera sylvatica* Roxb.
595	林芝云杉	*Picea likiangensis* var. *linzhiensis* Cheng et L. K. Fu
596	临桂石楠	*Photinia chihsiniana* Kuan
597	鳞苞栲	*Castanopsis uraiana* (Hayata) Kanehira et Hatusima.
598	鳞皮冷杉	*Abies squamata* Mast
	ling	
599	岭南青冈	*Cyclobalanopsis championii* Mipa.
600	岭南山竹子	*Garcinia oblongifolia* Champ. ex Benth.
601	柃木	*Eurya japonica* Thunb.
602	领春木	*Euptelea pleiospermum* Hook. f. et Thoms
	liu	
603	瘤果石栎	*Lithocarpus handelianus* A. Camus
604	柳杉	*Cryptomeria fortunei* Hooibrenk
605	柳叶黄肉楠	*Actinodaphne lecomtei* Allen
606	柳属	*Salix*

表 A.1（续）

序号	树种名	拉丁学名
	long	
607	龙果	*Pouteria grandifolia* (Wall.) Baehni
608	龙脑香属	*Dipterocarpus* Gaertn. F.
609	龙眼	*Dimocarpus longan* Lour.
610	龙竹	*Dendrocalamus giganteus* Munro
611	窿缘桉	*Eucalyptus exserta* F. Muell.
	lu	
612	露兜树	*Pandanus tectorius* Sol.
613	露珠杜鹃	*Rhododendron irroratum* Franch.
614	陆均松	*Dacrydium pierrei* Hickel.
615	鹿角栲	*Castanopsis lamontii* Hance.
	lü	
616	绿叶润楠	*Machilus viridis* Hand.-Mazz.
	luan	
617	栾树	*Koelreuteria paniculata* Laxm.
618	卵叶桂	*Cinnamomum rigidissimum* HT Chang.
	luo	
619	罗浮栲	*Castanopsis fabri* Hance.
620	罗浮柿	*Diospyros morrisiana* Hance.
621	椤木石楠	*Photinia davidsoniae* Rehd. & Wils.
622	落叶松	*Larix gmelinii* (Ruprecht) Kuzeneva
623	落叶松属	*Larix*
624	落羽杉	*Taxodium distichum* (Linn.) Rich.
	M	
	ma	
625	麻疯树	*Jatropha curcas* Linn.
626	麻疯桐	*Pisonia grandis* R. Br.
627	麻栎	*Quercus acutissima* Carruth.
628	麻楝	*Chukrasia tabularis* A. Juss.
629	麻竹	*Dendrocalamus latiflorus* Munro.
630	马鞍叶羊蹄甲	*Bauhinia faberi* var. *microphylla* Oliv. ex Craib.
631	马蛋果	*Gynocardia odorata* R. Br.
632	马桑	*Coriaria sinica* Maxim.
633	马蹄果	*Protium serratum* (Wall. ex Colebr.) Engl.
634	马蹄荷	*Exbucklandia populnea* (R. Br.) R. W. Brown

表 A.1（续）

序号	树 种 名	拉 丁 学 名
635	马尾松	*Pinus massoniana* Lamb.
636	马银花	*Rhododendron ovatum* (Lindl.) Planch.
637	马缨丹	*Lantana camara* Linn.
638	马占相思	*Acacia mangium* Willd
639	马醉木属	*Pieris* D. Don
	mai	
640	麦吊云杉	*Picea brachytyla* (Franch.) Pritz.
	man	
641	曼青冈	*Cyclobalanopsis oxyodon* Oerst.
	mang	
642	芒果	*Mangifera indica* Linn.
	mao	
643	毛八角枫	*Alangium kurzii* Craib
644	毛白杨	*Populus tomentosa* Carr.
645	毛刺锦鸡儿	*Caragana tibetica* Kom.
646	毛冬青	*Ilex pubescens* Hook. et Arn.
647	毛桂	*Cinnamomum appelianum* Schewe
648	毛果黄肉楠	*Actinodaphne trichocarpa* Allen
649	毛果槭	*Acer nikoense* Maxim
650	毛梾	*Swida walteri* (Wanger.) Sojak
651	毛麻楝	*Chukrasia tabularis* A. Juss. var. *velutina* (Wall.) King.
652	毛泡桐	*Paulownia tomentosa* Steud. Nomencl. Bot.
653	毛柿	*Diospyros strigosa* Hemsl.
654	毛藤竹	*Dinochloa puberula* Muclure
655	毛序花楸	*Sorbus keissleri* (Schneid.) Rehd
656	毛叶黄杞	*Engelhardia colebrookiana* Lindl. ex Wall.
657	毛叶青冈	*Cyclobalanopsis kerrii* (Craib) Hu
658	毛叶绣线菊	*Spiraea mollifolia* Rehd.
659	毛枝青冈	*Cycloblanopsis helferiana* (A. DC.) Oerst.
660	毛竹	*Phyllostachys pubescens* Mazel ex H. de Leh. ,Bamb.
661	茅栗	*Castanea seguinii* Dode.
662	帽斗栎	*Quercus guyavaefolia* Lévl.
	mei	
663	美丽胡枝子	*Lespedeza formosa* (Vog.) Koehne
664	美丽马醉木	*Pieris formosa* (Wall.) D. Don

表 A.1（续）

序号	树种名	拉丁学名
665	美脉杜英	*Elaeocarpus varunua* Buch.-Ham.
666	美叶石栎	*Lithocarpus calophyllus* Chun
	meng	
667	蒙椴	*Tilia mongolica* Maxim.
668	蒙古栎	*Quercus mongolica* Fisch. ex Turcz.
669	蒙古柳	*Salix mongolica* Siuzev
670	蒙古沙拐枣	*Calligonum mongolicum* Turcz.
671	蒙自苹婆	*Sterculia henryi* Hemsl.
	mi	
672	米碎花	*Eurya chinensis* R. Br.
673	米心水青冈	*Fagus engleriana* Seem.
674	米扬噎	*Streblus tonkinensis* (Dub. et Eherh.) Corner
675	米仔兰	*Aglaia odorata* Lour
676	密花核果木	*Drypetes confertiflora* Merr. et T. Chun
677	密花树	*Rapanea neriifolia* (Sieb. et Zucc.) Mez
678	密叶雀梅藤	*Sageretia pycnophylla* Schneid.
679	密叶杨	*Populus talassica* Kom.
680	密枝杜鹃	*Rhododendron fastigiatum* Franch.
681	密枝沙拐枣	*Calligonum densum* Borszcz.
	mian	
682	绵石栎	*Lithocarpus henryi* Rehd. et Wils.
	min	
683	岷江冷杉	*Abies faxoniana* Rehd. et Wils
684	闽楠	*Phoebe bournei* (Hemsl.) Yang
	mo	
685	膜叶猴欢喜	*Sloanea dasycarpa* (Benth.) Hemsl.
	mu	
686	牡竹	*Dendrocalamus strictus* (Roxb.) Nees.
687	木豆	*Cajanus cajan* (Linn.) Millsp.
688	木瓜红	*Rehderodendron macrocarpum* Hu.
689	木果楝	*Xylocarpus granatum* Koenig
690	木荷	*Schima superba* Gardn. et Champ.
691	木荷属	*Schima*
692	木蝴蝶	*Oroxylum indicum* (Linn.) Bentham ex Kurz.
693	木荚红豆	*Ormosia xylocarpa* Chun ex L. Chen

表 A.1（续）

序号	树种名	拉丁学名
694	木姜子	*Litsea pungens* Hemsl.
695	木壳石栎	*Lithocarpus xylocarpus*(Kurz)Markg.
696	木兰科	*Magnoliaceae*
697	木榄	*Bruguiera gymnorrhiza* (Linn.) Savigny
698	木莲	*Manglietia fordiana* Oliv.
699	木麻黄	*Casuarina equisetifolia* Linn.
700	木麻黄属	*Casuarina*
701	木棉	*Bombax malabaricum* DC.
	N	
	na	
702	纳槁润楠	*Machilus nakao* S. Lee
703	nan	
704	南方铁杉	*Tsuga chinensis* (Franch.) Pritz. var. *tchekiangensis* (Flous) Cheng et L. K. Fu.
705	南岭栲	*Castanopsis fordii* Hance
706	南岭楝树	*Melia dubia* Cav.
707	南蛇簕	*Caesalpinia minax* Hance
708	南酸枣	*Choerospondias axillaris* (Roxb.) Burtt et Hill var. *axillaris.*
709	南亚含笑	*Michelia doltsopa* Buch.-Ham. ex DC.
710	南亚松	*Pinus latteri* Mason
711	南烛属	*Lyonia* Nutt.
712	楠木	*Phoebe zhennan* S. Lee et F. N. Wei
	ni	
713	尼泊尔桤木	*Alnus nepalensis* D. Don
	ning	
714	柠檬桉	*Eucalyptus cirtriodora* Hook. f.
715	柠条锦鸡儿	*Caragana korshinskii* Kom.
	niu	
716	牛筋条	*Dichotomanthus tristaniaecarpa* Kurz.
717	牛矢果	*Osmanthus matsumuranus* Hayata
	nu	
718	怒江红杉	*Larix speciosa* Cheng et Law.
	nü	
719	女贞	*Ligustrum lucidum* Ait.
	nuo	
720	糯米椴	*Tilia henryana* var. *subglabra* V. Engl.

表 A.1（续）

序号	树种名	拉丁学名
	O	
	ou	
721	欧美杨	*Populus canadensis* Moench
722	欧洲黑杨	*Populus nigra* L.
723	欧洲山杨	*Populus tremula* L.
	P	
	pa	
724	爬枇杷	*Rhododendron purdomii* var. *nanum*
725	帕米尔杨	*Populus pamirica* kom
726	pan	
727	盘柱冬青	*Ilex kengii* S. Y. Hu in Journ.
	pao	
728	泡果沙拐枣	*Calligonum junceum*（Fisch. et Mey.）Litv.
729	泡泡刺	*Nitraria sphaerocarpa* Maxim.
730	泡竹	*Pseudostachyum polymorphum*
	pen	
731	盆果栎	*Quercus patelliformis* Munro.
732	盆架树	*Winchia calophlla* A. DC.
	pi	
733	披针叶杜英	*Elaeocarpus lanceafolius* Roxb.
	pian	
734	偏叶榕	*Ficus semicordata* Buch.-Ham. ex J. E. Sm.
	ping	
735	平麻	*Sida fallax*
736	苹果	*Malus pumila* Mill.
737	苹婆	*Sterculia nobilis* Smith.
738	苹婆猴欢喜	*Sloanea sterculiacea*（Benth.）Rehd. et Wils.
739	瓶花木	*Scyphiphora hydrophyllacea* Gaertn. F.
	po	
740	坡垒	*Hopea hainanensis* Merr. et Chun.
741	坡柳	*Dodonaea viscosa*（Linn.）Jacq. Enum.
742	破布叶	*Microcos paniculata* Linn.
	pu	
743	菩提树	*Ficus religiosa* Linn.
744	葡萄	*Vitis vinifera* Linn.

表 A.1（续）

序号	树种名	拉丁学名
745	蒲葵	*Livistona chinensis* (Jacq.) R. Br.
746	蒲桃	*Syzygium jambos* (Linn.) Alston
747	蒲桃属	*Syzygium*
748	朴树	*Geltis sinensis* Pers.
749	朴叶扁担杆	*Grewia celtidifolia* Juss.
750	朴属	*Celtis*
	Q	
	qi	
751	桤木属	*Alnus*
752	槭果黄杞	*Engelhardia aceriflora* (Reinw.) Bl.
753	槭树科	Aceraceae
754	槭叶翅子树	*Pterospermum acerifolium* Willd.
755	槭属	*Acer*
756	漆树	*Toxicodendron vernicifluum* (Stokes) F. A. Barkl.
757	祁连圆柏	*Sabina przewalskii* Kom. f. pendula Cheng et LKFu.
	qian	
758	千果榄仁	*Terminalia myriocarpa* Heurck et M.-A.
759	千金榆	*Carpinus cordata* Bl. var. *chinensis* Franch.
760	千年桐	*Vernicia montana* Lour
	qiao	
761	乔松	*Pinus griffithii* McClelland
	qin	
762	秦岭冷杉	*Abies chensiensis* Tiegh.
763	秦岭小檗	*Berberis circumserrata* (Schneid.) Schneid.
	qing	
764	青冈	*Cyclobalanopsis glauca* (Thunberg) Oersted
765	青冈属	*Cyclobalanopsis*
766	青钩栲	*Castanopsis kawakamii* Hayata
767	青果榕	*Ficus variegata* Bl. var. *chlorocarpa* (Benth.) King
768	青海杨	*Populus przewalskii* Maxim.
769	青海云杉	*Picea crassifolia* Kom.
770	青楷槭	*Acer tegmentosum* Maxim
771	青梅	*Vatica astrotricha* Hance
772	青皮木	*Schoepfia jasminodora* Sieb. et Zucc.
773	青皮竹	*Bambusa textilis* McClure.

表 A.1（续）

序号	树 种 名	拉 丁 学 名
774	青杆	*Picea wilsonii* Mast.
775	青钱柳	*Cyclocarya paliurus* (Batal.) Iljinsk.
776	青檀	*Pteroceltis tatarinowii* Maxim.
777	青杨	*Populus cathayana* Rehd.
778	青榨槭	*Acer davidii* Franch
779	清香木	*Pistacia weinmannifolia* J. Poisson ex Franch.
780	擎天树	*Parashorea chinensis* Wang Hsie var. *kwangsiensis* Lin Chi
	qiong	
781	筇竹	*Qiongzhuea tumidinosa* Hsueh et Yi.
782	琼榄	*Gonocaryum maclurei* Merr.
783	琼楠	*Beilschmiedia intermedia* Allen.
	qiu	
784	秋茄树	*Kandelia candel* (Linn.) Druce
785	秋子梨	*Pyrus ussuriensis* Maxim.
786	楸树	*Catalpa bungei* C. A. Mey
787	楸叶泡桐	*Paulownia catalpifolia* Gong Tong
	que	
788	缺萼枫香	*Liquidambar acalycina* Chang.
789	鹊肾树	*Streblus saper* Lour.
	R	
	ran	
790	髯花杜鹃	*Rhododendron anthopogon* D. Don.
	ren	
791	人面子	*Dracontomelon duperreanum* Pierre
	ri	
792	日本扁柏	*Chamaecyparis obtusa* (Siebold et Zuccarini) Enelicher
793	日本椴	*Tilia japonica* Simonk
794	日本落叶松	*Larix kaempferi* (Lambert) Carriere.
795	日本桤木	*Alnus japonica* (Thunb) Steud
	rong	
796	绒毛紫薇	*Lagerstroemia villosa* Wall. ex Kurz
797	榕树	*Ficus microcarpa* Linn. f.
798	榕叶冬青	*Ilex ficoidea* Hemsl.
799	榕属	*Ficus* L.

表 A.1（续）

序号	树种名	拉丁学名
	rou	
800	肉桂	*Cinnamomum cassia* Presl.
801	肉实树	*Sarcosperma arboreum* Hook. f. in Benth. et Hook. f.
	ruan	
802	软荚红豆	*Ormosia semicastrata* Hance f. semicastrata.
	rui	
803	锐齿槲栎	*Quercus aliena* Bi. var. *acuteserrata* Maxim.
	run	
804	润楠	*Machilus pingii* Cheng ex Yang.
805	润楠属	*Machilus* Nees
	ruo	
806	箬叶竹	*Indocalamus longiauritus* Hand.-Mazz.
807	箬竹	*Indocalamus tessellatus*（munro）Keng f.
	S	
	san	
808	三尖杉	*Cephalotaxus fortunei* Hooker.
809	三角枫	*Acer buergerianum* Miq
810	伞花小檗	*Berberis umbellata*
811	伞序臭黄荆	*Premna corymbosa*（Burm. F.）Rottl. et Willd
	sang	
812	桑树	*Morus alba* L.
	se	
813	色木槭	*Acer mono* Maxim
	sha	
814	沙巴乌饭	*Vaccinium chapaense* Merr.
815	沙拐枣属	*Calligonum* L.
816	沙棘	*Hippophae rhamnoides* Linn.
817	沙梨	*Pyrus pyrifolia*（Burm. F.）Nakai.
818	沙松冷杉	*Abies holophylla* Maxin
819	沙枣	*Elaeagnus angustifolia* Linn.
	shan	
820	山茶科	Theaceae
821	山杜英	*Elaeocarpus sylvestris*（Lour.）Poir
822	山矾	*Symplocos caudata* Wall.
823	山骨罗竹	*Schizostachyum hainanense* Merrill ex McClure.

表 A.1（续）

序号	树 种 名	拉 丁 学 名
824	山光杜鹃	*Rhododendron oreodoxa* Franch.
825	山合欢	*Albizia kalkora*（Roxb.）Prain.
826	山黄麻	*Trema tomentosa*（Roxb.）Hara.
827	山黄皮	*Randia cochinchinensis*（lour.）merr.
828	山楝	*Aphanamixis polystachya*（Wall.）R. N. Parker
829	山龙眼	*Helicia formosana* Hemsl.
830	山麻杆属	*Alchornea* Sw.
831	山牡荆	*Vitex quinata*（Lour.）Will.
832	山木患	*Harpullia cupanioides* Roxb.
833	山蒲桃	*Syzygium levinei*（Merr.）Merr. et Perry
834	山韶子	*Nephelium chryseum* Bl.
835	山生柳	*Salix oritrepha* Schneid.
836	山桃	*Prunus davidiana*（Carr.）Franch
837	山乌桕	*Sapium discolor*（Champ. ex Benth.）Muell.-Arg.
838	山杏	*Prunus armeniaca* L. var. *ansu* Maxim.
839	山杨	*Populus davidiana* Dode.
840	山玉兰	*Magnolia delavayi* Franch.
841	山楂	*Crataegus pinnatifida* Bge.
842	山芝麻	*Helicteres angustifolia* Linn.
843	山茱萸	*Cornus officinalis* Sieb. et Zucc
844	杉科	Taxodiaceae
845	杉木	*Cunninghamia lanceolata*（Lamb.）Hook.
846	珊瑚冬青	*Ilex corallina* Franch
847	珊瑚朴	*Celtis julianae* Schneid.
848	陕甘花楸	*Sorbus koehneana* Schneid.
849	扇叶槭	*Acer flabellatum* Rehd
	shen	
850	深山含笑	*Michelia maudiae* Dunn
	shi	
851	湿地松	*Pinus elliottii* Engelm.
852	石笔木	*Tutcheria spectabilis* Dunn.
853	石蚕叶绣线菊	*Spiraea chamaedryfolia* Linn.
854	石灰花楸	*Sorbus folgneri*（Schneid.）Rehd.
855	石栎	*Lithocarpus glaber*（Thunb.）Nakai
856	石栎属	*Lithocarpus*

表 A.1（续）

序号	树 种 名	拉 丁 学 名
857	石楠	*Photinia serrulata* Lindl.
858	石竹	*Phyllostachys nuda* McClure
859	石梓	*Gmelina chinensis* Benth
860	柿树	*Diospyros kaki* L. f.
	shu	
861	疏齿木荷	*Schima remotiserrata* Chang.
862	疏脉柿	*Diospyros susarticulata* Lec.
863	鼠李属	*Rhamnus* L.
864	薯豆杜英	*Elaeocarpus japonicus* Sieb. & Zucc
865	树参	*Dendropanax dentiger* (Harms) Merr.
866	树状杜鹃	*Rhododendron arboreum* Smith.
	shuan	
867	栓皮栎	*Quercus variabilis* Blume.
	shuang	
868	双齿山茉莉	*Huodendron biaristatum* (WW Smith) Rehd.
	shui	
869	水柏枝	*Myricaria germanica* (L.) Desv.
870	水锦树属	*Wendlandia* Bartl. ex DC.
871	水柳	*Homonoia riparia* Lour.
872	水青冈	*Fagus longipetiolata* Seem.
873	水青冈属	*Fagus* L.
874	水青树	*Tetracentron sinense* Oliv.
875	水曲柳	*Fraxinus mandshurica* Rupr.
876	水杉	*Metasequoia glyptostroboides* Hu et Cheng
877	水石梓	*Sarcosperma laurinum* (Benth.) Hook. f.
878	水松	*Glyptostrobus pensilis* (D. Don) Koch.
879	水同榕	*Ficus harlandii* Benth.
880	水仙石栎	*Lithocarpus naiadarum* (Hance) Chun.
881	水芫花	*Pemphis acidula* J. R. et G. Forst
882	水椰	*Nypa fruticans* Wurmb.
883	水竹	*Phyllostachys congesta* Rendle.
	si	
884	思茅黄肉楠	*Actinodaphne henryi* Gamble
885	思茅栲	*Castanopsis ferox* (Roxb.) Spach
886	思茅蒲桃	*Syzygium szemaoense* Merr. et Perry

表 A.1(续)

序号	树种名	拉丁学名
887	思茅松	*Pinus kesiya* var. *langbianensis* Royle ex Gordon
888	篦笋竹	*Schizostachyum pseudolima* McClure.
889	四川红杉	*Larix mastersiana* Rehd. et Wils. Masters Larch.
890	四川山矾	*Symplocos setchuensis* Brand
891	四角蒲桃	*Syzygium tetragonum* Wall.
892	四蕊朴	*Geltis tetrandra* Roxb.
893	四数木	*Tetrameles nudiflora* R. Br.
894	四照花	*Dendrobenthamia japonica* (DC.) Fang var. *chinensis*(Osborn) Fang.
	song	
895	松属	*Pinus* Linn.
	suan	
896	酸枣	*Ziziphus jujuba* Mill. var. *spinosa* (Bunge) Hu ex HFChow
897	算盘子属	*Glochidion* J. R. et G. Forst.
	sui	
898	穗序鹅掌柴	*Schefflera delavayi* (Franch.) Harms ex Diels.
899	穗序坚木	*Dysoxylum spicatum* H. L. Li
	suo	
900	梭果玉蕊	*Barringtonia fusicarpa* Hu
901	梭罗树	*Reevesia pubescens* Mast.
902	梭梭	*Haloxylon ammodendron* (C. A. Mey.)Bunge.
903	梭子果	*Eberhardtia aurata* (Pierre ex Dubard) Lec.
	T	
	ta	
904	塔里木沙拐枣	*Calligonum roborowskii* A. Los.
905	塔枝圆柏	*Sabina komarovii* (Florin) Cheng et WT Wang.
	tai	
906	台湾扁柏	*Chamaecyparis obtusa* (Sieb. et Zucc.) Endl. var. *formosana* (Hayata) Rehd
907	台湾桂竹	*Phyllostachys makinoi* Hayata.
908	台湾果松	*Pinus armandii* Franch. var. *mastersiana* (Hayata) Hayata
909	台湾含笑	*Michelia compressa* (Maxim.) Sarg. Gard. et For.
910	台湾厚壳桂	*Cryptocarya konishii*
911	台湾栲	*Castanopsis formosana* (Skan) Hayata
912	台湾冷杉	*Abies kawakamii* (Hayata) T. Ito
913	台湾冷衫	*Abies kawakamii* (Hayata) Ito
914	台湾毛柿	*Diospyros discolor* Willd.

表 A.1（续）

序号	树 种 名	拉 丁 学 名
915	台湾米仔兰	*Aglaia formosana* (Hayata) Hayata
916	台湾肉豆蔻	*Myristica cagayanensis* Merr.
917	台湾山榄	*Planchonella duclitan* (Blanco) Bakh. f.
918	台湾杉木	*Cunninghamia konishii* Hayata
919	台湾铁杉	*Tsuga formosana* Hayata.
920	台湾相思	*Acacia richii* A. Gray.
921	台湾云杉	*Picea morrisonicola* Hayata
922	太白杜鹃	*Rhododendron purdomii* Rehd. et Wils
923	太白红杉	*Larix shinensis* Beissn.
924	泰国黄叶树	*Xanthophyllum siamense* Craib
925	泰国梭罗树	*Reevesia pubescens* var. *siamensis*(Craib) Anthony
926	泰竹	*Thyrsostachys siamensis* (Kurz ex Munro) Gamble
	tang	
927	唐古特白刺	*Nitraria tangutorum* Bobr.
928	唐竹	*Sinobambusa tootsik* (Makino) Makino
929	糖胶树	*Alstonia scholaris* (L.) R. Br.
	tao	
930	桃	*Prunus persica* (Linn.) Batsch
931	桃金娘	*Rhodomyrtus tomentosa* (Ait) Hassk
932	桃叶石楠	*Photinia prunifolia* (Hook. & Arn.)Lindl.
	teng	
933	腾冲红花油茶	*Camellia reticulata* f. simplex Sealy
934	藤春	*Alphonsea monogyna* Merr. et
935	藤竹	*Dinochloa utilis*
	tian	
936	天山桦	*Betula tianschanica* Ruprecht
937	天山槭	*Acer semenovii* Regel
938	天竺桂	*Cinnamomum japonicum* Sieb.
939	甜杨	*Populus suaveolens* Fisch
940	甜槠	*Castanopsis eyrei* (Champ. ex Benth.) Tutch.
941	甜槠栲	*Castanopsis eyrei* (Champ. ex Benth.) Tutch
	tie	
942	铁刀木	*Cassia siamea* Lam.
943	铁冬青	*Ilex rotunda* Thunb
944	铁坚油杉	*Keteleeria davidiana* (Bertr.) Beissn

表 A.1（续）

序号	树 种 名	拉 丁 学 名
945	铁力木	*Mesua ferrea* Linn.
946	铁杉	*Tsuga chinensis*（Franch.）Pritz.
947	铁橡栎	*Quercus cocciferoides* Hand.-Mazz
948	铁仔	*Myrsine Africana* Linn.
	tong	
949	通麦栎	*Quercus tungmaiensis* Y. T. Chang
950	铜钱树	*Paliurus hemsleyanus* Rehd.
	tou	
951	头状沙拐枣	*Calligonum caput-medusae* Schrenk
952	头状四照花	*Dendrobenthamia capitata*（Wall.）Hutch
	tu	
953	秃杉	*Taiwania flousiana* Gaussen
954	土沉香	*Aquilaria sinensis*（Lour.）Gilg
955	土密树	*Bridelia monoica*（Lour.）Merr
	tuan	
956	团花	*Anthocephalus chinensis*（Lam.）Rich. ex Walp.
957	团香果	*Lindera latifolia* Hook. f.
	tuo	
958	陀螺龙脑香	*Dipterocarpus turbinatus*
	W	
	wa	
959	瓦山栲	*Castanpsis ceratacantha* Rehd. et Wils
	wan	
960	宛田红花油茶	*Camellia polodonta* How
	wang	
961	网脉琼楠	*Beilschmiedia tsangii* Merr.
962	网脉肉托果	*Semecarpus reticulata* Lecte
963	网脉新乌檀	*Neonauclea reticulate*
964	望天树	*Parashorea chinensis* Wang Hsie
	wei	
965	围涎树	*Pithecellobium clypearia* Benth
966	尾叶甜槠栲	*Castanopsis eyrei* var. *caudata*(Franch.) Cheng
967	卫矛	*Euonymus alatus*（Thunb.）Sieb
	wen	
968	文冠果	*Xanthoceras sorbifolia* Bunge

表 A.1(续)

序号	树种名	拉丁学名
969	蚊母树	*Distylium racemosum* Sieb. et Zucc
	wu	
970	乌桕	*Sapium sebiferum* (Linn.) Roxb
971	乌饭树	*Vaccinium bracteatum* Thunb.
972	乌冈栎	*Quercus phillyraeoides* A. Gray
973	乌榄	*Canarium pimela* Leenh.
974	乌墨蒲桃	*Syzygium cumini* (Linn.) Skeels.
975	乌鸦果	*Vaccinium fragile* Franch.
976	无瓣海桑	*Sonneratia apetala* Buch-Ham
977	无患子	*Sapindus mukorossi* Gaertn.
978	无叶沙拐枣	*Calligonum aphyllum* (Pall.) Gurke
979	无忧花	*Saraca asoca* (Roxb.) De Wilde
980	五列木	*Pentaphylax euryoides* Gardn. et Champ.
981	五裂槭	*Acer oliverianum* Pax
982	五桠果	*Dillenia indica* Linn
	X	
	xi	
983	西伯利亚刺柏	*Juniperus sibirica* Burgsd.
984	西伯利亚红松	*Pinus sibirica* (Loud.) Mayr.
985	西伯利亚冷杉	*Abies sibirica* Ledeb
986	西伯利亚落叶松	*Larix sibirica* Ldb
987	西伯利亚杏	*Prunus sibirica* L
988	西伯利亚云杉	*Picea obovata* Ledeb.
989	西藏白皮松	*Pinus gerardiana* Wall
990	西藏柏木	*Cupressus torulosa* D. Don
991	西藏长叶松	*Pinus roxburghii* Sarg
992	西藏红杉	*Larix griffithiana* (Lindl. et Gord.) Hort et Carr
993	西藏狼牙刺	*Sophora moorcroftiana* (Benth.) Baker
994	西藏冷杉	*Abies spectabilis* (D. Don) Spach
995	西藏润楠	*Machilus yunnanensis* var. *tibetana* S. Lee
996	西藏天科木	*Homalium tibeticum*
997	西藏云杉	*Picea spinulosa* (Griff.) Henry
998	西南桦	*Betula alnoides* Buch.-Ham. ex D. Don
999	西南猫尾树	*Dolichandrone stipulate* stipulata (Wall.) Benth. Et Hook . F.
1000	喜马拉雅红杉	*Larix himalaica* Cheng et L. K. Fu

表 A.1（续）

序号	树 种 名	拉 丁 学 名
1001	喜马拉雅冷杉	*Abies spectabilis* (D. Don) Spach
1002	喜树	*Camptotheca acuminate* Decne.
1003	细齿叶柃	*Eurya nitida* Korth
1004	细刺栲	*Castanopsis tonkinensis* Seem.
1005	细基丸	*Polyathia cerasoides* (Roxb.) Benth. et Hook. f. ex Bedd
1006	细青皮	*Altigia excelsa* Noronha
1007	细穗柽柳	*Tamarix leptostachys* Bunge
1008	细穗红柳	*Tamarix leptosrachys*
1009	细叶青冈	*Cyclobalanopsis gracilis* (Rehd. Et Wils.) Cheng et T. Hong
1010	细叶云南松	*Pinus yunnanensis* var. *tenuiformis* Cheng et Law.
1011	细子龙	*Amesiodendron chinense* (Merr.) Hu
	xia	
1012	虾子花	*Woodfordia fruticosa* (Linn.) Kurz
1013	狭叶南烛	*Lyonia ovalifolia* (Wall.) Hand
	xian	
1014	仙巴掌	*Opuntia monacantha* (Willd.) Haw
1015	仙人掌	*Opuntia dillenii* Haw
1016	鲜黄小檗	*Berberis diaphana* Maxin.
1017	显脉新木姜子	*Neolitsea phanerophlebia* Merr
1018	蚬木	*Excetrodendron hsienmu* HT Chang & RH Miau
1019	线枝蒲桃	*Syzygium araiocladum* Merr. et Perry.
1020	腺齿蔷薇	*Rosa albertii* Regel
1021	腺房杜鹃	*Rhododendron adenogynum* Diels. View
	xiang	
1022	香椿	*Toona sinensis* (A. Juss.) Roem.
1023	香榧	*Torreya grandis* Fort. ex Lindl. cv. Merrillii
1024	香港樫木	*Dysoxylum hongkongense* (Tutch.) Merr.
1025	香桂	*Cinnamomum subavenium* Miq.
1026	香合欢	*Albizzia odoratissima* Benth
1027	香桦	*Betula insignis* Franch.
1028	香皮树	*Meliosma fordii* Hemsl.
1029	香蒲桃	*Syzygium odoratum* (Lour.) DC. Prodr.
1030	香杨	*Populus koreana* Rehd
1031	香叶树	*Lindera communis* Hemsl.
1032	湘椴	*Tilia endochrysea* Hand. -Mazz.

表 A.1（续）

序号	树 种 名	拉 丁 学 名
1033	湘楠	*Phoebe hunanensis* Hand.-Mazz.
1034	响叶杨	*Populus adenopoda* Maxim
1035	橡胶树	*Hevea brasiliensis*（Willd. ex A. Juss.）Muell. Arg.
	xiao	
1036	小檗属	*Berberis* L.
1037	小果冬青	*Ilex micrococca* Maxim.
1038	小果栲	*Castanopsis fleuryi* Hick. et A. Camus
1039	小果蔷薇	*Rosa cymosa* Tratt.
1040	小果石栎	*Lithocarpus micrspermus*（A. Camus）Hu
1041	小果油茶	*Camellia meiocarpa* Hu
1042	小红栲	*Castanopsis carlesii*（Hemsl.）Hayata.
1043	小花红花荷	*Rhodoleia parvipetala* Tong
1044	小花龙血树	*Dracaena cambodiana* Pierre ex Gagnep
1045	小花五桠果	*Dillenia pentagyna* Roxb.
1046	小叶白蜡	*Fraxinus sogdiana* Bunge
1047	小叶白辛树	*Pterostyrax corymbosa* Sieb. et Zucc
1048	小叶白颜树	*Giroonniera cuspidate*（Bl.）Kurz
1049	小叶锦鸡儿	*Caragana micrymbosa* Lam
1050	小叶栎	*Quercus chenii* Nakai
1051	小叶栾树	*Koelreuteria minor* Hemsl.
1052	小叶朴	*Celtis bungeana* Bl.
1053	小叶青冈	*Cyclobalanopsis myrsinaefolia*（Blume）Oerst
1054	小叶山漾子	*Buchanania microphylla* Engl.
1055	小叶栒子	*Cotoneaster microphyllus* Wall. ex Lindl
1056	小叶胭脂	*Artocarpus styracifolius* Pierre
1057	小叶杨	*Populus simonii* Carr.
1058	肖蒲桃	*Acmena acuminatissima*（Bl.）Merr. et Perry
	xie	
1059	斜叶澄广花	*Orophea anceps* Pierre
	xin	
1060	新疆方枝柏	*Sabina pseudosabina*（Fisch. et Mey.）Cheng et WT Wang.
1061	新疆锦鸡	*Caragana turkestanica* Kom
1062	新疆杨	*Populus alba* var. *pyramidalis* Bge
1063	新疆野苹果	*Malus sieversii*（Ledeb.）Roem
1064	新疆云杉	*Picea obovata* Ledeb.

表 A.1（续）

序号	树种名	拉丁学名
1065	新木姜子	*Neolitsea aurata*(Hayata)Koidz
1066	新樟	*Neocinnamomum delavayi* (Lec.) Liou
	xing	
1067	兴安落叶松	*Larix gmelinii* Rupr
1068	兴凯松	*Pinus takahasii* Nakai
1069	兴山榆	*Ulmus bergmanniana* Schneid.
1070	杏	*Prunus armeniaca* L.
1071	杏叶石栎	*Lithocarpus amygdalifolius* (Skan) Hayata
	xiu	
1072	秀雅杜鹃	*Rhododendron concinnum* Hemsl
1073	绣毛吴茱萸五加	*A. evodiaefolius* var. fessugineus
1074	绣线菊	*Spiraea salicifolia* Linn
1075	锈叶杜鹃	*Rhododendron siderophyllum* Franch
	xu	
1076	许树	*Clerodendrum inerme* (L.) Gertn.
	xue	
1077	雪层杜鹃	*Rhododendron nivale* ssp. boreale
1078	雪岭云杉	*Picea schrenkiana* Fisch. et Mey
	xun	
1079	蕈树	*Altingia chinensis* (Champ.) Oliver ex Hance
	Y	
	ya	
1080	鸦头梨	*M. xylocarpum* Hand. Mazz.
	yan	
1081	胭脂木	*Artocarpus tonkinensis* A. Chev. ex Gagnep
1082	岩栎	*Quercus acrodonta* Seem
1083	岩柃	*Eurya saxicola* HTChang
1084	盐白刺	*Nitraria schoberi* L.
1085	盐肤木	*Rhus chinensis* Mill.
1086	盐节木	*Halocnemum strobilaceum* (Pall.) Bieb
1087	盐穗木	*Halostachys caspica* C. A. Mey. ex Schrenk
1088	偃松	*Pinus Pumila* (Pall.)Regel
	yang	
1089	羊蹄甲	*Bauhinia purpurea* Linn
1090	杨柳科	*Salicaceae*

表 A.1（续）

序号	树种名	拉丁学名
1091	杨梅叶蚊母树	*Distylium myricoides* Hemsl.
1092	杨桐	*Adinandra millettii*（Hook. et Arn.）Benth. et Hook. f. ex Hance
1093	杨属	*Populus* L.
	yao	
1094	腰果	*Anacardium occidentale* Linn
	ye	
1095	野八角	*Illicium simonsii* Maxim
1096	野核桃	*Juglans cathayensis* Dode
1097	野茉莉	*Styrax japonicus* S. et Z
1098	野牡丹	*Melastoma candidum* D. Don
1099	野漆	*Toxicodendron succedaneum*（L.）O. Kuntze.
1100	野山茶	*Camellia cordifolia*（MetCamellia）Nakai
1101	野树波罗	*Artocarpus chaplasha* Roxb
1102	腋花杜鹃	*Rhododendron racemosum* Ftanch
	yi	
1103	仪花	*Lysidice rhodostegia* Hance
1104	异叶鹅掌柴	*Schefflera diversifoliolata* Li
	yin	
1105	阴香	*Cinnamomum burmannii*（C. G. et Th. Nees）Bl.
1106	银白杨	*Populus alba* Linn.
1107	银柴	*Aporosa chinensis*（Champ.）Merr.
1108	银合欢	*Leucaena leucocephala*（Lam.）de Wit
1109	银桦	*Grevillea robusta* A. Cunn. ex R. Br.
1110	银灰杨	*Populus canescens*（Aiton）Sm
1111	银露梅	*Potentilla glabra* Lodd
1112	银毛树	*Messerschmidia argentea*（Linn. f.）Johnst.
1113	银木荷	*Schima argentea* Pritz. ex Diels
1114	银杉	*Cathaya argyrophylla* Chun et Kuang
1115	银杏	*Ginkgo biloba* Linn
1116	银叶巴豆	*Croton cascarilloides* Raeusch. f. cascariloides
1117	银叶栲	*Castanopsis argyrophylla* King ex Hook f
1118	银叶树	*Heritiera littoralis* Dryander
1119	银钟花	*Halesia macgregorii* Chun.
1120	隐蕊杜鹃	*Rhododenron intrium* Franch.
1121	隐翼木	*Crypteronia paniculata* Bl.

表 A.1（续）

序号	树种名	拉丁学名
1122	印度栲	*Castanopsis indica*（Roxb.）A. DC.
	ying	
1123	樱草蔷薇	*Rosa primula* Bouleng.
1124	樱桃	*Prunus pseudocerasus* Lindl.
1125	樱叶杜英	*Elaeocarpus prunifolioides* Hu.
1126	楹树	*Albizzia chinensis*（Osbeck）Merr
1127	映山红	*Rhododendron simsii* Planch.
1128	硬刺杜鹃	*Rhododendron barbatum* Wall.
1129	硬斗石栎	*Lithocarpus hancei*（Benth.）Rehd.
1130	硬核刺桐	*Erythrina lithosperma* BL. ex Miq.
1131	硬壳桂	*Cryptocarya chingii* Cheng
1132	硬毛马甲子	*Paliurus rigida* Hemsl.
1133	硬头黄竹	*Bambusa rigida* Keng et Keng f
	you	
1134	攸县油茶	*Camellia yuhsienensis* Hu
1135	油茶	*Camellia oleifera* Abel.
1136	油柴柳	*Salix caspica* Pall
1137	油丹	*Alseodaphne hainanensis* Merr
1138	油橄榄	*Olea europaea* L.
1139	油麦吊云杉	*Picea brachytyla* var. *complanata* Cheng ex Rehd.
1140	油楠	*Sindora glabra* Merr. ex de Wit.
1141	油朴	*Celtis wightii* Planch.
1142	油杉	*Keteleeria fortunei*（Murr.）Carr
1143	油松	*Pinus tabulaeformis* Carr
1144	油桐	*Vernicia fordii*（Hemsl.）Airy Shaw
1145	油棕	*Elaeis guineensis* Jacq.
1146	柚	*Citrus grendis* Osbeck
1147	柚木	*Tectona grandis* Linn. f.
	yu	
1148	余甘子	*Phyllanthus emblica* Linn. Sp. Pl.
1149	鱼骨木	*Canthium dicoccum*（Gaertn.）Teysmann et Binnedijk
1150	鱼鳞云杉	*Picea jezoensis* Cheng ex L. K. Fu，comb. nov
1151	榆科	Ulmaceae
1152	榆树	*Ulmus pumila* L.
1153	榆属	*Ulmus* L.

表 A.1（续）

序号	树种名	拉丁学名
1154	羽叶楸	*Stereospermum tetragonum*(Wall.)DC
1155	玉兰	*Magnolia denudate* Des
1156	玉山竹	*Yushania niitakayamensis* (Hayata) Keng f.
	yuan	
1157	元宝槭	*Acer truncatum* Bunge
1158	元宝山冷杉	Abies yuanbaoshanensis Y. J. Lu et L. K. Fu
1159	元江栲	*Castanopsis orthacantha* Franch
1160	圆柏	*Sabina chinensis* (Linn.)Ant.
1161	圆柏属	*Sabina* Mill.
1162	圆齿木荷	*Schima crenata* Korth.
1163	圆果化香树	*Platycarya longipes* Wu.
1164	圆叶桦	*Betula rotundifolia* Spach
1165	圆叶柳	*Salix rotundifolia* Trautv.
1166	圆叶乌桕	*Sapium rotundifolium* Hemsl.
	yue	
1167	岳桦	*Betula ermanii* Cham.
1168	越桔	*Vaccinium vitis-idaea* Linn.
1169	越南山矾	*Symplocos cochinensis* (Lour.) S. Moore
1170	越南天料木	*Homalium cochinchinenese* (Lour.) Druce
	yun	
1171	云贵鹅耳枥	*Carpinus pubescens Forest*
1172	云锦杜鹃	*Rhododendron fortunei* Lindl.
1173	云南白颜树	*Gironniera yunnanensis* Hu
1174	云南船柄茶	*Hartia yunnanensis* Hu.
1175	云南冬青	*Ilex yunnanensis* Franch.
1176	云南红豆杉	*Taxus yunnanensis* Cheng et L. K. Fu.
1177	云南黄果冷杉	*Abies ernestii* var. *salouenensis* Cheng et L. K. Fu
1178	云南黄杞	*Engelhardia spicata* Lesch.
1179	云南锦鸡儿	*Caragana franchetiana* Kom.
1180	云南木犀榄	*Olea yunnanensis* Hand.-Mazz
1181	云南泡花树	*Meliosma yunnanensis* Franch
1182	云南婆罗双	*Shorea assamica* Dyer
1183	云南蒲桃	*Syzygium yunnanensis* Merr. et Perry
1184	云南肉豆蔻	*Myristica yunnanensis* YH Li.
1185	云南山楂	*Crategus scabrifolia* (Franch.) Rehd.

表 A.1（续）

序号	树种名	拉丁学名
1186	云南石梓	*Gmelina arborea* Roxb.
1187	云南柿	*Diospyros yunnanensis* rehd. et wils
1188	云南松	*Pinus yunnansis* Fr
1189	云南铁杉	*Tsuga dumosa*（D. Don）Eichler.
1190	云南蕈树	*Altingia yunnanensis* Rehd. et Wils.
1191	云南银钩花	*Mitrephora wangii* Hu
1192	云南油杉	*Keteleeria evelyniana* Mast.
1193	云南樟	*Cinnamomum glanduliferum* Meissn
1194	云山青冈	*Cyclobalanopsis nubium*（Hand. -Mazz.）Chun
1195	云杉	*Picea asperata* Mast.
1196	云杉属	*Picea*
1197	云树	*Garcinia cowa* Roxb.
	Z	
	zao	
1198	枣树	*Ziziphus jujuba* Mill.
1199	皂荚	*Gleditsia sinensis* Lam.
1200	皂柳	*Salix wallichiana* Anderss.
	zhan	
1201	展毛野牡丹	*Melastoma normale* D. Don
	zhang	
1202	樟科	Lauraceae
1203	樟树	*Cinnamomum camphora*（linn.）presl
1204	樟叶荚蒾	*Viburnum cinnamomifolium* Rehd.
1205	樟叶梁王茶	*Nothopanax delavayi*（Fr.）Harms ex Diels
1206	樟叶泡花树	*Meliosma squamulata* Hance.
1207	樟叶朴	*Celtis cinnamomifolia*
1208	樟叶松	*Pinus sylvesris* var. *mongolica* Litvin
1209	樟属	*Cinnamomum* Trew
	zhe	
1210	浙赣箬竹	*Indocalmus migoi*（Nakai）Keng f.
1211	浙江红花油茶	*Camellia chekiangoleosa* Hu
1212	浙江新木姜子	*Neolitsea aurata*（*Hayata*）*Koidz.* var. *chekiangensis*（*Nakai*）Yang et P. H. Huang
	zhen	
1213	榛	*Corylus heterophylla* Fisch. ex Trantv.

表 A.1（续）

序号	树种名	拉丁学名
	zhi	
1214	直杆蓝桉	*Eucalyptus maideni* F. V. Muell.
	zhong	
1215	中国无忧花	*Saraca chinensis* Merr. et Chun
1216	中国绣线菊	*Spiraea chinensis* Maxim.
1217	中华柳	*Salix cathayana* Diels
1218	中华槭	*Acer sinense* Pax
1219	中华蚊母树	*Distylium chinense* (Fr.) Diels
1220	中平树	*Macaranga denticulate* （Bl．）Muell．Arg．
1221	钟花杜鹃	*Rhododendron campanulatum* D. Don subsp.
	zhu	
1222	珠眼石栎	*Lithocarpus iteaphylloides* Chun
1223	竹柏	*Podocarpus nagi* (Thunb.) Zoll. et Mor. ex Zoll.
1224	竹叶椒	*Zanthoxylum armatum* DC.
1225	竹叶栎	*Quercus bambusifolia* Hance
1226	竹叶木荷	*Schima bambusifolia* Hu
1227	竹叶青冈	*Cyclobalanopsis bambusefolia* (Hance) Chun
	zhui	
1228	锥栗	*Castanea henryi* (Skan) Rehd. et Wils.
1229	锥连栎	*Quercus franchetii* Skan
	zhun	
1230	准葛尔锦鸡儿	*Caragana songarica* Grub.
	zi	
1231	资源冷杉	*Abies Ziyuanensis* L. K. Fu et. S. L. Mo
1232	子凌蒲桃	*Syzygium champiomi* (Benth.) Merr. et Perry.
1233	梓树	*Catalpa ovata* G. Don
1234	紫弹树	*Celtis biondii* Pamp.
1235	紫椴	*Tilia amurensis* Rupr.
1236	紫果冷杉	*Abies recurvata* Mast
1237	紫果云杉	*Picea purpurea* Mast.
1238	紫荆木	*Madhuca subquincuncialis* H. J. Lam.
1239	紫楠	*Phoebe sheareri* Gamble
1240	紫槭	*Acer cordatum* Pax
1241	紫穗槐	*Amorpha fruticosa* Linn.
1242	紫檀	*Pterocarpus indicus* Willd.

表 A.1（续）

序号	树种名	拉丁学名
	zong	
1243	棕榈	*Trachycarpus fortunei*（Hook.）H. Wendl.
1244	棕毛栲	*Castanopsis poilanei* Hick. et A. Camus
	zuan	
1245	钻天柳	*Chosenia arbutifolia*（Pallas）A. K. Skv.
	zuo	
1246	柞木	*Xylosma japonicum*（Walp.）A. Gray

参 考 文 献

[1] 中国森林编辑委员会. 中国森林(第一卷)[M]. 北京:中国林业出版社,1997.

[2] 中国植被编辑委员会. 中国植被[M]. 北京:科学出版社,1980.

[3] 蒋有绪,郭泉水,马娟,等. 中国森林群落分类及其群落学特征[M]. 北京:科学出版社/中国林业出版社,1998.

中华人民共和国国家标准

GB 14750—2010

食品安全国家标准

食品添加剂 维生素 A

2010-12-21 发布

2011-02-21 实施

中华人民共和国卫生部 发布

前　言

本标准代替GB 14750—1993《食品添加剂　维生素A》。

本标准与GB 14750—1993相比，主要变化如下：

——维生素A标示量由“不小于95.0%”修改为“97.0%～103.0%”；

——增加了薄层层析鉴别项目和试验方法；

——增加了铅指标和试验方法；

——增加了砷指标和试验方法；

——增加了吸收系数比指标和试验方法。

本标准的附录A为规范性附录。

本标准所代替标准的历次版本发布情况为：

——GB 14750—1993。

食品安全国家标准

食品添加剂　维生素 A

1　范围

本标准适用于以 β-紫罗兰酮为起始原料，经化学合成制得的食品添加剂维生素 A。

2　规范性引用文件

本标准中引用的文件对于本标准的应用是必不可少的。凡是注日期的引用文件，仅所注日期的版本适用于本标准。凡是不注日期的引用文件，其最新版本(包括所有的修改单)适用于本标准。

3　化学名称、分子式、结构式和相对分子质量

3.1　化学名称

反式-3,7-二甲基-9-(2,6,6-三甲基-1-环己烯基-1)-2,4,6,8-壬四烯乙酸酯

3.2　分子式

$C_{22}H_{32}O_2$

3.3　结构式

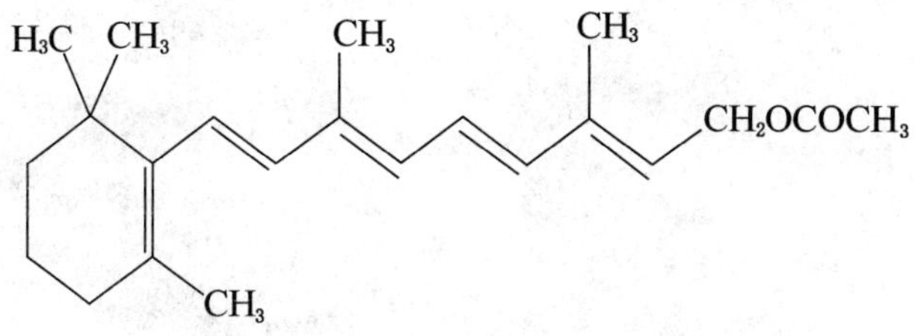

3.4　相对分子质量

328.49(按照 2007 年国际相对原子质量)

4　技术要求

4.1　感官要求：应符合表 1 的规定。

表 1 感官要求

项　目	要　求	检验方法
色泽	淡黄色	取适量样品置于清洁、干燥的试管中，在自然光线下，观察其色泽和组织状态，嗅其气味
气味	无酸败味，几乎无臭或有微弱的鱼腥味	
组织状态	油溶液，冷冻后可固化	

4.2 理化指标：应符合表 2 的规定。

表 2 理化指标

项　目		指　标	检验方法
维生素 A($C_{22}H_{32}O_2$)标示量[a]，w/%		97.0～103.0	附录 A 中 A.4
酸值(以 KOH 计)/(mg/g)	≤	2.0	附录 A 中 A.5
过氧化值试验		通过试验	附录 A 中 A.6
吸收系数比	≥	0.85	附录 A 中 A.7
铅(Pb)/(mg/kg)	≤	2	GB 5009.12
砷(As)/(mg/kg)	≤	2	GB/T 5009.76
[a] 每 1 g 含维生素 A10～100 万单位(相当于每 1 g 含维生素 A 30 mg～300 mg)。			

附 录 A
（规范性附录）
检 验 方 法

A.1 安全提示

本标准试验方法中使用的部分试剂具有毒性或腐蚀性，按相关规定操作，操作时须小心谨慎。若溅到皮肤上应立即用水冲洗，严重者应立即治疗。在使用挥发性酸时，需在通风橱中进行。

A.2 一般规定

除非另有说明，在分析中仅使用确认为分析纯的试剂和 GB/T 6682—2008 规定的三级水。

试验方法中所用的标准滴定溶液，杂质测定用标准溶液，制剂及制品，在没有注明其他要求时，均按 GB/T 601、GB/T 602、GB/T 603 的规定制备。

A.3 鉴别试验

A.3.1 试剂和材料

A.3.1.1 三氯甲烷。

A.3.1.2 三氯化锑溶液：250 g/L 三氯甲烷溶液，如果需要，应过滤后使用。

A.3.1.3 展开剂：环己烷-乙醚(4+1)。

A.3.1.4 三氯化锑试液：200 g/L 三氯甲烷溶液。如果需要，应过滤后使用。

A.3.2 呈色试验

A.3.2.1 方法提要

维生素 A 和亲电试剂氯化高锑作用形成不稳定的蓝色碳鎓离子。

A.3.2.2 分析步骤

取 1 滴实验室样品，加 10 mL 三氯甲烷，振摇使溶解；取出 2 滴，加 2 mL 三氯甲烷、0.5 mL 三氯化锑溶液，即显蓝色，渐变成紫红色。

A.3.3 薄层层析

A.3.3.1 方法提要

实验室样品溶液所显示主斑点与维生素 A 对照品溶液所显示主斑点的 R 值相同。

A.3.3.2 分析步骤

分别称取维生素 A 对照品和实验室样品约 15 000 IU 置于 10 mL 容量瓶中，用三氯甲烷溶解并稀释至刻度，然后在硅胶薄层板上分别点样 0.01 mL，在展开剂中展开，展开后，晾干。用三氯化锑试液显色，呈蓝色斑点。实验室样品溶液所显示主斑点与对照品溶液所显主斑点的位置一致。

A.4 维生素 A 的测定

A.4.1 方法提要

维生素 A 分子中含有 5 个共轭双键，在 325 nm～328 nm 波长之间具有最大吸收峰，其最大吸收峰的位置随溶剂不同而异，因而可用于含量测定。本法是在三个波长处测得吸光度，根据校正公式计算吸光度 A 校正值后，再计算含量。

A.4.2 试剂和材料

环己烷。

A.4.3 仪器和设备

紫外分光光度计。

A.4.4 测定方法

A.4.4.1 分析步骤

取实验室样品适量，精确至 0.000 2 g，加环己烷溶解并定量稀释成 9 IU～15 IU 的溶液，按照维生素 A 测定法(《中华人民共和国药典》2005 年版二部附录Ⅷ J 维生素 A 测定法项下第一法)测定吸收峰的波长，并在表 A.1 所列波长处测定吸光度。计算各吸光度与波长 328 nm 处的吸光度的比值和波长 328 nm 处 $E_{1\,\mathrm{cm}}^{1\%}$ 值。

表 A.1 维生素 A 在不同波长的吸光度比值

波长 nm	吸光度比值
300	0.555
316	0.907
328	1.000
340	0.811
360	0.299

A.4.4.2 结果计算

如果吸收峰波长在 326 nm～329 nm 之间，且所测得各波长吸光度比值不超过 A.1 中规定值的 ±0.02，可用公式(A.1)计算含量：

$$x = E_{1\,\mathrm{cm}}^{1\%}(328\ \mathrm{nm}) \times 1\ 900 \qquad \cdots\cdots(A.1)$$

式中：

x ——每克样品中含有维生素 A 的 IU；

$E_{1\,\mathrm{cm}}^{1\%}$——百分吸收系数。

如果吸收峰波长在 326 nm～329 nm 之间，但所测得的各波长吸光度比值超过表 A.1 中规定值的

±0.02，应按公式(A.2)求出校正后的吸光度，然后再计算含量。

$$A_{328}(校正)=3.52(2A_{328}-A_{316}-A_{340}) \quad\cdots\cdots(A.2)$$

式中：

A_{328}(校正)——在波长 328 nm 处校正后的吸光度；

A_{328} ——在波长 328 nm 处的吸光度；

A_{316} ——在波长 316 nm 处的吸光度；

A_{340} ——在波长 340 nm 处的吸光度。

如果校正吸光度与未校正吸光度相差不超过±3.0%，则不用校正吸光度，仍以未经校正的吸光度计算含量。

如果校正吸光度与未校正吸光度相差－15%至－3%之间，则以校正吸光度计算含量。

如果校正吸光度超过未校正吸光度的－15%或＋3%之间，或者吸收峰波长不在 326 nm～329 nm 之间，则样品须按照《中华人民共和国药典》2005 年版二部附录Ⅶ J 维生素 A 测定法项下第二法测定(A.4.4.3)。

两次平行测定的允许相对差在 3%以内。

A.4.4.3 维生素 A 的测定第二法

精密称取实验室样品适量(约相当于维生素 A 总量 500 IU 以上，质量不多于 2 g)，置皂化瓶中，加 30 mL 乙醇与 3 mL 氢氧化钾溶液(500 g/L)，置水浴中煮沸回流 30 min，冷却后，自冷凝管顶端加水 10 mL 冲洗冷凝管内部管壁，将皂化液移至分液漏斗中(分液漏斗活塞涂以甘油淀粉润滑剂)，皂化瓶用水 60 mL～100 mL 分数次洗涤，洗液并入分液漏斗中，用不含过氧化物的乙醚振摇提取 4 次，每次振摇约 5 min，第一次 60 mL，以后各次 40 mL，合并乙醚液，用水洗涤数次，每次约 100 mL，洗涤应缓缓旋动，避免乳化，直至水层遇酚酞指示液不再显红色，乙醚液用铺有脱脂棉与无水硫酸钠的滤器滤过，滤器用乙醚洗涤，洗液与乙醚液合并，放入 250 mL 容量瓶中，用乙醚稀释至刻度，摇匀；精密量取适量，置蒸发皿内，在水浴上低温蒸发至 5 mL 后，置减压干燥器中，抽干，迅速加异丙醇溶解并定量稀释制成每 1 mL 中含维生素 A9 IU～15 IU，照紫外-可见分光光度法(《中华人民共和国药典》2005 年版附录Ⅳ A)，在 300 nm、310 nm、325 nm 与 334 nm 四个波长处测定吸光度，并测定吸收峰的波长。吸收峰的波长应在 323 nm～327 nm 之间，且 300 nm 波长处的吸光度与 325 nm 波长处的吸光度的比值应不超过0.73，按下式计算校正吸光度；

$$A_{325}(校正)=6.815A_{325}-2.555A_{310}-4.260A_{334}$$

每 1 g 实验室样品中含有的维生素 A 的单位＝$E^{1\%}_{1\,cm}$(325 nm，校正)×1 830

如果校正吸光度在未校正吸光度的 100%±3%以内，则仍以未经校正的吸光度计算含量。

如果吸收峰的波长不在 323 nm～327 nm 之间，或 300 nm 波长处的吸光度与 325 nm 波长处的吸光度的比值超过 0.73，则应自上述皂化后的乙醚提取液 250 mL 中，另精密量取适量(相当于维生素 A300 IU～400 IU)，减压蒸去乙醚至约剩 5 mL，再在氮气流下吹干，立即精密加入 3 mL 甲醇，溶解后，精密量取 500 μL，注入维生素 D 测定法(《中华人民共和国药典》2005 年版附录Ⅶ K)第二法项下的净化用色谱柱系统，准确收集含有维生素 A 的流出液，在氮气流下吹干，而后按照上述方法自“迅速加异丙醇溶解”起，依法操作并计算含量。

注 1：甘油淀粉润滑剂　取甘油 22 g，加入可溶性淀粉 9 g，加热至 140 ℃，保持 30 min 并不断搅拌，放冷，即得。

注 2：不含过氧化物的乙醚　照麻醉乙醚项下的过氧化物检查，如不符合规定，可用 5%硫代硫酸钠溶液振摇，静置，分取乙醚层，再用水振摇洗涤 1 次，重蒸，弃去首尾 5%部分，馏出的乙醚再检查过氧化物，应符合规定。

A.5 酸值的测定

A.5.1 试剂和材料

A.5.1.1 乙醇。

A.5.1.2 乙醚。

A.5.1.3 氢氧化钠标准滴定溶液：$c(NaOH)=0.1\ mol/L$。

A.5.1.4 酚酞指示液：10 g/L 乙醇溶液。

A.5.2 分析步骤

分别取 15 mL 乙醇和乙醚，置于锥形瓶中，加 5 滴酚酞指示液，滴加氢氧化钠标准滴定溶液（0.1 mol/L）至微显粉红色，再加 2.0 g 实验室样品，振摇使完全溶解，用氢氧化钠标准滴定溶液（0.1 mol/L）滴定。

A.5.3 结果计算

酸值（以 KOH 计）w，数值以毫克每克（mg/g）表示，按公式（A.3）计算：

$$w=\frac{V\times c\times M}{m} \qquad \cdots\cdots\cdots\cdots (A.3)$$

式中：

V——实验室样品消耗氢氧化钠标准滴定溶液的体积的数值，单位为毫升（mL）；

c——氢氧化钠标准滴定溶液实际浓度的数值，单位为摩尔毫升（mol/L）；

m——实验室样品质量的数值，单位为克（g）；

M——氢氧化钾的摩尔质量的数值，单位为克每摩尔（g/mol）（$M=56.1$）。

A.6 过氧化值的测定

A.6.1 试剂和材料

A.6.1.1 冰乙酸。

A.6.1.2 三氯甲烷。

A.6.1.3 碘化钾溶液：取碘化钾适量，制成饱和溶液。

A.6.1.4 硫代硫酸钠标准滴定溶液：$c(Na_2S_2O_3)=0.1\ mol/L$，标定后稀释成 0.01 mol/L 的浓度待用。

A.6.1.5 淀粉指示液：5 g/L。

A.6.2 分析步骤

称取约 1.0 g 实验室样品，精确至 0.000 2 g。加 30 mL 冰乙酸-三氯甲烷（6+4），振摇使溶解，加 1 mL 碘化钾溶液，振摇 1 min，加 100 mL 水与 1 mL 淀粉指示液，用硫代硫酸钠标准滴定溶液（0.01 mol/L）滴定，至紫蓝色消失，并将滴定的结果用空白试验校正，消耗硫代硫酸钠标准滴定溶液（0.01 mol/L）不得超过 1.5 mL。

A.7　吸收系数比

在含量测定项下，实验室样品溶液在 328 nm 处测定校正吸收值与直接吸收值之比不低于 0.85。如果吸收峰在 326 nm～329 nm 之间，且测得各吸光度比值不超过规定值的±0.02，不用计算吸收系数比。

中华人民共和国国家标准

GB 14751—2010

食品安全国家标准

食品添加剂 维生素 B_1（盐酸硫胺）

2010-12-21 发布

2011-02-21 实施

中华人民共和国卫生部 发布

前　言

本标准代替 GB 14751—1993《食品添加剂　维生素 B_1（盐酸硫胺）》。

本标准与 GB 14751—1993 相比，主要变化如下：

——增加了砷指标；

——取消了重金属指标，增加了铅指标为≤2 mg/kg。

本标准的附录 A 为规范性附录。

本标准所代替标准的历次版本发布情况为：

——GB 14751—1993。

食品安全国家标准

食品添加剂　维生素 B_1（盐酸硫胺）

1　范围

本标准适用于经化学合成法制得的食品添加剂维生素 B_1（盐酸硫胺）。

2　规范性引用文件

本标准中引用的文件对于本标准的应用是必不可少的。凡是注日期的引用文件，仅所注日期的版本适用于本标准。凡是不注日期的引用文件，其最新版本（包括所有的修改单）适用于本标准。

3　化学名称、分子式、结构式和相对分子质量

3.1　化学名称

氯化 4-甲基-3-[(2-甲基-4-氨基-5-嘧啶基)甲基]-5-(2-羟基乙基)-噻唑鎓盐酸盐

3.2　分子式

$C_{12}H_{17}ClN_4OS \cdot HCl$

3.3　结构式

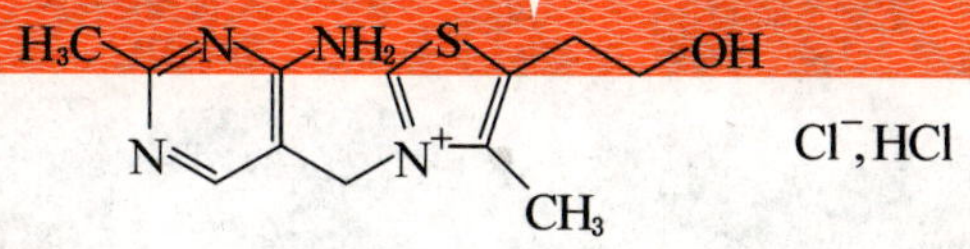

3.4　相对分子质量

337.27（按 2007 年国际相对原子质量）

4　技术要求

4.1　感官要求：应符合表 1 的规定。

表 1　感官要求

项　目	要　求	检 验 方 法
色泽	白色	取适量样品置于清洁、干燥的白瓷盘中，在自然光线下，观察其色泽和组织状态，嗅其气味
气味	通常具有微弱的特殊臭味	
组织状态	结晶或结晶性粉末	
熔点	约 248 ℃熔融，同时分解	

4.2 理化指标:应符合表2的规定。

表2 理化指标

项目		指标	检验方法
维生素 B_1(以 $C_{12}H_{17}ClN_4OS \cdot HCl$ 计,以干基计),w/%		98.5~101.5	附录A中A.4
pH(25 g/L 溶液)		2.7~3.4	附录A中A.5
溶液的颜色		通过试验	附录A中A.6
硝酸盐(20 g/L 溶液)		通过试验	附录A中A.7
干燥减量,w/%	≤	5.0	附录A中A.8
灼烧残渣,w/%	≤	0.1	附录A中A.9
铅(Pb)/(mg/kg)	≤	2	GB 5009.12
砷(As)/(mg/kg)	≤	2	附录A中A.10

附 录 A
（规范性附录）
检 验 方 法

A.1 安全提示

本标准试验方法中使用的部分试剂具有毒性或腐蚀性，按相关规定操作，操作时需小心谨慎。若溅到皮肤上应立即用水冲洗，严重者应立即治疗。在使用挥发性酸时，要在通风橱中进行。

A.2 一般规定

本标准所用试剂除非另有说明，在分析中仅使用确认为分析纯的试剂和 GB/T 6682—2008 中规定的三级水。

试验方法中所需标准滴定溶液、制剂及制品，在没有注明其他要求时，均按 GB/T 601、GB/T 603 之规定制备。

A.3 鉴别试验

A.3.1 试剂和材料

A.3.1.1 正丁醇。

A.3.1.2 二氧化锰。

A.3.1.3 硫酸。

A.3.1.4 氢氧化钠溶液：40 g/L。

A.3.1.5 铁氰化钾溶液：100 g/L。

A.3.1.6 淀粉指示液：5 g/L。

A.3.1.7 碘化钾淀粉试纸：取滤纸条浸入含有 0.5 g 碘化钾的新制的淀粉指示液 100 mL 中，湿透后，取出干燥，即得。

A.3.2 鉴别方法

A.3.2.1 硫化物的显色鉴别

A.3.2.1.1 方法原理

维生素 B_1（盐酸硫胺）在碱性溶液中，易被铁氰化钾氧化生成硫色素，硫色素易溶于正丁醇中，显强烈的蓝色荧光。

A.3.2.1.2 分析步骤

称取约 5 mg 实验室样品，加 2.5 mL 氢氧化钠溶液溶解后，加 0.5 mL 铁氰化钾溶液与 5 mL 正丁醇，剧烈振摇 2 min，放置使分层，上面的醇层显强烈的蓝色荧光；加酸使成酸性，荧光即消失；再加碱使成碱性，荧光又显出。

A.3.2.2 氯化物的鉴别

称取约 0.5 g 实验室样品，置干燥试管中，加 0.5 g 二氧化锰，混匀，加硫酸湿润缓缓加热，即产生氯气，能使湿润的碘化钾淀粉试纸显蓝色。

A.4 维生素 B_1 的测定

A.4.1 方法原理

维生素 B_1（盐酸硫胺）分子中含有碱性的已成盐的伯胺和季铵基团，在非水溶液中（在乙酸汞存在下）均可与高氯酸作用。根据消耗高氯酸的量计算维生素 B_1 的含量。

A.4.2 试剂和材料

A.4.2.1 冰乙酸。

A.4.2.2 乙酸汞溶液：50 g/L 冰乙酸溶液。

A.4.2.3 高氯酸标准滴定溶液：$c(HClO_4)=0.1$ mol/L。

A.4.2.4 喹哪啶红-亚甲蓝混合指示液：0.3 g 喹哪啶红，0.1 g 亚甲蓝，加甲醇至 100 mL。

A.4.3 分析步骤

取约 150 mg 实验室样品，精确至 0.000 1 g，加 20 mL 冰乙酸，在微热水浴中超声溶解，稍冷，加 5 mL 乙酸汞溶液，2 滴喹哪啶红-亚甲蓝混合指示液，以高氯酸标准滴定溶液滴定至天蓝色，强烈振摇，30 s 不褪色为终点。并将滴定的结果用空白试验校正。

A.4.4 结果计算

维生素 B_1（盐酸硫胺，以 $C_{12}H_{17}ClN_4OS \cdot HCl$ 计）的质量分数 w_1，数值以%表示，按公式（A.1）计算：

$$w_1=\frac{(V-V_0)\times c\times M}{m\times(1-w_2)\times 1\,000}\times 100\% \qquad \cdots\cdots(\text{A.1})$$

式中：

V ——样品消耗高氯酸标准滴定溶液的体积的数值，单位为毫升（mL）；

V_0 ——空白试验消耗高氯酸标准滴定溶液的体积的数值，单位为毫升（mL）；

c ——高氯酸标准滴定溶液的实际浓度的数值，单位为摩尔每升（mol/L）；

m ——实验室样品的质量的数值，单位为克（g）；

w_2 ——A.8 测得的干燥减量的数值，%；

M ——维生素 B_1（$1/2C_{12}H_{17}ClN_4OS \cdot HCl$）的摩尔质量的数值，单位为克每摩尔（g/mol）（$M=168.6$）。

取平行测定结果的算术平均值为测定结果，两次平行测定结果的允许绝对差值在 0.3%以内。

A.5 pH 的测定

称取约 0.50 g 实验室样品，精确至 0.01 g，加 20 mL 水溶解后，用酸度计测定 pH。

A.6 溶液颜色的测定

A.6.1 试剂与材料

重铬酸钾溶液：取 4.90 g 重铬酸钾，加水使溶解成 1 000 mL，摇匀，即得。

A.6.2 分析步骤

称取约 1.0 g 实验室样品，精确至 0.01 g，置于纳氏比色管中，加 10 mL 水溶解后，溶液应无色，如显色，与同体积的对照液（取重铬酸钾溶液 1.5 mL，加水使成 1 000 mL）比较，不得更深。

A.7 硝酸盐的测定

A.7.1 试剂和材料

A.7.1.1 硫酸。

A.7.1.2 硫酸亚铁溶液：80 g/L。

A.7.2 分析步骤

称取约 1.0 g 实验室样品，精确至 0.01 g，加 50 mL 水溶解，取 2 mL 置于试管中，加 2 mL 硫酸，冷却，沿管壁缓慢加入 2 mL 硫酸亚铁溶液，两层交界处不得产生棕色环。

A.8 干燥减量的测定

A.8.1 分析步骤

称取约 1.0 g 实验室样品，精确至 0.000 1 g，置于已在 105 ℃±2 ℃干燥至恒重的扁形称量瓶中，在 105 ℃±2 ℃干燥箱中，干燥至恒重。

A.8.2 结果计算

维生素 B_1（盐酸硫胺）干燥减量以质量分数 w_2 计，数值以%表示，按公式（A.2）计算：

$$w_2 = \frac{m_1 - m_2}{m} \times 100\% \qquad \cdots\cdots\cdots\cdots(A.2)$$

式中：

m_1——干燥前实验室样品和称量瓶的总质量的数值，单位为克(g)；

m_2——干燥后实验室样品和称量瓶的总质量的数值，单位为克(g)；

m ——实验室样品的质量数值，单位为克(g)。

取平行测定结果的算术平均值为测定结果，两次平行测定结果的允许绝对差值在 0.1%以内。

A.9 灼烧残渣的测定

A.9.1 方法原理

样品加硫酸经灼烧后所留的硫酸盐，用重量法测定。

A.9.2 分析步骤

称取约1.0 g实验室样品，精确至0.000 1 g，置于已在750 ℃±50 ℃灼烧至恒重的瓷坩埚中，用小火缓缓加热至完全炭化，放冷后，加0.5 mL硫酸使湿润，低温加热至硫酸蒸气除尽后，移入高温炉中，在750 ℃±50 ℃灼烧至恒重。

A.9.3 结果计算

维生素B_1（盐酸硫胺）的灼烧残渣以质量分数w_3计，数值以%表示，按公式（A.3）计算：

$$w_3=\frac{m_3-m_4}{m}\times 100\% \quad \cdots\cdots\cdots\cdots\cdots(A.3)$$

式中：

m_3——残渣和坩埚的总质量的数值，单位为克(g)；

m_4——坩埚的质量的数值，单位为克(g)；

m——实验室样品的质量的数值，单位为克(g)。

取平行测定结果的算术平均值为测定结果，两次平行测定结果的绝对差值不大于0.02%。

A.10 砷的测定

A.10.1 方法原理

在强酸性溶液中，样品中的砷均可被金属锌还原成砷化氢，砷化氢再与溴化汞试纸作用生成棕黄色化合物。样品与砷标准溶液用同一方法处理所得的棕黄色化合物比较，以此检查样品中砷盐的限度。

A.10.2 分析步骤

称取5.0 g±0.01 g实验室样品，量取10 mL±0.05 mL限量砷标准溶液（每1 mL溶液相当于1 μg砷），分别按GB/T 5009.76—2003第一法中5.2.2干灰化法处理试样后，按第二法砷斑法检测样品。试样的砷斑不得深于标准砷斑。

中华人民共和国国家标准

GB 14752—2010

食品安全国家标准

食品添加剂　维生素 B_2（核黄素）

2010-12-21 发布　　2011-02-21 实施

中华人民共和国卫生部　发布

前　言

本标准代替 GB 14752—1993《食品添加剂　维生素 B_2(核黄素)》。

本标准与 GB 14752—1993 相比,主要变化如下:

——鉴别试验增加了紫外-可见分光光度法和红外分光光度法鉴别,修改了荧光法鉴别;

——砷指标由≤3 mg/kg 修改为≤2 mg/kg。

本标准的附录 A 和附录 B 为规范性附录。

本标准所代替标准的历次版本发布情况为:

——GB 14752—1993。

食品安全国家标准

食品添加剂　维生素 B_2(核黄素)

1 范围

本标准适用于经化学合成法及生物发酵法制得的食品添加剂维生素 B_2(核黄素)。

2 规范性引用文件

本标准中引用的文件对于本标准的应用是必不可少的。凡是注日期的引用文件,仅所注日期的版本适用于本标准。凡是不注日期的引用文件,其最新版本(包括所有的修改单)适用于本标准。

3 化学名称、分子式、结构式和相对分子质量

3.1 化学名称

7,8-二甲基-10-[(2S,3S,4R)-2,3,4,5-四羟基戊基]-3,10-二氢苯并蝶啶-2,4-二酮

3.2 分子式

$C_{17}H_{20}N_4O_6$

3.3 结构式

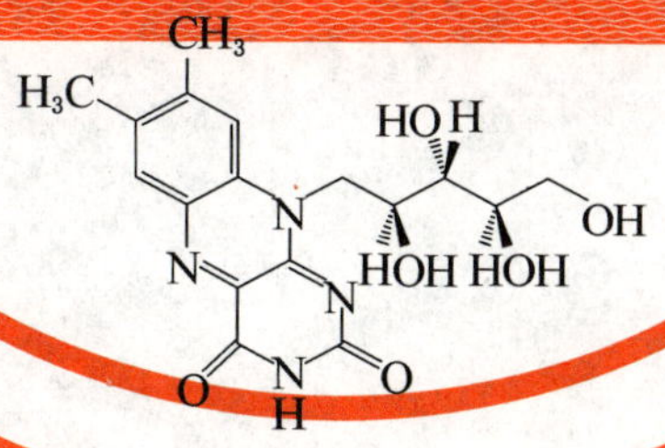

3.4 相对分子质量

376.36(按2007年国际相对原子质量)

4 技术要求

4.1 感官要求:符合表1的规定。

表 1 感官要求

项 目	要 求	检验方法
色泽	橙黄色	取适量样品置于清洁、干燥的白瓷盘中，在自然光线下，观察其色泽和组织状态，嗅其气味
气味	微臭	
组织状态	结晶性粉末	
性状	约在 280 ℃时熔融，同时分解。溶液易变质。在碱性溶液中或遇光变质更快	

4.2 理化指标：应符合表 2 的规定。

表 2 理化指标

项 目	指 标	检验方法
维生素 B_2(核黄素)(以干基计)，w/%	98.0～102.0	附录 A 中 A.4
比旋光度 α_m(20 ℃,D)/[(°)·dm^2·kg^{-1}]	−120～−140	附录 A 中 A.5
感光黄素的吸光度 ≤	0.025	附录 A 中 A.6
干燥减量，w/% ≤	1.5	附录 A 中 A.7
灼烧残渣，w/% ≤	0.3	附录 A 中 A.8
重金属(以 Pb 计)/(mg/kg) ≤	10	附录 A 中 A.9
砷(As)/(mg/kg) ≤	2	附录 A 中 A.10

附 录 A
（规范性附录）
检 验 方 法

A.1 安全提示

本标准试验方法中使用的部分试剂具有毒性或腐蚀性，按相关规定操作，操作时需小心谨慎。若溅到皮肤上应立即用水冲洗，严重者应立即治疗。在使用挥发性酸时，要在通风橱中进行。

A.2 一般规定

本标准所用试剂除非另有说明，在分析中仅使用确认为分析纯的试剂和 GB/T 6682—2008 中规定的三级水。未指明的溶液为水溶液。

试验中所用标准滴定溶液和其他所需溶液，在未注明其他要求时，均按 GB/T 601、GB/T 602、GB/T 603 之规定制备。

A.3 鉴别试验

A.3.1 荧光试验

A.3.1.1 方法原理

维生素 B_2（核黄素）具芳香环和杂环，有长共轭结构的 $\pi \rightarrow \pi^*$ 跃迁，具有荧光性，在酸、碱性条件下及加入各种还原剂均会使维生素 B_2（核黄素）转变为无荧光的物质。

A.3.1.2 试剂和材料

A.3.1.2.1 盐酸溶液：1+2。

A.3.1.2.2 氢氧化钠溶液：40 g/L。

A.3.1.2.3 连二亚硫酸钠。

A.3.1.3 分析步骤

取约 1 mg 实验室样品，加 100 mL 水溶解后，溶液在透射光下显淡黄绿色并有强烈的黄绿色荧光；分成二份：一份中加盐酸溶液或氢氧化钠溶液，荧光即消失；另一份中加连二亚硫酸钠少许，摇匀后，黄色即消褪，荧光亦消失。

A.3.2 紫外-可见吸收光谱鉴别

A.3.2.1 方法原理

维生素 B_2（核黄素）具苯环结构，有多个共轭双键，其紫外-可见吸收光谱中有三个吸收峰（444 nm，375 nm 与 267 nm），用 $A_{444\ \mathrm{nm}}/A_{267\ \mathrm{nm}}$ 及 $A_{375\ \mathrm{nm}}/A_{267\ \mathrm{nm}}$ 的比值来鉴别维生素 B_2（核黄素）。

A.3.2.2 试剂和材料

A.3.2.2.1 冰乙酸。

A.3.2.2.2 乙酸钠溶液:14 g/L。

A.3.2.2.3 实验室样品溶液:避光操作。取约 0.075 g 实验室样品,精确至 0.001 g,置烧杯中,加 1 mL 冰乙酸与 75 mL 水,加热溶解后,加水稀释,冷却至室温,移置 500 mL 棕色容量瓶中,再加水稀释至刻度,摇匀;精密量取 10 mL,置 100 mL 棕色容量瓶中,加 7 mL 乙酸钠溶液,并用水稀释至刻度,摇匀。

A.3.2.3 仪器和设备

A.3.2.3.1 紫外-可见分光光度仪。

A.3.2.3.2 石英池(1 cm)。

A.3.2.4 分析步骤

取实验室样品溶液扫描,在波长 444 nm±1 nm、375 nm±1 nm 与 267 nm±1 nm 处有最大吸收,并测定吸光度(A),计算 $A_{375\ \text{nm}}/A_{267\ \text{nm}}$ 的比值为 0.31～0.33 和 $A_{444\ \text{nm}}/A_{267\ \text{nm}}$ 的比值为 0.36～0.39。

A.3.3 红外光吸收图谱鉴别

A.3.3.1 试剂和材料

溴化钾:光谱纯,干燥品。

A.3.3.2 分析步骤

在红外灯下进行,以防止吸潮。

将实验室样品和溴化钾粉末置入玛瑙乳钵中研匀,装入压片模具制备样片并进行扫描。本品的红外光吸收图谱应与对照的图谱(附录 B)一致。

A.4 维生素 B_2 的测定

A.4.1 方法原理

维生素 B_2(核黄素)具苯环结构,有多个共轭双键,在波长 444 nm 处有最大吸收,将样品溶液于该波长处测定吸光度,以百分吸光系数($E_{1\text{cm}}^{1\%}$)计算即得其质量分数。

A.4.2 试剂和材料

A.4.2.1 冰乙酸。

A.4.2.2 乙酸钠溶液:14 g/L。

A.4.3 仪器和设备

同 A.3.2.3。

A.4.4 分析步骤

取实验室样品溶液(A.3.2.2.3),在波长 444 nm±1 nm 处,以水为空白对照,测定吸光度(A)。

A.4.5 结果计算

维生素 B_2(核黄素)的质量分数 w_1,数值以%表示,按公式(A.1)计算:

$$w_1 = \frac{5\ 000 \times A}{323 \times m \times (1 - w_2) \times 100} \times 100\% \qquad \text{(A.1)}$$

式中：

5 000——实验室样品稀释体积，单位为毫升(mL)；

323 ——维生素 B_2(核黄素)的百分吸光系数($E_{1\,cm}^{1\%}$)；

A ——实验室样品溶液(A.3.2.2.3)的吸光度数值；

m ——实验室样品质量的数值，单位为克(g)；

w_2 ——A.7 测得的干燥减量的数值，%。

两次平行测定结果的绝对差值不大于 1.5%。

A.5 比旋光度的测定

A.5.1 方法原理

维生素 B_2(核黄素)的核糖醇侧链 2,3,4-位有三个不对称碳原子，具有旋光活性，在碱性条件下，呈左旋光性，以此检查样品的比旋度。

A.5.2 试剂和材料

A.5.2.1 二硝基苯肼试液：取 1.5 g 2,4-二硝基苯肼，加 20 mL 硫酸溶液(1+1)，溶解后，加水使成 100 mL，过滤。

A.5.2.2 无醛乙醇：取 2.5 g 乙酸铅，置具塞锥形瓶中，加 5 mL 水溶解后，加 1 000 mL 乙醇，摇匀，缓缓加 25 mL 乙醇制氢氧化钾溶液(1→5)，放置 1 h，强力振摇后，静置 12 h，倾取上清液，蒸馏即得。

检查：取 25 mL 无醛乙醇，置锥形瓶中，加 75 mL 二硝基苯肼试液，置水浴上加热回流 24 h，蒸去乙醇，加 200 mL 硫酸溶液(2→100)，放置 24 h 后，应无结晶析出。

A.5.2.3 盐酸标准滴定溶液：$c(HCl)=0.1$ mol/L。

A.5.2.4 无碳酸盐氢氧化钾溶液：取 20 g 氢氧化钾，加 100 mL 无醛乙醇，放置过夜后，吸取上清液，加无醛乙醇稀释成 0.1 mol/L 的溶液，用 0.1 mol/L 盐酸标准滴定溶液标定后，再精密量取 18 mL，加新沸过的冷水至 100 mL，摇匀。

A.5.2.5 实验室样品溶液：称取约 0.25 g 实验室样品，精确至 0.000 1 g，加无碳酸盐氢氧化钾溶液溶解并定量稀释制成每 1 mL 中约含维生素 B_2(核黄素)5 mg 的溶液，摇匀。

A.5.3 仪器和设备

A.5.3.1 旋光仪。

A.5.3.2 旋光测定管。

A.5.4 分析步骤

取实验室样品溶液，按 GB/T 613 测定。

A.5.5 结果计算

维生素 B_2(核黄素)的比旋光度 α_m(20 ℃,D)按公式(A.2)计算：

$$\alpha_m(20\ ℃,\mathrm{D})=\frac{\alpha}{l\rho_\alpha} \qquad \cdots\cdots(\mathrm{A.2})$$

式中：

α ——测得的旋光角，单位为度(°)；

l ——旋光管的长度，单位为分米(dm)；

ρ_α——溶液中有效组分的质量浓度，单位为克每毫升(g/mL)。

A.6 感光黄素的测定

A.6.1 方法提要

维生素 B_2(核黄素)几乎不溶于三氯甲烷,杂质感光黄素溶于三氯甲烷,在 440 nm 处有紫外吸收,因此用三氯甲烷提取感光黄素,排除维生素 B_2(核黄素)的干扰后,在此波长处测定,作限量检查。但维生素 B_2(核黄素)在乙醇中稍有溶解,为克服测定时的干扰,所以必须使用无醇三氯甲烷。

A.6.2 试剂和材料

A.6.2.1 无水硫酸钠。

A.6.2.2 无醇三氯甲烷:取 500 mL 三氯甲烷,用水洗涤 3 次,每次 50 mL,分取三氯甲烷层,用无水硫酸钠干燥 12 h 以上,用脱脂棉过滤,蒸馏,即得。临用前配制。

A.6.3 仪器和设备

A.6.3.1 紫外-可见分光光度仪。

A.6.3.2 石英池(1 cm)。

A.6.4 分析步骤

A.6.4.1 实验室样品溶液的制备:称取约 0.025 g 实验室样品,精确至 0.000 1 g,加 10 mL 无醇三氯甲烷,振摇 5 min,过滤。

A.6.4.2 测定　取实验室样品溶液,在波长 440 nm 处,以无醇三氯甲烷为空白,测定吸光度(A)。

A.7 干燥减量的测定

A.7.1 仪器和设备

A.7.1.1 扁形称量瓶。

A.7.1.2 恒温干燥箱。

A.7.2 分析步骤

称取约 0.5 g 实验室样品,精确至 0.000 1 g,置于 105 ℃±2 ℃干燥至恒重的扁形称量瓶中,厚度不可超过 5 mm,105 ℃±2 ℃干燥至恒重。

A.7.3 结果计算

维生素 B_2(核黄素)干燥减量的质量分数 w_2,数值以%表示,按公式(A.3)计算:

$$w_2 = \frac{m_1 - m_2}{m} \times 100\% \qquad \text{(A.3)}$$

式中:

m_1——干燥前实验室样品和称量瓶的总质量数值,单位为克(g);

m_2——干燥后实验室样品和称量瓶的总质量数值,单位为克(g);

m ——实验室样品的质量数值,单位为克(g)。

取平行测定结果的算术平均值为测定结果,两次平行测定结果的绝对差值不大于 0.05%。

A.8 灼烧残渣的测定

A.8.1 方法原理

样品加硫酸经灼烧后所留的硫酸盐，用重量法测定。

A.8.2 试剂和材料

硫酸。

A.8.3 仪器和设备

A.8.3.1 瓷坩埚。
A.8.3.2 高温炉。

A.8.4 分析步骤

称取约 1.0 g 实验室样品，精确至 0.000 1 g，置于已在 550 ℃±50 ℃灼烧至恒重的瓷坩埚中，用小火缓缓加热至完全炭化，冷却至室温后，加 1 mL 硫酸使湿润，低温加热至硫酸蒸气除尽后，移入高温炉中，在 550 ℃±50 ℃灼烧至恒重。

A.8.5 结果计算

维生素 B_2(核黄素)灼烧残渣的质量分数 w_3，数值以%表示，按公式(A.4)计算：

$$w_3 = \frac{m_3 - m_4}{m} \times 100\% \qquad \text{(A.4)}$$

式中：

m_3——残渣和坩埚的总质量数值，单位为克(g)；
m_4——坩埚的质量数值，单位为克(g)；
m——实验室样品的质量数值，单位为克(g)。

取平行测定结果的算术平均值为测定结果，两次平行测定结果的绝对差值不大于 0.02%。

A.9 重金属的测定

A.9.1 方法原理

样品中杂质金属在酸性(pH3.5)条件下，与硫化氢或硫化钠试液显色。样品与标准铅溶液同法测定，以此检查其限度。

A.9.2 试剂和材料

A.9.2.1 硝酸。
A.9.2.2 硫酸。
A.9.2.3 盐酸。
A.9.2.4 甘油。
A.9.2.5 乙酸铵。
A.9.2.6 硝酸铅。
A.9.2.7 硫代乙酰胺。

A.9.2.8 氨试液:400→1 000。

A.9.2.9 氢氧化钠溶液:$c(NaOH)=1$ mol/L。

A.9.2.10 盐酸溶液:$c(HCl)=2$ mol/L。

A.9.2.11 盐酸溶液:$c(HCl)=7$ mol/L。

A.9.2.12 氨水溶液:$c(NH_3 \cdot H_2O)=5$ mol/L。

A.9.2.13 酚酞指示液:10 g/L 乙醇溶液。

A.9.2.14 乙酸盐缓冲液(pH3.5):取 25 g 乙酸铵,加水 25 mL 溶解后,加 38 mL 7 mol/L 盐酸溶液,用 2 mol/L 盐酸溶液或氨水溶液准确调节 pH 至 3.5(pH 计),用水稀释至 100 mL,即得。

A.9.2.15 硫代乙酰胺试液:取约 4 g 硫代乙酰胺,精确至 0.01 g,加水使溶解成 100 mL,置冰箱中保存。临用前取 5.0 mL 混合液(由 1 mol/L 15 mL 氢氧化钠溶液、5.0 mL 水及 20 mL 甘油组成),加上述 1.0 mL 硫代乙酰胺溶液,置水浴上加热 20 s,冷却,立即使用。

A.9.2.16 铅标准溶液:称取约 0.160 g 硝酸铅,精确至 0.000 2 g,置于 1 000 mL 容量瓶中,加 5 mL 硝酸与 50 mL 水溶解后,用水稀释至刻度,摇匀,作为贮备液。临用前,移取 10 mL±0.02 mL 贮备液,置于 100 mL 容量瓶中,加水稀释至刻度,摇匀,即得(每 1 mL 相当于 10 μg 的 Pb)。配置与贮存用的玻璃仪器均不得含铅。

A.9.3 分析步骤

按《中华人民共和国药典》2005 年版二部附录Ⅷ H 重金属检查法第二法测定,具体方法如下:

取 A.8 中遗留的残渣,加 0.5 mL 硝酸,蒸干,至氧化氮蒸气除尽后(或取 1.0 g 实验室样品,缓缓灼烧至完全炭化,冷却至室温,加 0.5 mL～1.0 mL 硫酸,使恰湿润,用低温加热至硫酸除尽后,加 0.5 mL 硝酸,蒸干,至氧化氮蒸气除尽后,冷却至室温,在 500 ℃～600 ℃灼烧至完全灰化),冷却至室温,加2 mL 盐酸,置水浴上蒸干后加 15 mL 水,滴加氨试液至对酚酞指示液显中性,再加 2 mL 乙酸盐缓冲液(pH3.5),微热溶解后,移置纳氏比色甲管中,加水稀释成 25 mL;另取配制实验室样品溶液的试剂,置瓷皿中蒸干后,加 2 mL 乙酸盐缓冲液(pH3.5)与 15 mL 水,微热溶解后,移置纳氏比色乙管中,加1 mL±0.01 mL 标准铅溶液,再用水稀释成 25 mL;再在甲乙两管中分别加硫代乙酰胺试液各 2 mL,摇匀,放置 2 min,同置白纸上,自上向下透视,甲管中显示的颜色与乙管比较,不得更深。

A.10 砷盐的测定

称取 5.0 g±0.01 g 实验室样品、量取 10 mL±0.05 mL 限量砷标准溶液(每 1 mL 溶液相当于 1 μg 砷),分别按 GB/T 5009.76—2003 第一法中 5.2.2 干灰化法处理试样后,按第二法砷斑法检测样品。试样的砷斑不得深于标准砷斑。

附　录　B
（规范性附录）
维生素 B_2 红外光吸收图谱

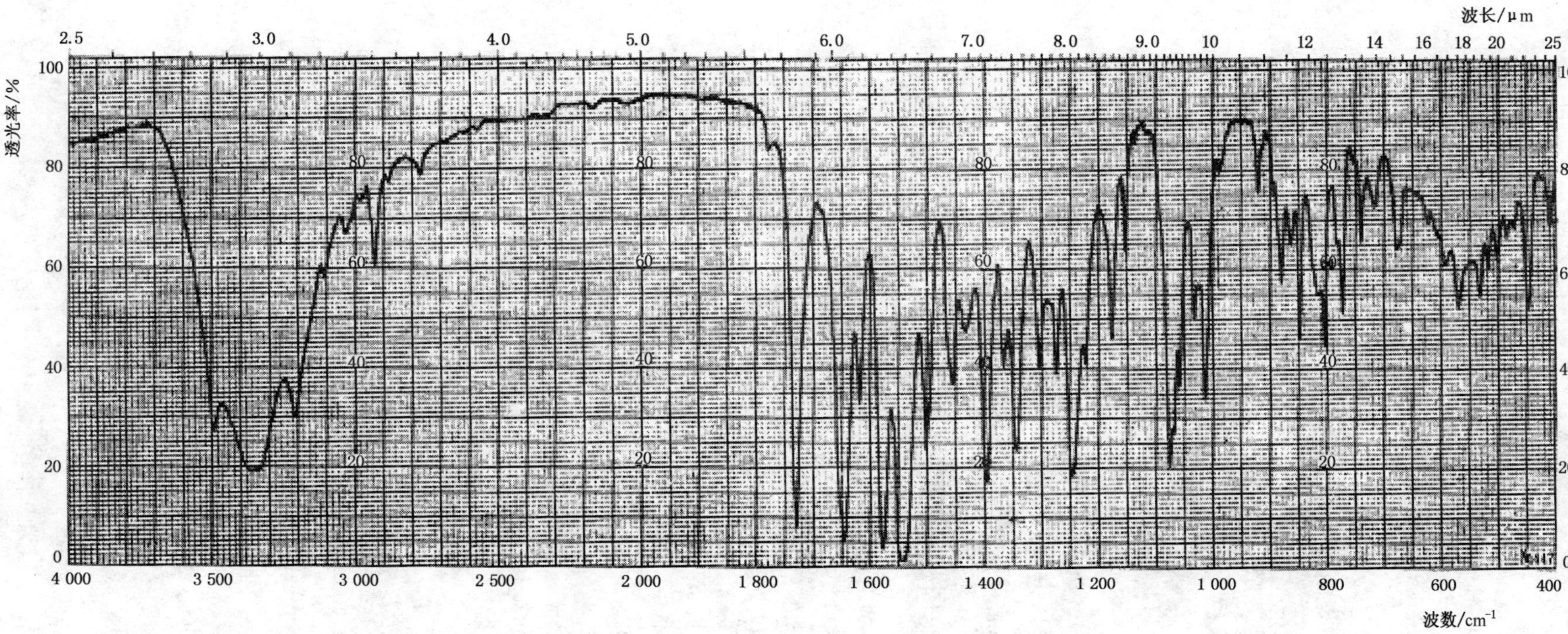

注：引自《药品红外光谱集》447 图第一卷(1995)。中华人民共和国卫生部药典委员会编。

图 B.1　维生素 B_2 红外光吸收图谱

中华人民共和国国家标准

GB 14753—2010

食品安全国家标准

食品添加剂　维生素 B_6（盐酸吡哆醇）

2010-12-21 发布　　2011-02-21 实施

中华人民共和国卫生部　发布

前　言

本标准代替 GB 14753—1993《食品添加剂　维生素 B_6（盐酸吡哆醇）》。

本标准与 GB 14753—1993 相比，主要变化如下：

——增加了红外光谱鉴别；

——维生素 B_6 指标由≥98.0%修改为 98.0%～100.5%；

——修改了重金属含量测定方法，指标由≤0.003%修改为≤10 mg/kg；

——增加了砷指标及测定方法。

本标准的附录 A 和附录 B 为规范性附录。

本标准所代替标准的历次版本发布情况为：

——GB 14753—1993。

食品安全国家标准

食品添加剂　维生素 B_6（盐酸吡哆醇）

1　范围

本标准适用于化学合成法制得的食品添加剂维生素 B_6。

2　规范性引用文件

本标准中引用的文件对于本标准的应用是必不可少的。凡是注日期的引用文件，仅所注日期的版本适用于本标准。凡是不注日期的引用文件，其最新版本（包括所有的修改单）适用于本标准。

3　化学名称、分子式、结构式和相对分子质量

3.1　化学名称

6-甲基-5-羟基-3,4-吡啶二甲醇盐酸盐

3.2　分子式

$C_8H_{11}NO_3 \cdot HCl$

3.3　结构式

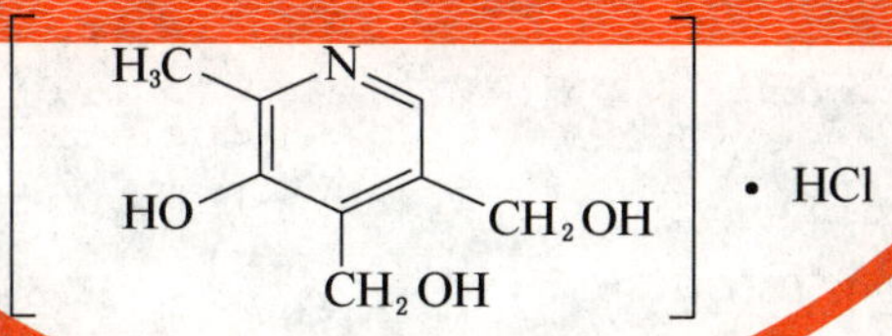

3.4　相对分子质量

205.64（按 2007 年国际相对原子质量）

4　技术要求

4.1　感官要求：符合表 1 的规定。

表 1　感官要求

项　　目	要　　求	检　验　方　法
色泽	白色或类白色	取适量样品置于清洁、干燥的试管中，在自然光线下，观察色泽和组织状态，嗅其气味
气味	无臭	
组织状态	结晶或结晶性粉末	

4.2 理化指标:符合表2的规定。

表2 理化指标

项 目		指 标	检验方法
维生素 B_6($C_8H_{11}NO_3 \cdot HCl$,以干基计),w/%		98.0～100.5	附录A中A.4
干燥减量,w/%	≤	0.5	附录A中A.5
灼烧残渣,w/%	≤	0.1	附录A中A.6
pH(100 g/L 溶液)		2.4～3.0	GB/T 9724
砷(As)/(mg/kg)	≤	2	附录A中A.7
重金属(以 Pb 计)/(mg/kg)	≤	10	附录A中A.8

附 录 A
（规范性附录）
检验方法

A.1 安全提示

本实验方法中使用的部分试剂具有毒害性或腐蚀性，按相关规定操作，使用时应小心谨慎。若溅到皮肤上应立即用水冲洗，严重者应立即治疗。在使用挥发性酸时，要在通风橱中进行。

A.2 一般规定

本标准所用试剂除非另有说明，在分析中仅使用确认为分析纯的试剂和 GB/T 6682—2008 中规定的三级水。

试验方法中所用标准滴定溶液、杂质测定用标准溶液、制剂及制品，在没有注明其他要求时，均按 GB/T 601、GB/T 602、GB/T 603 的规定制备。

A.3 鉴别试验

A.3.1 试剂和材料

A.3.1.1 乙酸钠溶液：200 g/L。

A.3.1.2 硼酸溶液：40 g/L。

A.3.1.3 氯亚胺基-2,6-二氯醌溶液：5 g/L 乙醇溶液。

A.3.1.4 二氧化锰。

A.3.1.5 硫酸。

A.3.1.6 淀粉-碘化钾试纸。

A.3.2 分析步骤

A.3.2.1 显色反应

取约 10 mg 实验室样品，加 100 mL 水溶解后，各取 1 mL，分别置甲、乙两个试管中，各加 2 mL 乙酸钠溶液，甲管中加 1 mL 水，乙管中加 1 mL 硼酸溶液，混匀，各迅速加 1 mL 氯亚胺基-2,6-二氯醌溶液，甲管中显蓝色，几分钟后即消失，并转变为红色；乙管中不显蓝色。

A.3.2.2 红外光吸收谱鉴别

采用溴化钾压片法，实验室样品的红外光谱应与对照的图谱一致(对照图谱见附录 B)。

A.3.2.3 氯化物鉴别

取约 0.5 g 实验室样品，置试管中，加 0.5 g 二氧化锰，混匀，加硫酸湿润，缓缓加热，即发生氯气，能使用水湿润的淀粉-碘化钾试纸显蓝色。

A.4 维生素 B_6 的测定

A.4.1 方法提要

以结晶紫为指示剂，用高氯酸标准溶液滴定样品，根据用高氯酸标准滴定液的用量，计算以 $C_8H_{11}NO_3 \cdot HCl$ 计的维生素 B_6 含量。

A.4.2 试剂和材料

A.4.2.1 冰乙酸。

A.4.2.2 乙酸汞溶液：取 5 g 乙酸汞，研细，加温热的冰乙酸使溶解成 100 mL。

A.4.2.3 结晶紫指示液：5 g/L 冰乙酸。

A.4.2.4 高氯酸标准滴定溶液：$c(HClO_4)=0.1$ mol/L。

A.4.3 分析步骤

称取 0.15 g 实验室样品，精确至 0.000 2 g，加 20 mL 冰乙酸与 5 mL 乙酸汞溶液，温热溶解后，冷却至室温，加 1 滴结晶紫指示液，用高氯酸标准滴定溶液滴定，至溶液显蓝绿色，并将滴定结果用空白试验校正。

A.4.4 结果计算

维生素 B_6（以 $C_8H_{11}NO_3 \cdot HCl$ 计）的质量分数 w_1，数值以%表示，按公式（A.1）计算：

$$w_1=\frac{(V-V_0)\times c\times M}{m\times 1\ 000}\times 100\% \qquad \text{(A.1)}$$

式中：

V ——试验溶液消耗高氯酸标准滴定溶液（A.4.2.4）体积的数值，单位为毫升（mL）；

V_0——空白试验消耗高氯酸标准滴定溶液（A.4.2.4）体积的数值，单位为毫升（mL）；

c ——高氯酸标准滴定溶液浓度的准确数值，单位为摩尔每升（mol/L）；

m——试料质量的数值（以干品计），单位为克（g）；

M——维生素 B_6（$C_8H_{11}NO_3 \cdot HCl$）的摩尔质量的数值，单位为克每摩尔（g/mol）（M=205.64）。

取两次平行测定结果的算术平均值为测定结果，两次平行测定结果的绝对差值不大于 0.5%。

A.5 干燥减量的测定

A.5.1 分析步骤

称取 1.0 g 实验室样品，精确至 0.000 2 g，按 GB/T 6284 方法测定。

A.5.2 结果计算

干燥减量的质量分数 w_2，数值以%表示，按式（A.2）计算：

$$w_2=\frac{m_2-m_1}{m}\times 100\% \qquad \text{(A.2)}$$

式中：

m_2——干燥前样品和称量瓶总质量，单位为克（g）；

m_1——干燥后样品和称量瓶总质量，单位为克（g）；

m ——试样质量，单位为克(g)。

取平行测定结果的算术平均值为测定结果，两次平行测定结果的绝对差值不大于 0.05%。

A.6 灼烧残渣

A.6.1 试剂和材料

硫酸。

A.6.2 分析步骤

称取约 1.0 g 实验室样品，精确至 0.000 2 g，置已炽灼至恒重的坩埚中，缓缓灼烧至完全炭化，冷却至室温；加硫酸 0.5 mL～1 mL 使湿润，低温加热至硫酸蒸汽除尽后，在 750 ℃±50 ℃灼烧使完全灰化，移至干燥器内，冷却至室温，精确称定后，再在 750 ℃±50 ℃炽灼至恒重。

A.6.3 结果计算

灼烧残渣的质量分数 w_3，数值以%表示，按公式(A.3)计算：

$$w_3 = \frac{m_4 - m_3}{m} \times 100\% \qquad \cdots\cdots\cdots\cdots(A.3)$$

式中：

m_4——残渣和坩埚的总质量的数值，单位为克(g)；

m_3——坩埚的质量的数值，单位为克(g)；

m ——试样质量的数值，单位为克(g)。

取平行测定结果的算术平均值为测定结果，两次平行测定结果的绝对差值不大于 0.02%。

A.7 砷的测定

称取 1.0 g±0.01 g 实验室样品，加 10 mL 水溶解作为试样液；量取 2 mL±0.02 mL(含砷2.0 μg)砷(As)标准溶液制备限量标准。其他按 GB/T 5009.76—2003 砷斑法的规定进行。

A.8 重金属的测定

A.8.1 试剂和材料

A.8.1.1 硝酸。

A.8.1.2 甘油。

A.8.1.3 乙酸铵。

A.8.1.4 硝酸铅。

A.8.1.5 硫代乙酰胺。

A.8.1.6 盐酸溶液：$c(HCl)=2\ mol/L$。

A.8.1.7 氨水溶液：$c(NH_3 \cdot H_2O)=5\ mol/L$。

A.8.1.8 氢氧化钠溶液：$c(NaOH)=1\ mol/L$。

A.8.1.9 盐酸溶液：$c(HCl)=7\ mol/L$。

A.8.1.10 乙酸盐缓冲液(pH3.5)：称取约 25 g 乙酸铵，精确至 0.01 g，加 25 mL 水溶解后，加 7 mol/L 盐酸溶液 38 mL，用 2 mol/L 盐酸溶液或 5 mol/L 氨水溶液准确调节 pH 至 3.5(pH 计)，用水稀释至

100 mL。

A.8.1.11 硫代乙酰胺试液：称取约 4 g 硫代乙酰胺，精确至 0.01 g，加水使溶解成 100 mL，置冰箱中保存。临用前取 5.0 mL 混合液（由 1 mol/L 15 mL 氢氧化钠溶液、5.0 mL 水及 20 mL 甘油组成），加上述 1.0 mL 硫代乙酰胺溶液，置水浴上加热 20 s，冷却，立即使用。

A.8.1.12 铅标准溶液：称取约 0.160 g 硝酸铅，精确至 0.000 2 g，置于 1 000 mL 容量瓶中，加 5 mL 硝酸与 50 mL 水溶解后，用水稀释至刻度，摇匀，作为贮备液。临用前，移取 10 mL±0.02 mL 贮备液，置于 100 mL 容量瓶中，加水稀释至刻度，摇匀，即得（每 1 mL 相当于 10 μg 的 Pb）。配置与贮存用的玻璃仪器均不得含铅。

A.8.2 分析步骤

按《中华人民共和国药典》2005 年版 二部 附录Ⅷ H 重金属检查法第一法进行。方法如下：

取 25 mL 纳氏比色管两支，甲管中加入 2 mL±0.2 mL（含铅 20.0 μg）铅（Pb）标准溶液与 2 mL 乙酸盐缓冲液后，加水稀释成 25 mL；另称取 2.0 g 实验室样品，精确至 0.01 g，置于纳氏比色管乙管中，加 20 mL 水溶解后，加氨溶液至遇石蕊试纸显中性反应，加 2 mL 乙酸盐缓冲液（pH3.5），用水稀释成 25 mL，若该溶液带颜色，可在甲管中滴加少量的稀焦糖溶液或其他无干扰的有色溶液，使之与乙管一致；再在甲乙两管中分别加硫代乙酰胺试液各 2 mL，摇匀，放置 2 min，同置白纸上，自上向下透视，乙管中显出的颜色与甲管比较，不得更深。

附　录　B
（规范性附录）
维生素 B_6 红外光谱

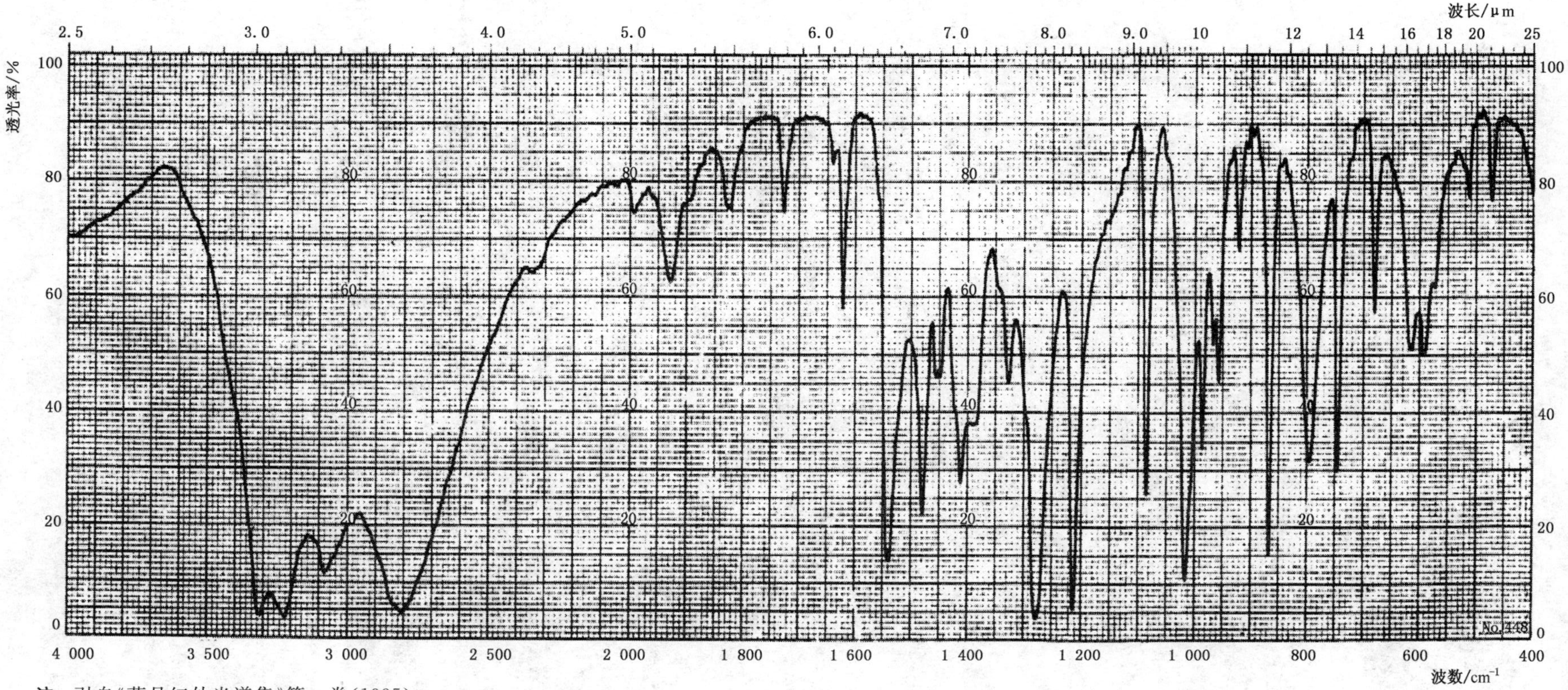

注：引自《药品红外光谱集》第一卷(1995)。

图 B.1　维生素 B_6 红外光谱

中华人民共和国国家标准

GB 14754—2010

食品安全国家标准
食品添加剂 维生素C(抗坏血酸)

2010-12-21 发布 2011-02-21 实施

中华人民共和国卫生部 发布

前　言

本标准代替 GB 14754—1993《食品添加剂　维生素 C(抗坏血酸)》。

本标准与 GB 14754—1993 相比,主要变化如下:

——取消了亚甲蓝溶液鉴别试验;

——增加了红外光谱鉴别;

——维生素 C 含量测定中碘标准滴定溶液的浓度由 0.1 mol/L 修改为 0.05 mol/L;

——增加了铅指标及试验方法;

——增加了铁指标及试验方法;

——增加了铜指标及试验方法。

本标准的附录 A 和附录 B 为规范性附录。

本标准所代替标准的历次版本发布情况为:

——GB 14754—1993。

食品安全国家标准

食品添加剂　维生素 C(抗坏血酸)

1　范围

本标准适用于以 *D*-葡萄糖或山梨醇为起始原料经发酵后化学合成制得的食用添加剂维生素 C。

2　规范性引用文件

本标准中引用的文件对于本标准的应用是必不可少的。凡是注日期的引用文件，仅所注日期的版本适用于本标准。凡是不注日期的引用文件，其最新版本(包括所有的修改单)适用于本标准。

3　化学名称、分子式、结构式和相对分子质量

3.1　化学名称

L-2,3,5,6-四羟基-2-己烯酸-γ-内酯

3.2　分子式

$C_6H_8O_6$

3.3　结构式

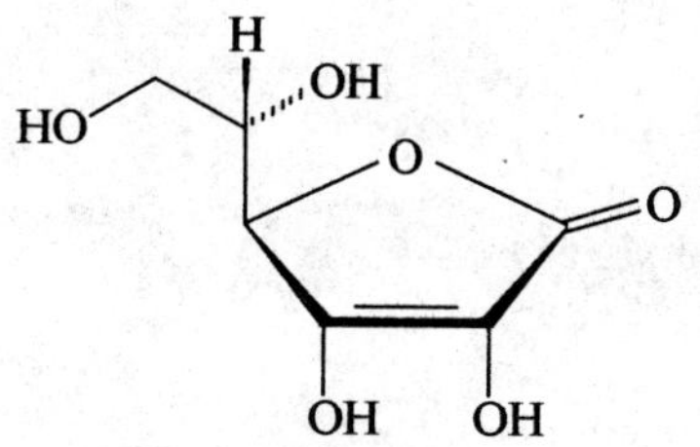

3.4　相对分子质量

176.12(按 2007 年国际相对原子质量)

4　技术要求

4.1　感官要求：应符合表 1 的规定。

表 1 感官要求

项　目	要　　求	检验方法
色泽	白色或微黄色	取适量试样置于 50 mL 烧杯中，在自然光下观察色泽和组织状态，嗅其气味
气味	无臭	
组织状态	结晶或结晶性粉末	

4.2　理化指标：应符合表 2 的规定。

表 2 理化指标

项　　目	指　　标	检验方法
维生素 C($C_6H_8O_6$)，w/% ≥	99.0	附录 A 中 A.4
比旋光度 α_m(20 ℃，D)/[(°)·dm^2·kg^{-1}]	+20.5～+21.5	附录 A 中 A.5
灼烧残渣，w/% ≤	0.1	附录 A 中 A.6
砷(As)/(mg/kg) ≤	3	附录 A 中 A.7
重金属(以 Pb 计)/(mg/kg) ≤	10	附录 A 中 A.8
铅(Pb)/(mg/kg) ≤	2	GB 5009.12
铁(Fe)/(mg/kg) ≤	2	GB/T 15337
铜(Cu)/(mg/kg) ≤	5	GB/T 15337

附　录　A
（规范性附录）
检验方法

A.1　安全提示

本标准试验方法中使用的部分试剂具有毒性或腐蚀性，按相关规定操作，操作时需小心谨慎。若溅到皮肤上应立即用水冲洗，严重者应立即治疗。在使用挥发性酸时，要在通风橱中进行。

A.2　一般规定

本标准所用试剂除非另有说明，在分析中仅使用确认为分析纯的试剂和 GB/T 6682—2008 中规定的三级水。

试验方法中所需标准滴定溶液、杂质标准溶液、制剂及制品，在没有注明其他要求时，均按 GB/T 601、GB/T 602、GB/T 603 之规定制备。

A.3　鉴别

A.3.1　试剂和材料

A.3.1.1　活性炭。

A.3.1.2　吡咯。

A.3.1.3　硝酸银溶液：17.5 g/L。

A.3.1.4　三氯乙酸溶液：50 g/L。

A.3.2　鉴别试验

A.3.2.1　硝酸银反应试验

A.3.2.1.1　方法原理

维生素 C 分子中有二烯醇基，具强还原性，可被硝酸银氧化为去氢抗坏血酸，同时产生黑色银沉淀。

A.3.2.1.2　分析步骤

称取约 0.1 g 实验室样品，精确至 0.01 g，溶于 5 mL 水中，加 0.5 mL 硝酸银溶液，即生成银的黑色沉淀。

A.3.2.2　糖类性质反应试验

A.3.2.2.1　方法原理

维生素 C 具有糖类性质的反应，可在三氯乙酸或盐酸存在下水解、脱羧、生成戊糖，再失水，转变为糖醛，加入吡咯，加热至 50 ℃即发生蓝色。

A.3.2.2.2 分析步骤

称取约 0.015 g 实验室样品,溶于 15 mL 三氯乙酸溶液中,加 200 mg 活性炭,猛烈振摇 1 min,反复过滤至澄清,在 5 mL 滤液中加 1 mL 吡咯,振摇使溶解后,加热至 50 ℃即发生蓝色。

A.3.2.2.3 红外光吸收谱鉴别

采用溴化钾压片法,按照 GB/T 6040 进行试验,实验室样品的红外光谱应与对照的图谱一致(对照图谱见附录 B)。

A.4 维生素 C 的测定

A.4.1 方法提要

维生素 C 具有较强的还原性,可被碘定量氧化。以淀粉为指示剂,用碘标准滴定液滴定样品水溶液,根据碘标准滴定液的用量,计算以 $C_6H_8O_6$ 计的维生素 C 含量。

A.4.2 试剂和材料

A.4.2.1 硫酸溶液:57→1 000。

A.4.2.2 碘标准滴定溶液:$c(I_2)=0.05$ mol/L。

A.4.2.3 淀粉指示液:10 g/L。

A.4.3 分析步骤

称取约 0.2 g 实验室样品,精确至 0.000 2 g,置于 250 mL 碘容量瓶中,加 20 mL 无二氧化碳的水及 25 mL 硫酸溶液使溶解,立即用碘标准滴定溶液滴定,近终点时,加 1 mL 淀粉指示液,滴至溶液显蓝色,保持 30 s 不褪色为终点。

同时做空白试验,除不加试样外,其他步骤与样品测定相同。

A.4.4 结果计算

维生素 C(以 $C_6H_8O_6$ 计)的质量分数 w_1,数值以%表示,按公式(A.1)计算:

$$w_1=\frac{(V-V_0)\times c\times M}{m\times 1\,000}\times 100\% \qquad \text{(A.1)}$$

式中:

V ——实验室样品消耗碘标准滴定溶液的体积的数值,单位为毫升(mL);

V_0 ——空白试验消耗碘标准滴定溶液的体积的数值,单位为毫升(mL);

c ——碘标准滴定溶液浓度的准确数值,单位为摩尔每升(mol/L);

M ——维生素 C 摩尔质量的数值,单位为克每摩尔(g/mol)(M=176.12);

m ——实验室样品质量的数值,单位为克(g)。

取平行测定结果的算术平均值为测定结果,两次平行测定结果的绝对差值不大于 0.3%。

A.5 比旋光度的测定

A.5.1 分析步骤

称取约 5 g 实验室样品,精确至 0.000 2 g,置于 50 mL 容量瓶中,加水溶解并稀释至刻度,摇匀。

其他按 GB/T 613—2007 规定的方法进行。

A.5.2 结果计算

比旋光度 α_m(20 ℃,D)按公式(A.2)计算：

$$\alpha_m(20\ ℃,\mathrm{D})=\frac{\alpha}{l\rho_\alpha} \qquad \cdots\cdots(\mathrm{A.2})$$

式中：

α ——测得的旋光角,单位为度(°)；

l ——旋光管的长度,单位为分米(dm)；

ρ_α ——溶液中有效组分的质量浓度,单位为克每毫升(g/mL)。

A.6 灼烧残渣的测定

A.6.1 试剂和材料

硫酸。

A.6.2 分析步骤

称取约 1 g 实验室样品,精确至 0.000 2 g,置于已在 700 ℃～800 ℃灼烧至恒重的坩埚中,先用小火缓缓加热至完全炭化,冷却至室温后,加硫酸 0.5 mL～1 mL 使其湿润,低温加热至硫酸蒸气除尽后移入高温炉中,在 700 ℃～800 ℃中灼烧至恒重。

A.6.3 结果计算

灼烧残渣的质量分数 w_2,数值以%表示,按公式(A.3)计算：

$$w_2=\frac{m_1-m_2}{m}\times 100\% \qquad \cdots\cdots(\mathrm{A.3})$$

式中：

m_1——残渣和空坩埚质量的数值,单位为克(g)；

m_2——空坩埚质量的数值,单位为克(g)；

m ——实验室样品质量的数值,单位为克(g)。

取平行测定结果的算术平均值为测定结果,两次平行测定结果的绝对差值不大于 0.02%。

A.7 砷的测定

称取 1.0 g±0.01 g 实验室样品,加 10 mL 水溶解作为试样液;量取 3 mL±0.025 mL(含砷 3.0 μg)砷(As)标准溶液制备限量标准。其他按 GB/T 5009.76—2003 砷斑法的规定进行。

A.8 重金属的测定

A.8.1 试剂和材料

A.8.1.1 硝酸。

A.8.1.2 甘油。

A.8.1.3 乙酸铵。

A.8.1.4 硝酸铅。

A.8.1.5 硫代乙酰胺。

A.8.1.6 盐酸溶液：$c(HCl)=2$ mol/L。

A.8.1.7 氨水溶液：$c(NH_3 \cdot H_2O)=5$ mol/L。

A.8.1.8 氢氧化钠溶液：$c(NaOH)=1$ mol/L。

A.8.1.9 盐酸溶液：$c(HCl)=7$ mol/L。

A.8.1.10 乙酸盐缓冲液(pH3.5)：称取25 g乙酸铵，精确至0.01 g，加25 mL水溶解后，加38 mL 7 mol/L盐酸溶液，用2 mol/L盐酸溶液或5 mol/L氨水溶液准确调节pH至3.5(pH计)，用水稀释至100 mL。

A.8.1.11 铅标准溶液：称取0.160 g硝酸铅，精确至0.000 2 g，置于1 000 mL容量瓶中，加5 mL硝酸与50 mL水溶解后，用水稀释至刻度，摇匀，作为贮备液。临用前，移取10 mL±0.02 mL贮备液，置于100 mL容量瓶中，加水稀释至刻度，摇匀，即得(每1 mL相当于10 μg的Pb)。配置与贮存用的玻璃仪器均不得含铅。

A.8.1.12 硫代乙酰胺试液：称取4 g硫代乙酰胺，精确至0.01 g，加水使溶解成100 mL，置冰箱中保存。临用前取5.0 mL混合液(由1 mol/L 15 mL氢氧化钠溶液、5.0 mL水及20 mL甘油组成)，加上述1.0 mL硫代乙酰胺溶液，置水浴上加热20 s，冷却，立即使用。

A.8.2 分析步骤

按《中华人民共和国药典》2005年版二部附录Ⅷ H 重金属检查法第一法进行。具体方法如下：

取25 mL纳氏比色管两支，甲管中加入1 mL±0.01 mL(含铅10.0 μg)铅(Pb)标准溶液与2 mL乙酸盐缓冲液后，加水稀释成25 mL；另称取1 g±0.01 g实验室样品，置于纳氏比色管乙管中，加15 mL水溶解，加2 mL乙酸盐缓冲液(pH3.5)，用水稀释成25 mL，若该溶液带颜色，可在甲管中滴加少量的稀焦糖溶液或其他无干扰的有色溶液，使之与乙管一致；再在甲乙两管中分别加硫代乙酰胺试液各2 mL，摇匀，放置2 min，同置白纸上，自上向下透视，乙管中显出的颜色与甲管比较，不得更深。

附　录　B

（规范性附录）

维生素 C 红外光谱

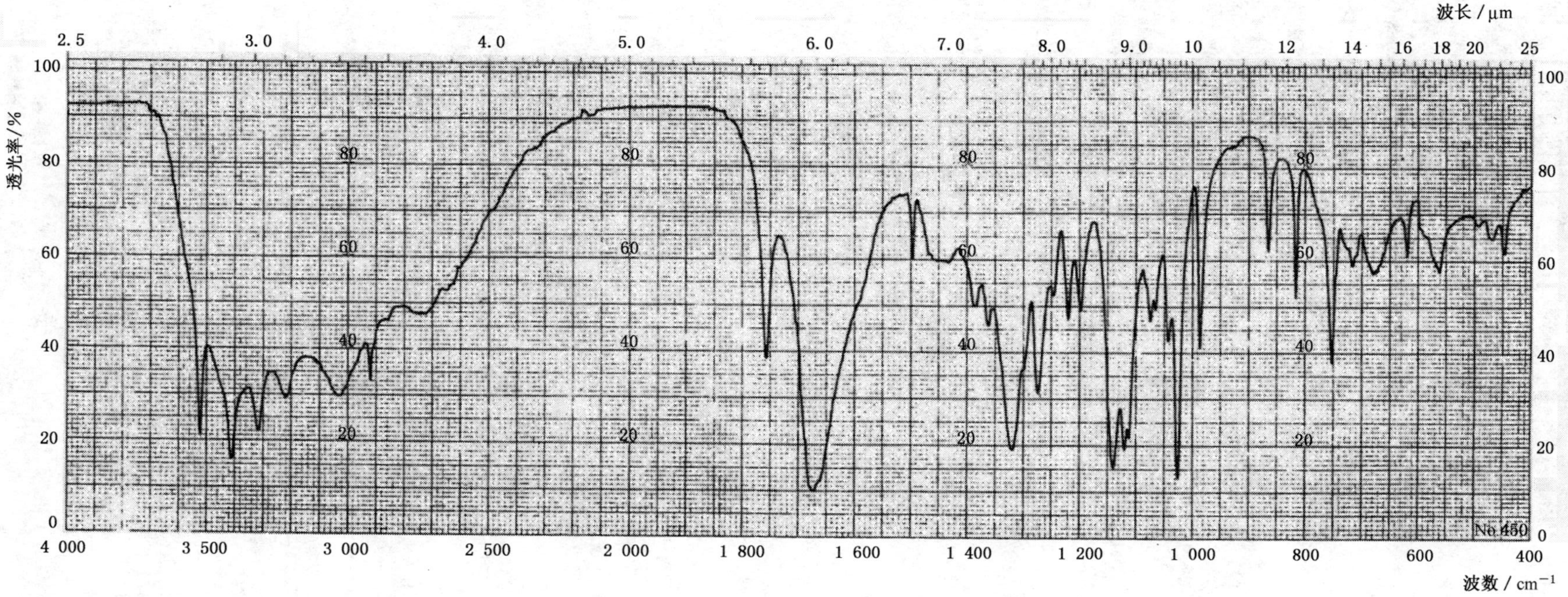

注：引自《药品红外光谱集》第一卷(1995)。

图 B.1　维生素 C 红外光谱图

中华人民共和国国家标准

GB 14755—2010

食品安全国家标准

食品添加剂 维生素 D_2（麦角钙化醇）

2010-12-21 发布 2011-02-21 实施

中华人民共和国卫生部 发布

前　言

本标准代替 GB 14755—1993《食品添加剂　维生素 D_2（麦角钙化醇）》。

本标准与 GB 14755—1993 相比，主要变化如下：

——增加了红外光谱鉴别；

——维生素 D_2 的测定系统适用性试验所用样品由维生素 D_2 改为维生素 D_3，高效液相色谱含量测定方法由内标法改为外标法；

——洋地黄皂苷试验检查麦角甾醇修改为薄层色谱法；

——增加了还原性物质指标和试验方法；

——增加了重金属指标和试验方法；

——增加了砷指标和试验方法。

本标准的附录 A 和附录 B 为规范性附录，附录 C 为资料性附录。

本标准所代替标准的历次版本发布情况为：

——GB 14755—1993。

食品安全国家标准

食品添加剂　维生素 D_2（麦角钙化醇）

1　范围

本标准适用于以麦角甾醇为原料制得的食品添加剂维生素 D_2。

2　规范性引用文件

本标准中引用的文件对于本标准的应用是必不可少的。凡是注日期的引用文件，仅所注日期的版本适用于本标准。凡是不注日期的引用文件，其最新版本（包括所有的修改单）适用于本标准。

3　化学名称、分子式、结构式和相对分子质量

3.1　化学名称

9,10-开环麦角甾-5,7,10(19),22-四烯-3β-醇

3.2　分子式

$C_{28}H_{44}O$

3.3　结构式

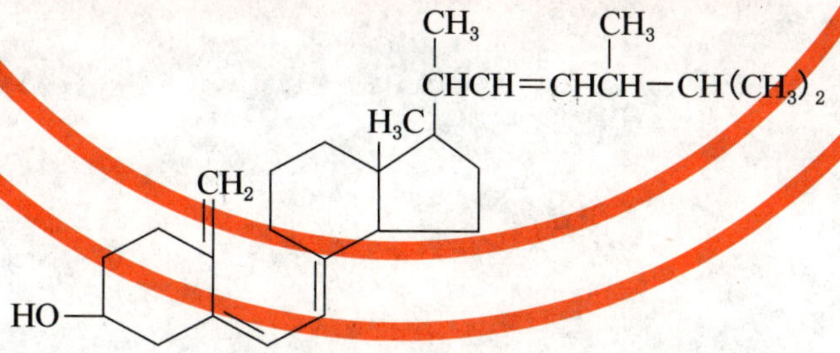

3.4　相对分子质量

396.66（按 2007 年国际相对原子质量）

4　技术要求

4.1　感官要求：应符合表 1 的规定。

表 1 感官要求

项目	要求	检验方法
色泽	无色或白色	取适量样品置于清洁、干燥的试管中，在自然光线下，观察色泽和组织状态，嗅其气味
气味	无臭	
组织状态	针状结晶或结晶性粉末	

4.2 理化指标：应符合表 2 的规定。

表 2 理化指标

项目		指标	检验方法
维生素 D_2($C_{28}H_{44}O$)，w/%		98.0～103.0	附录 A 中 A.4
麦角甾醇，w/%	≤	0.2	附录 A 中 A.5
比旋光度 α_m(20 ℃，D)/[(°)·dm^2·kg^{-1}]		+102.0～+107.0	附录 A 中 A.6
质量吸收系数 α(265 nm)/[L/(cm·g)]		46～49	附录 A 中 A.7
还原性物质(四唑蓝显色试验)，w/%	≤	0.002	附录 A 中 A.8
砷(As)/(mg/kg)	≤	2	附录 A 中 A.9
重金属(以 Pb 计)/(mg/kg)	≤	20	附录 A 中 A.10

附 录 A
（规范性附录）
检 验 方 法

A.1 安全提示

本标准试验方法中使用的部分试剂具有毒性或腐蚀性，按相关规定操作，使用时需小心谨慎。若溅到皮肤上应立即用水冲洗，严重者应立即治疗。在使用挥发性酸时，要在通风橱中进行。

A.2 一般规定

本标准所用试剂除非另有说明，在分析中仅使用确认为分析纯的试剂和 GB/T 6682—2008 中规定的三级水。

试验方法中所用杂质测定用标准溶液、制剂及制品，在没有注明其他要求时，均按 GB/T 602、GB/T 603 之规定制备。

A.3 鉴别试验

A.3.1 醋酐浓硫酸呈色试验

A.3.1.1 试剂和材料

A.3.1.1.1 三氯甲烷。

A.3.1.1.2 乙酸酐。

A.3.1.1.3 硫酸。

A.3.1.2 分析步骤

取约 0.5 mg 实验室样品，加 5 mL 三氯甲烷溶解后，加 0.3 mL 醋酐与 0.1 mL 硫酸，振摇，初显黄色，渐变红色，迅即变为紫色，最后变为绿色。

A.3.2 红外光谱试验

采用溴化钾压片法，按照 GB/T 6040 进行试验，实验室样品的红外光谱应与对照的图谱一致（对照图谱见附录 B）。

A.4 维生素 D_2 的测定

A.4.1 方法提要

用高效液相色谱法，在选定的工作条件下，通过色谱柱使样品分离，用紫外吸收检测器检测，用外标法定量，计算样品中维生素 D_2 的含量。

A.4.2 试剂和材料

A.4.2.1 正戊醇：色谱纯。

A.4.2.2 正己烷：色谱纯。

A.4.2.3 异辛烷：色谱纯。

A.4.2.4 维生素 D_2 对照品。

A.4.2.5 维生素 D_3 对照品。

A.4.3 仪器和设备

高效液相色谱仪(HPLC)。

A.4.4 色谱分析条件

推荐的色谱柱及典型色谱操作条件见表 A.1，维生素 D_3 系统适用性试验高效液相色谱图参见图 C.1，各组分的相对保留时间参见表 C.1。其他能达到同等分离程度的色谱柱和色谱条件均可使用。

表 A.1 色谱柱和典型色谱操作条件

色谱柱	柱长 250 mm，柱内径 4.6 mm，硅胶色谱柱
流动相	正己烷-正戊醇(1 000+3)
流速	2 mL/min
检测器检测波长	254 nm

A.4.5 分析步骤

A.4.5.1 维生素 D_3 对照品系统适应性试验贮备液的制备

称取约 25 mg 维生素 D_3 对照品，精确至 0.000 1 g，置 100 mL 棕色容量瓶中，加 80 mL 异辛烷，用超声处理助溶 1 min，避免加热，使完全溶解，再加异辛烷至刻度，摇匀充氮密塞，避光，0 ℃以下保存。

A.4.5.2 实验室样品溶液的制备

称取约 25 mg 实验室样品，精确至 0.000 1 g，置 100 mL 棕色容量瓶中，加 80 mL 异辛烷，用超声处理助溶 1 min，避免加热，使完全溶解，再加异辛烷至刻度，摇匀。量取 5 mL±0.05 mL 上述溶液，置 10 mL 棕色容量瓶中，加正己烷至刻度，摇匀。

A.4.5.3 维生素 D_2 对照品溶液的制备

称取约 25 mg 维生素 D_2 对照品，精确至 0.000 1 g，置 100 mL 棕色容量瓶中，加 80 mL 异辛烷，用超声处理助溶 1 min，避免加热，使完全溶解，再加异辛烷至刻度，量取上述溶液 5 mL±0.05 mL，置 10 mL 棕色容量瓶中，加正己烷至刻度，摇匀。

A.4.5.4 系统适用性试验

以硅胶为填充剂的色谱柱，正己烷-正戊醇(1 000+3)为流动相，检测波长 254 nm，流速约为 2 mL/min。量取维生素 D_3 对照品贮备溶液 5 mL，置具塞玻璃容器中，充氮后密塞，置 90 ℃水浴加热 1 h，取出迅速冷却，加正己烷 5 mL±0.05 mL，摇匀，置 1 cm 具塞石英吸收池中，在 2 支主波长分别为 254 nm 和 365 nm 的紫外光灯下，将石英吸收池斜放成 45°，并距灯管 5 cm～6 cm，照射 5 min，使溶液中含有前维生素 D_3、反式维生素 D_3、维生素 D_3 和速甾醇 D_3。取此溶液注入液相色谱仪，测定维生素 D_3 的峰值，先后进样 5 次，相对标准偏差应不大于 2.0%，前维生素 D_3(与维生素 D_3 的比保留时间为 0.5)与反式维生素 D_3(与维生素 D_3 的比保留时间约为 0.6)以及维生素 D_3 与速甾醇 D_3(与维生素 D_3 的比保留时间约为1.1)的峰分离度均应大于1.0。

A.4.5.5 测定

取20 μL实验室样品溶液注入液相色谱仪，记录色谱图，另取维生素D_2对照品溶液，同法测定。按外标法以峰面积计算出供试品中维生素D_2的含量。

A.4.6 结果计算

根据色谱图计算维生素D_2的质量分数w_1，数值以%表示，按公式(A.1)计算：

$$w_1 = \frac{m_1 \times A_2}{A_1 \times m_2} \times 100\% \qquad \cdots\cdots(A.1)$$

式中：

m_1——对照品溶液中维生素D_2的进样量的数值，单位为微克(μg)；

A_2——实验室样品溶液中维生素D_2的峰面积的数值；

A_1——对照品溶液中维生素D_2的峰面积的数值；

m_2——实验室样品溶液中维生素D_2的进样量的数值，单位为微克(μg)。

取两次平行测定结果的算术平均值为测定结果，两次平行测定的允许绝对差不大于1.5%。

A.5 麦角甾醇的测定

A.5.1 方法提要

将维生素D_2溶液点样于薄层板上，经展开，显色后，所得的色谱图与对照品溶液按同法所得的色谱图作对比，对维生素D_2进行杂质检查。

A.5.2 试剂和材料

A.5.2.1 角鲨烷氯仿溶液：10 g/L。

A.5.2.2 展开剂：环己烷-乙醚(1+1)。

A.5.2.3 维生素D_2对照品。

A.5.2.4 麦角甾醇对照品。

A.5.3 分析步骤

A.5.3.1 对照品溶液的配制

称取约50 mg维生素D_2对照品，精确至0.000 2 g，用1 mL角鲨烷氯仿溶液溶解，得对照品溶液。

A.5.3.2 实验室样品溶液的配制

称取约50 mg维生素D_2实验室样品，精确至0.000 2 g，用1 mL角鲨烷氯仿溶液溶解，得实验室样品溶液。

A.5.3.3 麦角甾醇对照溶液的配制

称取约5 mg麦角甾醇对照品，精确至0.1 mg，置于50 mL容量瓶中，加角鲨烷氯仿溶液40 mL溶解并稀释至刻度，摇匀。

A.5.3.4 显色剂的配制

取1.0 g三氯化锑，加20 mL乙酰氯溶解。

A.5.3.5 测定

分别取 10 μL 对照品溶液、实验室样品溶液及麦角甾醇对照溶液，分别点于以羧甲基纤维素钠为粘合剂的硅胶 G 薄层板上，用展开剂暗处展开，晾干，用显色剂显色。实验室样品溶液与对照品溶液的主斑点 R_f 值及颜色应一致，实验室样品溶液的杂质斑点不得深于麦角甾醇对照溶液相应的斑点。

A.6 比旋光度的测定

A.6.1 试剂和材料

无水乙醇。

A.6.2 仪器和设备

旋光仪。

A.6.3 分析步骤

取实验室样品适量，精确至 0.000 2 g，加无水乙醇制成 1 mL 中约含 40 mg 的溶液，其他按 GB/T 613—2007 规定的方法进行。

注：在溶液配制后 30 min 内测定。

A.6.4 结果计算

比旋光度 a_m(20 ℃,D)按公式(A.2)计算：

$$a_m = (20\ ℃,\mathrm{D}) = \frac{\alpha}{l \times \rho_\alpha} \quad \cdots\cdots\cdots\cdots (\text{A.2})$$

式中：

α ——测得的旋光角，单位为度(°)；

l ——旋光管的长度，单位为分米(dm)；

ρ_α——溶液中有效组分的质量浓度，单位为克每毫升(g/mL)。

A.7 质量吸收系数的测定

A.7.1 试剂和材料

无水乙醇。

A.7.2 仪器和设备

紫外分光光度仪。

A.7.3 分析步骤

称取实验室样品适量，精确至 0.000 2 g，加乙醇制成每 1 mL 中约含 10 μg 样品的溶液，按照 GB/T 9721 在 265 nm±1 nm 的波长处测定吸光度 A，求其质量吸收系数。

A.7.4 结果计算

根据吸光度 A 计算维生素 D_2 的质量吸收系数 α，数值以(°)·dm^2·kg^{-1}表示，按公式(A.3)计算：

$$\alpha = \frac{A}{b \times \rho_{\alpha}} \quad \cdots\cdots\cdots\cdots\cdots\cdots\cdots\cdots\cdots\cdots (A.3)$$

式中：

A ——样品溶液的吸光度的数值；

b ——光路长度(即吸收池厚度)的数值，单位为厘米(cm)；

ρ_{α} ——实验室样品溶液的质量浓度的数值，单位为克每升(g/L)。

A.8 还原性物质的测定

A.8.1 方法原理

还原性物质在强碱性溶液中能将四唑蓝还原为有色甲月替(formazan)，与对甲二酚无水乙醇还原物质的标准溶液颜色比较做限量检查。

A.8.2 试剂和材料

A.8.2.1 无水乙醇。

A.8.2.2 甲醇。

A.8.2.3 冰乙酸。

A.8.2.4 四唑蓝甲醇溶液：50 mg/mL。

A.8.2.5 羟化四甲铵溶液：羟化四甲铵水溶液(100 g/L)-无水乙醇(1+9)。

A.8.2.6 对甲二酚无水乙醇溶液：0.2 μg/mL。

A.8.3 分析步骤

A.8.3.1 实验室样品溶液的制备

称取约 0.1 g 实验室样品，精确至 0.001 g，溶解于无水乙醇中，稀释至 10 mL，加入 0.5 mL 四唑蓝甲醇溶液和 0.5 mL 羟化四甲铵溶液，静置 5 min，加入 1.0 mL 冰乙酸，摇匀。

A.8.3.2 对照溶液的制备

量取 10 mL±0.05 mL 0.2 μg/mL 对甲二酚无水乙醇溶液，加入 0.5 mL 四唑蓝甲醇溶液和 0.5 mL 羟化四甲铵溶液，静置 5 min，加入 1.0 mL 冰乙酸，摇匀。

A.8.3.3 空白溶液的制备

取 10 mL 无水乙醇，加入 0.5 mL 四唑蓝甲醇溶液和 0.5 mL 羟化四甲铵溶液，静置 5 min，加入 1.0 mL 冰乙酸，摇匀。

A.8.3.4 测定

在 525 nm 波长处，用空白溶液调零，分别测定实验室样品溶液与对照溶液的吸光度，实验室样品溶液的吸光度不得大于对照溶液。

A.9 砷的测定

取 5 g±0.01 g 实验室样品，用干灰化法处理样品。取相同量的氧化镁、硝酸镁与试样同法处理，做试剂空白试验。量取 10 mL±0.05 mL 砷标准溶液(含砷 2.0 μg),同法处理,制备砷限量标准。按 GB/T 5009.76—2003 砷斑法的规定进行。

A.10 重金属的测定

A.10.1 试剂和材料

A.10.1.1 硝酸。
A.10.1.2 硫酸。
A.10.1.3 盐酸。
A.10.1.4 甘油。
A.10.1.5 乙酸铵。
A.10.1.6 硝酸铅。
A.10.1.7 硫代乙酰胺。
A.10.1.8 氨试液:400→1 000。
A.10.1.9 氢氧化钠溶液:$c(NaOH)=1$ mol/L。
A.10.1.10 盐酸溶液:$c(HCl)=2$ mol/L。
A.10.1.11 盐酸溶液:$c(HCl)=7$ mol/L。
A.10.1.12 氨水溶液:$c(NH_3 \cdot H_2O)=5$ mol/L。
A.10.1.13 酚酞指示液:10 g/L 乙醇溶液。
A.10.1.14 乙酸盐缓冲液(pH3.5):取 25 g 乙酸铵,加水 25 mL 溶解后,加 7 mol/L 盐酸溶液 38 mL,用 2 mol/L 盐酸溶液或氨水溶液准确调节 pH 至 3.5(pH 计),用水稀释至 100 mL。
A.10.1.15 硫代乙酰胺试液:取 4 g 硫代乙酰胺,精确至 0.01 g,加水使溶解成 100 mL,置冰箱中保存。临用前取 5.0 mL 混合液(由 1 mol/L 15 mL 氢氧化钠溶液、5.0 mL 水及 20 mL 甘油组成),加上述 1.0 mL 硫代乙酰胺溶液,置水浴上加热 20 s,冷却,立即使用。
A.10.1.16 铅标准溶液:称取 0.160 g 硝酸铅,精确至 0.000 2 g,置于 1 000 mL 容量瓶中,加 5 mL 硝酸与 50 mL 水溶解后,用水稀释至刻度,摇匀,作为贮备液。临用前,移取 10 mL±0.02 mL 贮备液,置于 100 mL 容量瓶中,加水稀释至刻度,摇匀,即得(每 1 mL 相当于 10 μg 的 Pb)。配置与贮存用的玻璃仪器均不得含铅。

A.10.2 分析步骤

按《中华人民共和国药典》2005 年版二部附录Ⅷ H 重金属检查法第二法,具体方法如下:

取 1 g±0.01 g 实验室样品,缓缓灼烧至完全炭化,放冷,加 0.5 mL～1.0 mL 硫酸,使恰湿润,用低温加热制硫酸除尽后,加 0.5 mL 硝酸,蒸干,至氧化氮蒸气除尽后,放冷,在 500 ℃±50 ℃炽灼至完全灰化,放冷,加 2 mL 盐酸,置水浴上蒸干后加 15 mL 水,滴加氨试液至对酚酞指示液显中性,再加 2 mL 乙酸盐缓冲液(pH3.5),微热溶解后,移置纳氏比色管甲管中,加水稀释成 25 mL;另取配制实验室样品溶液的试剂,置瓷皿中蒸干后,加 2 mL 乙酸盐缓冲液(pH3.5)与 15 mL 水,微热溶解后,移置纳氏比色管乙管中,加 2 mL±0.02 mL 标准铅溶液,再用水稀释成 25 mL;再在甲乙两管中分别加 2 mL 硫代乙酰胺试液,摇匀,放置 2 min,同置白纸上,自上向下透视,甲管中显示的颜色与乙管比较,不得更深。

附　录　B
（规范性附录）
维生素 D_2 红外光谱图

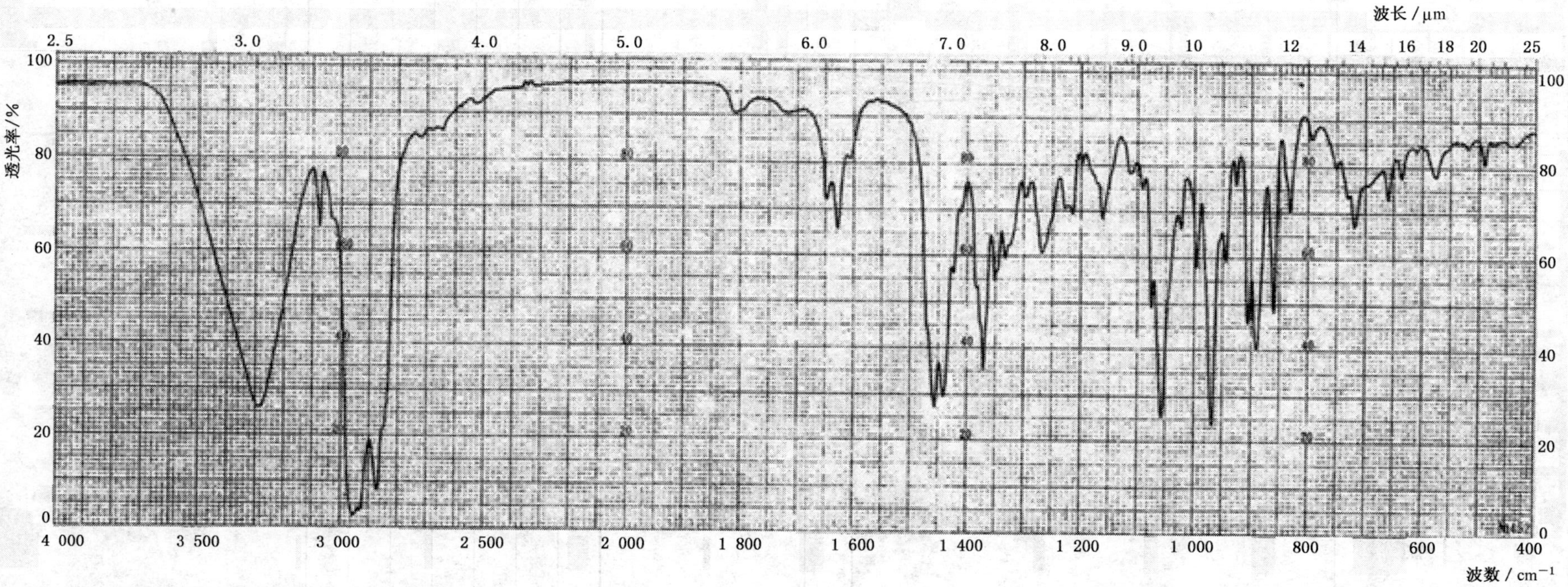

注：引自《药品红外光谱集》第一卷(1995)。

图 B.1　维生素 D_2 红外光谱图

附 录 C
（资料性附录）
系统适用性试验高效液相色谱图和相对保留时间

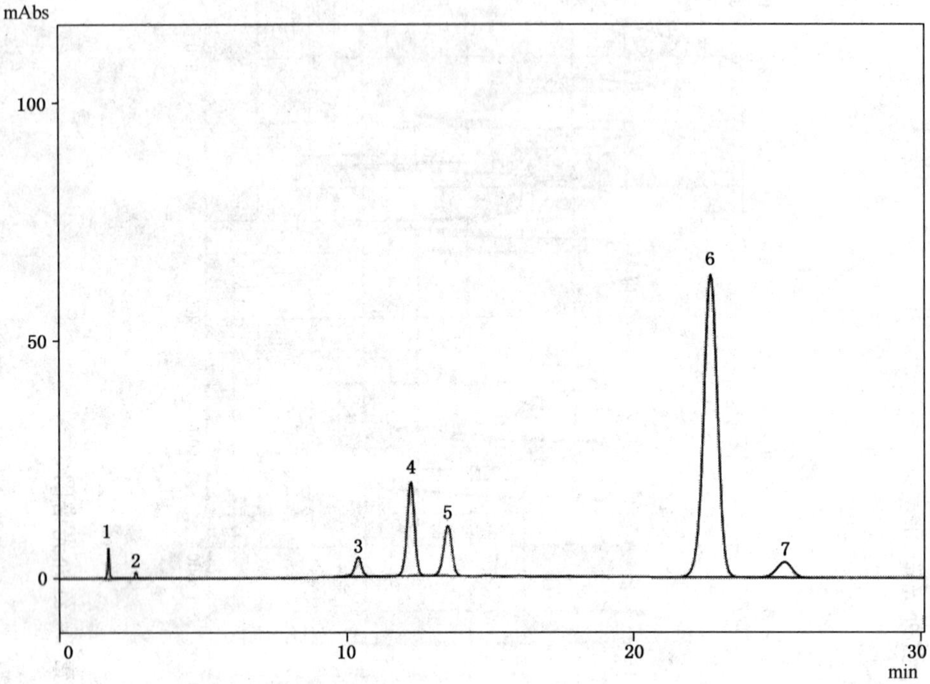

图 C.1 系统适用性试验高效液相色谱图

表 C.1 各峰保留时间和相对保留时间

峰 序	组分名称	相对保留时间
1	溶剂峰	—
2,3	未知峰	—
4	前维生素 D_3	0.54
5	反式维生素 D_3	0.60
6	维生素 D_3	1.00
7	速甾醇 D_3	1.11

中华人民共和国国家标准

GB 14756—2010

食品安全国家标准

食品添加剂 维生素 E(dl-α-醋酸生育酚)

2010-12-21 发布　　　　2011-02-21 实施

中华人民共和国卫生部 发布

前言

本标准代替GB 14756—1993《食品添加剂　维生素E(dl-α-醋酸生育酚)》。

本标准与GB 14756—1993相比，主要变化如下：

——取消了三氯化铁联吡啶反应显色鉴别项目及相应的试验方法；

——增加了红外吸收光谱鉴别项目及相应的试验方法；

——修改了维生素E的测定方法；

——修改了重金属的测定方法。

本标准附录A为规范性附录，附录B为资料性附录。

本标准所代替标准的历次版本发布情况为：

——GB 14756—1993。

食品安全国家标准

食品添加剂 维生素 E(dl-α-醋酸生育酚)

1 范围

本标准适合用于由三甲基氢醌与异植物醇为原料,经化学合成法制得的食品添加剂维生素 E (dl-α-醋酸生育酚)。

2 规范性引用文件

下列文件中的条款通过本标准的引用而成为本标准的条款。凡是注日期的引用文件,仅所注日期的版本适用于本标准。凡是不注日期的引用文件,其最新版本(包括所有的修改单)适用于本标准。

3 化学名称、分子式、结构式和相对分子质量

3.1 化学名称

dl-2,5,7,8-四甲基-2-(4,8,12-三甲基十三烷基)-6-苯并二氢吡喃醇醋酸酯

3.2 分子式

$C_{31}H_{52}O_3$

3.3 结构式

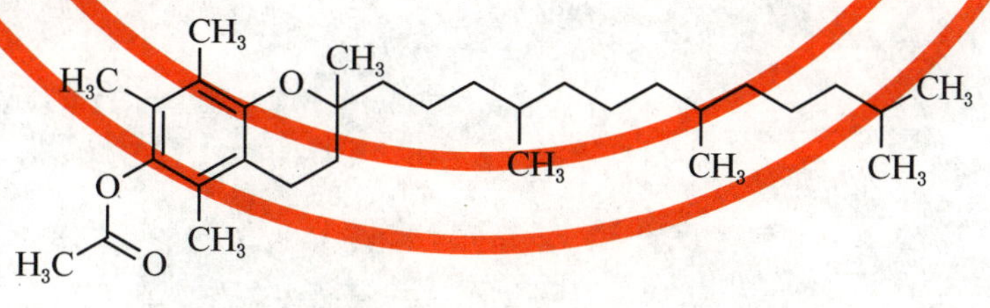

3.4 相对分子质量

472.75(按 2007 年国际相对原子质量)

4 技术要求

4.1 感官要求:应符合表 1 的规定。

表 1 感官要求

项　目	要　求	检验方法
色泽	微黄色至黄色或黄绿色，遇光色渐变深	取适量样品置于清洁、干燥的试管中，在自然光线下，观察色泽和组织状态，嗅其气味
气味	几乎无臭	
组织状态	澄清的黏稠液体	

4.2 理化指标：应符合表 2 的规定。

表 2 理化指标

项　目		指　标	检验方法
维生素 E($C_{31}H_{52}O_3$)，w/%		96.0～102.0	附录 A 中 A.4
酸度试验	≤	通过试验	附录 A 中 A.5
重金属(以 Pb 计)/(mg/kg)	≤	10	附录 A 中 A.6

附　录　A
（规范性附录）
检验方法

A.1　安全提示

本标准试验方法中使用的部分试剂具有毒性或腐蚀性，按相关规定操作，使用时需小心谨慎。若溅到皮肤上应立即用水冲洗，严重者应立即治疗。在使用挥发性酸时，要在通风橱中进行。

A.2　一般规定

除非另有说明，在分析中仅使用确认为分析纯的试剂和 GB/T 6682—2008 中规定的三级水。

试验方法中所用标准滴定液、杂质测定用标准溶液、制剂及制品，在没有注明其他要求时，均按 GB/T 601、GB/T 602、GB/T 603 之规定制备。

A.3　鉴别试验

A.3.1　硝酸呈色试验

A.3.1.1　试剂和材料

A.3.1.1.1　无水乙醇。

A.3.1.1.2　硝酸。

A.3.1.1.3　维生素 E 对照品。

A.3.1.2　分析步骤

称取约 30 mg 实验室样品，加 10 mL 无水乙醇溶解后，加 2 mL 硝酸，摇匀，在 75 ℃加热 15 min，溶液应显橙红色。

A.3.2　红外吸收光谱试验

采用溴化钾涂片法，按照 GB/T 6040 测定红外吸收光谱，测得的红外光谱应与维生素 E 对照品图谱一致。

A.4　维生素 E 的测定

A.4.1　方法提要

用气相色谱法，在选定的工作条件下，通过非极性石英毛细管色谱柱使样品与杂质分离，用氢火焰离子化检测器检测，用内标法定量，计算样品中维生素 E 的含量。

A.4.2　试剂和材料

A.4.2.1　正己烷：色谱纯。

A.4.2.2　十六酸十六醇酯。

A.4.2.3 维生素 E 对照品。

A.4.3 仪器和设备

气相色谱仪。

A.4.4 色谱分析条件

推荐的色谱柱及典型色谱操作条件见表 A.1，维生素 E(dl-α-醋酸生育酚)含量测定典型气相色谱图参见附录 B 中图 B.1，各组分的相对保留时间参见附录 B 中表 B.1。其他能达到同等分离程度的色谱柱和色谱条件均可使用。

表 A.1 色谱柱和典型色谱操作条件

色谱柱	柱长 30 m，柱内径 0.53 mm 或 0.32 mm，固定液为 100% 甲基聚硅氧烷
柱温	280 ℃
检测器	氢火焰离子化检测器，温度 300 ℃
进样口	温度 290 ℃；分流进样，分流比 1∶20；进样量 1 μL
载气	氮气，流速 5 mL/min

A.4.5 分析步骤

A.4.5.1 内标溶液的制备

称取十六酸十六醇酯适量，加正己烷溶解，稀释后的溶液每 1 mL 含 3 mg 十六酸十六醇酯，摇匀，作为内标溶液。

A.4.5.2 对照品溶液的制备

称取约 30 mg 维生素 E 对照品，精确至 0.000 1 g，置 10 mL 棕色容量瓶中，加内标溶液溶解并稀释至刻度，摇匀，作为对照品溶液。

A.4.5.3 样品溶液的制备

称取约 30 mg 实验室样品，精确至 0.000 1 g，置 10 mL 棕色容量瓶中，加内标溶液溶解并稀释至刻度，摇匀，作为样品溶液。

A.4.5.4 系统适用性试验

用甲基聚硅氧烷为固定液的石英毛细管柱(30 m×0.53 mm)，柱温 280 ℃，理论塔板数按维生素 E 计算，不得小于 3 000，维生素 E 与内标峰的分离度应大于 3。

A.4.5.5 含量的测定

量取 1.0 μL 样品溶液注入气相色谱仪，记录色谱图，另取对照品溶液，同法测定。按内标法以峰面积计算出样品中 $C_{31}H_{52}O_3$ 的含量。

A.4.6 结果计算

维生素 E($C_{31}H_{52}O_3$)含量的质量分数 w_1，数值以%表示，按公式(A.1)、公式(A.2)计算：

$$w_1 = f \times \frac{A_3 \times m_4}{A_4 \times m_3} \times 100\% \quad \cdots\cdots\cdots\cdots(A.1)$$

$$f = \frac{A_1 \times m_2}{A_2 \times m_1} \quad \cdots\cdots\cdots\cdots(A.2)$$

式中：

f ——维生素 E 的相对校正因子；

A_1 ——对照品溶液中内标物的峰面积的数值；

A_2 ——对照品溶液中维生素 E 的峰面积的数值；

A_3 ——样品溶液中维生素 E 的峰面积的数值；

A_4 ——样品溶液中内标物的峰面积的数值；

m_1 ——对照品溶液中内标物的质量的数值，单位为毫克(mg)；

m_2 ——对照品溶液中维生素 E 的质量的数值，单位为毫克(mg)；

m_3 ——样品溶液中样品的质量的数值，单位为毫克(mg)；

m_4 ——样品溶液中内标物质量的数值，单位为毫克(mg)。

取两次平行测定结果的算术平均值为测定结果，两次平行测定结果的绝对差值不大于 1.5%。

A.5 酸度的测定

A.5.1 试剂和材料

A.5.1.1 无水乙醇。

A.5.1.2 乙醚。

A.5.1.3 氢氧化钠标准滴定溶液：$c(NaOH)=0.1$ mol/L。

A.5.1.4 酚酞指示液：10 g/L 乙醇溶液。

A.5.2 分析步骤

分别量取 15 mL 无水乙醇与乙醚，置锥形瓶中，加 0.5 mL 酚酞指示液，滴加氢氧化钠标准滴定溶液至微显粉红色，加 1.0 g 实验室样品溶解后，用氢氧化钠标准滴定溶液滴定，消耗的氢氧化钠滴定溶液不超过 0.5 mL 即为通过试验。

A.6 重金属的测定

A.6.1 试剂和材料

A.6.1.1 硝酸。

A.6.1.2 硫酸。

A.6.1.3 盐酸。

A.6.1.4 甘油。

A.6.1.5 乙酸铵。

A.6.1.6 硝酸铅。

A.6.1.7 硫代乙酰胺。

A.6.1.8 氨试液：400→1 000。

A.6.1.9 氢氧化钠溶液：$c(NaOH)=1$ mol/L。

A.6.1.10 盐酸溶液：$c(HCl)=2$ mol/L。

A.6.1.11 盐酸溶液：$c(HCl)=7$ mol/L。

A.6.1.12 氨水溶液：$c(NH_3 \cdot H_2O)=5$ mol/L。

A.6.1.13 酚酞指示液：10 g/L 乙醇溶液。

A.6.1.14 乙酸盐缓冲液(pH3.5)：取 25 g 乙酸铵，加水 25 mL 溶解后，加 7 mol/L 盐酸溶液 38 mL，用 2 mol/L 盐酸溶液或氨水溶液准确调节 pH 至 3.5(pH 计)，用水稀释至 100 mL。

A.6.1.15 硫代乙酰胺试液：取 4 g 硫代乙酰胺，精确至 0.01 g，加水使溶解成 100 mL，置冰箱中保存。临用前取 5.0 mL 混合液[由 15 mL 氢氧化钠溶液、5.0 mL 水及 20 mL 甘油组成]，加上述1.0 mL 硫代乙酰胺溶液，置水浴上加热 20 s，冷却，立即使用。

A.6.1.16 铅标准溶液：

称取 0.160 g 硝酸铅，精确至 0.000 2 g，置于 1 000 mL 容量瓶中，加 5 mL 硝酸与 50 mL 水溶解后，用水稀释至刻度，摇匀，作为贮备液。临用前，移取 10 mL±0.02 mL 贮备液，置于 100 mL 容量瓶中，加水稀释至刻度，摇匀，即得(每 1 mL 相当于 10 μg 的 Pb)。配置与贮存用的玻璃仪器均不得含铅。

A.6.2 分析步骤

按《中华人民共和国药典》2005 年版二部附录Ⅷ H 重金属检查法第二法测定，具体方法如下：

称取 1.0 g±0.01 g 实验室样品，置坩埚中缓缓炽灼至完全炭化，放冷；加硫酸 0.5 mL 使湿润，低温加热至硫酸蒸气除尽后，在 500 ℃～600 ℃炽灼使完全灰化，移置干燥器内，放冷，取遗留的残渣，加硝酸 0.5 mL，蒸干，至氧化氮蒸气除尽后，放冷，加盐酸 2 mL，置水浴上蒸干后加水 15 mL，滴加氨试液至对酚酞指示液显中性，再加乙酸盐缓冲液(pH3.5)2 mL，微热溶解后，移置纳氏比色管甲管中，加水稀释成 25 mL；另取配制供试溶液的试剂，至瓷皿中蒸干后，加乙酸盐缓冲液(pH3.5)2 mL 与水 15 mL，微热溶解后，移置纳氏比色管乙管中，加标准铅溶液 1.0 mL，再用水稀释成 25 mL；再在甲乙两管中分别加硫代乙酰胺试液各 2 mL，摇匀，放置 2 min，同置白纸上，自上向下透视，甲管中显示的颜色与乙管比较，不得更深。

附 录 B
（资料性附录）
维生素 E(dl-α-醋酸生育酚)含量测定典型气相色谱图和各组分相对保留时间

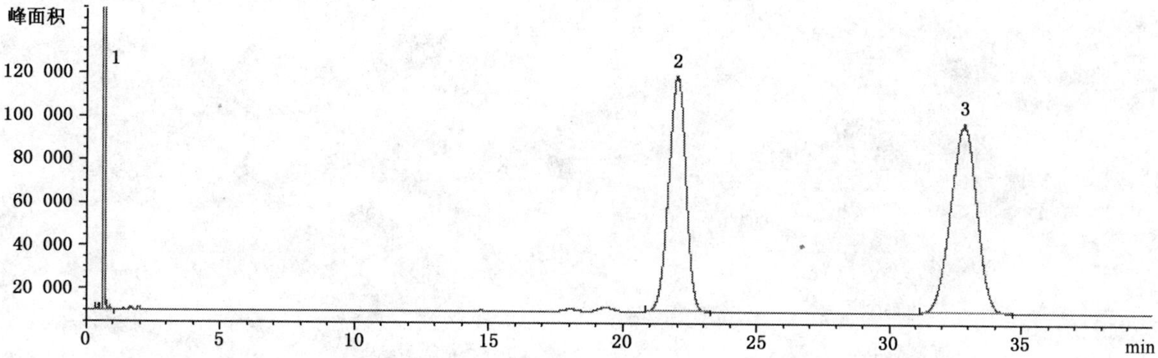

1——溶剂(正己烷)；

2——维生素 E(dl-α-醋酸生育酚)；

3——内标物(十六酸十六醇酯)。

图 B.1 维生素 E(dl-α-醋酸生育酚)含量测定典型气相色谱图

表 B.1 维生素 E(dl-α-醋酸生育酚)含量测定各组分相对保留时间

峰 序	组分名称	相对保留时间 min
1	正己烷	0.03
2	维生素 E	1.00
3	内标物(十六酸十六醇酯)	1.49

中华人民共和国国家标准

GB 14757—2010

食品安全国家标准
食品添加剂　烟酸

2010-12-21 发布　　2011-02-21 实施

中华人民共和国卫生部　发布

前言

本标准代替 GB 14757—1993《食品添加剂　烟酸》。

本标准与 GB 14757—1993 相比主要变化如下：

——干燥减量指标由 1%修改为 0.5%；

——增加了红外光谱鉴别法；

——增加了砷指标。

本标准的附录 A 和附录 B 为规范性附录。

本标准所代替标准的历次版本发布情况为：

——GB 14757—1993。

食品安全国家标准

食品添加剂　烟酸

1　范围

本标准适用于化学合成法制得的食品添加剂烟酸。

2　规范性引用文件

本标准中引用的文件对于本标准的应用是必不可少的。凡是注日期的引用文件，仅所注日期的版本适用于本标准。凡是不注日期的引用文件，其最新版本(包括所有的修改单)适用于本标准。

3　化学名称、分子式、结构式和相对分子质量

3.1　化学名称

吡啶-3-羧酸

3.2　分子式

$C_6H_5NO_2$

3.3　结构式

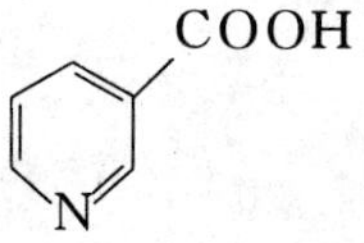

3.4　相对分子质量

123.11(按2007年国际相对原子量)

4　技术要求

4.1　感官要求：符合表1的规定。

表1　感官要求

项　目	要　求	检 验 方 法
色泽	白色或类白色	取适量试样置于50 mL烧杯中，在自然光下观察色泽和组织状态。闻其气味
气味	无臭或有微臭	
组织状态	结晶性粉末	

4.2 理化指标：符合表2的规定。

表2 理化指标

项目	指标	检验方法
烟酸(以干基计),w/%	99.5～101.0	附录A中A.4
干燥减量,w/% ≤	0.5	附录A中A.5
氯化物(以Cl计),w/% ≤	0.02	附录A中A.6
灼烧残渣,w/% ≤	0.1	附录A中A.7
砷(As)/(mg/kg) ≤	2	附录A中A.8
熔点/℃	234～238	附录A中A.9
重金属(以Pb计)/(mg/kg) ≤	20	附录A中A.10

附 录 A
（规范性附录）
检 验 方 法

A.1 安全提示

本标准试验方法中使用的部分试剂具有毒性或腐蚀性，按相关规定操作，操作时需小心谨慎！若溅到皮肤上应立即用水冲洗，严重者应立即治疗。在使用挥发性酸时，要在通风橱中进行。

A.2 一般规定

本标准所用试剂除非另有说明，在分析中仅使用确认为分析纯的试剂和 GB/T 6682—2008 中规定的三级水。

试验方法中所需标准滴定溶液、制剂及制品，在没有注明其他要求时，均按 GB/T 601、GB/T 603 之规定制备。

A.3 鉴别试验

A.3.1 试剂与材料

A.3.1.1 95%乙醇。

A.3.1.2 2,4-二硝基氯苯。

A.3.1.3 氢氧化钾溶液：取 3.5 g 氢氧化钾，加 100 mL 乙醇使溶解，静止后取上清液。

A.3.1.4 氢氧化钠溶液：4 g/L。

A.3.1.5 硫酸铜溶液：125 g/L。

A.3.2 鉴别方法

A.3.2.1 吡啶环的鉴别

A.3.2.1.1 方法提要

烟酸加 2,4-二硝基氯苯熔化后，生成季铵化合物，再加氢氧化钾溶液，即显紫红色（Vongerichten 反应）。

A.3.2.1.2 分析步骤

取约 4 mg 实验室样品，加 8 mg 2,4-二硝基氯苯，研匀，置试管中，缓缓加热熔化后，再加热数秒钟，冷却至室温，加 3 mL 氢氧化钾乙醇溶液。即显紫红色。

A.3.2.2 与硫酸铜的沉淀鉴别反应

A.3.2.2.1 方法提要

烟酸含羧基，用氢氧化钠中和后，遇硫酸铜生成淡蓝色烟酸铜沉淀。

A.3.2.2.2 分析步骤

取约 50 mg 实验室样品，加 20 mL 水溶解后，滴加氢氧化钠溶液至遇石蕊试纸显中性反应，加 3 mL 硫酸铜溶液，即缓缓析出淡蓝色沉淀。

A.3.2.3 紫外分光光度法

A.3.2.3.1 方法提要

烟酸水溶液和烟酰胺水溶液按分光光度法测定，在 262 nm 波长处均有最大吸收，烟酸在 237 nm 波长处有最小吸收；烟酰胺在 245 nm 波长处有最小吸收，烟酸的吸收度比值 $A_{237\ nm}/A_{262\ nm}$ 为 0.35～0.39；烟酰胺的吸收度比值 $A_{245\ nm}/A_{262\ nm}$ 为 0.63～0.67。因此可用该方法来区别烟酸和烟酰胺。

A.3.2.3.2 分析步骤

取实验室样品适量，加水制成每 1 mL 中含 20 μg 的溶液，按照分光光度法(《中国药典》2005 年版二部附录Ⅳ A)测定，在 262 nm±1 nm 的波长处有最大吸收，在 237 nm±1 nm 的波长处有最小吸收；237 nm±1 nm 波长处的吸光度与 262 nm±1 nm 波长处的吸光度的比值应为 0.35～0.39。

A.3.2.4 红外吸收光谱法

采用溴化钾压片法，按照 GB/T 6040 进行试验，实验室样品的红外光吸收图谱应与对照的图谱一致(对照图谱见附录 B)。

A.4 烟酸的测定

A.4.1 方法提要

以酚酞为指示剂，用氢氧化钠标准滴定溶液滴定样品水溶液，根据消耗的氢氧化钠标准滴定溶液的用量，计算以 $C_6H_5NO_2$ 计的烟酸的含量。并将滴定的结果用空白试验校正。

A.4.2 试剂与材料

A.4.2.1 氢氧化钠标准滴定溶液：$c(NaOH)=0.1\ mol/L$。

A.4.2.2 酚酞指示液：10 g/L 乙醇溶液。

A.4.3 分析步骤

称取约 0.3 g 实验室样品，精确至 0.000 1 g，加 50 mL 新煮沸并冷却过的水溶解后，加 3 滴酚酞指示液，用氢氧化钠标准滴定溶液滴定至粉红色。

A.4.4 结果计算

烟酸(以 $C_6H_5NO_2$ 计)的质量分数 w_1，数值以%表示，按公式(A.1)计算：

$$w_1=\frac{(V-V_0)\times c\times M}{m\times(1-w_2)\times 1\ 000}\times 100\% \qquad \text{(A.1)}$$

式中：

V ——消耗氢氧化钠标准滴定溶液的体积数值，单位为毫升(mL)；

V_0 ——空白试验消耗氢氧化钠标准滴定溶液的体积数值，单位为毫升(mL)；

c ——氢氧化钠标准滴定溶液实际浓度数值,单位为摩尔每升(mol/L);

m ——实验室样品的质量数值,单位为克(g);

w_2 ——A.5 测得的干燥减量的数值,%;

M ——烟酸的摩尔质量的数值,单位为克每摩尔(g/mol)[$M(C_6H_5NO_2)=123.1$]。

两次平行测定的绝对差值不大于0.3%。

A.5 干燥减量的测定

A.5.1 分析步骤

称取约1.0 g实验室样品,精确至0.000 1 g,置于已在105 ℃±2 ℃干燥至恒重的扁形称量瓶中,在105 ℃±2 ℃干燥1 h后,放入干燥器内冷却至室温,称重。

A.5.2 结果计算

烟酸干燥减量以质量分数 w_2 计,数值以%表示,按公式(A.2)计算:

$$w_2=\frac{m_1-m_2}{m}\times 100\% \quad \cdots\cdots\cdots\cdots (A.2)$$

式中:

m_1——干燥前实验室样品和称量瓶的总质量数值,单位为克(g);

m_2——干燥后实验室样品和称量瓶的总质量数值,单位为克(g);

m ——实验室样品的质量数值,单位为克(g)。

取平行测定结果的算术平均值为测定结果,两次平行测定结果的绝对差值不大于0.05%。

A.6 氯化物的测定

A.6.1 试剂和材料

A.6.1.1 硝酸溶液:105→1 000。

A.6.1.2 硝酸银试液:0.1 mol/L。

A.6.1.3 标准氯化钠溶液的制备

称取约0.165 g氯化钠,精确至0.000 2 g,置1 000 mL量瓶中,加水适量使溶解并稀释至刻度,摇匀,作为贮备液。

临用前,精密量取10 mL贮备液,置100 mL量瓶中,加水稀释至刻度,摇匀,即得(每1 mL相当于10 μg的Cl^-)。

A.6.2 分析步骤

按《中华人民共和国药典》 2005年版二部 附录Ⅷ A氯化物检查法,具体方法如下:

称取0.25 g±0.01 g实验室样品。加水溶解使成25 mL,再加10 mL硝酸溶液,置于50 mL比色管中,加水使成40 mL,摇匀,即得供试溶液;同时取5.0 mL氯化钠标准溶液置于另一只50 mL比色管中,再加10 mL硝酸溶液,加水使成40 mL,摇匀,即得对照溶液。于供试溶液与对照溶液中分别加入1.0 mL硝酸银试液,用水稀释至50 mL,摇匀,在暗处放置5 min,同置黑色背景上,供试液与对照液比较,供试液的浊度不得大于对照液的浊度。

A.7 灼烧残渣的测定

A.7.1 方法提要

样品加硫酸经灼烧后所留的硫酸盐，用重量法测定。

A.7.2 分析步骤

称取约 1.0 g 实验室样品，精确至 0.000 1 g，置于已在 550 ℃±50 ℃灼烧至恒重的瓷坩埚中，用小火缓缓加热至完全炭化，冷却至室温后，加 0.5 mL 硫酸使湿润，低温加热至硫酸蒸气除尽后，移入高温炉中，在 550 ℃±50 ℃灼烧至恒重。

A.7.3 结果计算

烟酸的灼烧残渣以质量分数 w_3 计，数值以%表示，按公式(A.3)计算：

$$w_3 = \frac{m_3 - m_4}{m} \times 100\% \quad \cdots\cdots\cdots\cdots (A.3)$$

式中：

m_3——残渣和坩埚的总质量数值，单位为克(g)；

m_4——坩埚的质量数值，单位为克(g)；

m——实验室样品的质量数值，单位为克(g)。

取平行测定结果的算术平均值为测定结果，两次平行测定结果的绝对差值不大于 0.02%。

A.8 砷的测定

A.8.1 方法提要

在强酸性溶液中，样品中的砷均可被金属锌还原成砷化氢，砷化氢再与溴化汞试纸作用生成棕黄色化合物。样品与砷标准溶液用同一方法处理所得的棕黄色化合物比较，以此检查样品中砷盐的限度。

A.8.2 分析步骤

称取 5.0 g±0.01 g 实验室样品，量取 10 mL±0.05 mL 限量砷标准溶液(每 1 mL 溶液相当于 1 μg 砷)，分别 GB/T 5009.76—2003 第一法 5.2.2 干灰化法处理试样后，按第二法砷斑法检测样品。试样的砷斑不得深于标准砷斑。

A.9 熔点的测定

按《中华人民共和国药典》 2005 年版二部 附录Ⅵ C 熔点测定法第一法，具体方法如下：

取供试品适量，于扁形称量瓶中，在 105 ℃±2 ℃干燥 1 h 后，放入干燥器内冷却至室温，取适量，置熔点测定用毛细管(简称毛细管，由中性硬质玻璃管制成，长 9 cm 以上，内径 0.9 mm～1.1 mm，壁厚0.10 mm～0.15 mm，一端熔封；当所用温度计浸入传温液在 6 cm 以上时，管长应适当增加，使露出液面 3 cm 以上)中，轻击管壁或借助长短适宜的洁净玻璃管，垂直放在表面皿或其他适宜的硬质物体上，将毛细管自上口放入使其自由落下，反复数次，使粉末紧密集结在毛细管的熔封端。装入供试品的高度为 3 mm。另将温度计(分浸型,具有 0.5 ℃刻度,经熔点测定用对照品校正)放入盛装传温液(硅油或液状石蜡)的容器中,使温度计汞球部的底端与容器的底部距离 2.5 cm 以上(用内加热的容器,温度计汞球与加热器上表面距离 2.5 cm 以上);加入传温液以使传温液受热后的液面适在温度计的分浸线处。将传温液加热,俟温度上升至较规定的熔点低限约低 10 ℃时,将装有供试品的毛细管浸入传温液,贴附在温度计上(可用橡皮圈或毛细管夹固定),位置须使毛细管的内容物适在温度计汞球中部;继续加热,调节升温速率为每分钟上升 1.0 ℃~1.5 ℃,加热时须不断搅拌使传温液温度保持均匀,记录供试品在初熔至全熔时的温度,重复测定 3 次,取其平均值。

A.10 重金属的测定

A.10.1 试剂和材料

A.10.1.1 硝酸。

A.10.1.2 硫酸。

A.10.1.3 盐酸。

A.10.1.4 甘油。

A.10.1.5 乙酸铵。

A.10.1.6 硝酸铅。

A.10.1.7 硫代乙酰胺。

A.10.1.8 氨试液:400→1 000。

A.10.1.9 氢氧化钠溶液:$c(NaOH)=1$ mol/L。

A.10.1.10 盐酸溶液:$c(HCl)=2$ mol/L。

A.10.1.11 盐酸溶液:$c(HCl)=7$ mol/L。

A.10.1.12 氨水溶液:$c(NH_3 \cdot H_2O)=5$ mol/L。

A.10.1.13 酚酞指示液:10 g/L 乙醇溶液。

A.10.1.14 乙酸盐缓冲液(pH3.5):称取约 25 g 乙酸铵,加水 25 mL 溶解后,加 7 mol/L 盐酸溶液 38 mL,用 2 mol/L 盐酸溶液或氨水溶液准确调节 pH 值至 3.5(电位法指示),用水稀释至 100 mL,即得。

A.10.1.15 硫代乙酰胺试液:称取约 4.0 g 硫代乙酰胺,精确至 0.01 g,加水使溶解成 100 mL,置冰箱中保存。临用前取 5.0 mL 混合液[由 1 mol/L 15 mL 氢氧化钠溶液、5.0 mL 水及 20 mL 甘油组成],加上述 1.0 mL 硫代乙酰胺溶液,置水浴上加热 20 s,冷却,立即使用。

A.10.1.16 铅标准溶液:称取约 0.160 g 硝酸铅,精确至 0.000 2 g,置于 1 000 mL 容量瓶中,加 5 mL 硝酸与 50 mL 水溶解后,用水稀释至刻度,摇匀,作为贮备液。临用前,移取 10 mL±0.02 mL 贮备液,置于 100 mL 容量瓶中,加水稀释至刻度,摇匀,即得(每 1 mL 相当于 10 μg 的 Pb)。配置与贮存用的玻璃仪器均不得含铅。

A.10.2 分析步骤

按《中华人民共和国药典》 2005 年版二部 附录Ⅷ H 重金属检查法第二法,具体方法如下:

取 A.7 项下遗留的残渣,加 0.5 mL 硝酸,蒸干,至氧化氮蒸气除尽后(或取 1.0 g 实验室样品,缓缓灼烧至完全炭化,冷却至室温,加 0.5 mL~1.0 mL 硫酸,使恰湿润,用低温加热至硫酸除尽后,加 0.5 mL 硝酸,蒸干,至氧化氮蒸气除尽后,冷却至室温,在 500 ℃~600 ℃灼烧至完全灰化),冷却至室温,加 2 mL 盐酸,置水浴上蒸干后加 15 mL 水,滴加氨试液至对酚酞指示液显中性,再加 2 mL 乙酸盐缓冲液(pH3.5),微热溶解后,移置纳氏比色甲管中,加水稀释成 25 mL;另取配制实验室样品溶液的试剂,置瓷皿中蒸干后,加 2 mL 乙酸盐缓冲液(pH3.5)与 15 mL 水,微热溶解后,移置纳氏比色乙管中,加标准铅溶液 2 mL±0.01 mL,再用水稀释成 25 mL;再在甲乙两管中分别加硫代乙酰胺试液各2 mL,摇匀,放置 2 min,同置白纸上,自上向下透视,甲管中显示的颜色与乙管比较,不得更深。

附　录　B
（规范性附录）
烟酸红外光吸收图谱

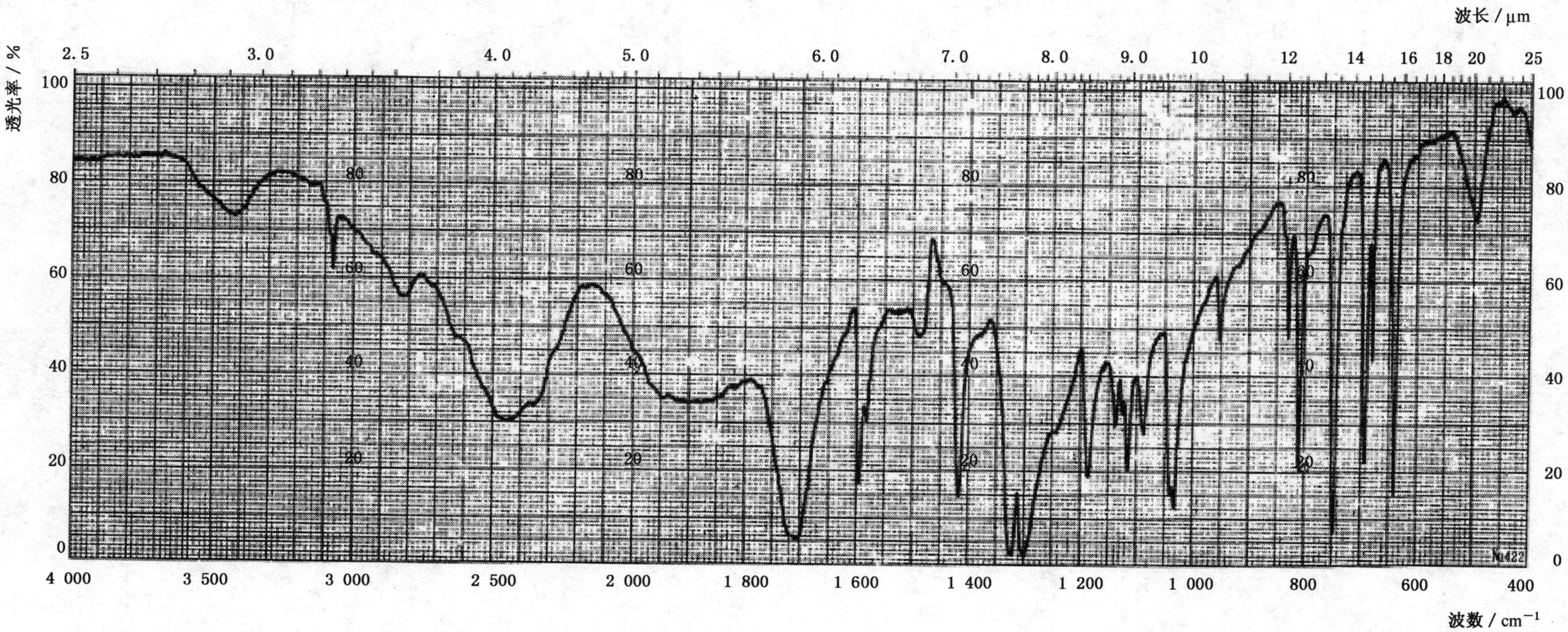

注：引自《药品红外光谱集》第一卷(1995)。

图 B.1　烟酸红外光吸收图谱

中华人民共和国国家标准

GB 14758—2010

食品安全国家标准
食品添加剂　咖啡因

2010-12-21 发布　　2011-02-21 实施

中华人民共和国卫生部　发布

前　言

本标准代替 GB 14758—1993《食品添加剂　咖啡因》。

本标准与 GB 14758—1993 相比，主要变化如下：

——外观描述由白色结晶粉末改为白色或极微黄绿色结晶粉末；

——咖啡因含量的允许差由相对差 0.3%改为绝对差 0.2%；

——增加了红外光谱鉴别；

——增加了澄清度项目；

——砷指标由 0.000 3%修改为 2 mg/kg；

——增加了色谱纯度的要求。

本标准的附录 A 和附录 B 为规范性附录，附录 C 为资料性附录。

本标准所代替标准的历次版本发布情况为：

——GB 14758—1993。

食品安全国家标准
食品添加剂 咖啡因

1 范围

本标准适用于以氯乙酸或氰乙酸为原料化学合成法及以茶叶为原料提取法制得的食品添加剂咖啡因。

2 规范性引用文件

本标准中引用的文件对于本标准的应用是必不可少的。凡是注日期的引用文件，仅所注日期的版本适用于本标准。凡是不注日期的引用文件，其最新版本(包括所有的修改单)适用于本标准。

3 化学名称、分子式、结构式和相对分子质量

3.1 化学名称

1,3,7-三甲基黄嘌呤

3.2 分子式

$C_8H_{10}N_4O_2$ 或 $C_8H_{10}N_4O_2 \cdot H_2O$

3.3 结构式

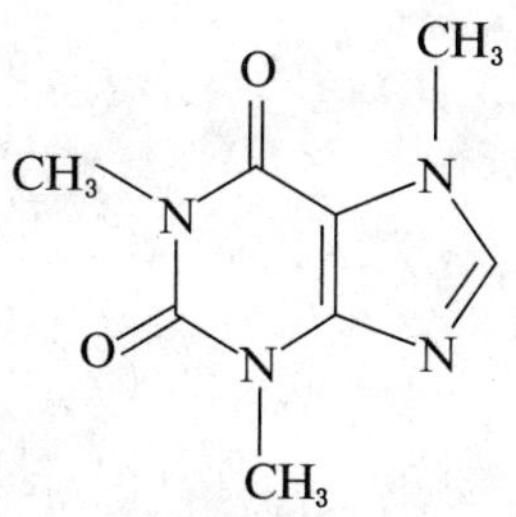

3.4 相对分子质量

无水咖啡因：194.19(按 2007 年国际相对原子质量)

一水咖啡因：212.21(按 2007 年国际相对原子质量)

4 技术要求

4.1 感官要求：应符合表 1 的规定。

表 1 感官要求

项目	要求	检验方法
色泽	白色或带极微黄绿色且有丝光	取适量样品置于清洁、干燥的烧杯中，在自然光线下，观察色泽和组织状态，嗅其气味。用温开水漱口后，品尝滋味
滋味、气味	味苦，无臭	
组织状态	针状结晶或结晶性粉末或颗粒。具有风化性	

4.2 **理化指标：应符合表 2 的规定。**

表 2 理化指标

项目			指标	检验方法
咖啡因($C_8H_{10}N_4O_2$，以干基计)，w/%			98.5～101.0	附录 A 中 A.4
干燥减量，w/%		≤	0.5(无水)	附录 A 中 A.5
			8.5(含水)	
灼烧残渣，w/%		≤	0.1	附录 A 中 A.6
其他生物碱			无沉淀产生	附录 A 中 A.7
色谱纯度，w/%	单个杂质	≤	0.1	附录 A 中 A.8
	总杂质	≤	0.1	
砷(As)/(mg/kg)		≤	2	附录 A 中 A.9
熔点/℃			235.0～237.5	附录 A 中 A.10
澄清度试验(20 g/L 溶液)			通过试验	附录 A 中 A.11
重金属(以 Pb 计)/(mg/kg)		≤	10	附录 A 中 A.12
易炭化物			通过试验	附录 A 中 A.13

附　录　A
（规范性附录）
检　验　方　法

A.1　安全提示

本标准试验方法中使用的部分试剂具有毒性或腐蚀性，按相关规定操作，使用时需小心谨慎。若溅到皮肤上应立即用水冲洗，严重者应立即治疗。在使用挥发性酸时，要在通风橱中进行。

A.2　一般规定

本标准所用试剂除非另有说明，在分析中仅使用确认为分析纯的试剂和 GB/T 6682—2008 中规定的三级水。

试验方法中所用标准滴定溶液、杂质测定用标准溶液、制剂及制品，在没有注明其他要求时，均按 GB/T 601、GB/T 602、GB/T 603 的规定制备。

A.3　鉴别试验

A.3.1　试剂和材料

A.3.1.1　盐酸。

A.3.1.2　氯酸钾。

A.3.1.3　氨溶液：10→100。

A.3.1.4　盐酸溶液：10→100。

A.3.1.5　氢氧化钠溶液：40 g/L。

A.3.1.6　碘溶液：0.1 mol/L。

A.3.2　分析步骤

A.3.2.1　紫脲酸呈色试验

取约 10.0 mg 实验室样品，加 1 mL 盐酸溶液与 0.1 g 氯酸钾，置水浴上蒸干，残渣遇氨气即显紫色，再加氢氧化钠溶液数滴，紫色即消失。

A.3.2.2　咖啡因与碘试液及盐酸的沉淀反应

取 5 mL 实验室样品的饱和水溶液，加 5 滴碘溶液，不发生沉淀；再加 3 滴盐酸溶液，即出现红棕色的沉淀，能在稍过量的氢氧化钠溶液中溶解。

A.3.2.3　红外光谱鉴别

采用溴化钾压片法，按照 GB/T 6040 进行试验，实验室样品的红外光谱应与对照图谱（见附录 B）一致。

A.4 咖啡因的测定

A.4.1 试剂和材料

A.4.1.1 乙酸酐。

A.4.1.2 苯。

A.4.1.3 高氯酸标准滴定溶液：$c(HClO_4)=0.1$ mol/L。

A.4.2 仪器和设备

电位滴定仪。

A.4.3 分析步骤

取约0.4 g实验室样品，精确至0.000 2 g，加40 mL乙酸酐，加热溶解，冷却，加80 mL苯，用高氯酸标准滴定溶液滴定，用电位法指示终点，并将滴定的结果用空白试验校正。

A.4.4 结果计算

咖啡因(以$C_8H_{10}N_4O_2$计)的质量分数w_1，数值以%表示，按公式(A.1)计算：

$$w_1=\frac{(V-V_0)\times c\times M}{m\times(1-w_2)\times 1\,000}\times 100\% \qquad \text{(A.1)}$$

式中：

V ——实验室样品消耗高氯酸标准溶液的体积，单位为毫升(mL)；

V_0 ——空白试验消耗高氯酸标准溶液的体积，单位为毫升(mL)；

c ——高氯酸滴定溶液的摩尔浓度，单位为摩尔每升(mol/L)；

m ——实验室样品的质量的数值，单位为克(g)；

w_2 ——干燥减量的数值，%；

M ——咖啡因的摩尔质量的数值，单位为克每摩尔(g/mol)[$M(C_8H_{10}N_4O_2)=194.2$]。

取平行测定结果的算术平均值为测定结果，两次平行测定的绝对差值不大于0.2%。

A.5 干燥减量的测定

A.5.1 分析步骤

取1.0 g实验室样品，精确至0.000 2 g，置于已在80 ℃干燥至恒重的称量瓶内，精密称量，置于80 ℃烘箱中干燥至恒重。

A.5.2 结果计算

样品干燥减量的质量分数以w_2计，数值以%表示，按公式(A.2)计算：

$$w_2=\frac{m_1-m_2}{m_1-m_3}\times 100\% \qquad \text{(A.2)}$$

式中：

m_1——干燥前实验室样品和称量瓶总质量的数值，单位为克(g)；

m_2——干燥后实验室样品和称量瓶总质量的数值，单位为克(g)；

m_3——称量瓶质量的数值，单位为克(g)。

取平行测定结果的算术平均值为测定结果，两次平行测定结果的绝对差值不大于0.05%。

A.6 灼烧残渣的测定

A.6.1 试剂和材料

硫酸。

A.6.2 分析步骤

取1.0 g实验室样品，精确至0.001 g，置于已在750 ℃±50 ℃烧至恒重的瓷坩埚中，用小火缓缓加热至完全炭化。冷却至室温后，加硫酸0.5 mL～1 mL使湿润，低温加热至硫酸蒸气除尽后，移入高温炉中，在750 ℃±50 ℃高温炉中灼烧至恒重。

A.6.3 结果计算

灼烧残渣的质量分数以 w_3 计，数值以%表示，按公式(A.3)计算：

$$w_3 = \frac{m_4 - m_5}{m} \times 100\% \qquad \cdots\cdots(A.3)$$

式中：

m_4——坩埚和残渣总质量的数值，单位为克(g)；

m_5——坩埚质量的数值，单位为克(g)；

m——样品质量的数值，单位为克(g)。

取平行测定结果的算术平均值为测定结果，两次平行测定结果的绝对差值不大于0.02%。

A.7 其他生物碱的测定

A.7.1 试剂和材料

碘化汞钾试液：取1.36 g二氯化汞，加60 mL水使溶解，另取5 g碘化钾，加10 mL水使溶解，将两液混合，混合后加水稀释至100 mL。

A.7.2 分析步骤

称取1 g实验室样品，加50 mL水，取10 mL该溶液加3滴碘化汞钾试液，不得产生沉淀。

A.8 色谱纯度的测定

A.8.1 试剂和材料

A.8.1.1 无水乙酸钠。

A.8.1.2 乙腈：色谱纯。

A.8.1.3 四氢呋喃：色谱纯。

A.8.1.4 冰乙酸。

A.8.1.5 茶碱对照品。

A.8.1.6 咖啡因对照品。

A.8.2 仪器和设备

高效液相色谱仪。

A.8.3　色谱分析条件

推荐的色谱柱及典型色谱操作条件见表 A.1，咖啡因系统适用性试验高效液相色谱图参见图 C.1，各组分的相对保留时间参见表 C.1。其他能达到同等分离程度的色谱柱和色谱条件均可使用。

表 A.1　色谱柱和典型色谱操作条件

色谱柱	十八烷基硅烷键合硅胶色谱柱（填料粒径 5 μm，ϕ4.6 mm×150 mm 不锈钢柱）
流动相	称取约 1.64 g 无水乙酸钠，精密称定，加水溶解并稀释至 2 000 mL，混匀。取 1910 mL，加乙腈 50 mL，四氢呋喃 40 mL，混合后用冰乙酸调 pH=4.5，混匀，过滤，脱气
流速	约 1 mL/min
检测器检测波长	275 nm

A.8.4　分析步骤

A.8.4.1　对照品溶液：称取约 2 mg 茶碱对照品，精确至 0.000 1 g，置 100 mL 容量瓶中，加约 50 mL 流动相振摇，并用超声波溶解，用流动相稀释到刻度，混匀。

A.8.4.2　系统适用性试液的制备：称取约 5.0 mg 咖啡因对照品，精确至 0.000 1 g，置 25 mL 容量瓶中，加 5.0 mL 对照品溶液和 10 mL 流动相，振摇，超声溶解，再用流动相稀释到刻度，混匀。

A.8.4.3　实验室样品液的制备：称取约 10 mg 咖啡因实验室样品，精确至 0.000 1 g，置 50 mL 容量瓶中，加 10 mL 流动相，振摇，超声溶解，再用流动相稀释到刻度，混匀。

A.8.4.4　仪器准备：按照高效液相色谱仪操作规程准备仪器，设定流速为 1 mL/min，检测波长为 275 nm，用流动相平衡仪器后，开始进样操作。

A.8.4.5　系统适应性试验：取 10 μL 系统适用性试液进样，记录色谱图，茶碱和咖啡因的相对保留时间依次约为 0.69，1.0；两峰间的分离度不得小于 6.0；每个峰的拖尾因子 $T \leqslant 2.0$。

A.8.4.6　测定：取流动相和样品溶液各 10 μL 进样，记录色谱图至咖啡因主峰保留时间的两倍。按面积归一化法计算各杂质含量。

A.8.5　结果计算(面积归一化法)

杂质含量的质量分数以 w_4 计，数值以%表示，按公式(A.4)计算：

$$w_4 = \frac{A_{杂}}{\sum A} \times 100\% \quad \cdots\cdots\cdots\cdots(\text{A.4})$$

式中：

$A_{杂}$——杂质峰的峰面积(除溶剂峰及主峰外)；

$\sum A$——所有峰的面积之和(溶剂峰除外)。

A.9　砷的测定

取 1.0 g±0.01 g 实验室样品，加 20 mL 水，加热溶解，冷却至室温后转移至 100 mL 锥形瓶中，加 5 mL 盐酸、5 mL 碘化钾试液，5 滴酸性氯化亚锡溶液，按照 GB/T 5009.76—2003 砷斑法的规定进行。

A.10　熔点的测定

按《中华人民共和国药典》2005 年版二部附录Ⅵ C 熔点测定法第一法进行。方法如下：

取实验室样品适量，研成细粉，在 80 ℃烘箱中干燥 4 h 后，分取适量，置熔点测定用毛细管（简称毛细管，由中性硬质玻璃管制成，长 9 cm 以上，内径 0.9 mm～1.1 mm，壁厚 0.10 mm～0.15 mm，一端熔封；当所用温度计浸入传温液在 6 cm 以上时，管长应适当增加，使露出液面 3 cm 以上）中，轻击管壁或借助长短适宜的洁净玻璃管，垂直放在表面皿或其他适宜的硬质物体上，将毛细管自上口放入使自由落下，反复数次，使粉末紧密集结在毛细管的熔封端。装入实验室样品的高度为 3 mm。另将温度计（分浸型，具有 0.5 ℃刻度，经熔点测定用对照品校正）放入盛装传温液（硅油或液状石蜡）的容器中，使温度计汞球部的底端与容器的底部距离 2.5 cm 以上（用内加热的容器，温度计汞球与加热器上表面距离 2.5 cm 以上）；加入传温液以使传温液受热后的液面适在温度计的分浸线处。将传温液加热，待温度上升至较规定的熔点低限约低 10 ℃时，将装有实验室样品的毛细管浸入传温液，贴附在温度计上（可用橡皮圈或毛细管固定），位置须使毛细管的内容物适在温度计汞球中部；继续加热，调节升温速率为每分钟上升 1.0 ℃～1.5 ℃，加热时须不断搅拌使传温液温度保持均匀，记录实验室样品在初熔至全熔时的温度，重复测定 3 次，取其平均值。

A.11 澄清度的测定

A.11.1 试剂和材料

A.11.1.1 乌洛托品溶液：10 g/L。

A.11.1.2 浊度标准贮备液的制备：称取于 105 ℃干燥至恒重的 1.00 g 硫酸肼，置 100 mL 量瓶中，加水适量使溶解，必要时可在 40 ℃的水浴中温热溶解，并用水稀释至刻度，摇匀，放置 4 h～6 h；取此溶液与等容量的乌洛托品溶液（100 g/L）混合，摇匀，于 25 ℃避光静置 24 h，即得。本液置冷处避光保存，可在两个月内使用，用前摇匀。

A.11.1.3 浊度标准原液的制备：取 15.0 mL 浊度标准贮备液，置 1 000 mL 量瓶中，加水稀释至刻度，摇匀，取适量，置 1 cm 吸收池中，照紫外-可见分光光度法（《中华人民共和国药典》2005 年版二部附录 Ⅳ A），在 550 nm 的波长处测定，其吸光度应在 0.12～0.15 范围内。本液应在 48 h 内使用，用前摇匀。

A.11.1.4 0.5 号浊度标准液制备：取 2.50 mL 浊度标准原液于 100 mL 容量瓶中，加 97.50 mL 水至刻度，摇匀，即得。本液应临用时制备，使用前充分摇匀。

A.11.2 分析步骤

按《中华人民共和国药典》2005 年版二部附录Ⅸ B 澄清度检查法。称取 1.0 g±0.01 g 实验室样品，加 50 mL 水，加热煮沸，冷却至室温，与同体积的水或 0.5 号浊度标准液比较，若显混浊，不得比 0.5 号浊度标准液更深。

A.12 重金属的测定

A.12.1 试剂和材料

A.12.1.1 硝酸。

A.12.1.2 甘油。

A.12.1.3 乙酸铵。

A.12.1.4 硝酸铅。

A.12.1.5 硫代乙酰胺。

A.12.1.6 盐酸溶液：$c(HCl)=2$ mol/L。

A.12.1.7 氨水溶液：$c(NH_3 \cdot H_2O)=5$ mol/L。

A.12.1.8 氢氧化钠溶液：$c(NaOH)=1$ mol/L。

A.12.1.9 盐酸溶液：$c(HCl)=7$ mol/L。

A.12.1.10 乙酸盐缓冲液(pH3.5)：称取约25 g乙酸铵，精确至0.01 g，加25 mL水溶解后，加7 mol/L盐酸溶液38 mL，用2 mol/L盐酸溶液或5 mol/L氨水溶液准确调节pH至3.5(pH计)，用水稀释至100 mL。

A.12.1.11 硫代乙酰胺试液：称取约4 g硫代乙酰胺，精确至0.01 g，加水使溶解成100 mL，置冰箱中保存。临用前取5.0 mL混合液(由1 mol/L 15 mL氢氧化钠溶液、5.0 mL水及20 mL甘油组成)，加上述1.0 mL硫代乙酰胺溶液，置水浴上加热20 s，冷却，立即使用。

A.12.1.12 铅标准溶液：称取约0.160 g硝酸铅，精确至0.000 2 g，置于1 000 mL容量瓶中，加5 mL硝酸与50 mL水溶解后，用水稀释至刻度，摇匀，作为贮备液。临用前，移取10 mL±0.02 mL贮备液，置于100 mL容量瓶中，加水稀释至刻度，摇匀，即得(每1 mL相当于10 μg的Pb)。配制与贮存用的玻璃仪器均不得含铅。

A.12.2 分析步骤

按《中华人民共和国药典》2005年版二部附录Ⅷ H重金属检查法第一法进行。方法如下：

取25 mL纳氏比色管两支，甲管中加入0.5 mL±0.005 mL(含铅5.0 μg)铅(Pb)标准溶液与2 mL乙酸盐缓冲液后，加水稀释成25 mL，另称取0.5 g实验室样品，精确至0.01 g，置于纳氏比色管乙管中，加20 mL水，加热溶解后，冷却至室温，加2 mL乙酸盐缓冲液(pH3.5)与水适量使成25 mL(必要时滤过)，若该溶液带颜色，可在甲管中滴加少量的稀焦糖溶液或其他无干扰的有色溶液，使之与乙管一致；再在甲乙两管中分别加硫代乙酰胺试液各2 mL，摇匀，放置2 min，同置白纸上，自上向下透视，乙管中显出的颜色与甲管比较，不得更深。

A.13 易炭化物的测定

A.13.1 试剂和材料

A.13.1.1 硫酸溶液：94.5%～95.5%(质量分数)。

A.13.1.2 氯化钴液：取氯化钴($CoCl_2 \cdot 6H_2O$)，溶于盐酸溶液(1→40)中，使成1 000 mL，取该液5.00 mL，置250 mL碘量瓶中，加入5 mL过氧化氢试液和15 mL氢氧化钠溶液(200 g/L)，煮沸10 min冷却，加入2 g碘化钾和20 mL硫酸溶液(1→4)，待沉淀溶解，用0.1 mol/L硫代硫酸钠标准滴定溶液滴定释出的碘，至近终点时，加3 mL淀粉指示剂，继续滴定至蓝色消失。用等量的同一试剂作空白，并作必要的校正，1 mL硫代硫酸钠(0.1 mol/L)相当于23.79 mg氯化钴($CoCl_2 \cdot 6H_2O$)。在剩余的原溶液中加适量的盐酸溶液(1→10)，使1 mL溶液中含有59.5 mg氯化钴($CoCl_2 \cdot 6H_2O$)。

A.13.1.3 三氯化铁比色液：取约27.5 g三氯化铁，加适量的盐酸溶液(1→40)使溶解成500 mL。量取10.0 mL，置碘量瓶中，加2 g碘化钾与5 mL盐酸，密塞，在暗处静置15 min，加100 mL水，用硫代硫酸钠标准滴定溶液(0.1 mol/L)滴定，至近终点时，加2 mL淀粉指示剂，继续滴定至蓝色消失。用等量的同一试剂作空白，并作必要的校正。1 mL硫代硫酸钠(0.1 mol/L)相当于27.03 mg三氯化铁($FeCl_3 \cdot 6H_2O$)。根据上述测定结果，在剩余的原溶液中加适量的盐酸溶液(1→40)，使1 mL溶液中含45.0 mg的三氯化铁($FeCl_3 \cdot 6H_2O$)。

A.13.1.4 硫酸铜比色液：取65 g硫酸铜($CuSO_4 \cdot 5H_2O$)(GB 665)溶于盐酸溶液(1→40)中，使成100 mL，取该溶液10.00 mL，置250 mL碘量瓶中，加40 mL水、4 mL乙酸、3 g碘化钾和5 mL盐酸，用硫代硫酸钠标准滴定溶液(0.1 mol/L)滴定释出的碘，至近终点时加3 mL淀粉指示剂继续滴定蓝色消失。用等量的相同试剂作空白，并作必要的校正。每1 mL 0.1 mol/L硫代硫酸钠相当于24.97 mg

硫酸铜($CuSO_4 \cdot 5H_2O$)。在剩余的原溶液中加适量的盐酸溶液(1→40),使每 1 mL 溶液含 62.4 mg 硫酸铜($CuSO_4 \cdot 5H_2O$)。

A. 13. 1. 5　比色液:取 0.3 mL 氯化钴比色液,0.6 mL 三氯化铁比色液,0.4 mL 硫酸铜比色液,加水稀释至 5 mL。

A. 13. 2　分析步骤

取 0.5 g±0.01 g 实验室样品,加硫酸溶液至 5 mL,振摇使溶解,溶液颜色不得较同体积比色液更深。

附　录　B
（规范性附录）
咖啡因红外光谱

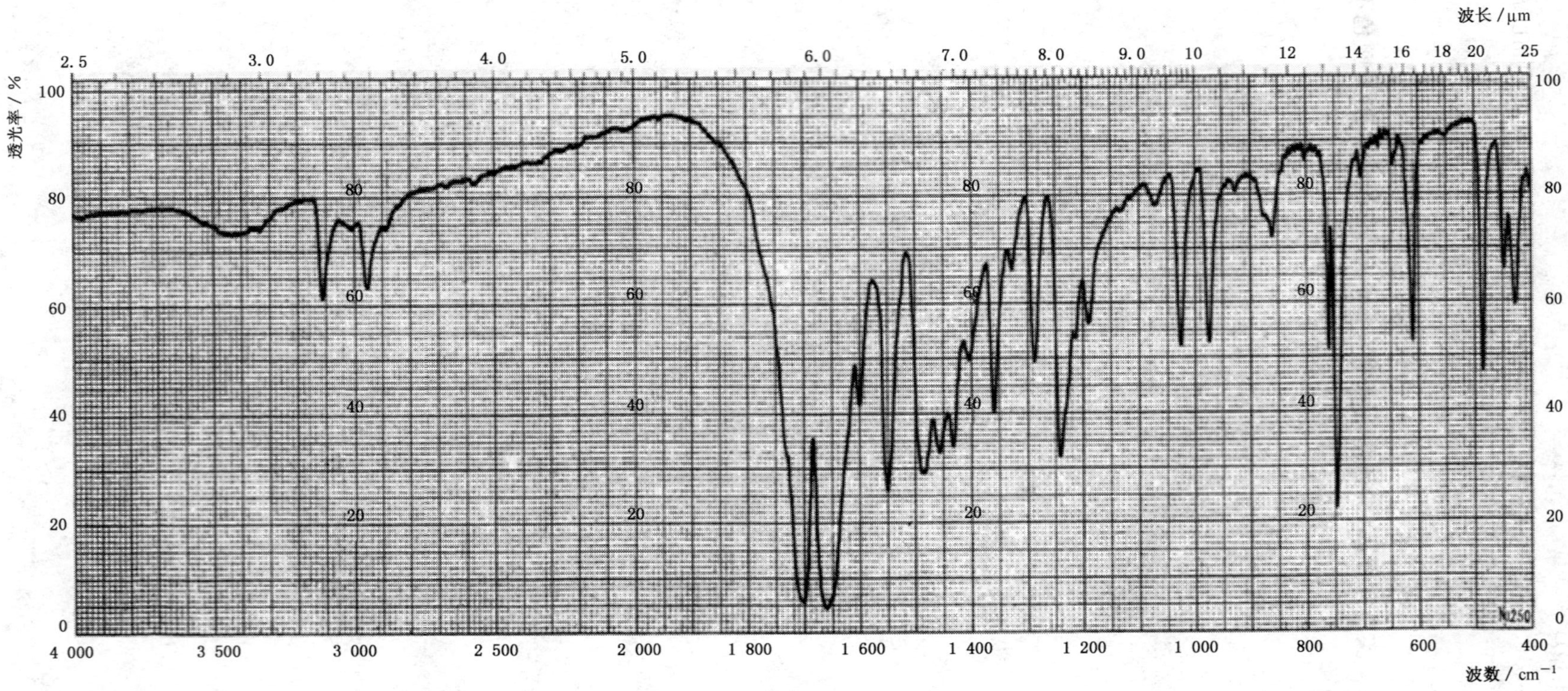

注：引自《药品红外光谱集》第一卷(1995)。

图 B.1　咖啡因红外光谱

附　录　C
（资料性附录）
系统适用性试验高效液相色谱图和各组分峰的相对保留时间

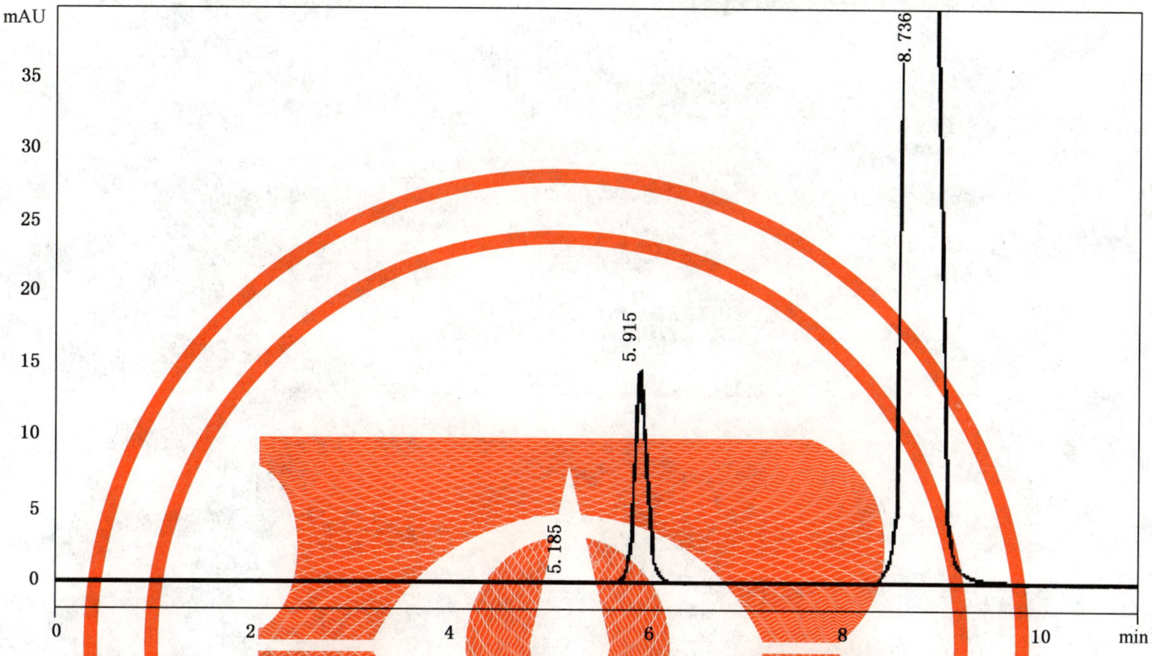

图 C.1　系统适用性试验高效液相色谱图

表 C.1　各组分峰的相对保留时间

组分名称	峰保留时间 min	相对保留时间
未知峰	5.185	—
茶碱	5.915	0.68
咖啡因	8.736	1.00

中华人民共和国国家标准

GB 14759—2010

食品安全国家标准
食品添加剂　牛磺酸

2010-12-21 发布　　　　2011-02-21 实施

中华人民共和国卫生部　发布

前　言

本标准代替 GB 14759—1993《食品添加剂　牛磺酸》。

本标准与 GB 14759—1993 相比，主要变化如下：

——修改了范围；

——硫酸盐指标由≤0.2%修改为≤0.02%；

——氯化物指标由≤0.1%修改为≤0.02%；

——牛磺酸指标由≥98.5%修改为 98.5%～101.5%；

——增加了电导率的指标及测定方法；

——增加了 pH 的指标及测定方法；

——增加了铵盐的指标及测定方法；

——修改了鉴别试验；

——牛磺酸的测定方法增加电位滴定法。

本标准的附录 A 和附录 B 为规范性附录。

本标准所代替标准的历次版本发布情况为：

——GB 14759—1993。

食品安全国家标准

食品添加剂　牛磺酸

1　范围

本标准适用于以环氧乙烷或2-氨基乙醇为起始原料，经化学合成法制得的食品添加剂牛磺酸。

2　规范性引用文件

本标准中引用的文件对于本标准的应用是必不可少的。凡是注日期的引用文件，仅所注日期的版本适用于本标准。凡是不注日期的引用文件，其最新版本（包括所有的修改单）适用于本标准。

3　化学名称、分子式、结构式和相对分子质量

3.1　化学名称

2-氨基乙磺酸

3.2　分子式

$C_2H_7NO_3S$

3.3　结构式

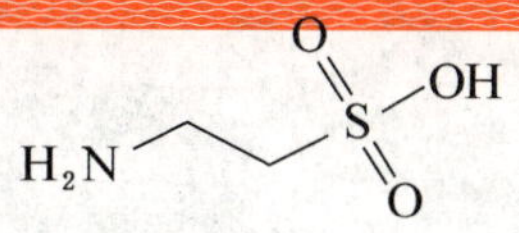

3.4　相对分子质量

125.15（按2007年国际相对原子质量）

4　技术要求

4.1　感官要求：符合表1的规定。

表1　感官要求

项　目	要　求	检验方法
色泽	白色	取试样10 mL，置于试管中，在自然光线下，观察色泽和组织状态，嗅其气味
气味	无臭	
组织状态	结晶或结晶性粉末	

4.2 理化指标：符合表 2 的规定。

表 2 理化指标

项目		指标	检验方法
牛磺酸($C_2H_7NO_3S$，以干基计)，w/%		98.5～101.5	附录 A 中 A.4
电导率/($\mu S \cdot cm^{-1}$)	≤	150	附录 A 中 A.5
pH		4.1～5.6	附录 A 中 A.6
易炭化物		通过试验	附录 A 中 A.7
灼烧残渣，w/%	≤	0.1	附录 A 中 A.8
干燥减量，w/%	≤	0.2	附录 A 中 A.9
砷(As)/(mg/kg)	≤	2	附录 A 中 A.10
澄清度试验		通过试验	附录 A 中 A.11
氯化物(以 Cl^- 计)，w/%	≤	0.02	附录 A 中 A.12
硫酸盐(以 SO_4^{2-} 计)，w/%	≤	0.02	附录 A 中 A.13
铵盐(以 NH_4^+ 计)，w/%	≤	0.02	附录 A 中 A.14
重金属(以 Pb 计)/(mg/kg)	≤	10	附录 A 中 A.15

附 录 A
（规范性附录）
检 验 方 法

A.1 安全提示

本标准试验方法中使用的部分试剂具有毒性或腐蚀性，按相关规定操作，操作时需小心谨慎。若溅到皮肤上应立即用水冲洗，严重者应立即治疗。在使用挥发性酸时，要在通风橱中进行。

A.2 一般规定

本标准所用试剂和水，在没有注明其他要求时，均指分析纯试剂和 GB/T 6682—2008 中规定的三级水；试验中所用标准滴定溶液和其他所需溶液，在未注明时，均按 GB/T 601、GB/T 602、GB/T 603 的规定配制。

A.3 鉴别试验

A.3.1 试剂和材料

A.3.1.1 展开剂：水-无水乙醇-正丁醇-冰乙酸（150＋150＋100＋1）。

A.3.1.2 显色剂：茚三酮的丙酮溶液：20 g/L。

A.3.1.3 硅胶 G 薄层板。

A.3.1.4 牛磺酸对照品。

A.3.2 分析步骤

A.3.2.1 薄层色谱

取实验室样品与牛磺酸对照品各适量，分别加水溶解并稀释制成每 1 mL 中约含 2 mg 的溶液，作为样品溶液与对照品溶液。吸取上述两种溶液各 5 μL，分别以条带状点样方式点于同一硅胶 G 薄层板上，条带宽度 5 mm，用展开剂展开，喷显色剂，在 105 ℃加热约 5 min 至斑点出现，立即检视。样品溶液主斑点的位置和颜色与对照品溶液的主斑点相同。

A.3.2.2 红外光谱

采用溴化钾压片法，按照 GB/T 6040 进行试验，实验室样品的红外光谱应与对照图谱（见附录 B 牛磺酸红外吸收光谱对照图）一致。

A.4 牛磺酸的测定

A.4.1 第一法（仲裁法）

A.4.1.1 试剂和材料

A.4.1.1.1 甲醛。

A.4.1.1.2 氢氧化钠标准滴定溶液：$c(NaOH)=0.1\ mol/L$。

A.4.1.2 分析步骤

称取约0.2 g实验室样品，精确至0.000 1 g，加50 mL水使之溶解，再加入5 mL甲醛，用氢氧化钠标准滴定溶液滴定，按GB/T 9725化学试剂电位滴定法指示终点，并用同样方法进行空白试验。

A.4.2 第二法

A.4.2.1 试剂和材料

A.4.2.1.1 甲醛溶液。

A.4.2.1.2 氢氧化钠标准滴定溶液：$c(NaOH)=0.1\ mol/L$。

A.4.2.1.3 酚酞指示剂：5 g/L乙醇溶液。

A.4.2.2 分析步骤

称取约0.2 g实验室样品，精确至0.000 1 g，加50 mL水使之溶解，再加入5 mL甲醛溶液，用氢氧化钠标准滴定溶液滴定，加酚酞指示剂3滴，直到粉红色出现。并用同样方法进行空白试验。

A.4.3 结果计算

牛磺酸含量(以$C_2H_7NO_3S$计，干基计)质量分数以w_1计，数值以%表示，按公式(A.1)计算：

$$w_1=\frac{c\times[(V_1-V_0)/1\ 000]\times M}{m\times(1-w_2)}\times 100\% \qquad \cdots\cdots(A.1)$$

式中：

V_0——滴定空白试验溶液所消耗氢氧化钠滴定溶液的体积的数值，单位为毫升(mL)；

V_1——滴定实验室样品溶液所消耗氢氧化钠滴定溶液的体积的数值，单位为毫升(mL)；

c——氢氧化钠滴定溶液浓度的准确数值，单位为摩尔每升(mol/L)；

m——实验室样品质量的数值，单位为克(g)；

w_2——按测得实验室样品干燥减量的质量分数的数值；

M——牛磺酸的摩尔质量的数值，单位为克每摩尔(g/mol)[$M(C_2H_7NO_3S)=125.15$]。

取两次平行测定结果的算术平均值为测定结果，两次平行测定结果的绝对差值不大于0.3%。

A.5 电导率的测定

称取1.0 g±0.01 g实验室样品，加20 mL纯化水(电导率不超过4 $\mu S\cdot cm^{-1}$)溶解后，按GB/T 6908—2008进行测定。

A.6 pH的测定

称取1.0 g±0.01 g实验室样品，加新煮沸并冷却的20 mL水溶解，按GB/T 9724进行测定。

A.7 易炭化物的测定

A.7.1 方法提要

将样品溶解于硫酸溶液中，并与硫酸溶液比较，颜色不得更深。

A.7.2 试剂和材料

硫酸溶液:94.5%～95.5%(质量分数)。

A.7.3 分析步骤

取内径一致的比色管两支:甲管中加 5 mL 硫酸溶液;乙管中加 5 mL 硫酸溶液后,缓缓加入 0.5 g±0.01 g实验室样品,振摇使溶解,静置 15 min后,将甲乙两管同置白色背景前,平视观察。乙管中所显颜色不得较甲管更深。

A.8 灼烧残渣的测定

A.8.1 试剂和材料

硫酸。

A.8.2 分析步骤

称取约 1.0 g 实验室样品,精确至 0.000 2 g,置已灼烧至恒重的坩埚中,缓缓灼烧至完全炭化,冷却至室温;加 0.5 mL～1 mL 硫酸使湿润,低温加热至硫酸蒸气除尽后,在 550 ℃±50 ℃灼烧使完全灰化,移至干燥器内,冷却至室温,精确称定后,再在 550 ℃±50 ℃灼烧至恒重。

A.8.3 结果计算

灼烧残渣的质量分数以 w_3 计,数值以%表示,按公式(A.2)计算:

$$w_3 = \frac{m_3 - m_4}{m} \times 100\% \quad \cdots\cdots(A.2)$$

式中:

m_3——恒重坩埚和残渣的质量的数值,单位为克(g);

m_4——恒重坩埚的质量的数值,单位为克(g);

m ——实验室样品的质量的数值,单位为克(g)。

取两次平行测定结果的算术平均值为测定结果,两次平行测定结果的绝对差值不大于 0.02%。

A.9 干燥减量的测定

按 GB/T 6284 测定,称取约 1.0 g 实验室样品,精确至 0.000 2 g,在105 ℃±2 ℃干燥 3 h。

A.10 砷的测定

称取 1.0 g±0.01 g 实验室样品,加 23 mL 水溶解后,加 5 mL 盐酸;量取 2 mL±0.01 mL 砷(每 1 mL含砷 1.0 μg)标准溶液制备限量标准液。其他按 GB/T 5009.76—2003 规定进行。

A.11 澄清度的测定

A.11.1 试剂和材料

A.11.1.1 乌洛托品溶液:100 g/L。

A.11.1.2 浊度标准贮备液：

称取于105 ℃干燥至恒重的1.00 g硫酸肼，精确至0.001 g，置100 mL容量瓶中，加水适量使溶解，必要时可在40 ℃的水浴中温热溶解，并用水稀释至刻度，摇匀，放置4 h～6 h；取此溶液与等容量的乌洛托品溶液（100 g/L）混合，摇匀，于25 ℃避光静置24 h，即得。本液置冷处避光保存，可在两个月内使用，用前摇匀。

A.11.1.3 0.5号浊度标准原液：

取15.0 mL浊度标准贮备液，置1 000 mL容量瓶中，加水稀释至刻度，摇匀，取适量，置1 cm吸收池中，按紫外-可见分光光度法（《中华人民共和国药典》2005年版二部附录Ⅳ A），在550 nm的波长处测定，其吸光度应在0.12～0.15范围内。本液应在48 h内使用，用前摇匀。

A.11.1.4 0.5号浊度标准：

取2.5 mL浊度标准原液，置100 mL容量瓶中，加水稀释至刻度，摇匀，即得。

A.11.2 分析步骤

按《中华人民共和国药典》2005年版二部附录Ⅸ B澄清度检查法。称取0.5 g±0.01 g实验室样品，加20 mL水使之溶解，与同体积的水或0.5号浊度标准液比较，若显混浊，不得比0.5号浊度标准液更深。

A.12 氯化物的测定

A.12.1 试剂和材料

A.12.1.1 硝酸溶液：105→1 000。

A.12.1.2 硝酸银试液：0.1 mol/L。

A.12.1.3 标准氯化钠溶液：

称取0.165 g氯化钠，精确至0.000 2 g，置1 000 mL容量瓶中，加水适量使溶解并稀释至刻度，摇匀，作为贮备液。

临用前，精密量取10 mL贮备液，置100 mL容量瓶中，加水稀释至刻度，摇匀，即得（每1 mL相当于10 μg的Cl^-）。

A.12.2 分析步骤

称取1.0 g±0.01 g实验室样品置50 mL纳氏比色管中，加水溶解，并稀释至刻度；量取5 mL，加水溶解使成25 mL，再加10 mL硝酸溶液；溶液如不澄清，应滤过；置50 mL纳氏比色管中，加水使成约40 mL，摇匀，即得实验室样品溶液。另取2 mL±0.01 mL标准氯化钠溶液，置50 mL纳氏比色管中，加10 mL硝酸，加水使成40 mL，摇匀，即得对照溶液。于实验室样品溶液与对照溶液中，分别加入1.0 mL硝酸银试液，用水稀释使成50 mL，摇匀，在暗处放置5 min，同置黑色背景上，从比色管上方向下观察、比较，即得。实验室样品溶液与对照溶液比较，不得更深。

A.13 硫酸盐的测定

A.13.1 试剂和材料

A.13.1.1 盐酸溶液：234→1 000。

A.13.1.2 氯化钡溶液：250 g/L。

A.13.1.3 标准硫酸钾溶液：称取0.181 g硫酸钾，精确至0.000 2 g，置1 000 mL容量瓶中，加水适量使溶解并稀释至刻度，摇匀，即得（每 1 mL 相当于 100 μg 的 SO_4）。

A.13.2 分析步骤

称取 0.5 g±0.01 g 实验室样品，加水溶解使成约 40 mL；溶液如不澄清，应滤过；置 50 mL 纳氏比色管中，加 2 mL 盐酸溶液，摇匀，即得实验室样品溶液。另取 1 mL±0.007 mL 标准硫酸钾溶液，置 50 mL 纳氏比色管中，加水使成约 40 mL，加 2 mL 盐酸溶液，摇匀，即得对照溶液。于实验室样品溶液与对照溶液中，分别加入 5 mL 氯化钡溶液，用水稀释至 50 mL，充分摇匀，放置 10 min，同置黑色背景上，从比色管上方向下观察、比较，即得。若显色，实验室样品溶液显示的颜色与对照溶液比较，不得更深。

A.14 铵盐的测定

A.14.1 试剂和材料

A.14.1.1 氧化镁。
A.14.1.2 碘化钾。
A.14.1.3 氢氧化钾。
A.14.1.4 二氯化汞饱和溶液。
A.14.1.5 氢氧化钠试液：43 g/L。
A.14.1.6 稀盐酸：234→1 000。
A.14.1.7 稀硫酸：57→1 000。
A.14.1.8 高锰酸钾试液：0.1 mol/L。
A.14.1.9 无氨蒸馏水：取 1 000 mL 纯化水，加 1 mL 稀硫酸与 1 mL 高锰酸钾试液，蒸馏。
A.14.1.10 碱性碘化汞钾试液：称取约 10 g 碘化钾，精确至 0.01 g，加 10 mL 水溶解后，缓缓加入二氯化汞饱和溶液，随加随搅拌，至生成红色沉淀不再溶解，加 30 g 氢氧化钾，精确至 0.01 g，溶解后，再加 1 mL 或 1 mL 以上二氯化汞饱和溶液，并用适量的水稀释成 200 mL，静置，使沉淀，即得，用时取上层的澄明溶液应用。
A.14.1.11 标准氯化铵溶液：称取约 31.5 mg 氯化铵，精确至 0.01 g，置 1 000 mL 容量瓶中，加水适量使溶解并稀释至刻度，摇匀，即得（每 1 mL 相当于 10 μg 的 NH_4）。

A.14.2 分析步骤

称取 0.1 g±0.01 g 实验室样品，置蒸馏瓶中，加 200 mL 无氨蒸馏水，加 1 g 氧化镁，加热蒸馏，馏出液导入加有 1 滴稀盐酸与 5 mL 无氨蒸馏水的 50 mL 纳氏比色管中，俟馏出液达 40 mL 时，停止蒸馏，加 5 滴氢氧化钠试液，加无氨蒸馏水至 50 mL，加 2 mL 碱性碘化汞钾试液，摇匀，放置 15 min，如显色，与 2 mL±0.010 mL 标准氯化铵溶液（每 1 mL 相当于 10 μg 的 NH_4^+）按上述方法制成的对照液比较，不得更深。

A.15 重金属的测定

A.15.1 试剂和材料

A.15.1.1 硝酸。
A.15.1.2 硫酸。
A.15.1.3 盐酸。

A.15.1.4 甘油。

A.15.1.5 乙酸铵。

A.15.1.6 硝酸铅。

A.15.1.7 硫代乙酰胺。

A.15.1.8 氨试液：400→1 000。

A.15.1.9 氢氧化钠溶液：$c(NaOH)=1\ mol/L$。

A.15.1.10 盐酸溶液：$c(HCl)=2\ mol/L$。

A.15.1.11 盐酸溶液：$c(HCl)=7\ mol/L$。

A.15.1.12 氨水溶液：$c(NH_3 \cdot H_2O)=5\ mol/L$。

A.15.1.13 酚酞指示液：10 g/L 乙醇溶液。

A.15.1.14 乙酸盐缓冲液(pH3.5)：称取约 25 g 乙酸铵，精确至 0.01 g，加 25 mL 水溶解后，加 7 mol/L盐酸溶液 38 mL，用 2 mol/L 盐酸溶液或氨水溶液准确调节 pH 至 3.5(pH 计)，用水稀释至 100 mL，即得。

A.15.1.15 硫代乙酰胺试液：称取约 4 g 硫代乙酰胺，精确至 0.01 g，加水使溶解成 100 mL，置冰箱中保存。临用前取 5.0 mL 混合液(由 1 mol/L 15 mL 氢氧化钠溶液、5.0 mL 水及 20 mL 甘油组成)，加上述 1.0 mL 硫代乙酰胺溶液，置水浴上加热 20 s，冷却，立即使用。

A.15.1.16 铅标准溶液：称取约 0.160 g 硝酸铅，精确至 0.000 2 g，置于 1 000 mL 容量瓶中，加 5 mL 硝酸与 50 mL 水溶解后，用水稀释至刻度，摇匀，作为贮备液。临用前，移取 10 mL±0.02 mL 贮备液，置于 100 mL 容量瓶中，加水稀释至刻度，摇匀，即得(每 1 mL 相当于 10 μg 的 Pb)。配置与贮存用的玻璃仪器均不得含铅。

A.15.2 分析步骤

按《中华人民共和国药典》2005 年版二部附录Ⅷ H 重金属检查法第二法，具体方法如下：

取 A.8 中遗留的残渣，加 0.5 mL 硝酸，蒸干，至氧化氮蒸气除尽后(或取 1 g 实验室样品，缓缓灼烧至完全炭化，冷却至室温，加 0.5 mL～1.0 mL 硫酸，使恰湿润，用低温加热至硫酸除尽后，加 0.5 mL 硝酸，蒸干，至氧化氮蒸气除尽后，冷却至室温，在 500 ℃～600 ℃灼烧至完全灰化)，冷却至室温，加 2 mL盐酸，置水浴上蒸干后加 15 mL 水，滴加氨试液至对酚酞指示液显中性，再加 2 mL 乙酸盐缓冲液(pH3.5)，微热溶解后，移置纳氏比色甲管中，加水稀释成 25 mL；另取配制实验室样品溶液的试剂，置瓷皿中蒸干后，加 2 mL 乙酸盐缓冲液(pH3.5)与 15 mL 水，微热溶解后，移置纳氏比色乙管中，加 1 mL±0.01 mL标准铅溶液，再用水稀释成 25 mL；再在甲乙两管中分别加硫代乙酰胺试液各 2 mL，摇匀，放置 2 min，同置白纸上，自上向下透视，甲管中显示的颜色与乙管比较，不得更深。

附　录　B
（规范性附录）
牛磺酸红外吸收光谱对照图

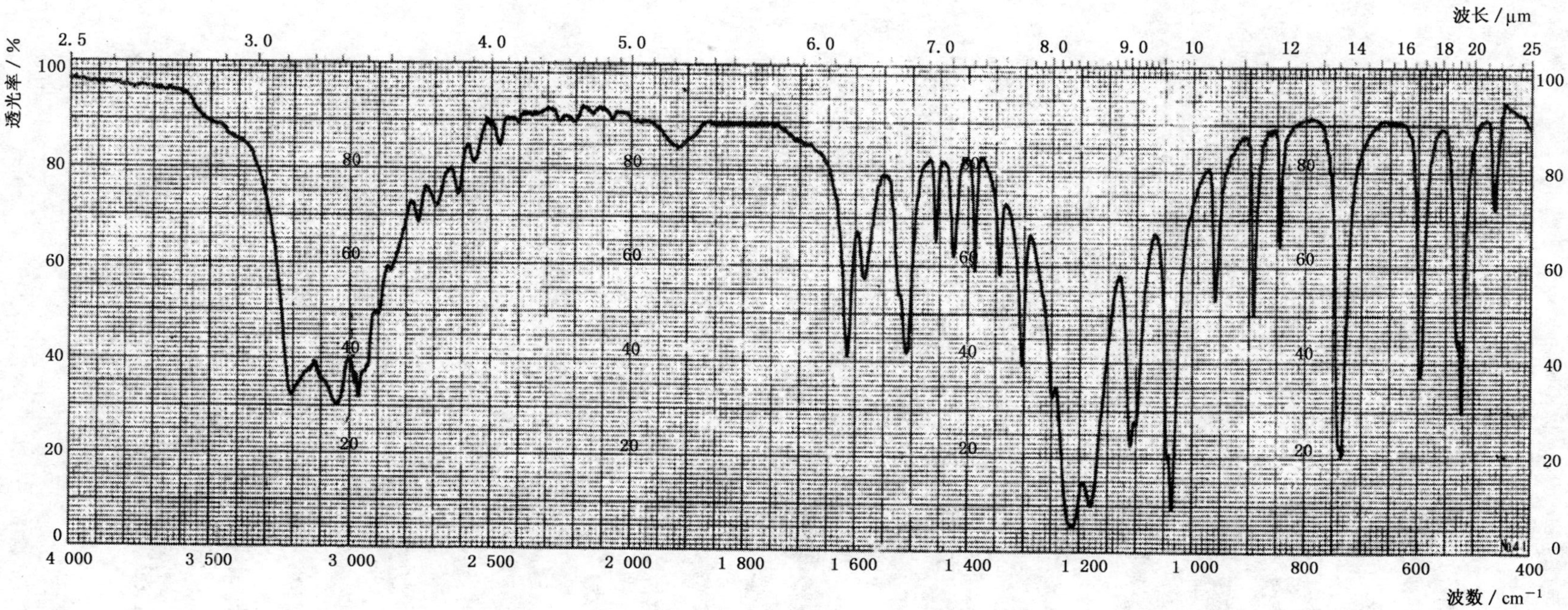

注：引自《药品红外光谱集》第一卷(1995)。

图 B.1　牛磺酸红外吸收光谱对照图

ICS 53.100
P 97

中华人民共和国国家标准

GB/T 14780—2010/ISO 6302:1993
代替 GB/T 14780—1993

土方机械 排液、加液和液位螺塞

Earth-moving machinery—Drain, fill and level plugs

(ISO 6302:1993, IDT)

2010-12-01 发布

2011-03-01 实施

中华人民共和国国家质量监督检验检疫总局
中国国家标准化管理委员会 发布

前　言

本标准等同采用 ISO 6302:1993《土方机械　排液、加液和液位螺塞》(英文版)。

本标准等同翻译 ISO 6302:1993。

为便于使用,本标准作了下列编辑性修改:

——“本国际标准”一词改为“本标准”;

——删除了国际标准的前言;

——对 ISO 6302:1993 中引用的国际标准,用已被采用为我国的标准代替对应的国际标准;

——按我国机械制图规定调整了图 1 和图 2 中的视图;

——用小数点“.”代替作为小数点的“,”;

——增加了参考文献。

本标准是对 GB/T 14780—1993《土方机械　排液、加液和液位螺塞》的修订。

本标准与 GB/T 14780—1993 相比,主要变化如下:

——增加了前言;

——增加了规范性引用文件;

——表 1、表 2 中增加了 ISO 6302:1993 中相应的英制螺纹尺寸规格。

本标准代替 GB/T 14780—1993。

本标准由中国机械工业联合会提出。

本标准由全国土方机械标准化技术委员会(SAC/TC 334)归口。

本标准起草单位:天津工程机械研究院。

本标准主要起草人:张丽娟。

本标准所代替标准的历次版本发布情况为:

——GB/T 14780—1993。

土方机械　排液、加液和液位螺塞

1　范围

本标准规定了与 ISO 4510-1:1987 中所列手工工具配合使用的螺塞各部分的形式、形状和规格，以便能在工作现场很方便地拆卸和安装螺塞。本标准不规定螺塞的制造要求，即尺寸和材料。

本标准适用于土方机械更换润滑油、冷却液、液压油和燃油用的排液、加液和液位螺塞。

2　规范性引用文件

下列文件中的条款通过本标准的引用而成为本标准的条款。凡是注日期的引用文件，其随后所有的修改单(不包括勘误的内容)或修订版均不适用于本标准，然而，鼓励根据本标准达成协议的各方研究是否可使用这些文件的最新版本。凡是不注日期的引用文件，其最新版本适用于本标准。

GB/T 193　普通螺纹　直径与螺距系列(GB/T 193—2003,ISO 261:1998,MOD)

GB/T 196　普通螺纹　基本尺寸(GB/T 196—2003,ISO 724:1993,MOD)

GB/T 7306.2　55°密封管螺纹　第 2 部分:圆锥内螺纹与圆锥外螺纹(GB/T 7306.2—2000,eqv ISO 7-1:1994)

GB/T 20670　统一螺纹　直径与牙数系列(GB/T 20670—2006,ISO 263:1973,MOD)

ISO 725:1987　ISO 英制螺纹　基本尺寸

ISO 4510-1:1987　土方机械　维修工具　第 1 部分:通用维修和调整工具

3　形式和主要尺寸

3.1　A 型和 B 型螺塞

A 型和 B 型螺塞应如图 1 和表 1 所示。

a) A 型方沉头螺塞　　b) B 型外六角头螺塞

图 1

表 1

单位为毫米(英寸)

锥管螺纹[a] (GB/T 7306.2) d	A 型		B 型	
	沉孔宽度[b] S_1	沉孔深度(最小) t_1	头部宽度[b] S_2	头部高度(公称) k_1
R1/8 (1/8-27 NPTF)	—	—	12 (7/16)	5 (3/16)
R1/4 (1/4-18 NPTF)	—	—	14 (9/16)	5 (3/16)

表 1(续) 单位为毫米(英寸)

锥管螺纹[a] (GB/T 7306.2) d	A型		B型	
	沉孔宽度[b] S_1	沉孔深度(最小) t_1	头部宽度[b] S_2	头部高度(公称) k_1
R3/8 (3/8-18 NPTF)	—	—	19 (11/16)	6 (7/32)
R1/2 (1/2-14 NPTF)	—	—	22 (7/8)	6 (7/32)
R3/4 (3/4-14 NPTF)	12.5 (1/2)	8 (5/16)	27 ($1\frac{1}{8}$)	8 (5/16)
R1 (1-11 1/2 NPTF)	12.5 (1/2)	10 (3/8)	36 ($1\frac{5}{16}$)	8 (5/16)
R$1\frac{1}{4}$ ($1\frac{1}{4}$-11 1/2 NPTF)	20 (3/4)	12 (1/2)	46 ($1\frac{7}{8}$)	10 (3/8)
R$1\frac{1}{2}$ ($1\frac{1}{2}$-11 1/2 NPTF)	20 (3/4)	12 (1/2)	50 ($1\frac{7}{8}$)	10 (3/8)
对应的手动工具 (ISO 4510-1)	套筒扳手		两用扳手或单头扳手	

a 表中括号内的尺寸参见 ANSI B1.20.3—1976 (SAE J476)(R1991),气密管螺纹(英制)。

b 表中给出的数字为工具的公称规格,并非螺塞尺寸。

3.2 C型和D型螺塞

C型和D型螺塞应如图2和表2所示。

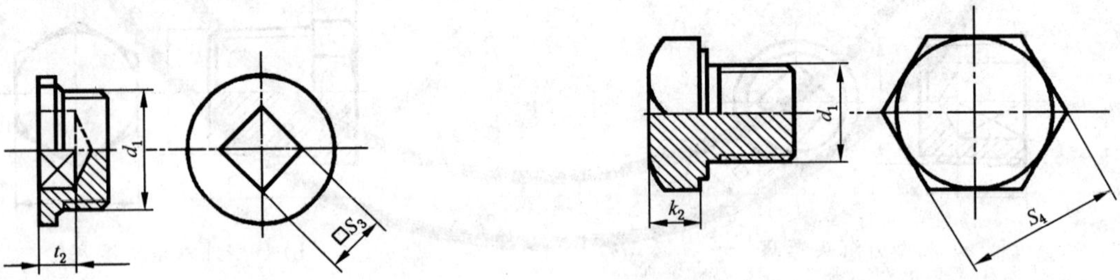

a) C型方沉孔头螺塞　　b) D型外六角头螺塞

图 2

表 2 单位为毫米(英寸)

螺纹[a] (GB/T 193、GB/T 196) (GB/T 20670、ISO 725) d_1	C型		D型	
	沉孔宽度[b] S_3	沉孔深度(最小) t_2	头部宽度[b] S_4	头部高度(公称) k_2
M8×1 (5/16-24 UNF)	—	—	13 (9/16)	5 (3/16)

表 2（续）

单位为毫米(英寸)

螺纹[a] (GB/T 193、GB/T 196) (GB/T 20670、ISO 725) d_1	C型		D型	
	沉孔宽度[b] S_3	沉孔深度(最小) t_2	头部宽度[b] S_4	头部高度(公称) k_2
M10×1.25 (3/8-24 UNF)	—	—	17 (5/8)	5 (3/16)
M12×1.25 (1/2-20 UNF)	—	—	19 (3/4)	5 (3/16)
M16×1.5 (5/8-18 UNF)	—	—	24 (7/8)	7 (1/4)
M20×1.5 (3/4-16 UNF)	—	—	30 (1 $\frac{1}{8}$)	7 (1/4)
M24×1.5 (1-12 UNF)	12.5 (1/2)	8 (5/16)	32 (1 $\frac{5}{16}$)	7 (1/4)
M27×1.5 (1 $\frac{1}{16}$-12 UN)	—	—	32 (1 $\frac{5}{16}$)	8 (5/16)
M30×1.5 (1 $\frac{1}{4}$-12 UNF)	20 (3/4)	12 (1/2)	41 (1 $\frac{1}{2}$)	8 (5/16)
M33×1.5 (1 $\frac{5}{16}$-12 UN)	—	—	41 (1 $\frac{1}{2}$)	10 (3/8)
M36×1.5 ($\frac{1}{2}$-12 UNF)	20 (3/4)	12 (1/2)	46 (1 $\frac{7}{8}$)	10 (3/8)
(1 $\frac{5}{8}$-12 UN)	—	—	(1 $\frac{7}{8}$)	(3/8)
M42×1.5 (1 $\frac{3}{4}$-12 UN)	20 (3/4)	12 (1/2)	55 (21/16)	10 (3/8)
(1 $\frac{7}{8}$-12 UN)	—	—	(21/4)	(3/8)
M48×1.5 (2-12 UN)	20 (3/4)	12 (1/2)	60 (21/4)	10 (3/8)
对应的手动工具 (ISO 4510-1)	套筒扳手		两用扳手或单头扳手	

[a] ISO 725 和 GB/T 20670 英制螺纹 D 型的一些规格与标准软管和钢管接头螺纹是一致的，允许接软管，以收集排放的液体。

[b] 表中给出的数字为工具的公称规格，并非螺塞尺寸。

4 用途

表3列出了A型、B型、C型和D型螺塞的推荐用途。

表3

用　　途	螺塞的推荐形式
易损坏的部位	A、C型(优先选用C型)
难清理的部位	A、C型(优先选用C型)
需定期拆卸和安装的部位	D型
很少拆卸和安装的部位	B型

参 考 文 献

ANSI B1.20.3—1976（SAE J476）（R1991） 英寸制干密封螺纹

ICS 53.100
P 97

中华人民共和国国家标准

GB/T 14782—2010
代替 GB/T 14782—1993

平地机　技术条件

Grader—Technical specifications

2010-12-01 发布　　2011-03-01 实施

中华人民共和国国家质量监督检验检疫总局
中国国家标准化管理委员会　发布

前言

本标准是对 GB/T 14782—1993《平地机技术条件》的修订。

本标准与 GB/T 14782—1993 相比，主要变化如下：

——取消了质量分等规定，只规定基本要求；

——删除了制造过程及工艺方面的要求；

——制动性能、司机视野、操纵力、噪声、司机座椅振动、排放等要求改为直接按相应标准的规定；

——增加了司机室环境的要求；

——删除了整机寿命和发动机寿命的内容；

——简化了检验规则的内容；

——删除了原第 7 章“质量保证”；

——删除了附录 A“标准中所采用的有关可靠性定义”；

——删除了附录 B“平地机测试记录表”，记录表另列入试验方法标准中。

本标准代替 GB/T 14782—1993。

本标准由中国机械工业联合会提出。

本标准由全国土方机械标准化技术技术委员会(SAC/TC 334)归口。

本标准起草单位：天津工程机械研究院、鼎盛天工工程机械股份有限公司、徐州徐工筑路机械有限公司。

本标准主要起草人：吴润才、阎堃、武渝、张忠海、吴继霞。

本标准所代替标准的历次版本发布情况为：

——GB/T 14782—1993。

平地机 技术条件

1 范围

本标准规定了自行式平地机的术语和定义、分类、要求、试验方法、检验规则、标志、包装、运输和贮存。

本标准适用于整体或铰接机架的自行式平地机。

2 规范性引用文件

下列文件中的条款通过本标准的引用而成为本标准的条款。凡是注日期的引用文件，其随后所有的修改单(不包括勘误的内容)或修订版均不适用与本标准，然而，鼓励根据本标准达成协议的各方研究是否可使用这些文件的最新版本。凡是不注日期的引用文件，其最新版本适用与本标准。

GB/T 2829 周期检验计数抽样程序及表(适用于对过程稳定性的检验)

GB/T 3766 液压系统通用技术条件(GB/T 3766—2001,eqv ISO 4413:1998)

GB/T 7920.9 土方机械 平地机 术语和商业规格(GB/T 7920.9—2003,ISO 7134:1993,MOD)

GB/T 7935 液压元件 通用技术条件

GB/T 8419 土方机械 司机座椅振动的试验室评价(GB/T 8419—2007,ISO 7096:2000,IDT)

GB/T 8420 土方机械 司机的身材尺寸与司机的最小活动空间(GB/T 8420—2000,eqv ISO 3411:1995)

GB/T 8506 平地机 试验方法

GB/T 8595 土方机械 司机的操纵装置(GB/T 8595—2008,ISO 10968:2004,IDT)

GB/T 14039 液压传动 油液 固体颗粒污染等级代号(GB/T 14039—2002,ISO 4406:1999,MOD)

GB 16710.1 工程机械 噪声限值

GB/T 19933.2 土方机械 司机室环境 第2部分:空气滤清器的试验(GB/T 19933.2—2005,ISO 10263-2:1994,IDT)

GB/T 19933.4 土方机械 司机室环境 第4部分:司机室的空调、采暖和(或)换气试验方法(GB/T 19933.4—2005,ISO 10263-4:1994,MOD)

GB/T 19933.5 土方机械 司机室环境 第5部分:风窗玻璃除霜系统的试验方法(GB/T 19933.5—2005,ISO 10263-5:1994,MOD)

GB 20178 土方机械 安全标志和危险图示 通则(GB 20178—2006,ISO 9244:1995,MOD)

GB/T 20418 土方机械 照明、信号和标志灯以及反射器(GB/T 20418—2006,ISO 12509:1995,MOD)

GB 20891 非道路移动机械用柴油机排气污染物排放限值及测量方法(中国Ⅰ、Ⅱ阶段)

GB/T 21152 土方机械 轮胎式机器 制动系统的性能要求和试验方法(GB/T 21152—2007,ISO 3450:1996,IDT)

GB/T 21155 土方机械 前进和倒退音响报警 声响试验方法(GB/T 21155—2007,ISO 9533:1989,IDT)

GB/T 21935 土方机械 操纵的舒适区域与可及范围(GB/T 21935—2008,ISO 6682:1986,IDT)

GB/T 22355 土方机械 铰接机架锁紧装置 性能要求(GB/T 22355—2008,ISO 10570:2004,IDT)

GB/T 22358　土方机械　防护与贮存(GB/T 22358—2008,ISO 6749:1984,IDT)
GB/T 25602　土方机械　机器可用性　术语(GB/T 25602—2010,ISO 8927:1991,IDT)
GB/T 25627　工程机械　动力换挡变速器
JB/T 4198.1　工程机械用柴油机　技术条件
JB/T 5943　工程机械　焊接件通用技术条件
JB/T 5946　工程机械　涂装通用技术条件
JB/T 5947　工程机械　包装通用技术条件
JB/T 5948　工程机械　钳盘式制动器　技术条件
JB/T 5949　工程机械　蹄式制动器　技术条件
JB 6030　工程机械　通用安全技术要求
JB/T 7155　轮式工程机械车轮　技术条件
JB/T 7696(所有部分)　工程机械用仪表
JB/T 7698　轮胎式装载机车轮轮辐与轮毂　安装尺寸
JB/T 8816　工程机械　驱动桥技术条件
JB/T 9711　单级向心涡轮液力变矩器　通用技术条件
JB/T 9725　工程机械　产品型号编制方法
ISO 5006:2006　土方机械　司机视野　试验方法和性能准则
ISO 14401-2:2009　土方机械　监视镜和后视镜的视野　第2部分:性能准则

3　术语和定义

GB/T 7920.9 和 GB/T 25602《土方机械　机器可用性　术语》确立的术语和定义适用于本标准。

4　分类

4.1　平地机按机架形式分为整体式和铰接式;按传动形式分为机械传动、液力传动和液压传动;按驱动形式分为后桥驱动和全轮驱动。

4.2　平地机型号编制方法按 JB/T 9725 的规定。

5　要求

5.1　一般要求

5.1.1　平地机应符合本标准的要求,并按经规定的程序批准的图样和技术文件制造。

5.1.2　原材料、外购件、外协件均应有供货单位的标记及合格证,制造商应抽样测试,确认合格后方可使用。

5.1.3　焊接件应符合 JB/T 5943 的规定。

5.1.4　外观涂装应符合 JB/T 5946 的规定。

5.2　性能要求

5.2.1　平地机的主要性能指标应符合表1的规定。

表1　平地机主要性能要求

序号	项目		性能要求	备注
1	铲刀升降速度/(mm/s)	升	≥100	
		降	≥120	
2	铲刀侧移速度/(mm/s)	伸	≥90	
		缩	≥100	

表 1（续）

序号	项　　目		性能要求	备　　注
3	铲刀油缸沉降量/(mm/30 min)		≤8	
4	最大牵引力/kN	后桥驱动	$\geqslant 0.75G_1 \cdot g$	G_1 为后桥荷重，$g=9.81\ \mathrm{m/s^2}$ G_2 为前桥荷重 G_0 为整机重量
		前桥驱动	$\geqslant 0.75G_2 \cdot g$	
		全轮驱动	$\geqslant 0.73G_0 \cdot g$	
5	爬坡能力		≥25%	
6	制动性能		应符合 GB/T 21152 规定	
7	液压系统固体颗粒污染等级	采用柱塞泵系统	≤—/18/15	1　行驶试验及 2 h 作业后检查 2　污染等级符合 GB/T 14039 的规定
		采用齿轮泵系统	≤—/19/16	
8	变速箱或变矩器油固体颗粒污染等级		≤—/20/17	
9	整机密封性(10 min)		无渗	
10	操纵力		应符合 GB/T 8595 规定	
11	机外辐射噪声		应符合 GB 16710.1 规定	
12	司机耳旁噪声/dB(A)		≤88[a]	
13	司机座椅振动		应符合 GB/T 8419 规定	
14	排气污染物排放		应符合 GB 20891 的规定	厂家提供试验报告
15	整机可靠性	工作可用度(有效度)	≥85%	
		平均失效间隔时间(平均故障间隔时间)/h	≥200	
		平均首次失效前时间(首次故障前平均工作时间)/h	≥200	

[a] GB 16710.1—1996 修订后，按 GB 16710.1 的规定。

5.2.2　液压系统应符合 GB/T 3766 的规定，液压元件应符合 GB/T 7935 的规定，液压油的最高温度和最大温升应处于平地机正常工作允许的范围内。

5.2.3　柴油机应符合 JB/T 4198.1 的规定。

5.2.4　动力换挡变速器应符合 GB/T 25627《工程机械　动力换挡变速器》的规定。

5.2.5　液力变矩器应符合 JB/T 9711 的规定。

5.2.6　驱动桥应符合 JB/T 8816 的规定。

5.2.7　制动器应符合 JB/T 5948 或 JB/T 5949 的规定。

5.2.8　平地机应传动平稳，无异常声响。

5.2.9　燃油箱的容量应保证连续作业时间不少于一个作业班次。

5.2.10　车轮应符合 JB/T 7155，其轮辐与轮毂的安装尺寸应符合 JB/T 7698 的规定。

5.2.11　仪表应符合 JB/T 7696 的规定。

5.2.12　全轮驱动时，前桥液压驱动应符合以下要求：

a)　前桥驱动时，在行驶和作业中应保证前后轮同步，前轮不允许出现打滑现象；

b)　脱开机构应保证前桥、后桥脱开，前桥、后桥能单独驱动。

5.2.13　平地机应能在－25 ℃～＋40 ℃的气温下正常启动和全功率运转。

5.2.14　平地机应能在Ⅰ～Ⅲ级土壤中正常工作。

5.2.15 平地机可靠性要求的有效度、平均故障间隔时间和首次故障前平均工作时间见表1的规定。

5.3 安全、环境保护和舒适性要求

5.3.1 平地机的安全技术要求应符合JB 6030的规定。

5.3.2 平地机的制动、爬坡性能按表1的规定。

5.3.3 平地机的噪声、排气污染物排放按表1的规定。

5.3.4 如配备全密闭司机室，平地机应符合GB/T 19933.2、GB/T 19933.4和GB/T 19933.5的规定。

5.3.5 操纵装置的布置应符合GB/T 21935的规定。

5.3.6 司机室的地板和脚踏板应防滑。

5.3.7 司机室内放置的高压胶管或蓄电池应有保护装置。

5.3.8 司机室应符合GB/T 8420的规定，并装设便于司机随时了解和观察平地机所处作业状态的指示图表或仪器。

5.3.9 平地机上应设有电源插座，插座位置应便于接近，插座应能防止错误连接。

5.3.10 平地机司机视野应符合ISO 5006:2006的规定。

5.3.11 平地机的监视镜和后视镜应符合ISO 14401-2:2009的规定。

5.3.12 平地机的照明、信号和标志灯以及反射器应符合GB/T 20418的规定，其前进、后退报警音响应符合GB/T 21155的规定。

5.3.13 铰接式平地机的前、后机架间应配置符合GB/T 22355规定的铰接机架锁紧装置，防止偏转，以保证在运输、吊装及维修时的安全。

6 试验方法

按GB/T 8506的规定。

7 检验规则

7.1 出厂检验

7.1.1 平地机应经出厂检验合格后方可出厂。

7.1.2 在进行外部观测中检查平地机是否符合技术文件要求时，整机或部件均不解体，此时检查如下项目：

a) 整机装配的正确性和完整性；

b) 铸件、焊接件、漆膜、颜色的外观质量；

c) 整机油、水、气的密封性；

d) 各润滑部位的润滑状态；

e) 燃油、润滑油、液压油的装机情况；

f) 整机、随机备件、随机工具及使用说明书等发货的完整性；

g) 仪表及电气设备齐全有效。

7.1.3 出厂检验项目可按下列项目选择：

a) 制动要求；

b) 50 km行驶；

c) 整机密封性能；

d) 液压系统压力；

e) 操纵力；

f) 2 h作业试验；

g) 铲刀升降速度；

h) 铲刀侧移速度；

i) 润滑油及液压油固体颗粒污染度。

7.2 型式检验和周期检验

7.2.1 有下列情况之一时，至少抽1台平地机进行型式检验：

a) 新产品、变型产品或老产品转厂生产需定型鉴定时；

b) 产品正式生产后，如结构、工艺、材料有较大改变，可能影响产品性能时；

c) 产品停产三年以上，恢复生产时；

d) 出厂检验结果与上次型式检验有较大差异时；

e) 国家质量监督机构提出进行型式检验的要求时。

7.2.2 型式检验项目：

a) 出厂检验项目(7.1.2、7.1.3)；

b) 性能试验项目(出厂检验之外的其他性能项目)；

c) 可靠性项目。

7.2.3 周期检验项目(正常生产时，定期或积累一定产量的周期性检验)：

a) 出厂检验项目(7.1.2、7.1.3)；

b) 性能试验项目(出厂检验之外的其他性能项目)。

7.3 抽样方案

7.3.1 出厂检验方案由制造商自行确定，或由制造商与用户协商确定。

7.3.2 周期检验和型式检验采用抽样检验，具体的抽样、组批方式由制造商按GB/T 2829中规定的一次抽样方案，在受检当月(或当季)的批量中随机抽取。具体抽样方案由制造商自行确定，或由制造商与用户协商确定。

8 标志、包装、运输和贮存

8.1 标志

8.1.1 产品标牌和商标应牢固地固定在平地机的明显位置。

8.1.2 产品标牌应包括以下内容：

a) 制造商名称和地址；

b) 产品名称和型号；

c) 产品主要参数(功率、质量)和外形尺寸；

d) 出厂日期；

e) 出厂编号。

8.1.3 在平地机的明显位置，设置操作指示标记和安全标志。安全标志应符合GB 20178。

8.2 包装

8.2.1 平地机的易损件、备件的包装应符合JB/T 5947的规定，并在保证正常运输和贮存条件下不至于损坏。

8.2.2 随机备件和工具应涂防锈油或防锈脂并妥善装入箱内。

8.2.3 需润滑的部位按规定加注润滑油或润滑脂。

8.2.4 平地机出厂时，应包括下列文件：

a) 产品合格证明书；

b) 司机手册(使用说明书)；

c) 装箱单；

d) 随机工具、易损件、附件、备件的目录。

8.2.5 平地机属于裸装产品，经机械加工后而又不允许涂漆的表面(如活塞杆)在出厂前均应作防锈处理。防锈有效期为6个月。

8.3 运输和贮存

8.3.1 平地机的运输应符合铁路、公路和水路运输的有关规定。

8.3.2 平地机在发运前，制造商应做下列准备工作：

a) 断开蓄电池与车身相连的电路；

b) 铰接机架应锁紧；

c) 司机室门锁好。

8.3.3 平地机的防护与贮存应符合 GB/T 22358 的规定。

ICS 59.080.70
W 59

中华人民共和国国家标准

GB/T 14800—2010/ISO 12236:2006
代替 GB/T 14800—1993

土工合成材料
静态顶破试验(CBR法)

Geosynthetics—Static puncture test (CBR test)

(ISO 12236:2006,IDT)

2011-01-10 发布

2011-06-01 实施

中华人民共和国国家质量监督检验检疫总局
中国国家标准化管理委员会 发布

前　言

本标准采用重新翻译法等同采用ISO 12236:2006《土工合成材料　静态顶破试验(CBR法)》(英文版)。本标准与ISO 12236:2006存在以下编辑性修改:

——在规范性引用文件中,引用了国际标准对应的我国标准,其中ISO 554试验用标准大气由等同采用ISO 139的GB/T 6529代替;

——删除了目录和前言;

——第6章中增加了关于试样尺寸的注;

——删除了图2、图4a)和图4b)中注的内容。

本标准代替GB/T 14800—1993《土工布顶破强力试验方法》。本标准与GB/T 14800—1993主要存在以下差异:

——标准名称改为《土工合成材料　静态顶破试验(CBR法)》;

——适用范围中增加了试样要求,即孔径不大于10 mm的材料;

——删除了术语“变形率”;

——顶压杆移动速率由(60±5)mm/min改为(50±5)mm/min;

——删除顶压杆高度为100 mm的规定;

——删除夹持设备底座高度须大于100 mm的规定;

——增加“预加张力为20 N时,开始记录位移”;

——删除附录A。

本标准由中国纺织工业协会提出。

本标准由全国纺织品标准化技术委员会基础分会(SAC/TC 209/SC 1)归口。

本标准由绍兴中纺院江南分院有限公司、中纺标(北京)检验认证中心有限公司负责起草。

本标准主要起草人:庄小雄、周世香、吴雅妮。

本标准所代替标准的历次版本发布情况为:

——GB/T 14800—1993。

土工合成材料
静态顶破试验(CBR 法)

1 范围

本标准规定了采用平端顶压杆测定土工合成材料顶破强力的方法。

本方法通常在规定标准大气调湿后的试样上进行。

本标准适用于各类土工合成材料,但不适用于孔径大于 10 mm 的材料。

2 规范性引用文件

下列文件中的条款通过本标准的引用而成为本标准的条款。凡是注日期的引用文件,其随后所有的修改单(不包括勘误的内容)或修订版均不适用于本标准,然而,鼓励根据本标准达成协议的各方研究是否可使用这些文件的最新版本。凡是不注日期的引用文件,其最新版本适用于本标准。

GB/T 6529 纺织品 调湿和试验用标准大气(GB/T 6529—2008,ISO 139:2005,MOD)

GB/T 13760 土工合成材料 取样和试样准备(GB/T 13760—2009,ISO 9862:2005,IDT)

GB/T 14798 土工合成材料 现场鉴别标识(GB 14798—2008,ISO 10320:1999,IDT)

GB/T 16825.1 静力单轴试验机的检验 第1部分:拉力和(或)压力试验机测力系统的检验与校准(GB/T 16825.1—2008,ISO 7500-1:2004,MOD)

3 术语和定义

下列术语和定义适用于本标准。

3.1

顶压力 plunger force

F

顶压杆以恒定的位移速率顶压试样直至穿透试样时测得的力,见图1。

注:顶压力以千牛(kN)表示。

3.2

顶破强力 push-through force

F_p

每单次试验所记录的最大顶压力,见图1。

注:顶破强力以千牛(kN)表示。

3.3

位移 displacement

h

自预加张力 20 N 开始,顶压杆行进的距离,见图1。

注:位移以毫米(mm)表示。

3.4

顶破位移 push-through displacement

h_p

顶破强力 F_p 时的位移,见图1。

注:顶破位移以毫米(mm)表示。

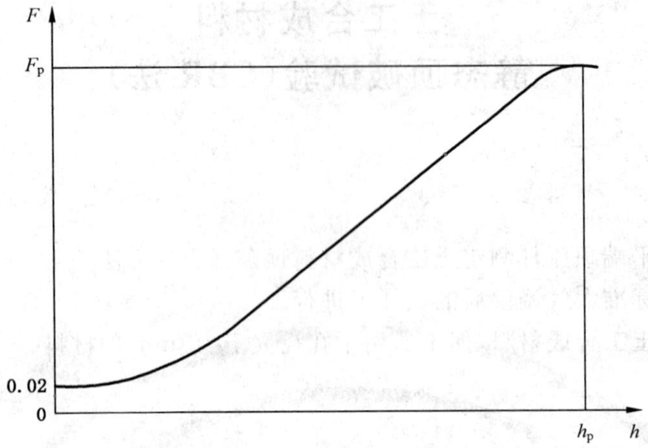

h——位移，mm；

F——顶压力，kN；

F_p——顶破强力，kN；

h_p——顶破位移，mm。

图 1　顶压力-位移典型曲线示意图

4　原理

试样固定在两个夹持环之间，顶压杆以恒定的速率垂直顶压试样。记录顶压力-位移关系曲线、顶破强力和顶破位移。

5　仪器和设备

5.1　试验仪器

试验仪器应符合 GB/T 16825.1 中的 1 级或 0 级要求，且应满足下列条件：

——(50±5)mm/min 的恒定位移速率；

——记录顶压力和位移；

——自动显示顶压力和位移数值。

5.2　顶压杆

直径为(50±0.5)mm 的钢质顶压杆，顶压杆顶端边缘倒角为(2.5±0.2)mm 半径的圆弧(见图 2)。

单位为毫米

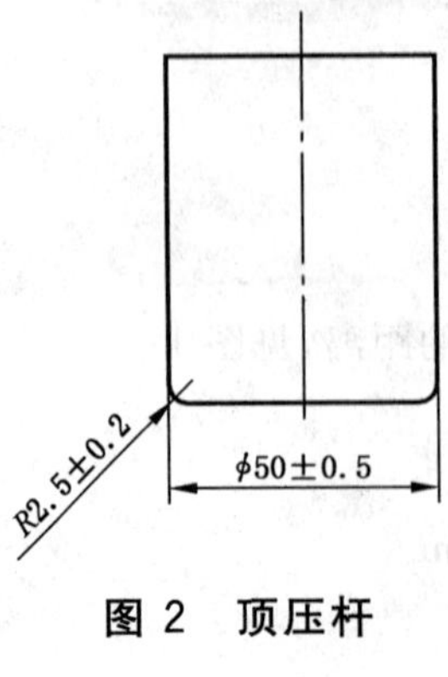

图 2　顶压杆

5.3　夹持系统

夹持系统应保证试样不滑移或破损。夹持环内径应为(150±0.5)mm。作为示例，图 3 和图 4 分别给出了夹持系统装置和垫块示意图。设计夹持环夹持面时，宜使夹持环内边缘和夹持区（即锯齿沟槽的起点）之间的距离不超过 7 mm。

单位为毫米

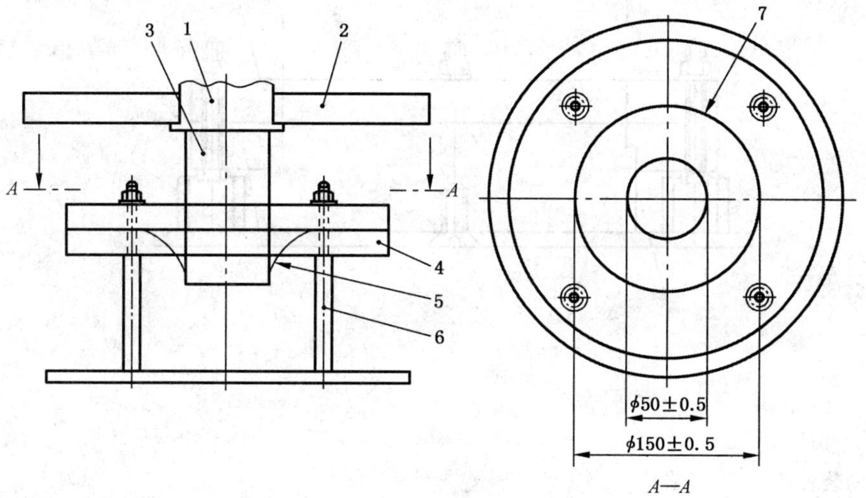

1——测压元件；
2——十字头；
3——顶压杆；
4——夹持环；
5——试样；
6——CBR 夹具的支架；
7——夹持环的内边缘。

图 3 夹持系统装置示例

6 试样的准备

按 GB/T 13760 规定，从样品上随机剪取 5 块试样。

注：试样大小应与夹具相匹配。

如果已知待测样品的两面具有不同的特性（如物理特性不同，或经加工后的两面特性不同），则应分别对两面进行测试。

7 调湿

试样应在 GB/T 6529 规定的标准大气下进行调湿。

连续间隔称重至少 2 h，质量变化不超过 0.1%时，可认为达到平衡状态。

仅当对同一种型的产品（结构和聚合物类型都相同）获得的结果被证实不会因超过限定范围的标准大气而受到影响时，可以不在标准大气条件下进行调湿和试验。该信息应包含在试验报告中。

8 试验步骤

将试样固定在夹持系统的夹持环之间（见图 3），如使用 1 个垫块[见图 4a)]。将试样和夹持系统放于试验机上。

以(50±5)mm/min 的速率移动顶压杆直至穿透试样，预加张力为 20 N 时，开始记录位移。

对剩余的其他试样重复此程序进行试验。

单位为毫米

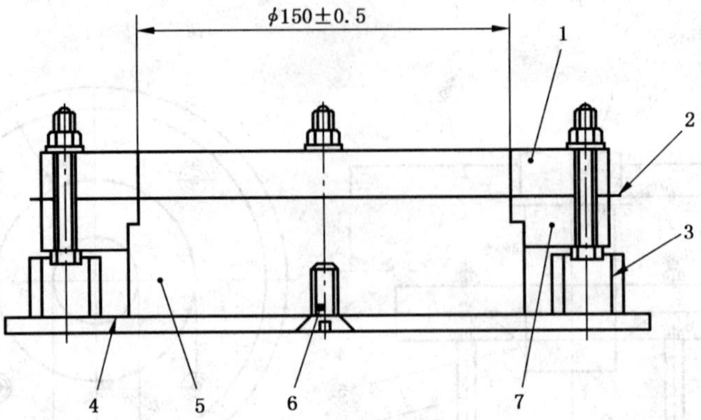

1——上夹持环；
2——试样；
3——套管；
4——夹持辅助装置；
5——垫块；
6——螺丝钉；
7——下夹持环。

a）垫块示例

单位为毫米

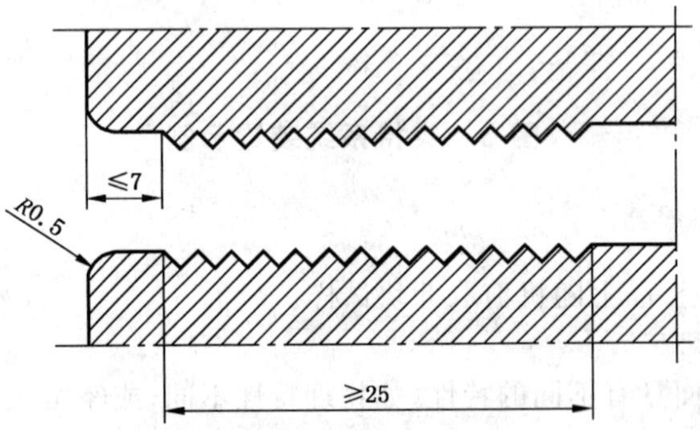

b）夹持环表面锯齿图例

图 4　垫块和夹持环表面锯齿示例

9　记录、计算和结果表示

9.1　试验数据记录

每次试验记录下列内容：

——3 个有效的顶破强力值，单位为千牛（kN）；

——如需要，自预加张力 20 N 至试样被顶破时测得的顶破位移，单位为毫米（mm），精确至 1 mm；

——如需要，绘制顶压力-位移关系曲线图；

——在夹持环或接近夹持环处出现的试样滑移或破损迹象。

9.2　试验结果计算和表示

计算顶破强力平均值（kN），变异系数（%）。

图 1 为典型的顶压力-位移关系曲线图。

10 试验报告

试验报告应包含以下内容：

a) 本标准的标准编号；

b) 按 GB/T 14798 描述样品，注明接收样品日期和试验日期；

c) 试验用标准大气；

d) 按 9.2 计算和表示的试验结果；

e) 在夹持环或接近夹持环处，试样的任何滑移或破损迹象；

f) 偏离本标准的细节；

g) 如相关，注明样品的测试面。

ICS 73.080
D 53

中华人民共和国国家标准

GB/T 14840—2010
代替 GB/T 14840—1993

石灰岩化学分析方法 游离二氧化硅量测定

Methods for chemical analysis of limestones—Determination of free silicon dioxide content

2010-11-10 发布

2011-02-01 实施

中华人民共和国国家质量监督检验检疫总局
中国国家标准化管理委员会 发布

前 言

本标准代替 GB/T 14840—1993《石灰岩中游离二氧化硅化学分析方法》。

本标准与 GB/T 14840—1993 相比，主要变化如下：

——修改了标准的名称；

——将计算公式中质量分数表示符号由 ω 改为 w；

——增加了警示、警告部分。

本标准的附录 A 为资料性附录。

本标准由中华人民共和国国土资源部提出。

本标准由全国国土资源标准化技术委员会归口。

本标准负责起草单位：国家地质实验测试中心。

本标准起草单位：国家地质实验测试中心、中材地质工程勘查研究院。

本标准主要起草人：韩秀卿、李树敏。

本标准所代替标准的历次版本发布情况为：GB/T 14840—1993。

石灰岩化学分析方法 游离二氧化硅量测定

警示：使用本标准的人员应有正规实验室工作的实践经验。本标准并未指出所有可能的安全问题。使用者有责任采取适当的安全和健康措施，并保证符合国家有关法规规定的条件。

1 范围

本标准规定了石灰岩中游离二氧化硅量($fSiO_2$)的测定方法。

本标准适用于石灰岩中游离二氧化硅量的测定，也可用于普通硅酸盐水泥生料中游离二氧化硅量测定。

测定范围：1.00%～10.00%(质量分数)的游离二氧化硅量。

2 规范性引用文件

下列文件中的条款通过本标准的引用而成为本标准的条款，凡是注日期的引用文件，其随后所有的修改单(不包括勘误的内容)或修订版均不适用于本标准，然而，鼓励根据本标准达成协议的各方研究是否可使用这些文件的最新版本。凡是不注日期的引用文件，其最新版本适用于本标准。

GB/T 6682 分析实验室用水规格和试验方法

3 原理

利用浓磷酸在加热时能使硅酸盐矿物溶解但对游离二氧化硅的溶解度很小这一特征，在一定条件下可使游离二氧化硅与大多数硅铝酸盐矿物分离，然后用重量法进行测定。

4 试剂

除非另有说明，本分析中仅使用确认为分析纯的试剂；所用水为蒸馏水或去离子水或相当纯度的水，应符合GB/T 6682的规定。

4.1 磷酸(ρ1.70 g/mL)。

4.2 氟硼酸(ρ1.84 g/mL)。**警告：氟硼酸有毒、有腐蚀性，操作时应戴手套，防止与皮肤接触！**

4.3 氢氟酸(ρ1.15 g/mL)。**警告：氢氟酸有毒、有腐蚀性，操作时应戴手套，防止与皮肤接触！**

4.4 氨水溶液(1+5)。

4.5 硝酸铵溶液(2 g/L)：称取2 g硝酸铵溶于1 000 mL温水中，用氨水溶液(4.4)以甲基红溶液(4.6)为指示剂调至pH≈7。

4.6 硫酸溶液(1+1)。**警告：不当的稀释易发生危险！应在烧杯中，将硫酸缓慢加入同体积的水溶液并用玻棒不断搅动。**

4.7 甲基红溶液(2 g/L)：称取0.2 g甲基红溶于60 mL无水乙醇中，用水稀释至100 mL。

5 仪器和装置

5.1 分析天平，三级，感量0.1 mg。

5.2 高温炉，规格大于1 000 ℃。

5.3 圆盘电炉，功率为2 000 W～3 000 W，炉盘直径为230 mm。

5.4 调压器，调压范围为0～250 V。

5.5 温度计,温度范围为 350 ℃～400 ℃。

5.6 铂坩埚,规格为 20 mL。

5.7 高型玻璃烧杯,250 mL,直径 62 mm,高 115 mm。

5.8 短颈玻璃漏斗,直径 65 mm,颈长 10 mm,可将一般漏斗去其长颈而成。

5.9 试料分解装置,可见图 1 的示意图,可根据实际需要自行设计制造试料分解装置。其中保温炉罩 4 用 0.8 mm 或 1 mm 不锈钢板制成,直径 230 mm,高 140 mm,内架一个由不锈钢丝(直径 2 mm)制成的烧杯支撑架 5 和温度计套管 6(在支撑架下),罩面设七孔,孔径 64 mm,炉罩周围用石棉布保温(试验时不用的孔应盖上铁板或表面皿以保持炉温稳定)。

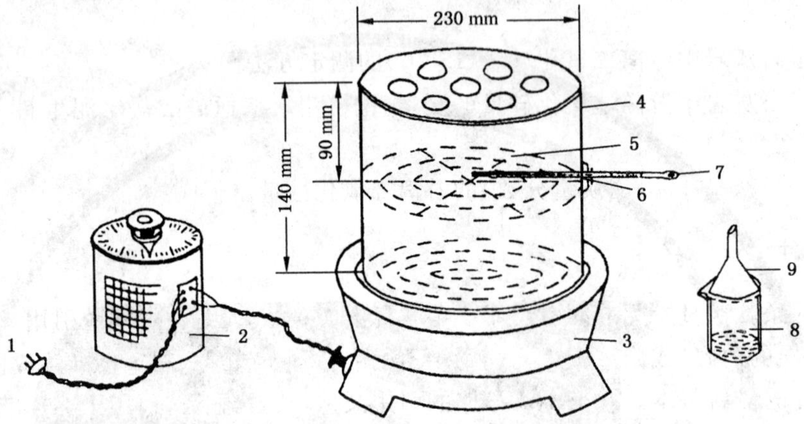

1——电源;

2——调压器;

3——电炉;

4——保温炉罩;

5——烧杯支撑架;

6——温度计套管;

7——温度计;

8——高型玻璃烧杯;

9——短颈玻璃漏斗。

注:恒温调节方法:根据电炉的功率。用调压器调至适当电压,使炉温保持在 320 ℃±5 ℃,即可进行试料分解。如用 3 000 W 电炉输入电压为 220 V 时,将调压器调至 100 V 左右即可保持 320 ℃恒温。如有条件,可配置温控装置则更为理想。

图 1 试料分解装置示意图

6 试样

6.1 试样粒径应小于 74 μm。

6.2 试样应在 105 ℃烘箱中干燥 2 h,置于干燥器中,冷却至室温。

7 分析步骤

7.1 测定数量

应根据样品数量进行双份测定或按一定比例进行双份测定。

7.2 试料量

称取 1 g 试料,精确至 0.1 mg。

7.3 空白试验

随同试料进行空白试验。

7.4 验证试验

随同试料分析与被测样品性质相同或相近的标准物质。

7.5 测定

7.5.1 试料的分解

将试料(7.2)置于预先烘干的250 mL高型烧杯(5.7)中,沿杯壁加入30 mL磷酸(4.1)。在杯口反盖上合适的短颈干燥漏斗(5.8)。置于已升温至320 ℃的试料处理装置(5.9)中,灰岩保持30 min,生料保持40 min。取下,冷却至50 ℃～60 ℃,以蒸馏水吹洗短颈漏斗及杯壁,再加70 ℃～80 ℃的热水150 mL,充分搅拌后加入10 mL氟硼酸(4.2),在50 ℃水浴中保持30 min(中间搅拌2次),取下。

7.5.2 沉淀的过滤与洗涤

趁热用致密滤纸过滤,将沉淀全部转入滤纸上,用带有橡皮头的擦棒和一小片滤纸擦净玻璃棒和烧杯,并用热水冲洗干净后继续洗涤沉淀10次～15次。然后用热硝酸铵溶液(4.5)洗涤至滤液不显酸性[用甲基红溶液(4.7)检验]。

注:有关说明参见附录A。

7.5.3 沉淀的灼烧与恒重

将沉淀移至已恒重(m_0)的坩埚中,低温灰化后,在1 000 ℃高温炉中灼烧1 h,取出,在干燥器中冷却至室温后称重,再反复灼烧30 min,直至恒重(m_1)。同时进行空白试验,称重,记下坩埚质量(m_3)。

7.5.4 沉淀的处理

沿坩埚壁加3滴～5滴水润湿沉淀。加入0.5 mL硫酸(4.6)、10 mL氢氟酸(4.3),在电热板上蒸发至冒白烟,再加5 mL氢氟酸(4.3),加热蒸干至白烟冒尽。将坩埚连同残渣置于1 000 ℃高温炉中灼烧1 h,取出,在干燥器中冷却至室温后称重。再反复灼烧30 min,直至恒重(m_2)。同时进行空白试验,称量,记下坩埚质量(m_4)。

8 结果计算

8.1 计算结果以质量分数$w(fSiO_2)$计,数值以%表示,按式(1)计算游离二氧化硅的含量。

$$w(fSiO_2)=\frac{(m_1-m_2)-(m_3-m_4)}{m}\times 100 \qquad (1)$$

式中:

m_1——氢氟酸处理前沉淀连同坩埚的质量,单位为克(g);

m_2——氢氟酸处理后残渣连同坩埚的质量,单位为克(g);

m_3——氢氟酸处理前空白坩埚的质量,单位为克(g);

m_4——氢氟酸处理后空白坩埚的质量,单位为克(g);

m——称取试料的质量,单位为克(g)。

8.2 计算结果以每克试料中的残渣量来表示,数值以mg/g表示,按式(2)计算残渣量。

$$残渣量=\frac{(m_2-m_0)-(m_4-m_0)}{m}\times 1\,000 \qquad (2)$$

式中:

m_2——氢氟酸处理后残渣连同坩埚的质量,单位为克(g);

m_4——氢氟酸处理后空白坩埚的质量,单位为克(g);

m_0——空坩埚的质量,单位为克(g);

m——称取试料的质量,单位为克(g)。

每次测定的残渣质量不得超过2 mg/g,否则应重新进行测定。

8.3 计算结果以%表示至小数点后第二位。

9 精密度

精密度实验结果见表1。

表1 精密度 %

水平序号	测定水平 m	重复性限 r	再现性限 R
1	1.50	0.11	0.14
2	4.32	0.08	0.19
3	8.01	0.11	0.27
4	4.93	0.14	0.31

注1：第1、2、3水平为石灰岩样品，第4水平为水泥生料样品。

注2：本精密度数据是由8个实验室对4个水平的试样实验确定。

附 录 A
（资料性附录）
注 意 事 项

A.1 本标准中的游离二氧化硅，是指固体原料中单独以晶体形式存在的二氧化硅。

A.2 本标准对含有锆英石、绿柱石、电气石等难溶的特殊硅酸盐矿物含量大于0.2%的样品不适用。

A.3 本标准规定残渣量不得大于2 mg/g，是为了提高游离二氧化硅测定的准确度。因此在沉淀的过滤洗涤时，要特别注意溶剂磷酸的洗涤要彻底，否则残存在滤纸和沉淀中的磷酸铵在灼烧时将以五氧化二磷形式增大残渣的质量。

A.4 本标准的干扰因素主要来自试样中硅铝酸盐所含的二氧化硅和三氧化二铝，按本标准规定的取样量1 g，可允许二氧化硅和三氧化二铝的最高含量分别为15%和10%。如超过此限度则应适当减少取样量为0.5 g；如二氧化硅和三氧化二铝含量很低（总量小于5%），而游离二氧化硅量高达10%～50%的硅质灰岩，本标准也能适用。

A.5 本标准所规定的试料处理温度和处理时间，是指在320 ℃的试料处理装置中溶解30 min或40 min，并非指在320 ℃温度下溶解30 min或40 min。

ICS 29.045
H 80

中华人民共和国国家标准

GB/T 14847—2010
代替 GB/T 14847—1993

重掺杂衬底上轻掺杂硅外延层厚度的红外反射测量方法

Test method for thickness of lightly doped silicon epitaxial layers on heavily doped silicon substrates by infrared reflectance

2011-01-10 发布

2011-10-01 实施

中华人民共和国国家质量监督检验检疫总局
中国国家标准化管理委员会
发布

前　言

本标准代替 GB/T 14847—1993《重掺杂衬底上轻掺杂硅外延层厚度的红外反射测量方法》。

本标准与 GB/T 14847—1993 相比，主要技术内容变化如下：

——修改原标准“1 主题内容与适用范围”中衬底和外延层室温电阻率明确为在 23 ℃下电阻率，增加在降低精度情况下，该方法原则上也适用于测试 0.5 μm～2 μm 之间的 N 型和 P 型外延层厚度；

——修改原标准“2 引用标准”为“规范性引用文件”，增加有关的引用标准；

——增加“3 术语和定义”部分；

——补充和完善“4 测试方法原理内容”；

——增加“5 干扰因素部分”；

——原标准 5 改为 7，删除“5.1 衬底和外延层导电类型及衬底电阻率应是已知的”内容，增加防止试样表面大面积晶格不完整以及要求测试前表面进行清洁处理的内容；

——原标准 6 改为 8，对选取试样的外延厚度的要求改为对衬底电阻率和谱图波数位置的要求，并增加 8.3.5 采用 GB/T 1552 中规定的方法在对应的反面位置测试衬底电阻率；

——原标准 7 改为 9，增加极值波数和波长的转换公式。删除原 7.2 经验计算法内容；

——原标准 8 改为 10，增加多个实验室更广范围的测试数据分析结果；

——原标准 9 改为 11，试验报告中要求增加红外仪器的波数范围、掩模孔径、波数扫描速度、波长和极值级数等内容。

本标准由全国半导体设备和材料标准化技术委员会材料分技术委员会(SAC/TC 203/SC 2)归口。

本标准起草单位：宁波立立电子股份有限公司、信息产业部专用材料质量监督检验中心。

本标准主要起草人：李慎重、何良恩、许峰、刘培东、何秀坤。

本部分所代替的历次版本标准发布情况为：

——GB/T 14847—1993。

重掺杂衬底上轻掺杂硅外延层厚度的红外反射测量方法

1 范围

本标准规定重掺杂衬底上轻掺杂硅外延层厚度的红外反射测量方法。

本标准适用于衬底在23 ℃电阻率小于0.02 Ω·cm和外延层在23 ℃电阻率大于0.1 Ω·cm且外延层厚度大于2 μm的n型和p型硅外延层厚度的测量；在降低精度情况下，该方法原则上也适用于测试0.5 μm～2 μm之间的n型和p型外延层厚度。

2 规范性引用文件

下列文件对于本文件的应用是必不可少的。凡是注日期的引用文件，仅注日期的版本适用于本文件。凡是不注日期的引用文件，其最新版本(包括所有的修改单)适用于本文件。

GB/T 1552 硅外延层、扩散层和离子注入层薄层电阻的测定 直排四探针法

GB/T 6379.2 测量方法与结果的准确度(正确度与精密度) 第2部分：确定标准测量方法重复性与再现性的基本方法

GB/T 14264 半导体材料术语

3 术语和定义

GB/T 14264界定的以及下列术语和定义适用于本文件。

3.1

折射率 index of refraction

入射角的正弦相对折射角的正弦的比率。这里的入射角和折射角是指表面法线和红外光束的夹角。对电阻率大于0.1 Ω·cm硅材料，当波长范围为6 μm～40 μm时，相对空气的该比值为3.42，该值可由斯涅尔(Snell)定律求出。

4 方法提要

4.1 衬底和外延层光学常数的差异导致试样反射光谱出现连续极大极小特征谱的光学干涉现象，根据反射光谱中极值波数、外延层与衬底光学常数和红外光束在试样上的入射角计算外延沉积层厚度。

4.2 假设外延层的反射率 n_1 相对波长是独立的。

4.3 当外延层表面反射的光束和衬底界面反射的光束的光程差是半波长的整数倍时，反射光谱中可以观察到极大极小值。参见图1，从 C 和 D 点出射的光束的相位差 δ 为式(1)：

$$\delta=\left[\frac{2\pi(AB+BC)}{\lambda}\right]_{n_1}-\left(\frac{2\pi AD}{\lambda}\right)+\phi_1-\phi_2 \quad\cdots\cdots(1)$$

式中：

λ——真空波长；

n_1——外延层反射率，其可将外延层中的光程长转换成等价的真空光程长；

ϕ_1——A 点相位移；

ϕ_2——B 点相位移。

AB,BC 和 AD 是如图 1 所示的间距,它们和 λ 单位相同。

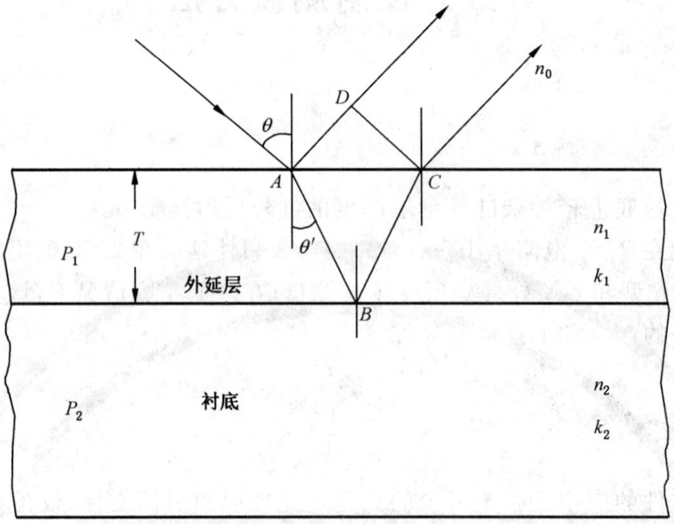

图 1　平面示意图

4.4　根据图 1,很明显有式(2):

$$AB + BC = \frac{2T}{\cos\theta'} \text{ 和 } AD = 2T\tan\theta'\sin\theta \qquad (2)$$

4.5　由斯涅尔(Snell)定律得式(3):

$$\sin\theta = n_1 \sin\theta' \qquad (3)$$

4.6　级数 P 定义为式(4):

$$P = \frac{\delta}{2\pi} \qquad (4)$$

4.7　若观察到干涉振幅的两个极值,由式(1)、式(2)、式(3)、式(4)得到相应的级数 P_1 和 P_2 如式(5):

$$P_1 = \left[\frac{2T\sqrt{n_1^2 - \sin^2\theta}}{\lambda_1}\right] + \frac{\phi_{11} - \phi_{21}}{2\pi} \text{ 和 } P_2 = \left[\frac{2T\sqrt{n_1^2 - \sin^2\theta}}{\lambda_2}\right] + \frac{\phi_{12} - \phi_{22}}{2\pi} \qquad (5)$$

式中,习惯上,$\lambda_1 > \lambda_2$ 且 $P_1 = P_2 + m$,其中 $m = 1/2, 1, 3/2, 2, \cdots$,级数差是整数或半整数。

4.8　根据 P_1 解出 P_2 可得式(6):

$$P_2 = \frac{m\lambda_1}{(\lambda_1 - \lambda_2)} + \frac{\phi_{11}\lambda_1 - \phi_{12}\lambda_2}{2\pi(\lambda_1 - \lambda_2)} - \frac{\phi_{21}\lambda_1 - \phi_{22}\lambda_2}{2\pi(\lambda_1 - \lambda_2)} \qquad (6)$$

4.9　考虑到光束从空气绝缘界面反射情况,如图 1,$\phi_{1n} = \pi$,代入式(6),结果为 9.1 中式(8)。

4.10　厚度表达式可通过 π 代入 ϕ_{1n} 及式(1)、式(2)、式(3)、式(4)推导出来,结果为 9.2 中式(9)。

5　干扰因素

5.1　试样表面大面积晶格不完整、钝化层等导致反射率较低时,可影响测试结果。

5.2　掩模孔材料、孔径大小以及探测器探测到的杂散光可影响测试结果。

5.3　静电、噪音、振动及温湿度稳定性等测试环境可影响测试结果。

6 测量仪器

6.1 红外光谱仪

6.1.1 傅里叶变换红外光谱仪或双光束红外分光光度计。

6.1.2 波长范围 2 μm～50 μm，本法常用的波长范围为 6 μm～25 μm。

6.1.3 波长重复性不大于 0.05 μm。

6.1.4 波长精度为＋/－0.05 μm。

6.2 仪器附件

6.2.1 和仪器相匹配的反射条件，入射角不大于 30°。

6.2.2 掩模由非反射材料制成，如非光泽表面的石墨，用于限制试样表面受照射区域，其孔径尺寸足够小以消除厚度波动的影响，同时又不至于影响到反射光束的探测。透光孔径不大于 8 mm。

6.2.3 样品台构造须确保其不会对试样外延层造成损伤。

7 试样要求

试样表面应是高度反射的，防止大面积的晶格不完整缺陷，以及除自然氧化层外不应该有钝化层。测量前试样表面应进行清洁处理，此处理方法不能影响到试样外延层厚度。

8 测量程序

8.1 光谱仪校准

8.1.1 用厚度为 300 μm～500 μm 的聚苯乙烯膜做标样，以标样的 1 601.6 cm^{-1}或 648.9 cm^{-1}峰为测量参考峰，按 GB/T 6379.2 所确定的仪器波长重复性和精度对应分别满足 6.1.3 条和 6.1.4 条的要求。

8.1.2 将反射附件置于光路中，测量 100％线，其峰谷值应小于 8％。

8.2 测量条件选择

8.2.1 对光栅式红外分光光度计，参照下列步骤选取最佳扫描速度。

8.2.1.1 选取一试样，其衬底电阻率在 0.008 Ω·cm～0.02 Ω·cm 之间，且外延层的厚度在波数小于 400 cm^{-1}的位置可产生明显的极小值。

8.2.1.2 选择一适当的掩模孔。

8.2.1.3 放置试样到测量设备上，用可用的最慢扫描速度记录波数小于 400 cm^{-1}的极小值的谱图。

8.2.1.4 记录极小值的位置。

8.2.1.5 分步增加扫描速度并记录每一扫描速度下极小值的位置。

8.2.1.6 所有容许的扫描速度相对最慢扫描速度所对应的极小值位置有不超过±1 cm^{-1}的极小值位移变化。

8.2.2 对傅里叶变换红外光谱仪所使用的分辨率应不低于 4 cm^{-1}。

8.3 测量

8.3.1 小心处理试样，防止对薄外延层的表面损伤。

8.3.2 将试样置于孔眼掩模光路上以使目标测量位置对准光束。

8.3.3 获得类似于图2的反射光谱。若峰值振幅与噪音振幅比小于5,则不能用于计算外延层厚度。

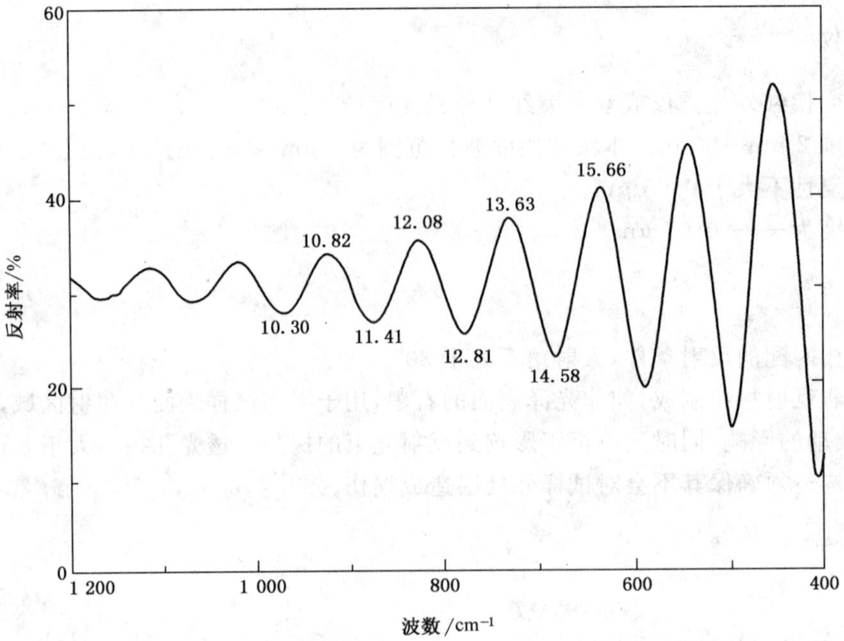

图2 n型试样的典型反射谱图

8.3.4 通过计算极大值下面或极小值上面满刻度3%处的水平线与反射光谱相交的截距平均值,确定反射光谱中每个极值的波数,该方法减少了极值较宽时难以确定的情况。

8.3.5 采用GB/T 1552中规定的方法在外延层厚度测试位置相对应的反面位置点测量衬底电阻率。

9 计算

9.1 用式(7)将极值波数转换为波长:

$$\lambda_i = \frac{10\,000}{\nu_i} \qquad \cdots\cdots (7)$$

式中:

λ_i——第 i 个极值波长,单位为微米(μm);

ν_i——第 i 个极值波数,单位每厘米(cm^{-1})。

用式(8)计算观测到的极大值和极小值的级数:

$$P_2 = \frac{m\lambda_1}{\lambda_1 - \lambda_2} + \frac{1}{2} - \frac{\phi_{21}\lambda_1 - \phi_{22}\lambda_2}{2\pi(\lambda_1 - \lambda_2)} \qquad \cdots\cdots (8)$$

式中:

P_2 ——λ_2 对应的极值级数;

$\lambda_1 = 10\,000/\nu_1$;

$\lambda_2 = 10\,000/\nu_2$;

m ——涉及相关极值的级数差;

ϕ_{21} 和 ϕ_{22}——分别为波长为 λ_1 和 λ_2 的光在界面反射后发生的相位移。

从表1和表2中查得相位移 ϕ_{21} 和 ϕ_{22}。对计算出的级数 P_2 进行舍入处理,极大值取整数,极小值取半整数。计算出一个级数后,按图1所示的波长递增级数递减的顺序求得其余的极值级数。

表 1 n 型 Si 相位移($\phi/2\pi$)

波长/μm	衬底电阻率/(Ω·cm)														
	0.001	0.002	0.003	0.004	0.005	0.006	0.007	0.008	0.009	0.010	0.012	0.014	0.016	0.018	0.020
2	0.033	0.029	0.028	0.027	0.027	0.026	0.025	0.024	0.023	0.022	0.020	0.019	0.017	0.016	0.021
4	0.061	0.050	0.047	0.046	0.045	0.043	0.041	0.039	0.038	0.036	0.034	0.031	0.029	0.027	0.025
6	0.105	0.072	0.064	0.062	0.060	0.057	0.055	0.052	0.050	0.048	0.044	0.042	0.039	0.036	0.033
8	0.182	0.099	0.083	0.078	0.075	0.071	0.067	0.064	0.061	0.059	0.054	0.051	0.047	0.043	0.040
10	0.247	0.137	0.105	0.095	0.090	0.084	0.079	0.075	0.071	0.069	0.063	0.059	0.055	0.051	0.047
12	0.289	0.183	0.132	0.115	0.106	0.098	0.091	0.084	0.081	0.078	0.072	0.067	0.062	0.057	0.053
14	0.318	0.225	0.164	0.137	0.124	0.113	0.104	0.097	0.092	0.087	0.080	0.074	0.069	0.064	0.059
16	0.339	0.258	0.197	0.163	0.144	0.129	0.117	0.109	0.102	0.097	0.088	0.082	0.075	0.070	0.065
18	0.355	0.283	0.226	0.189	0.166	0.146	0.131	0.121	0.113	0.107	0.096	0.089	0.082	0.076	0.070
20	0.368	0.303	0.251	0.214	0.188	0.165	0.147	0.134	0.124	0.117	0.105	0.096	0.088	0.081	0.075
22	0.378	0.319	0.272	0.236	0.209	0.183	0.163	0.148	0.136	0.127	0.113	0.104	0.095	0.087	0.081
24	0.387	0.333	0.289	0.255	0.229	0.202	0.179	0.162	0.148	0.138	0.122	0.111	0.101	0.093	0.086
26	0.394	0.344	0.303	0.272	0.246	0.219	0.196	0.177	0.161	0.150	0.131	0.119	0.108	0.099	0.091
28	0.401	0.353	0.316	0.286	0.261	0.235	0.211	0.191	0.175	0.161	0.141	0.127	0.115	0.104	0.096
30	0.406	0.362	0.326	0.298	0.275	0.250	0.226	0.206	0.188	0.173	0.150	0.135	0.121	0.110	0.101
32	0.411	0.369	0.336	0.309	0.287	0.263	0.240	0.219	0.210	0.185	0.160	0.143	0.128	0.116	0.106
34	0.415	0.375	0.344	0.319	0.297	0.274	0.252	0.232	0.213	0.197	0.170	0.151	0.135	0.122	0.112
36	0.419	0.381	0.351	0.327	0.307	0.285	0.263	0.243	0.225	0.209	0.180	0.160	0.143	0.129	0.117
38	0.422	0.386	0.357	0.335	0.315	0.294	0.273	0.254	0.236	0.220	0.191	0.167	0.150	0.135	0.123
40	0.425	0.391	0.363	0.341	0.323	0.302	0.283	0.264	0.246	0.230	0.200	0.178	0.158	0.141	0.128

9.2 用式(9)计算外延层厚度：

$$T_n=\left[P_n-\frac{1}{2}+\frac{\phi_{2n}}{2\pi}\right]\cdot\frac{\lambda_n}{2\sqrt{n_1^2-\sin^2\theta}} \quad \cdots\cdots(9)$$

式中：

T_n——外延层厚度，单位微米(μm)；

n_1——外延层折射率(硅材料 $n_1=3.42$)；

θ——外延层上光束入射角。

其他符号意义与公式(8)相同。波长和厚度用相同的单位。对所有观测到的极大值和极小值计算 T_n，并计算厚度平均值 T。

表 2　p 型 Si 相位移($\phi/2\pi$)

波长/μm	衬底电阻率/(Ω·cm)														
	0.001	0.001 5	0.002	0.003	0.004	0.005	0.006	0.007	0.008	0.009	0.010	0.012	0.014	0.016	0.018	0.020
2	0.036	0.034	0.033	0.033	0.033	0.034	0.034	0.033	0.032	0.031	0.030	0.028	0.027	0.025	0.024	0.024
4	0.067	0.060	0.057	0.055	0.055	0.055	0.055	0.054	0.052	0.050	0.049	0.045	0.043	0.040	0.038	0.037
6	0.119	0.091	0.082	0.076	0.074	0.073	0.072	0.071	0.068	0.066	0.064	0.059	0.056	0.053	0.050	0.049
8	0.200	0.140	0.114	0.099	0.094	0.091	0.089	0.086	0.083	0.080	0.077	0.072	0.067	0.064	0.060	0.059
10	0.261	0.199	0.158	0.127	0.115	0.110	0.105	0.102	0.097	0.093	0.089	0.083	0.078	0.073	0.070	0.068
12	0.300	0.247	0.205	0.160	0.140	0.130	0.123	0.117	0.111	0.106	0.101	0.094	0.088	0.083	0.078	0.076
14	0.327	0.282	0.244	0.194	0.167	0.152	0.141	0.133	0.126	0.119	0.113	0.104	0.097	0.091	0.087	0.084
16	0.346	0.307	0.274	0.226	0.195	0.175	0.161	0.151	0.141	0.132	0.126	0.115	0.106	0.100	0.094	0.091
18	0.361	0.327	0.297	0.253	0.221	0.198	0.182	0.168	0.157	0.146	0.138	0.125	0.116	0.108	0.102	0.099
20	0.373	0.342	0.315	0.274	0.243	0.220	0.202	0.186	0.173	0.160	0.151	0.136	0.125	0.117	0.100	0.106
22	0.383	0.354	0.330	0.292	0.263	0.240	0.220	0.204	0.188	0.175	0.164	0.147	0.134	0.125	0.117	0.113
24	0.391	0.365	0.342	0.307	0.279	0.257	0.238	0.220	0.204	0.189	0.177	0.158	0.144	0.133	0.125	0.120
26	0.398	0.374	0.352	0.320	0.294	0.272	0.253	0.236	0.219	0.203	0.190	0.169	0.153	0.142	0.132	0.127
28	0.404	0.381	0.361	0.331	0.306	0.285	0.267	0.250	0.233	0.217	0.203	0.180	0.163	0.150	0.140	0.134
30	0.409	0.387	0.369	0.340	0.316	0.297	0.279	0.262	0.245	0.229	0.215	0.191	0.173	0.159	0.148	0.141
32	0.414	0.393	0.376	0.348	0.326	0.307	0.290	0.273	0.257	0.241	0.227	0.202	0.182	0.167	0.155	0.148
34	0.418	0.398	0.381	0.355	0.334	0.316	0.299	0.284	0.268	0.252	0.238	0.213	0.192	0.176	0.163	0.155
36	0.421	0.403	0.387	0.362	0.341	0.324	0.308	0.293	0.277	0.262	0.248	0.223	0.201	0.185	0.171	0.162
38	0.425	0.407	0.391	0.368	0.348	0.331	0.316	0.301	0.286	0.271	0.258	0.232	0.211	0.193	0.178	0.169
40	0.428	0.410	0.396	0.373	0.354	0.338	0.323	0.309	0.294	0.280	0.266	0.241	0.219	0.201	0.186	0.176

9.3　对图 2 所示典型 n/n^+-Si 试样反射光谱数据计算如下：

9.3.1　取 λ_1 和 λ_2 分别为 15.66 μm 和 10.30 μm，$m=3.5$，衬底电阻率 $\rho_s=0.005\ \Omega\cdot cm$，$\theta=30°$。

9.3.2　由 λ_1 和 λ_2 及 ρ_s 和表 1 知 $\phi_{21}/2\pi=0.141$，$\phi_{22}/2\pi=0.092$，算得 $P_2=10.5$，$T_2=15.36$ μm。

9.3.3　同理可得其他极值所对应的有关数据，如表 3 所示。

表 3　典型 n/n⁺-Si 试样外延层厚度计算结果

计算参数				
极值序号	λ_n/μm	$\phi_{2n}/2\pi$	P_n	T_n/μm
1	15.66	0.141	7.0	15.37
2	14.58	0.130	7.5	15.36
3	13.63	0.121	8.0	15.35
4	12.81	0.113	8.5	15.36
5	12.08	0.107	9.0	15.37
6	11.41	0.101	9.5	15.34
7	10.82	0.097	10.0	15.34
8	10.30	0.092	10.5	15.36
平均厚度/μm				15.36

10 测量精度和偏差

10.1 本方法进行了多个实验室间重复性和再现性分析，通过3个实验室4台设备的循环测量，单台设备的重复性有91%的测试结果好于1%(R2S%)，所有的测试结果好于2%。多设备测量再现性的估计范围为0.27%～15.44%(R2S%)，最差的相对再现性15.44%(R2S%)是根据最薄的(2.63 μm)外延层得到的，而最好的0.27%(R2S%)是根据最厚的(118.36 μm)外延层(试样H-120)得到的。具体分析结果参见附录A。

10.2 本方法对P型衬底上N型外延层进行了单个实验室测量分析，选取标称厚度为0.9 μm和1.6 μm，2个试样每片测量3天，每天测3次，2台设备共收集36个测量值，其中单设备重复性好于2.5%(R2S%)，最差的相对再现性9.26%(R2S%)是根据薄的(0.94 μm)外延层得到的。

11 试验报告

试验报告应包括以下内容：

a) 实验室和操作人员名称；

b) 测试日期；

c) 测试硅片编号；

d) 衬底导电类型；

e) 衬底电阻率；

f) 外延层导电类型；

g) 外延层电阻率；

h) 红外仪器的波数范围；

i) 掩模孔径；

j) 波数扫描速度；

k) 试样图示测量位置；

l) 所用的波长 λ_n；

m) 所用的极大值和极小值级数 P_n；

n) 计算出的厚度 T_n；

o) 平均厚度值 T。

附 录 A
（资料性附录）
FTIR 设备的多实验室测试重复性和再现性

A.1 制备的外延试样具有的标称厚度有 2.5 μm，5 μm，10 μm，15 μm，20 μm，25 μm，50 μm 和 120 μm。n 型外延层沉积在 p 型抛光衬底上，p 型衬底选用 0.01 ohm-cm 左右，以控制外延到衬底的界面过渡区。

选取硅片的中心位置作为测量点，以减少位置的变化对测试结果的影响。

试验要求 8 个试样中每片测量 3 天，每天 3 次。完成后的数据库包含来自 4 台设备的总共 288 个测量值。

A.2 重复性（单设备）：9 次重复测量得到的以 2 倍标准差表示的重复性数据列于表 A.1（R2S%），可以发现数值和外延层厚度和设备相关，单台设备的重复性有 91% 的测试结果好于 1%（R2S%），所有的测试结果好于 2%。

A.3 再现性（多设备）：基于 4 台设备和 3 天中每天每台设备测量 8 个试样的分析，多设备测量重复性的估计范围为 0.27%～15.44%（R2S%）。再现性数据列于表 A.2。该表表明最差的相对再现性 15.44%（R2S%）是根据最薄的（2.63 μm）外延层得到的，而最好的 0.27%（R2S%）是根据最厚的（118.36 μm）外延层（试样 H-120）得到的。

表 A.1 重复测 9 次的单设备重复性

设备编号	试样							
	A-2.5	B-5	C-10	D-15	E-20	F-25	G-50	H-120
1	0.55%	0.95%	0.47%	0.93%	0.32%	0.74%	1.30%	1.92%
2	0.40%	0.49%	0.36%	0.56%	0.49%	0.24%	0.52%	1.25%
3	0.48%	0.39%	0.33%	0.30%	0.41%	0.56%	0.51%	0.71%
4	0.89%	0.57%	0.34%	0.38%	0.19%	0.30%	0.38%	0.57%

表 A.2 实验室间平均再现性

试样	A-2.5	B-5	C-10	D-15	E-20	F-25	G-50	H-120
均值	2.63	4.94	9.50	13.92	18.37	26.83	49.35	118.36
2S	0.41	0.18	0.25	0.30	0.25	0.35	0.22	0.32
R2S%	15.44	3.67	2.67	2.17	1.34	1.31	0.45	0.27

ICS 77.120.10
H 12

中华人民共和国国家标准

GB/T 14849.5—2010

工业硅化学分析方法 第5部分:元素含量的测定 X射线荧光光谱法

**Chemical analysis of slion metal—
Part 5:Determination of elements content—
Analysis using an X-ray fluorescence method**

2011-01-14 发布 2011-11-01 实施

中华人民共和国国家质量监督检验检疫总局
中国国家标准化管理委员会 发布

前　言

GB/T 14849—2010《工业硅化学分析方法》分为五个部分：

——第1部分：铁含量的测定；

——第2部分：铝含量的测定；

——第3部分：钙含量的测定；

——第4部分：ICP-AES 测定元素含量；

——第5部分：元素含量的测定　X射线荧光光谱法。

本部分为 GB/T 14849 的第5部分。

本部分按照 GB/T 1.1—2009 给出的规则起草。

本标准由全国有色金属标准化技术委员会(SAC/TC 243)归口。

本标准负责起草单位：中国铝业股份有限公司山东分公司。

本标准参加起草单位：山东南山铝业股份有限公司、中国铝业股份有限公司连城分公司。

本标准主要起草人：尚爱平、郑全丽、宗丽华、王玉琴、王振才、臧凤美、刘杨军、陈泓钧、邵静。

工业硅化学分析方法
第5部分:元素含量的测定
X射线荧光光谱法

1 范围

本标准规定了工业硅中Fe、Al、Ca含量的测定方法。

本方法适用于工业硅中Fe、Al、Ca含量的测定,测定范围见表1。

表1

元 素	质量分数/%
Fe	0.050～1.500
Al	0.050～1.000
Ca	0.010～1.000

2 方法原理

X射线荧光光谱法是通过化学元素二次激发所发射的X射线谱线的波长和强度测量来进行定性和定量分析。由光管发生的初级X射线束照射在试样上,试样内各化学元素被激发出各自的二次特征辐射,这种二次射线通过准直器到达分光晶体。只有满足衍射条件的某个特定波长的辐射在出射晶体时得到加强,而其他波长的辐射被削弱。

该方法根据Bragg定理,即公式(1):

$$n\lambda = 2d \cdot \sin\theta \quad \cdots\cdots\cdots (1)$$

式中:

n——衍射级数;

λ——入射光束(特征辐射)的波长,单位为纳米(nm);

d——晶体面间距,单位为厘米(cm);

θ——入射光与晶面间的夹角,单位为度(°)。

在定量分析时,首先测量系列标准样品的分析线强度,绘制强度对浓度的校准曲线,并进行必要的基体效应的数学校正,然后根据分析试样中元素谱线的强度求出元素含量。

3 仪器和材料

3.1 波长色散型X射线荧光光谱仪,Rh靶光管。

3.2 磨样机及碳化钨磨盘。

3.3 压片机,可提供20 kN压力。

3.4 粘结剂：硼酸（分析纯）。

3.5 硼酸（工业纯）。

4 试样

样品应破碎处理通过 0.074 mm 筛，并用磁铁吸去铁粉。

5 步骤

5.1 试料

称取 14 g 试样（4）和 6 g 粘结剂（3.4）混合研磨 40 s，用硼酸（3.5）包边置于压片机（3.3）内，压力 20 kN，保压时间 20 s，压片，保证样片厚度不小于 4 mm。

5.2 测定次数

独立地进行两次测定，取其平均值。

5.3 仪器校正

5.3.1 背景校正：对于常量元素可选择测量一个或两个背景。

5.3.2 仪器漂移校正：通过测量监控样品校正仪器漂移。

5.4 校准曲线的绘制

选择工业硅标准样品作为标准样品绘制校准曲线，每个元素都应有一个具有足够的含量范围又有一定梯度的标准系列。曲线按仪器要求进行绘制。样品制备过程按 5.1 步骤进行，测量按 5.5.3 步骤进行。

5.5 测量

5.5.1 将 X 射线荧光光谱仪（3.1）预热使其稳定。根据 X 射线荧光光谱仪的型号选定工作参数。

5.5.2 测量监控样品：设置监控样品名，测量监控样品中分析元素的 X 射线强度。

5.5.3 测量标准样品：输入标准样品名，测量标准样品中分析元素的 X 射线强度。

5.5.4 测量未知样品：测量监控样品，进行仪器漂移校正。测量与未知样品同批制备的标准样品。启动未知样品分析程序测量。

6 精密度

6.1 重复性

在重复性条件下获得的两次独立测试结果的测定值，在以下给出的平均值范围内，这两个测试结果的绝对差值不超过重复性限（r），超过重复性限（r）的情况不超过 5%。重复性限（r）按表 2 数据采用线性内插法求得。

表 2

元　　素	质量分数/%	重复性限(*r*)/%
Fe	0.092	0.010
	0.484	0.020
	1.209	0.040
Al	0.078	0.010
	0.483	0.020
	0.793	0.050
Ca	0.007	0.002
	0.295	0.015
	0.793	0.040

6.2 允许差

实验室之间分析结果的差值应不大于表3所列允许差。

表 3

元　　素	质量分数/%	允许差/%
Fe	0.050～0.300	0.025
	>0.300～1.000	0.030
	>1.000～1.500	0.050
Al	0.050～0.200	0.040
	>0.200～0.600	0.045
	>0.600～1.000	0.050
Ca	0.010～0.100	0.008
	>0.100～0.500	0.020
	>0.500～1.000	0.045

7 质量保证与控制

每周用自制的控制标样校核一次本分析方法，如有国家级或行业级标样时，应首先使用。当过程失控时，应找出原因，纠正错误，重新进行校核。

ICS 35.040
A 24

中华人民共和国国家标准

GB/T 14885—2010
代替 GB/T 14885—1994

固定资产分类与代码

Classification and codes for fixed assets

2011-01-10 发布　　　　2011-05-01 实施

中华人民共和国国家质量监督检验检疫总局
中国国家标准化管理委员会　发布

前言

本标准按照 GB/T 1.1—2009 给出的规则进行起草。

本标准代替 GB/T 14885—1994。本标准与 GB/T 14885—1994 相比主要变化如下：

——门类由 10 个调整为 6 个；

——增加门类代码到固定资产代码中；

——原代码中中类和小类的代码长度由 1 位改为 2 位；

——对固定资产类目根据实际情况进行增删改。

本标准由中华人民共和国财政部提出。

本标准由全国信息分类与编码标准化技术委员会(SAC/TC 353)归口。

本标准起草单位：中国标准化研究院、中华人民共和国财政部行政政法司、中华人民共和国财政部教科文司。

本标准的主要起草人：邢立强、张更华、孙光奇、杨瑞金、孙广芝、董为民、吕建平、聂常虹、刘晓沙。

本标准于 1994 年 1 月首次发布。

固定资产分类与代码

1 范围

本标准规定了固定资产的分类、代码及计量单位。

本标准适用于固定资产管理、清查、登记、统计等工作。

2 术语和定义

下列术语和定义适用于本文件。

2.1

固定资产 fixed assets

使用期限在一年以上，单位价值在规定标准以上，并且在使用过程中基本保持原有物质形态的资产。

注：单位价值虽未达到规定标准，但是耐用时间在一年以上的大批同类物资，作为固定资产管理。

3 分类原则

本标准按固定资产的基本属性分类，适当兼顾行业管理的需要。

4 编码方法

本标准采用4层7位数字代码表示，第1位表示门类，第2、3位表示大类；第4、5位表示中类；第6、7位表示小类。其分类结构如图1所示。

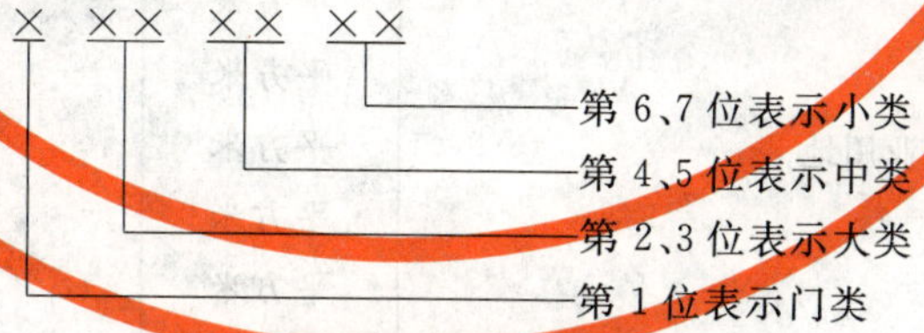

图1 固定资产分类代码的构成

固定资产分类代码的第1位所表示的6个门类如下：

a) 土地、房屋及构筑物；

b) 通用设备；

c) 专用设备；

d) 文物和陈列品；

e) 图书、档案；

f) 家具、用具、装具及动植物。

固定资产分类代码的大类、中类和小类中的代码“99”为收容项，主要用于该项尚未列出的固定资产。

5 代码表

5.1 土地、房屋及构筑物

表 1 1010000 土地、海域及无居民海岛

代 码	名 称	计量单位	说 明
1010000	土地、海域及无居民海岛		
1010100	耕地	平方米	
1010101	水田	平方米	
1010102	水浇地	平方米	
1010103	旱地	平方米	
1010199	其他耕地	平方米	
1010200	园地	平方米	
1010201	果园	平方米	
1010202	茶园	平方米	
1010299	其他园地	平方米	
1010300	林地	平方米	
1010301	有林地	平方米	
1010302	灌木林地	平方米	
1010399	其他林地	平方米	
1010400	草地	平方米	
1010401	天然牧草地	平方米	
1010402	人工牧草地	平方米	
1010499	其他草地	平方米	
1010500	商业服务业用地	平方米	
1010501	批发零售用地	平方米	
1010502	住宿餐饮用地	平方米	
1010503	商务金融用地	平方米	
1010599	其他商业服务业用地	平方米	
1010600	工矿仓储用地	平方米	
1010601	工业用地	平方米	
1010602	采矿用地	平方米	
1010603	仓储用地	平方米	
1010700	住宅用地	平方米	
1010701	城镇住宅用地	平方米	
1010702	农村宅基地	平方米	
1010799	其他住宅用地	平方米	
1010800	行政单位用地	平方米	承担行政职能的事业单位用地入此
1010900	事业单位用地	平方米	
1010901	教育用地	平方米	用于各类教育、培训的用地
1010902	科研用地	平方米	用于各类科研、勘察、观测、监测、设计、技术推广、科普等的用地

表 1（续）

代码	名称	计量单位	说明
1010903	新闻出版用地	平方米	用于广播电台、电视台、电影厂、报社、杂志社、通讯社、出版社等的用地
1010904	图书档案用地	平方米	用于图书馆、档案馆、博物馆、展览馆等的用地
1010905	医卫慈善用地	平方米	用于医疗保健、卫生防疫、急救康复、医检药检、福利救助等的用地
1010906	文体、艺术团体用地	平方米	广播电视电影办公用地入此，不包括影剧院等娱乐及体育场馆用地
1010999	其他事业单位用地	平方米	
1011000	社会团体用地	平方米	
1011100	公共服务用地		
1011101	公共设施用地	平方米	用于城乡基础设施的用地，包括给排水、供电、供热、供气、邮政、电信、消防、环卫、公用设施维修等的用地
1011102	公园与绿地	平方米	公园、动物园、植物园、街心花园和用于休憩及美化环境的绿化用地
1011103	风景名胜设施用地	平方米	风景名胜(名胜古迹、旅游景点、革命遗址等)景点及管理机构的建筑用地。景区内的其他用地按用途归入相应的类
1011199	其他公共服务用地		
1011400	体育、娱乐用地		
1011401	体育场馆用地	平方米	
1011402	游乐场所用地	平方米	
1011403	俱乐部、影剧院用地	平方米	
1011404	舞厅、音乐厅用地	平方米	
1011405	文化宫、少年宫用地	平方米	
1011406	老年活动中心用地	平方米	
1011499	其他体育、娱乐用地	平方米	
1011500	特殊用地	平方米	
1011501	军事设施用地	平方米	
1011502	外事用地	平方米	
1011503	监教场所用地	平方米	用于监狱、看守所、劳教所、戒毒所、拘留所等的建筑用地
1011504	宗教用地	平方米	
1011505	殡葬用地	平方米	
1011599	其他特殊用地	平方米	
1011600	交通运输用地	平方米	
1011601	铁路用地	平方米	
1011602	公路用地	平方米	
1011603	街巷用地	平方米	

表 1（续）

代　码	名　　　称	计量单位	说　明
1011604	农村道路用地	平方米	
1011605	机场用地	平方米	
1011606	港口码头用地	平方米	
1011607	管道运输用地	平方米	
1011699	其他交通运输用地	平方米	
1011700	水域及水利设施用地	平方米	
1011701	水面用地	平方米	
1011702	滩涂用地	平方米	
1011703	沟渠用地	平方米	
1011704	水利设施用地	平方米	
1011799	其他水域及水利设施用地	平方米	
1012000	海域	公顷	
1012001	渔业用海	公顷	
1012002	交通运输用海	公顷	
1012003	工业用海	公顷	
1012004	旅游娱乐用海	公顷	
1012005	海底工程用海	公顷	
1012006	排污倾倒用海	公顷	
1012007	造地工程用海	公顷	
1012008	特殊用海	公顷	
1012099	其他海域	公顷	
1012100	无居民海岛	平方米	居住海岛按用途分别入相应的用地类别
1012101	领海基点所有海岛	平方米	
1012102	国防用途海岛	平方米	
1012103	海洋自然保护区内海岛	平方米	
1012111	旅游娱乐用海岛	平方米	
1012112	交通运输用海岛	平方米	
1012113	工业用海岛	平方米	
1012114	仓储用海岛	平方米	
1012115	渔业用海岛	平方米	
1012116	农林牧业用海岛	平方米	
1012117	可再生资源用海岛	平方米	
1012118	城乡建设用海岛	平方米	
1012119	公共服务用海岛	平方米	
1012120	科学研究用海岛	平方米	
1012199	其他无居民海岛	平方米	
1019900	其他土地	平方米	包括空闲地、设施农用地、田坎、盐碱地、沼泽地、沙地、裸地等其他类型的土地

表 2　1020000 房屋

代　码	名　　称	计量单位	说　明
1020000	房屋	平方米	
1020100	生产用房	平方米	
1020101	工业生产用房	平方米	
1020102	农林牧渔业用房	平方米	
1020103	建筑业用房	平方米	
1020199	其他生产用房	平方米	
1020200	交通、邮电用房	平方米	
1020201	铁路交通用房	平方米	
1020202	公路交通用房	平方米	
1020203	水运交通用房	平方米	
1020204	民航交通用房	平方米	
1020205	地铁用房	平方米	
1020206	邮政用房	平方米	
1020207	电信用房	平方米	
1020299	其他交通、邮电用房	平方米	
1020300	商业及服务业用房	平方米	
1020301	金融服务业用房	平方米	银行、信用社、证券交易所、保险公司等用房入此
1020302	批发零售用房	平方米	
1020303	住宿餐饮用房	平方米	
1020399	其他商业及服务用房	平方米	
1020400	行政单位用房	平方米	
1020401	办公用房	平方米	承担行政职能的事业单位办公用房入此
1020402	业务用房	平方米	如：审判庭、羁押室、律师室、调解室；各政府机构的业务大厅等
1020500	公共安全用房	平方米	
1020501	监狱	平方米	
1020502	看守所	平方米	
1020503	劳教所	平方米	
1020504	拘留所	平方米	
1020505	戒毒所	平方米	
1020599	其他公共安全用房	平方米	
1020600	事业单位用房	平方米	
1020601	教育用房	平方米	教育、培训用房
1020602	科研用房	平方米	科学研究和设计、科学试验基地、实验室、观测和监测等用房
1020603	新闻出版用房	平方米	
1020604	图书档案用房	平方米	文博、展览入此
1020605	医卫慈善用房	平方米	医疗业务、卫生防疫、疗养(休养)、社会福利院(所)等用房

表 2（续）

代　码	名　　称	计量单位	说　明
1020606	文体、艺术团体用房	平方米	广播电视电影办公用房入此，不包括影剧院等娱乐及体育场馆用房
1020699	其他事业单位用房	平方米	
1020700	社会团体用房	平方米	
1020900	军事用房	平方米	
1021000	外事用房	平方米	
1021001	外国驻华领、使馆用房	平方米	
1021002	外国驻华商贸机构用房	平方米	
1021003	外国驻华人员生活用房	平方米	
1021099	其他外事用房	平方米	
1021200	宗教用房	平方米	
1021300	居住用房	平方米	
1021400	体育、娱乐用房	平方米	
1021401	体育场馆用房	平方米	
1021402	游乐场所用房	平方米	
1021403	俱乐部、影剧院	平方米	
1021404	舞厅、音乐厅	平方米	
1021405	文化宫、少年宫	平方米	
1021406	老年活动中心	平方米	
1021499	其他体育、娱乐用房	平方米	布景类棚房入此
1021500	市政公共设施用房	平方米	
1021501	供应设施用房	平方米	
1021502	施工与维修用房	平方米	
1021599	其他市政公共设施用房	平方米	
1021800	仓储用房	平方米	
1029000	房屋附属设施		
1029001	门	个	含防盗门、伸缩门、自动门、防护门、保温门、密闭门等
1029002	门禁系统	套	
1029003	岗楼	个	
1029004	围墙	延长米	
1029005	采暖设施	套	
1029006	供水系统	套	
1029007	停车设施	套	
1029099	其他房屋附属设施		徽标、雕塑、旗杆等入此
1029900	其他用房	平方米	

表 3　1030000 构筑物

代　码	名　　称	计量单位	说　明
1030000	构筑物	平方米	
1030100	池、罐	座,立方米	
1030101	工业生产用池、罐	座,立方米	石油和化学工业专用储油罐入“3030000 石油和化学工业专用设备”大类中的相应生产设施
1030102	灌溉用池	座,立方米	
1030103	水生动物饲养池	座,立方米	
1030104	观赏鱼池及花池	座,立方米	
1030105	沼气发生池	座,立方米	
1030106	水利用池	座,立方米	包括进水池、出水池、沉砂池
1030199	其他池	座,立方米	
1030200	槽	座,延长米	
1030201	工业生产用槽	座,延长米	化工生产线上的槽入“3030000 石油和化学工业专用设备”大类的相应生产设施
1030202	农业用槽	座,延长米	
1030203	科研用槽	座,延长米	
1030299	其他用槽	座,延长米	
1030300	塔	座,延长米	
1030301	工业用塔	座,延长米	石油和化学工业专用塔类入“3030000 石油和化学工业专用设备”大类中的相应生产设施
1030302	农业用塔	座,延长米	
1030303	广播电视用塔	座,延长米	
1030304	交通航空用塔	座,延长米	江、河、湖、海导航用塔,机场、车站用塔、灯柱入此
1030305	气象、水利及环保用塔	座,延长米	气象塔、调压塔、环保监测塔、缆道铁塔入此
1030399	其他塔		
1030400	烟囱	座,延长米	
1030500	井	眼	采油、采气专用井入“3020100 油气水井设施”
1030501	水井	眼	
1030502	地热水井	眼	
1030503	矿井	条,米	
1030504	科研用井	眼	
1030599	其他井		
1030600	坑		
1030601	原料坑	立方米	
1030602	铸铁块坑	立方米	
1030603	铸锭坑	立方米	

表 3(续)

代码	名称	计量单位	说明
1030604	修罐包坑	立方米	
1030605	机车灰坑	座,延长米	
1030606	机车检查坑	座,延长米	
1030607	渣坑	立方米	
1030699	其他坑		
1030700	台、站		
1030701	旅客站台	座,平方米	
1030702	货物站台	座,平方米	
1030703	平台	平方米	
1030704	转运站	平方米	
1030705	煤台	座,平方米	
1030706	上油台	平方米	
1030707	料台	平方米	
1030708	渣台	平方米	
	加油站		见“3032402 加油站”
	加气站		见“3032403 加气站”
1030709	检查收费站	座,平方米	
1030710	地铁车站	座,平方米	
1030711	候车亭	座,平方米	
1030799	其他台、站	座,平方米	
1030800	码头		
1030801	直立式码头	个,平方米	
1030802	栈桥式码头	个,平方米	
1030803	斜坡式码头	个,平方米	
1030804	浮式码头	个,平方米	
1030805	简易式码头	个,平方米	
1030899	其他码头	个,平方米	
1030900	道路		
1030901	一、二、三级公路	公里	
1030902	高速公路	公里	
1030903	城市道路	公里	
1030904	铁路正线	延长公里	
1030905	铁路站线	座,延长米	
1030906	铁路段管线	延长公里	
1030907	铁路岔线	延长公里	
1030908	铁路专用线	延长公里	企业专用线入此
1030909	特别用途线	延长公里	
1030910	铁路道岔	组	
1030911	铁路隧道	座,延长米	
1030912	地铁线路	公里	
1030913	地铁道岔	公里	

表3（续）

代码	名称	计量单位	说明
1030914	公路隧道	座,延长米	
1030915	电缆隧道	条,米	
1030916	排灌隧道	条,米	
1030917	巷道	条,延长米	
1030918	渠道	条,米	
1030919	坑道	条,米	
1030920	飞机滑行道	条,米	
1030921	飞机跑道	条,米	
1030922	飞机停机坪	块,平方米	
1030923	生产用道路	条,米	
1030999	其他道路	公里	厂内公路入此
1031000	沟	条,延长米	
1031001	地沟	条,延长米	
1031002	水沟	条,延长米	
1031003	围厂河沟	条,延长米	
1031004	渠沟	条,延长米	
1031005	盐场引潮沟	条,延长米	
1031006	盐场排淡沟	条,延长米	
1031007	盐场落卤沟	条,延长米	
1031008	盐场运盐沟	条,延长米	
1031099	其他沟	条,延长米	
1031100	洞	座,延长米	
1031101	铁路涵洞	座,延长米	
1031102	公路涵洞	条,米	
1031103	防空洞	条,米	
1031104	隧洞	条,米	
1031105	水工涵洞	条,米	
1031106	放水洞	条,米	
1031107	科学观测、监测洞体	条,米	
1031199	其他洞	条,米	
1031200	廊	条,米	
1031201	通廊	条,米	
1031299	其他廊	条,米	
1031300	桥梁、架	座,米	
1031301	公路桥梁	座,延长米	
1031302	铁路桥梁	座,延长米	
1031303	公路、铁路两用桥梁	座,延长米	
1031304	市内立交桥	座,米	
1031305	露天栈桥	座,米	
1031306	吊车栈桥	座,米	
1031307	洗涤塔支架	座,米	

表 3（续）

代　码	名　　称	计量单位	说　明
1031308	通道支架	座,米	
1031309	落罐架	座,米	
1031310	露天框架	座,米	
1031311	凉水架	座,米	
1031312	混凝土支架	座,米	
1031399	其他桥梁、架	座,米	
1031400	坝、堰及水道		
1031401	水电站大坝	座	
1031402	水库	座,平方米	
1031403	堤坝	条,米	
1031404	防洪堤	条,米	
1031405	防波堤	条,米	
1031406	尾矿坝	条,米	
1031407	护坡	条,米	
1031408	流量堰	座,平方米	
1031409	溢、泄洪道	条,米	
1031499	其他坝、堰及水道		
1031500	闸	座	
1031501	节制闸	座	
1031502	进水闸	座	
1031503	排水闸	座	
1031504	分洪闸	座	
1031505	挡潮闸	座	
1031506	船闸	座	
1031507	冲沙闸	座	
1031599	其他闸	座	
1031600	水利管道	条,米	
1031601	引水管道	条	
1031602	排水管道	条	
1031603	尾水管道	条,米	
1031604	节水管道	条,米	
1031605	倒吸虹	条,米	
1031699	其他水利管道	条,米	
1031700	市政管道	条,米	
1031800	库	平方米	
1031801	飞机库	平方米	
1031802	汽车库	平方米	
1031803	船坞	平方米	
1031804	粮库	平方米	
1031899	其他库	平方米	
1031900	仓	平方米	

表 3（续）

代　码	名　　称	计量单位	说　明
1031901	平房仓	平方米	
1031902	立筒仓	平方米	
1031903	浅圆仓	平方米	
1031904	砖圆仓	平方米	
1031905	地下仓	平方米	
1031906	楼房仓	平方米	
1031907	简易仓	平方米	
1031999	其他仓	平方米	
1032000	场	平方米	
1032001	露天原料场	平方米	
1032002	废渣场	平方米	
1032003	停车场	平方米	
1032004	晾晒场	平方米	
1032005	露天体育场、训练场	平方米	
1032006	雨量场	平方米	
1032099	其他场	平方米	
1032100	斗	平方米	
1032101	料斗	平方米	
1032102	其他斗	平方米	
1032200	罩棚	个	
1039900	其他构筑物		

5.2　通用设备

表 4　2010000 计算机设备及软件

代　码	名　　称	计量单位	说　明
2010000	计算机设备及软件		
2010100	计算机设备	台	
2010101	巨/大/中型机	台	
2010102	小型机	台	
2010103	PC 服务器	台	
2010104	台式机	台	
2010105	便携式计算机	台	
2010106	掌上电脑	台	
2010199	其他计算机设备	台	
2010200	计算机网络设备	台	仅限于计算机网络设备，通信网络设备入“2310000 通信设备”有关类
2010201	路由器	台	
2010202	交换机	台	
2010203	网关	台	

表 4（续）

代 码	名 称	计量单位	说 明
2010204	集线器	台	
2010205	光端机	台	
2010206	终端接入设备	台	不属于上述类别的 xDSL 设备、上网卡、调制解调器等入此
2010299	其他网络设备	台	
2010300	安全设备	台	
2010301	防火墙	台	
2010302	入侵检测设备	台	
2010303	漏洞扫描设备	台	
2010304	计算机终端安全设备	台	加密狗、U 盾等入此
2010399	其他安全设备	台	
2010400	终端设备	台	
2010401	触摸式终端设备	台	
2010402	终端机	台	
2010499	其他终端设备	台	
2010500	存储设备	台	
2010501	磁盘机	台	
2010502	磁盘阵列	台	
2010503	存储用光纤交换机	台	
2010504	光盘库	台	
2010505	磁带机	台	
2010506	磁带库	台	
2010507	网络存储设备	台	NAS 设备入此
2010508	移动存储设备	台	u 盘(优盘)、移动硬盘等入此
2010599	其他存储设备	台	
2010600	输入输出设备	台	
2010601	打印设备	台	
2010602	计算机绘图设备	台	
2010603	计算机光电设备	台	
2010604	显示器	台	
2010605	扫描仪	台	
2010606	刷卡机	台	
2010607	POS 机	台	
2010608	数据采集器	台	
2010609	KVM 设备	台	
2010699	其他输入输出设备	台	
2010700	机房辅助设备	台	机房中的电源入“2200700 电源设备”；空调入“2101908 专用制冷、空调设备”；门禁入“1029002 门禁系统”，消防设备见“3270100 消防设备”
2010701	机柜	台	

表 4（续）

代　码	名　　称	计量单位	说　明
2010702	机房环境监控设备	套	
2010799	其他机房辅助设备	台	
	视频会议系统设备		见“2310800 视频会议系统设备”
2010900	计算机软件	套	
2010901	基础软件	套	
2010902	支撑软件	套	
2010903	应用软件	套	
2010999	其他计算机软件	套	
2019900	其他计算机设备及软件		

表 5　2020000 办公设备

代　码	名　　称	计量单位	说　明
2020000	办公设备	台	
	电话机		见“2310701 固定电话机”
	传真机		见“2311001 传真通信设备”
2020100	复印机	台	
2020200	投影仪	台	
2020300	多功能一体机	台	具有多种办公功能的设备入此，例如带有打印功能的复印机等
	摄像机		见“2321002 摄像机”
	激光视盘机		见“2321006 激光视盘机”
2020400	照相机及器材	台	
	录音设备		入“2321100 音频设备”有关类
2020500	电子白板	台	
2020600	LED 显示屏	台	
2020700	触控一体机	台	
2020800	刻录机	台	
2020900	速印机	台	
2021000	碎纸机	台	
2021100	条码打印机	台	
2021200	条码扫描器	台	
2021300	会计机械	台	包括点钞机、捆钞机、验钞机等。保险柜入“6010502 保险柜”，包括绘图机、制图机、晒图机等
2021400	制图机械	台	
2021500	办公设备零部件	台	
	办公家具		入“6010000 家具用具”有关类
2029900	其他办公设备		

表 6　2030000 车辆

代　码	名　　称	计量单位	说　明
2030000	车辆	辆	
2030100	载货汽车(含自卸汽车)	辆	
2030200	牵引汽车	辆	
2030201	半挂牵引汽车	辆	
2030202	全挂牵引汽车	辆	
2030203	其他牵引汽车	辆	
2030300	汽车挂车	辆	
2030400	乘用车(轿车)	辆	包括驾驶员座位在内不超过(含)9个座位
2030401	轿车	辆	
2030402	越野车	辆	
2030403	商务车	辆	
2030499	其他乘用车(轿车)	辆	
2030500	客车	辆	
2030501	小型客车	辆	除驾驶员座位外,座位数超过9座,但不超过(含)16座
2030502	大中型客车	辆	除驾驶员座位外,座位数超过(含)16座
2030599	其他客车	辆	
2030600	专用车辆	辆	
2030601	厢式专用汽车	辆	
2030602	罐式专用汽车	辆	
2030603	集装箱运输车辆	辆	
2030604	科学考察车辆	辆	
2030605	工程作业车辆	辆	
2030606	雪地专用车辆	辆	雪地车、雪地拖拉机、雪地摩托车、雪橇等入此
2030607	消防车	辆	
2030608	警车	辆	
2030609	布障车	辆	
2030610	清障车	辆	
2030611	排爆车	辆	
2030612	装甲防暴车	辆	
2030613	水炮车	辆	
2030614	攀登车	辆	
2030615	通讯指挥车	辆	
2030616	交通划线车	辆	
2030617	防弹车	辆	
2030618	救护车	辆	
2030619	通信专用车	辆	
2030620	救险车	辆	
2030621	殡仪车	辆	

表 6（续）

代　码	名　　称	计量单位	说　明
2030622	清洁卫生车辆	辆	包括垃圾车、洒水车、街道清洗清扫车等
2030699	其他专用汽车	辆	
2030700	城市交通车辆	辆	
2030701	公共汽车	辆	
2030702	有轨电车	辆	
2030703	无轨电车	辆	
2030704	轨道交通车辆	辆	地铁车辆、城铁车辆入此
2030800	摩托车	辆	运动用摩托车入“3713000 摩托车运动设备”
2030801	两轮摩托车	辆	
2030802	三轮摩托车	辆	
2030899	其他摩托车	辆	
2030900	电动自行车	辆	
2031000	轮椅车	辆	
2031001	机动轮椅车(残疾人摩托车)	辆	
2031002	电动轮椅车(道路型)	辆	
2031100	非机动车辆	辆	
2031101	人力车	辆	
2031102	畜力车	辆	
2031199	其他非机动车	辆	
2031200	车辆附属设施及零部件	辆	
2039900	其他车辆	辆	

表 7　2040000 图书档案设备

代　码	名　　称	计量单位	说　明
2040000	图书档案设备		
2040100	图书档案装具		
2040101	固定架、密集架	件	
2040102	案卷柜	件	
2040103	底图柜	件	
2040104	磁带柜	件	
2040105	卡片柜	件	
2040199	其他图书档案装具		档案卷盒、卷夹、卷皮等入此
2040200	缩微设备		
2040201	缩微摄影机	台	
2040202	冲洗机	台	
2040203	拷贝机	台	
2040204	阅读器	台	
2040205	阅读复印机	台	

表 7（续）

代 码	名 称	计量单位	说 明
2040299	其他缩微设备		
2040300	图书档案消毒设备	台	
2040301	物理方法消毒设备	台	
2040302	化学方法消毒设备	台	
2049900	其他图书档案设备		

表 8 2100000 机械设备

代 码	名 称	计量单位	说 明
2100000	机械设备		
2100100	内燃机	台	
2100101	柴油内燃机	台	
2100102	汽油内燃机	台	
2100103	气体燃料内燃机	台	
2100199	其他内燃机	台	
2100200	燃气轮机	台	
2100300	汽轮机	台	电站汽轮机入“3050000 电力工业专用设备”有关类
2100400	锅炉	台	
2100401	工业锅炉	台	电站锅炉入“3050100 电站锅炉及辅助设备”
2100402	民用锅炉	台	
2100500	水轮机	台	
2100600	风力机	台	
2100700	潮汐动力机械	台	
2100800	液压机械		
2100801	液压缸	台	
2100802	液压泵	台	
2100803	液压阀	台	
2100804	液压马达	台	
2100805	液压管件	套	
2100899	其他液压机械	台	
2100900	金属加工设备	台	
2100901	金属切削机床	台	
2100902	锻压机械设备	台	
2100903	铸造设备	台	
2100904	工业机械手	台	
2100905	工业机器人	台	
2100906	热处理设备	台	热处理炉入“2100911 通用工业窑炉”
2100907	金属切割设备	台	

表 8（续）

代码	名称	计量单位	说明
2100908	金属焊接设备	台	
2100909	金属表面处理设备	台	
2100910	粉末冶金设备	台	
2100911	通用工业窑炉	座	
2100999	其他金属加工设备		
2101000	起重设备	台	
2101001	轻小型起重设备	台	包括起重用葫芦
2101002	桥式起重机	台	
2101003	门式起重机	台	
2101004	浮式起重机	台	
2101005	缆索起重机	台	架空索道、登山缆车入“2101104 架空索道输送设备”
2101006	门座式起重机	台	不含港口专用门座式起重机
2101007	港口门座式起重机	台	
2101008	冶金起重机	台	
2101009	电梯	部	
2101010	自动扶梯	部	
2101011	自动人行道	部	
2101099	其他起重设备		
2101100	输送设备		
2101101	带式输送机械	台	
2101102	气动输送机	台	
2101103	升运机	台	
2101104	架空索道输送设备	台	
2101105	机场输送设备	台	包括旅客登机桥、行李输送装卸机械等
2101106	集装箱	个，吨	
2101107	集装箱输送设备	台	集装箱运输车辆入“2030603 集装箱运输车辆”
2101108	输送管道	套	输水管道、输尾矿管道及管道输送设施入此；输油管道、输气管道入“3030000 石油和化学工业专用设备”有关类
2101199	其他输送设备		
2101200	给料设备	台	
2101300	装卸设备	台	
2101301	堆取机械	台	
2101302	装船机	台	
2101303	装车机	台	
2101304	卸船机	台	

表 8（续）

代码	名称	计量单位	说明
2101305	卸车机	台	
2101306	翻车机	台	
2101399	其他装卸设备	台	
2101400	立体仓库设备	套	
2101500	泵	台	真空泵入“2102001 真空获得设备”
2101501	离心泵	台	
2101502	混流泵	台	
2101503	轴流泵	台	
2101504	往复泵	台	
2101505	回转泵	台	
2101506	旋涡泵	台	
2101599	其他泵	台	
2101600	风机	台	
2101601	离心式风机	台	
2101602	轴流风机	台	
2101603	螺杆式风机	台	
2101699	其他风机	台	
2101700	气体压缩机	台	
2101701	离心式压缩机	台	
2101702	轴(混)流式压缩机	台	
2101703	往复式压缩机	台	
2101704	螺杆式压缩机	台	
2101705	刮板式压缩机	台	
2101706	液环压缩机	台	
2101799	其他气体压缩机	台	
2101800	气体分离及液化设备	台	石油化工专用的空气分离及液化装置入“3032301 空气分离及液化装置”
2101801	空气分离设备	台	
2101802	稀有气体提取设备	台	
2101803	工业气体分离设备	台	
2101804	气体液化设备	台	
2101805	车装气体分离设备	台	
2101899	其他气体分离及液化设备	台	
2101900	制冷空调设备	台	民用制冷空调设备入“2201000 生活用电器”有关类
2101901	制冷压缩机	台	
2101902	冷库制冷设备	台	
2101903	冷藏箱柜	台	
2101904	制冰设备	台	
2101905	空调机组	台	
2101906	恒温机、恒温机组	台	

表 8（续）

代　码	名　　称	计量单位	说　明
2101907	去湿机组	台	
2101908	专用制冷、空调设备	台	机房专用空调入此
2101999	其他制冷空调设备	台	
2102000	真空获得及其应用设备	台	
2102001	真空获得设备	台	真空泵入此
2102002	真空应用设备	台	
2102003	真空检测设备	台	
2102099	其他真空获得及应用设备	台	
2102100	分离及干燥设备	台	非矿物用；有关粮食加工设备入"3170000 粮油作物和饲料加工设备"有关类
2102101	离心机	台	
2102102	分离机	台	
2102103	过滤机	台	
2102104	萃取机	台	
2102105	搅拌机械	台	
2102106	浓缩机械	台	
2102107	干燥机械	台	
2102199	其他分离及干燥设备	台	
2102200	减速机及传动装置	台	
2102201	摆线针轮减速机	台	
2102202	行星减速机	台	
2102203	圆柱齿轮减速机	台	
2102204	蜗轮蜗杆减速器	台	
2102205	液力耦合器	台	
2102299	其他减速机及传动装置	台	
2102300	包装机械	台	
2102301	充填机械	台	装瓶、装罐、装盒、袋装、软管等充填机械
2102302	封口机械	台	
2102303	容器成型包装机械	台	制袋、制盒、制瓶等包装机械
2102304	裹包机械	台	
2102305	捆扎打包机械	台	
2102306	集合装箱机械	台	
2102307	真空包装机械	台	
2102308	容器清洗机械	台	
2102309	容器消毒机械	台	
2102310	贴标签机械	台	
2102399	其他包装机械	台	
2102400	植物等有机物粉碎选别设备	台	粮食加工设备入"3170000 粮油作物和饲料加工设备"有关类

表 8（续）

代　码	名　　称	计量单位	说　明
2102401	粉碎机	台	
2102402	研磨机	台	
2102403	分选机	台	
2102404	筛分设备	台	粮食加工专用筛入“3170101 筛”，橡胶加工专用筛入“3032500 橡胶专用设备”
2102499	其他植物等有机物粉碎选别设备	台	
2109900	其他机械设备		

表 9　2200000 电气设备

代　码	名　　称	计量单位	说　明
2200000	电气设备	台	
2200100	电机	台	
2200101	发电机	台	包括汽油发电机组、柴油发电机组等
2200102	直流电机	台	
2200103	无刷直流电机	台	
2200104	交流电机	台	
2200105	直线电机	台	
2200106	步进电机	台	
2200107	传感电机	台	
2200108	开关磁阻电机	台	
2200109	移相器	台	
2200199	其他电机	台	
2200200	变压器	台	
2200300	电抗器	台	
2200400	互感器	台	
2200500	避雷器	台	
2200600	整流器	台	
2200700	电源设备	台	
2200701	稳压电源	台	
2200702	不间断电源（UPS）	台	
2200703	多用电源	台	
2200704	变频器	台	
2200705	充电机	台	
2200706	直流电源	台	
2200707	交流电源	台	
2200708	电池组	台	
2200799	其他电源设备	台	
2200800	电容器	台	
2200900	生产辅助用电器	台	

表 9（续）

代码	名称	计量单位	说明
2200901	电阻器	台	
2200902	变阻器	台	
2200903	开关电器设备	台	
2200904	断路器	台	
2200905	控制器	台	
2200906	接触器	台	
2200907	起动器	台	
2200908	电继电器	台	
2200909	控制继电器	台	
2200910	保护继电器	台	
2200911	开关柜	台	
2200912	控制设备	台	包括控制屏、控制箱、控制台、控制柜、起动柜、控制板等
2200913	配电屏	台	
2200914	配电箱	台	
2200915	端子箱	台	
2200916	保护屏	台	
2200917	同期屏	台	
2200918	故障录波屏	台	
2200919	电容器柜	台	
2200920	电容器箱	台	
2200921	受电箱	台	
2200922	受电屏	台	
2200999	其他生产辅助用电器	台	
2201000	生活用电器		电声、电视设备入“2320000 广播、电视、电影设备”有关类
2201001	制冷电器	台	电冰箱、冷藏柜等。容量 500L 及以下入此，500L 以上入“2101900 制冷空调设备”有关类
2201002	空气调节电器	台	风扇、空调、空气滤洁器、空气净化设备、排烟系统、取暖器、调湿调温机等入此。其中空调类制冷 4 000 kcal/h (1cal＝4. 186 8 J)及以下入此，以上者入“2101900 制冷空调设备”有关类
2201003	清洁卫生电器	台	家用洗衣机、吸尘器、洗碗机、厨房电动废物处理器、泔水处理器等入此
2201004	熨烫电器	台	熨衣机等入此
2201005	烹调电器	台	电饭锅、微波炉等入此
2201006	饮水器	台	
2201007	热水器	台	燃气热水器、电热水器、太阳能热水器等
2201008	美容电器	台	电推剪、电吹风等入此

表 9（续）

代 码	名 称	计量单位	说 明
2201099	其他生活用电器		
2201100	灯具	套	指成套灯具
2201101	矿灯	套	
2201102	车、船用灯	套	
2201103	室内照明灯具	套	
2201104	场地用灯	套	
	舞台灯具	套	入“3700303 舞台灯具及辅助设备”
2201105	路灯		
2201106	移动照明灯塔		
2201107	除害虫用灯	套	
2201199	其他灯具	套	
2201200	电气机械设备		
2201201	工业电热设备(电炉)	台	炼钢电炉入“3040300 炼钢设备”，铁合金电炉入“3040500 铁合金设备”
2201202	电气物理设备	台	包括电子加速器、高压加速器、中子发生器、离子束加工设备、电子束加工设备、充磁与脱磁设备
2201203	电动工具	台	包括电镉、电砂轮、磨光机、电锤、电剪刀、电螺丝刀、电扳手、电动攻丝机等
2201204	换能器	台	热离子换能器、热电子换能器、核能换能器等
2201299	其他电气机械设备		
2209900	其他电气设备		

表 10　2300000 雷达、无线电和卫星导航设备

代 码	名 称	计量单位	说 明
2300000	雷达、无线电和卫星导航设备		不包括军用雷达
2300100	地面雷达	部	
2300101	地面导航雷达	部	
2300102	航空管理雷达	部	
2300103	地面气象雷达	部	
2300104	地面测量雷达	部	
2300199	其他地面雷达	部	
2300200	机载雷达	部	
2300201	航行雷达	部	
2300202	多卜勒导航雷达	部	
2300203	机载着陆雷达	部	
2300204	数传导航雷达	部	
2300205	机载气象雷达	部	
2300299	其他机载雷达	部	

表 10（续）

代　码	名　　称	计量单位	说　明
2300300	舰船载雷达	部	
2300301	舰船导航雷达	部	
2300302	舰船气象雷达	部	
2300399	其他舰船载雷达	部	
2300400	雷达配套设备	部	
2300401	雷达地面天线	部	
2300402	雷达训练器	部	
2300403	雷达图像传输设备	部	
2300404	雷达显示设备	部	
2300499	其他雷达配套设备	部	
2300500	星载雷达	部	
2300600	气球载雷达	部	
2300700	机载无线电导航设备	套	
2300701	信标接收机	套	
2300702	无线电罗盘	套	
2300703	机载着陆设备	套	机载着陆雷达见“2300203 机载着陆雷达”
2300704	近程导航机载设备	套	
2300705	机载无线电高度表	套	
2300799	其他机载无线电导航设备	套	
2300800	地面航空无线电导航设备	套	地面导航雷达见“2300101 地面导航雷达”
2300801	定向设备	套	机动定向设备见“2300901 机动定向设备”
2300802	导航机	套	
2300803	航标发射机	套	
2300804	近程导航系统地面设备	部	
2300805	微波仪表着陆地面设备	部	
2300899	其他地面航空无线电导航设备	部	
2300900	机动定向导航设备	部	
2300901	机动定向设备	部	非机动定向设备入“2300801 定向设备”
2300902	机动导航设备	部	
2300999	其他机动定向导航设备	部	
2301000	舰船载无线电导航设备	套	
2301001	舰船载导航接收机	套	
2301002	舰船载无线电测向机	套	
2301003	舰船载无线电示位标	套	
2301099	其他舰船载无线电导航设备	套	
2301100	地面舰船无线电导航设备	套	
2301200	卫星定位导航 GPS 设备	套	
2301300	卫星遥感设备	套	包括星载摄像仪、微波辐射计等
2309900	其他雷达和无线电导航设备	套	

表 11 2310000 通信设备

代码	名称	计量单位	说明
2310000	通信设备		
2310100	无线电通信设备	部	
2310101	通用无线电通信设备	部	包括短波、超短波电台及其配套设备
2310102	移动通信(网)设备	部	指以城镇企业本地通信(组网)为主的无线电通讯设备
2310103	航空无线电通信设备	部	包括机载中短波发射机、机载中短波接收机、机载超短波电台、机载宽频带电台、机载救生电台、机载机内通话器、航空无线电通信地面设备
2310104	舰船无线电通信设备	部	包括舰船超短波电台、舰船宽频带电台、舰船救生无线电设备、舰船值班接收机、舰船进出港电台
2310105	铁道无线电通信设备	部	包括列车电台、站场电台、列车接近、告警设备、铁路无线电通信中继器、铁路专用电话机
2310106	邮电无线电通信专用设备	部	
2310107	气象通信专用无线电通信设备	部	
2310199	其他无线电通信设备	部	
2310200	接力通信系统设备	部	
2310201	超短波接力通信设备	部	
2310202	模拟微波接力通信设备	部	包括模拟微波接力通信机、模拟微波接力中继器、模拟微波接力无人值守机、模拟微波接力配套设备
2310203	数字微波接力通信设备	部	包括数字微波接力通信机、数字微波接力中继器、数字微波接力无人值守机、数字微波接力配套设备
2310204	电视微波接力设备	部	
2310299	其他接力通信系统设备	部	
2310300	散射通信设备	部	
2310301	散射通信机	部	
2310302	散射通信配套设备	部	
2310399	其他散射通信设备	部	
2310400	卫星通信设备	部	
2310401	地面站天线设备	部	
2310402	上行线通信设备	部	
2310403	下行线通信设备	部	
2310404	通信卫星配套设备	部	
2310405	卫星电视转播设备	部	
2310406	气象卫星地面发布站设备	部	
2310407	气象卫星地面接收站设备	部	
2310408	气象卫星地面数据收集站设备	部	

表 11（续）

代码	名称	计量单位	说明
2310409	卫星电话	部	
2310499	其他卫星通信设备	部	
2310500	光通信设备	部	
2310501	光缆通信终端设备	部	
2310502	光通信中继设备	部	
2310503	光通信复用设备	部	
2310504	光通信配套设备	部	
2310599	其他光通信设备	部	
2310600	载波通信系统设备	部	
2310601	电缆载波通信设备	部	
2310602	电力线载波通信设备	部	
2310603	矿用及矿山采选用载波通信设备	部	
2310604	微波通信用载波通信设备	部	
2310605	载波电报机及载波业务通信设备	部	
2310700	电话通信设备	部	
2310701	固定电话机	部	
2310702	移动电话	部	
2310703	电话交换设备	部	
2310704	会议电话调度设备及市话中继设备	部	
2310799	其他电话通信设备		
2310800	视频会议系统设备		
2310801	视频会议控制台	台	
2310802	视频会议多点控制器	部	
2310803	视频会议会议室终端	部	
2310804	音视频矩阵	台	
2310899	其他视频会议系统设备		
2310900	电报通信设备	部	
2310901	收发报机	部	
2310902	电传打字机	部	
2310903	凿孔设备	部	
2310904	译码设备	部	
2310905	人工用户电报交换设备	部	
2310906	用户电报自动交换设备	部	
2310999	其他电报通信设备	部	
2311000	传真及数据数字通信设备	部	
2311001	传真通信设备	部	
2311002	数据调制、解调设备	部	
2311003	数传机	部	
2311004	数据复接交换设备	部	
2311005	脉码调制终端设备	部	
2311006	增量调制终端设备	部	

表 11（续）

代　码	名　　称	计量单位	说　明
2311007	数字电话电报终端机	部	
2311099	其他传真及数据、数字通信设备	部	
2311100	通信机房专用设备	部	
2311200	天线		
2311201	发射天线	个	
2311202	接收天线	个	
2319900	其他通信设备		

表 12　2320000 广播、电视、电影设备

代　码	名　　称	计量单位	说　明
2320000	广播、电视、电影设备	部	
2320100	广播发射设备	部	
2320101	中波广播发射机	部	
2320102	短波广播发射机	部	
2320103	调频广播发射机	部	
2320104	调频立体声广播发射机	部	
2320105	调频广播差转台	部	立体声调频广播差转机入此
2320106	机动广播发射台	部	
2320107	数字音频广播发射机	部	
2320199	其他广播发射台	部	
2320200	电视发射设备	部	
2320201	米波电视发射机	部	
2320202	分米波电视发射机	部	
2320203	双伴音电视发射机	部	
2320204	电视差转机	部	
2320205	机动电视发射台	部	
2320206	数字广播电视发射机	部	
2320299	其他电视发射机	部	
2320300	音频节目制作和播控设备	部	
2320301	广播专用录放音设备	部	
2320302	调音台	部	
2320303	监听机(机组)	部	
2320304	声处理设备	部	广播、电视通用
2320305	收音设备	部	收音机入“2321102 收音机”
2320306	播控设备	部	
2320399	其他音频节目制作和播控设备	部	
2320400	视频节目制作和播控设备	部	
2320401	电视录制及电视播出中心设备	部	
2320402	机动电视转播及电视播出采访设备	部	

表 12（续）

代码	名称	计量单位	说明
2320404	录像编辑设备	部	
2320405	专业摄像机和信号源设备	部	
2320406	视频信息处理设备	部	
2320407	电视信号同步设备	部	
2320499	其他视频节目制作和播控设备	部	
2320500	多工广播设备	部	
2320600	立体电视设备	部	
2320700	卫星广播电视设备	部	
2320701	集体接收设备	部	
2320702	上行站接收设备	部	
2320703	接收测试站设备	部	
2320704	普及型卫星广播电视接收附加装置	部	
2320799	其他卫星广播电视设备	部	
2320800	电缆电视分配系统设备	部	
2320801	共用天线电视系统设备	部	
2320802	单向电缆电视系统设备	部	
2320803	双向电缆电视系统设备	部	
2320804	光缆电视分配系统设备	部	
2320899	其他电缆电视分配系统设备	部	
2320900	电视设备		
2320901	普通电视设备(电视机)	部	
2320902	特殊环境应用电视监视设备	部	包括微光电视设备、高温电视设备、防爆电视设备、防腐电视设备、防潮电视设备等
2320903	特殊功能应用电视设备	部	包括侦察电视设备、测量电视设备、跟踪电视设备、显微电视设备等
2320904	特种成像应用电视设备	部	X光电视设备、紫外电视设备、红外电视设备等
2320999	其他电视设备		
2321000	视频设备		电视机入“2320901 普通电视设备(电视机)”
2321001	录像机	部	
2321002	摄像机	部	包括摄像机附件设备
2321003	摄录一体机	部	
2321004	平板显示设备	部	
2321005	电视唱盘	部	
2321006	激光视盘机	部	VCD、DVD等设备入此
2321007	视频监控设备	部	
2321008	视频处理器	部	
2321009	虚拟演播室设备	套	
2321010	字幕机	部	

表 12（续）

代码	名称	计量单位	说明
2321099	其他视频设备		
2321100	音频设备		
2321101	录放音机	部	
2321102	收音机	部	
2321103	音频功率放大器设备(功放设备)	部	
2321104	电唱机	部	
2321105	音响电视组合机	部	
2321106	话筒设备	部	
2321107	数码音频工作站及配套设备	部	
2321108	声画编辑机	部	
2321109	录音外围设备	部	效果器、特效器、压缩器
2321110	扩音设备	部	
2321111	音箱	部	
2321199	其他音频设备		
2321200	组合音像设备		
2321201	音视频播放设备	台	
2321202	闭路播放设备	台	
2321203	同声现场翻译设备及附属设备	套	
2321299	其他组合音像设备		
2321300	播出设备		
2321301	机械手播出设备	台	
2321302	硬盘播出设备	台	
2321303	播出周边设备	套	
2321399	其他播出设备		
2321400	电影设备		
2321401	传版设备	台	远程数据传播设备
2321402	编辑、采访设备	台	
2321403	压片加工设备	台	包括密纹压片机及配套设备、刻纹设备、制模版设备、造粒机及附属设备、薄膜压片机及附属设备等
2321404	唱机生产设备	台	
2321405	盒式音带加工设备	台	包括盒带快速复制设备、裁带机、贴片机、包装机及配套设备等
2321406	影视片制作、维护设备	台	包括用于影视片的剪辑、特技、制作等设备
	影剧院设备		入“3700400 影剧院设备”
2321499	其他电影设备		
2329900	其他广播、电视、电影设备		

表 13 2400000 仪器仪表

代码	名称	计量单位	说明
2400000	仪器仪表		包括附属装置和校验设备
2400100	自动化仪表		计量标准仪器入"2420000 计量标准器具及量具、衡器"有关类
2400101	温度仪表	只	
2400102	压力仪表	只	
2400103	流量仪表	台	
2400104	物位及机械量仪表	台	
2400105	显示及调节仪表	台	
2400106	气动、电动单元组合仪表	台	
2400107	绘图仪	台	
2400108	集中控制装置	台	
2400109	执行器	台	
2400110	自动成套控制系统	台	
2400199	其他自动化仪表	台	
2400200	电工仪器仪表	台	
2400201	电度表	台	
2400202	实验室电工仪器及指针式电表	台	
2400203	数字电网监测表	台	
2400204	电阻测量仪器	台	
2400205	记录电表、电磁示波器	台	
2400206	测磁仪器	台	
2400207	扩大量程装置	台	
2400299	其他电工仪器仪表	台	
2400300	光学仪器	台	
2400301	显微镜	台	
2400303	光学计量仪器	台	
2400304	物理光学仪器	台	
2400305	光学测试仪器	台	
2400306	电子光学及离子光学仪器	台	
2400307	航测仪器	台	
2400308	光谱遥感仪器	台	
2400309	红外仪器	台	
2400310	激光仪器	台	
2400399	其他光学仪器	台	
2400400	分析仪器	台	
2400401	电化学分析仪器	台	
2400402	物理特性分析仪器及校准仪器	台	
2400403	热学式分析仪器	台	
2400404	光学式分析仪器	台	
2400405	射线式分析仪器	台	
2400406	波谱仪	台	

表 13(续)

代码	名称	计量单位	说明
2400407	质谱仪	台	
2400408	色谱仪	台	
2400409	环境监测仪器及综合分析装置	台	
2400499	其他分析仪器	台	
2400500	试验机	台	
2400501	金属材料试验机	台	
2400502	非金属材料试验机	台	
2400503	工艺试验机	台	
2400504	测力仪器	台	
2400505	动平衡机	台	
2400506	振动台与冲击台	台	
2400507	无损探伤机	台	
2400599	其他试验机	台	
2400600	试验仪器及装置	台	
2400601	分析天平及专用天平	台	
2400602	动力测试仪器	台	
2400603	试验箱及气候环境试验设备	台	
2400604	生物、医学样品制备设备	台	
2400605	应变及振动测试仪器	台	
2400606	型砂铸造试验仪器及装置	台	
2400607	真空检测仪器	台	
2400608	土工测试仪器	台	
2400699	其他试验仪器及装置	台	
2400700	量仪	台	
2400701	齿轮量仪	台	
2400702	螺纹量仪	台	
2400703	形位误差检查仪	台	
2400704	角度量仪	台	
2400799	其他量仪	台	
2400800	钟表及定时仪器	台	
2400801	钟	台	
2400802	表	台	
2400803	定时器	台	
2400899	其他钟表及定时仪器	台	
2409900	其他仪器仪表		

表 14 2410000 电子和通信测量仪器

代码	名称	计量单位	说明
2410000	电子和通信测量仪器		
2410100	电子和通信测量发生器	台	

表 14（续）

代码	名称	计量单位	说明
2410200	数字、模拟仪表及功率计	台	
2410201	数字仪表及装置	台	
2410202	模拟式电压表	台	
2410203	功率计	台	
2410300	元件器件参数测量仪	台	
2410301	电阻器、电容器参数测量仪	台	
2410302	敏感元件、磁性材料、电感元件测量仪	台	
2410303	电子元件参数测量仪	台	
2410304	半导体器件参数测量仪	台	
2410305	集成电路参数测量仪	台	
2410399	其他元件器件参数测量仪	台	
2410400	时间及频率测量仪器	台	
2410500	网络特性测量仪	台	
2410600	衰减器	台	
2410700	滤波器	台	
2410800	放大器	台	
2410900	场强干扰测量仪器及测量接收机	台	
2411000	波形参数测量仪器	台	
2411100	电子示波器	台	
2411200	通讯、导航测试仪器	台	
2411300	有线电测量仪	台	
2411400	电视用测量仪	台	
2411500	声源、声振信号发生器	台	
2411600	声级计	台	
2411700	电声滤波器	台	
2411800	电声放大器	台	
2411900	声振测量仪	台	
2412000	声振仪器校准装置	台	
2412100	电话、电声测试仪器	台	
2412200	声振分析仪	台	
2412300	数据仪器	台	
2412400	计算机用测量仪器	台	
2419900	其他电子和通信测量仪器		

表 15　2420000 计量标准器具及量具、衡器

代码	名称	计量单位	说明
2420000	计量标准器具及量具、衡器		
2420100	长度计量标准器具		
2420101	端度计量标准器具	台,组,只	
2420102	线纹计量标准器具	台	

表 15（续）

代码	名称	计量单位	说明
2420103	齿轮参数计量标准器具	台	
2420104	角度计量标准器具	台,只	
2420105	光学仪器检测器具	台	
2420199	其他长度计量标准器具		
2420200	热学计量标准器具		
2420201	温度计量标准器具	台,只	
2420202	热量计量标准器具	台,只	
2420203	湿度计量标准器具	台,只	
2420299	其他热学计量标准器具		
2420300	力学计量标准器具		
2420301	质量计量标准器具	台	
2420302	容量计量标准器具	台	
2420303	密度计量标准器具	台	
2420304	流量计量标准器具	台	
2420305	压力及真空计量标准器具	台	
2420306	测力计量标准器具	台	
2420307	硬度计量标准器具	台	
2420308	振动、加速度及转速计量标准器具	台	
2420399	其他力学计量标准器具		
2420400	电磁学计量标准器具		
2420401	电表类计量标准器具	台	
2420402	交流计量标准器具	台,只	
2420403	直流计量标准器具	台,只	
2420404	高电压大电流计量标准器具	台	
2420405	磁特性计量标准器具	台	
2420499	其他电磁学计量标准器具		
2420500	无线电计量标准器具		
2420501	电压及功率参数计量标准	台	
2420502	信号及脉冲参数计量标准器具	台	
2420503	噪声参数计量标准器具	台	
2420504	元器件参数计量标准器具	台	
2420505	相位参数计量标准器具	台	
2420506	微波阻抗参数计量标准器具	台	
2420507	场强参数计量标准器具	台	
2420508	衰减计量标准器具	台	
2420599	其他无线电计量标准器具		
2420600	时间频率计量标准器具	台	
2420700	电离辐射计量标准器具	台,只	
2420800	光学计量标准器具	台,只	
2420900	声学计量标准器具	台,只	
2421000	化学计量标准器具	台,只	

表 15（续）

代码	名称	计量单位	说明
2422000	量具		
2423000	衡器		
2423001	地上衡	台	
2423002	地中衡	台	
2423003	轨道衡	台	
2423004	钢材秤	台	
2423005	皮带秤	台	
2423006	吊秤	台	
2423007	配料秤	台	
2423008	定量秤	台	
2423009	台案秤	台	
2423010	液体秤	台	
2423011	气体秤	台	
2423099	其他衡器	台	
2429900	其他计量标准器具		

5.3 专用设备

表 16 3010000 探矿、采矿、选矿和造块设备

代码	名称	计量单位	说明
3010000	探矿、采矿、选矿和造块设备		气动工具见“3101100 气动工具”，电动工具见“2201203 电动工具”，凿岩与掘进机械见“3100900 凿岩与掘进机械”
3010100	钻探机		
3010101	油压主轴钻机	台	
3010102	油压转盘钻机	台	
3010103	水文水井钻机	台	
3010104	取样钻机	台	
3010106	坑道钻机	台	
3010107	手把地质钻机	台	
3010108	汽车钻机	台	
3010109	轻便钻机	台	
3010111	竖井钻机	台	
3010112	天井钻机	台	
3010113	钻机备用部件	套	
3010199	其他钻机		
3010500	装药填充机械		
3010501	装药车	台	
3010502	装药器	台	
3010503	填充机械	台	

表 16（续）

代　码	名　　称	计量单位	说　明
3010599	其他装药填充机械		
3010600	矿用装载设备		
3010601	装岩设备	台	
3010602	抓岩机和抓斗	台	
3010603	扒矿机	台	
3010604	运矿车	台	
3010699	其他矿用装载设备		
3010700	煤矿生产监测监控设备		
3010701	电力监测监控设备	套	
3010702	提升监测监控设备	套	
3010703	运输监测监控设备	套	
3010704	防排水监测监控设备	套	
3010705	露天矿用卡车防撞监测装置	套	
3010706	矿井综合自动化监控装置	套	
3010707	矿井井下设备定位监测系统	套	
3010721	调度总机	套	
3010722	井下通讯系统	套	含井下工作面通讯控制系统及移动、泄漏、载波通讯
3010723	井下防爆移动通讯系统	套	
3010724	安全应急扩音通信告警系统	套	
3010725	矿井井下人员定位监测、统计系统	套	
3010741	露天矿 GPS 卡车调度系统	套	
3010742	露天矿无线集群通讯系统	套	
3010743	露天矿轮斗集中控制系统	套	
3010799	其他煤矿生产监测监控设备		
3010800	煤矿防治水设备		
3010801	主排水泵及辅助设备	套	
3010802	主排水泵专用阀门	套	
3010803	主排水泵安全监测系统装置	套	
3010804	水仓清理设备	套	
3010805	各类矿用潜水泵	台	
3010806	各类矿用清水泵	台	
3010807	各类矿用泥浆泵	台	
3010808	各类矿用渣浆泵	台	
3010809	防爆排沙潜水泵	台	
3010810	矿井水文钻机	台	
3010811	注浆泵	台	
3010812	矿井自动化排水监控装置	套	
3010813	水位遥测仪	台	
3010899	其他煤矿防治水设备		
3010900	煤矿支护装备		

表 16（续）

代码	名称	计量单位	说明
3010901	液压支架	套	含端头支架
3010902	乳化液泵站	套	
3010903	采煤工作面矿压监测装备	套	
3010904	掘进巷道顶板离层监测装备	套	
3010905	矿井深部地压预报装备	套	
3010906	巷道掘锚一体机	台	
3010907	切顶墩柱	台	
3010908	岩石巷道钻车	台	
3010909	液压支架监控装置	套	含电液控装置
3010910	锚杆钻机	台	
3010911	液压锚杆钻机泵站	台	
3010912	锚索切割机	台	
3010913	锚索机	台	
3010914	喷浆机	台	
3010915	支护质量监测仪	台	
3010916	锚杆拉力计	台	
3010999	其他煤矿支护装备		
3011000	提升、运输设备和绞车		
3011001	提升机用电动机	台	
3011002	提升机拖动控制设备	套	调速、励磁装置等
3011003	提升机供电电源柜	套	
3011004	提升机安全监控及综合保护装置	套	
3011005	提升信号设备	套	
3011006	提升容器及连接装置	套	
3011007	提升容器防坠器	套	
3011008	提升防墩罐装置	套	
3011009	提升过卷缓冲托罐装置	套	
3011010	箕斗提升定重控制装置	套	
3011011	天轮	套	
3011012	钢丝绳自动平衡装置	套	
3011013	提升钢丝绳在线监测装置	套	
3011014	矿井提升机综合测试仪	台	
3011015	矿井各类防爆绞车	台	含调度、回柱绞车
3011016	阻燃胶带运输机	台	
3011017	胶带运输机监控及保护装置	套	
3011018	刮板运输机监控及保护装置	套	
3011019	煤矿用架线电机车	台	
3011020	防爆特殊型蓄电池电机车	台	
3011021	防爆柴油机车	台	
3011022	矿井运输信集闭控制装置	套	
3011023	采区顺槽无级绳运输绞车	台	

表 16（续）

代码	名称	计量单位	说明
3011024	单轨吊运输装置	套	
3011025	卡轨车	台	
3011026	齿轨车	台	
3011027	胶套轮车	台	
3011028	平巷及斜巷人车	台	
3011029	斜井运输跑车防护和防跑车装置	套	
3011030	斜井运输信号装置	套	
3011031	偶合器	台	
3011032	矿车翻车机	台	
3011033	阻车器	台	
3011099	其他提升、运输设备和绞车		
3011100	选矿和洗矿设备		
3011101	破碎设备	台	
3011102	研磨设备	台	
3011103	筛分设备	台	
3011104	分级设备	台	
3011105	选别设备	台	
3011106	脱水设备	台	
3011107	洗矿设备	台	
3011199	其他洗矿和选矿设备		
3011200	造块设备		
3011201	烧结机	台	
3011202	球团设备	台	
3011203	布料器	台	
3011204	布料辊	台	
3011299	其他造块设备		
3019900	其他探矿、采矿、选矿和造块设备		

表 17　3020000 石油天然气开采专用设备

代码	名称	计量单位	说明
3020000	石油天然气开采专用设备		
3020100	油气水井设施		
3020101	油井	台	
3020102	气井	台	
3020103	盐井	台	
3020104	碱井	台	
3020105	注水井	台	
3020106	注气井	台	
3020107	注聚合物井	台	

表 17（续）

代 码	名 称	计量单位	说 明
3020108	注二氧化碳井	台	
3020109	注微生物井	台	
3020110	注氮气井	台	
3020111	火烧驱油井	台	
3020112	观察井	台	
3020113	资料井	台	
3020114	水源井	台	
3020199	其他油气水井设施		
3020200	油气汽水集输设施		
3020201	计量站	台	
3020202	计量配水站	台	
3020203	集油气管线	台	
3020204	注水汽管线	台	
3020205	集(转)油站	台	
3020206	集气站	台	
3020207	注水站	台	
3020208	热采注汽站	台	
3020209	注聚合物站	台	
3020210	注氮站	台	
3020211	压气站	台	
3020212	海洋采油平台	台	
3020213	海底管线	台	
3020214	原油库	台	
3020215	输油气首站	台	
3020216	输油气中间加热站	台	
3020217	输油气中间加压站	台	
3020218	输油气末站	台	
3020219	输油气管线	台	
3020220	消防装置	台	
3020221	油气生产用电力线路	台	
3020299	其他油气汽水集输设施		
3020300	油气汽水处理设施		
3020301	油气处理站	台	
3020302	轻烃回收装置	台	
3020303	污水处理站	台	
3020304	天然气净化装置	台	
3020305	硫磺回收装置	台	
3020306	尾气处理装置	台	
3020307	酸性水汽提装置	台	
3020308	硫磺成型装置	台	
3020399	其他油气汽水处理设施		

表 17（续）

代码	名称	计量单位	说明
3020400	油田机械		
3020401	油气勘探设备	台	
3020402	物探钻机	台	
3020403	石油钻机	台	
3020404	固井配套设备	台	
3020405	压裂酸化设备	台	
3020406	油水井清蜡设备	台	
3020407	石油专用压风机(车)	台	
3020408	钻采特车	辆	
3020409	油井测试设备	台	
3020410	录井设备	台	
3020411	试井设备	台	
3020412	井下作业设备	台	
3020413	海洋钻井设备	台	
3020414	海洋作业设备	台	
3020415	石油专用加工设备	台	
3029900	其他石油天然气开采专用设备		

表 18　3030000 石油和化学工业专用设备

代码	名称	计量单位	说明
3030000	石油和化学工业专用设备		
3030100	石油储备库设备		
3030101	库区外管线	条,米	
3030102	库区内管线	条,米	
3030103	储油罐	座	
3030104	输油泵	台	
3030105	流量计及标定设备	台	
3030106	循环搅拌设备	套	
3030107	工艺阀门	个	
3030108	工艺自动控制系统	套	
3030199	其他石油储备库设备		
3030200	长输管线		
3030201	原油管线	条,米	
3030202	天然气管线	条,米	
3030203	成品油管线	条,米	
3030204	化工产品管线	条,米	
3030299	其他长输管线	条,米	
3030300	界区间管线		指厂区内生产装置或分厂(部)之间输送不同介质的管线

表 18(续)

代码	名称	计量单位	说明
3030301	物料管线	条,米	指输送原油、成品油、半成品油、化工原料等介质的管线
3030302	公用工程管线	条,米	指输送氮气、蒸汽、新鲜水、消防水、污水等介质的管线
3030399	其他界区间管线		
3030400	界区间罐区设施		指厂区内生产装置或分厂(部)之间独立于装置而储存原油、成品油、化工产品、液化气、天然气、瓦斯的罐类设施
3030401	原油罐区	个,立方米	
3030402	成品油及中间罐区	个,立方米	
3030403	化工罐区	个,立方米	
3030404	液化气、天然气、瓦斯罐区	个,立方米	
3030499	其他界区间罐区设施		
3030500	输油(气)站		
3030501	原油输油站	座	
3030502	天然气输气站	座	
3030503	成品油分输站	座	
3030504	压缩天然气(CNG)加气母站	座	
3030599	其他输油(气)站		
3030600	炼油生产装置		
3030601	常减压蒸馏装置	套	
3030602	催化裂化装置	套	
3030603	催化裂解装置	套	
3030604	加氢裂化装置	套	
3030605	减粘裂化装置	套	
3030606	催化重整装置	套	
3030607	连续重整装置	套	
3030608	苯抽提装置	套	
3030609	延迟焦化装置	套	
3030610	汽油加氢精制装置	套	
3030611	柴油加氢精制装置	套	
3030612	汽柴油加氢精制装置	套	
3030613	煤油加氢精制装置	套	
3030614	蜡油加氢精制装置	套	
3030615	渣油加氢精制装置	套	
3030616	电化学精制装置	套	
3030617	分子筛精制装置	套	
3030618	煤油脱臭装置	套	
3030619	环烷酸装置	套	
3030620	酚精制装置	套	
3030621	制氢装置	套	

表 18（续）

代码	名称	计量单位	说明
3030622	气体分馏装置	套	
3030623	烷基化(硫酸法)装置	套	
3030624	烷基化(氢氟酸法)装置	套	
3030625	甲基叔丁基醚装置	套	
3030626	液化气脱硫醇装置	套	
3030627	汽油脱硫醇装置	套	
3030628	气体脱硫装置	套	
3030629	氢提纯装置	套	
3030630	溶剂脱蜡装置	套	
3030631	微生物脱蜡装置	套	
3030632	溶剂蜡脱油装置	套	
3030633	分子筛蜡脱油装置	套	
3030634	润滑油白土精制装置	套	
3030635	润滑油糠醛精制装置	套	
3030636	润滑油加氢精制装置	套	
3030637	石蜡白土精制装置	套	
3030638	石蜡加氢精制装置	套	
3030639	石蜡成型装置	套	
3030640	氧化沥青装置	套	
3030641	溶剂脱沥青装置	套	
3030642	丙烷气体回收装置	套	
3030643	尤里卡全馏分油加氢装置	套	
3030644	煤油临氢脱硫醇装置	套	
3030645	异构化装置	套	
3030646	生物柴油中试装置	套	
3030647	蜡油加氢裂化装置	套	
3030648	特种蜡调合装置	套	
3030649	碱渣处理装置	套	
3030650	溶剂再生装置	套	
3030651	油品调合装置	套	
3030652	催化汽油吸附脱硫醇装置	套	
3030653	催化干气提浓乙烯装置	套	
3030699	其他炼油生产装置		
3030800	润滑油生产装置		
3030801	润滑油调合装置	套	
3030802	润滑脂调合装置	套	
3030803	合成油脂装置	套	
3030804	金属制桶生产线	套	
3030805	塑料制桶生产线	套	
3030806	润滑油灌装生产线	套	
3030899	其他润滑油生产装置		

表 18（续）

代　码	名　　称	计量单位	说　明
3030900	基本有机化工原料生产装置		
3030901	乙烯装置	套	
3030902	异丁烯装置	套	
3030903	丁烯-1 装置	套	
3030904	异戊烯装置	套	
3030905	己烯-1 装置	套	
3030906	丁二烯抽提装置	套	
3030907	苯乙烯装置	套	
3030908	氯乙烯装置	套	
3030909	苯酚丙酮装置	套	
3030910	芳烃抽提装置	套	
3030911	裂解汽油加氢装置	套	
3030912	二甲苯装置	套	
3030913	异丙苯装置	套	
3030914	甲醇装置	套	
3030915	丁辛醇装置	套	
3030916	苯酐装置	套	
3030917	环氧氯丙烷装置	套	
3030918	C5 分离装置	套	
3030919	硫氰酸钠装置	套	
3030920	乙酸（醋酸）装置	套	
3030921	乙醛装置	套	
3030922	歧化与烷基化转移装置	套	
3030923	塑料薄膜装置	套	
3030999	其他基本有机化工原料生产装置		
3031000	合成树脂生产装置		
3031001	高压低密度聚乙烯装置	套	
3031002	低压高密度聚乙烯装置	套	
3031003	线性低密度聚乙烯装置	套	
3031004	聚丙烯装置	套	
3031005	聚苯乙烯装置	套	
3031006	苯乙烯-丙烯腈装置	套	
3031007	聚氯乙烯装置	套	
3031008	聚醚装置	套	
3031099	其他合成树脂生产装置		
3031100	合成橡胶生产装置		
3031101	丁苯橡胶装置	套	
3031102	顺丁橡胶装置	套	
3031103	丁基橡胶装置	套	
3031104	丁苯胶乳装置	套	
3031105	SBS 热塑弹性体装置	套	

表 18（续）

代　码	名　　称	计量单位	说　明
3031199	其他合成橡胶生产装置		
3031200	合成纤维原料生产装置		
3031201	乙二醇装置	套	
3031202	丙烯腈装置	套	
3031203	己内酰胺装置	套	
3031204	精对苯二甲酸装置	套	
3031205	精间苯二甲酸装置	套	
3031206	环已酮装置	套	
3031207	氰化钠装置	套	
3031208	乙腈烯装置	套	
3031209	硫酸铵装置	套	
3031210	硫酸装置	套	
3031211	双氧水装置	套	
3031212	硫氢酸钠回收装置	套	
3031213	苯甲醛装置	套	
3031299	其他合成纤维原料生产装置		
3031300	合成纤维及合纤聚合物生产装置		
3031301	聚酯装置	套	
3031302	聚酯固相聚合装置	套	
3031303	聚乙烯醇装置	套	
3031304	聚酰胺装置	套	
3031305	腈纶纤维装置	套	
3031306	腈纶毛条装置	套	
3031307	涤纶短纤维装置	套	
3031308	涤纶工业丝装置	套	
3031309	涤纶预取向丝装置	套	
3031310	涤纶全牵伸丝装置	套	
3031311	涤纶低弹丝装置	套	
3031312	涤纶中空纤维装置	套	
3031313	锦纶装置	套	
3031314	丙纶装置	套	
3031399	其他合成纤维及合纤聚合物生产装置		
3031400	化肥生产装置		
3031401	合成氨装置	套	
3031402	尿素装置	套	
3031403	复合肥装置	套	
3031499	其他化肥生产装置		
3031500	无机化工生产装置		
3031501	烧碱装置	套	
3031502	氯碱装置	套	
3031503	盐硝装置	套	

表 18（续）

代　码	名　　称	计量单位	说　明
3031504	漂粉精装置	套	
3031599	其他无机化工生产装置		
3031600	炼油催化剂生产装置		
3031601	裂化催化剂装置	套	
3031602	加氢催化剂装置	套	
3031603	重整催化剂装置	套	
3031604	降凝催化剂装置	套	
3031605	器外预硫化装置	套	
3031699	其他炼油催化剂生产装置		
3031700	基本有机化工原料催化剂生产装置		
3031701	甲苯歧化催化剂装置	套	
3031702	乙苯脱氢催化剂装置	套	
3031703	乙苯烷基化催化剂装置	套	
3031704	醋酸乙烯催化剂装置	套	
3031705	钯炭催化剂装置	套	
3031706	丙烯腈催化剂装置	套	
3031707	银催化剂装置	套	
3031708	非晶态加氢催化剂装置	套	
3031709	氧化催化剂装置	套	
3031710	C2/C3 馏分选择性加氢催化剂装置	套	
3031799	其他基本有机化工原料催化剂生产装置		
3031800	合成树脂催化剂生产装置		
3031801	聚乙烯催化剂装置	套	
3031802	聚丙烯催化剂装置	套	
3031803	其他合成树脂催化剂生产装置	套	
3031900	合成橡胶催化剂生产装置		
3031901	丁基锂装置	套	
3031902	聚丁二烯油装置	套	
3031903	铝剂装置	套	
3031999	其他合成橡胶催化剂生产装置		
3032000	添加剂助剂生产装置		
3032001	PX 吸附剂装置	套	
3032002	橡塑助剂装置	套	
3032003	5A 吸附剂装置	套	
3032099	其他添加剂助剂生产装置		
3032100	催化剂原料生产装置		
3032101	分子筛装置	套	
3032102	特种分子筛装置	套	
3032103	有机胺装置	套	
3032104	铝溶胶装置	套	
3032105	干胶粉装置	套	

表 18（续）

代　码	名　　称	计量单位	说　明
3032106	水玻璃装置	套	
3032107	硫酸铝装置	套	
3032108	氯化镁精加工装置	套	
3032109	给电子体装置	套	
3032110	贵金属回收装置	套	
3032111	芳烃溶剂装置	套	
3032112	氨氮污水处理装置	套	
3032199	其他催化剂原料生产装置		
3032200	催化剂检验分析评价装置		
3032201	炼油催化剂分析评价装置	套	
3032202	聚烯烃催化剂分析评价装置	套	
3032203	吸附剂分析评价装置	套	
3032299	其他催化剂检验分析评价装置		
3032300	辅助生产装置		
3032301	空气分离及液化装置	套	
3032302	供风装置	套	
3032303	动力装置	套	
3032304	发电装置	套	
3032305	供排水装置	套	
3032306	化学水装置	套	
3032307	循环水装置	套	
3032308	污水汽提装置	套	
3032309	污水处理装置	套	
3032310	废气回收装置	套	
3032311	油罐清洗装置	套	
3032312	编织袋装置	套	
3032399	其他辅助生产装置		
3032400	油品销售设施类		
3032401	油库	座	
3032402	加油站	座	
3032403	加气站	座	
3032404	非油品经营设施	套	
3032499	其他油品销售设施		
3032500	橡胶专用设备		
3032501	橡胶原料加工设备	台	
3032502	炼胶设备	台	
3032503	挤出设备	台	
3032504	压延设备	台	
3032505	成型设备	台	
3032506	硫化设备	台	
3032507	乳胶制品和再生胶生产设备	台	

表 18（续）

代码	名称	计量单位	说明
3032508	橡胶专用设备辅助设备	台	
3032599	其他橡胶专用机械		
3032600	塑料专用机械		
3032601	塑料备料设备	台	
3032602	塑料制品设备	台	
3032603	塑料压延机械	台	
3032604	注射成型机	台	
3032605	中空吹塑成型机、吸塑成型机	台	
3032606	挤出成型机	台	
3032607	发泡成型机	台	
3032608	人造革设备	套	
3032699	其他塑料专用设备		
3032700	日用化学品专用设备		
3032701	洗涤用品加工机械	套	
3032702	香料、香精及化妆品加工机械	套	
3032703	牙膏加工机械	套	
3032704	火柴加工机械	套	
3032705	合成胶、动物胶、植物胶加工机械	套	
3032799	其他日用化学品制造专用设备		
3032800	林产化工机械		
3032801	天然橡胶加工设备	台	
3032802	木材水解设备	套	
3032803	松香生产设备	套	
3032899	其他林产化工机械		
3039900	其他石油和化学工业专用设备		

表 19　3040000 炼焦和金属冶炼轧制设备

代码	名称	计量单位	说明
3040000	炼焦和金属冶炼轧制设备		
3040100	炼焦设备		
3040101	炼焦炉	孔，座	
3040102	炼焦炉辅助设备	台	
3040199	其他炼焦设备		
3040200	炼铁设备		
3040201	炼铁高炉	立方米，座	
3040202	炼铁高炉辅助设备	套	
3040203	高炉压差发电设备	套	
3040204	铸铁设备	台	
3040299	其他炼铁设备		
3040300	炼钢设备		

表 19（续）

代码	名称	计量单位	说明
3040301	混铁炉	座	
3040302	炼钢平炉	吨,座	
3040303	炼钢转炉	吨,座	
3040304	炼钢电炉	吨,座	
3040305	钢二次精炼设备	套	
3040306	连续铸钢设备	台	
3040307	炼钢炉配套设备	台	
3040399	其他炼钢设备		
3040400	有色金属冶炼设备		加热炉、热处理炉、烘干炉入“2100911 通用工业窑炉”
3040401	焙烧炉	座	
3040402	煅烧炉	座	
3040403	烧结炉子	座	
3040404	重金属冶炼炉	座	
3040405	轻金属冶炼炉	座	
3040406	稀有金属冶炼炉	座	
3040407	电解槽	台	
3040408	有色金属铸造设备	台	
3040499	其他有色金属冶炼设备		
3040500	铁合金设备		
3040501	铁合金高炉	套	
3040502	铁合金电炉	套	
3040503	铁合金浇铸设备	套	
3040599	其他铁合金设备		
3040600	金属轧制机械及拉拔设备		
3040601	金属开坯轧机	套	
3040602	型材轧机	套	
3040603	板材、带材和箔材轧机	台	
3040604	管材轧机	台	钢管电焊机入“2100908 金属焊接设备”
3040605	线材轧机	台	
3040606	特殊轧机	台	
3040607	轧机辅助设备	台	
3040608	拉拔设备和制绳设备	台	
3040699	其他金属轧制机械及其拉拔设备		
3040700	冶金专用车辆	辆	
3040701	铁水车	辆	
3040702	铸锭车	辆	
3040703	料槽车	辆	
3040704	烧结车	辆	
3040705	渣罐车	辆	
3040706	保温车	辆	

表 19（续）

代　码	名　　称	计量单位	说　明
3040707	混铁车	辆	
3040708	矿渣车	辆	
3040799	其他冶金专用车辆	辆	
3049900	其他炼焦和金属冶炼轧制设备		

表 20　3050000 电力工业专用设备

代　码	名　　称	计量单位	说　明
3050000	电力工业专用设备		一般电气设备入“2200000 电气设备”有关类，仪器仪表入“3600000 专用仪器仪表”有关类
3050100	电站锅炉及辅助设备		
3050101	锅炉本体	个	
3050102	锅炉辅助设备	台	
3050103	化学水处理设备	台	石灰破碎设备入“3011101 破碎设备”
3050104	排污及疏水设备	台	
3050105	除尘除灰设备	台	除尘器入“3260101 除尘设备”
3050199	其他电站锅炉及辅助设备		
3050200	汽轮发电机组		
3050201	汽轮机本体	套	
3050202	发电机本体	套	
3050203	汽轮发电机组辅助设备	台	
3050299	其他汽轮发电机组		
3050300	水轮发电机组		
3050301	水轮机本体	套	
3050302	水轮发电机	套	
3050303	水轮发电机组辅助设备	台	
3050399	其他水轮发电机组		
3050400	输电线路	公里	
3050401	铁塔输电线路	公里	
3050402	铁杆输电线路	公里	
3050403	水泥杆输电线路	公里	
3050404	木杆输电线路	公里	
3050405	电缆输电线路	公里	
3050499	其他输电线路	公里	
3050500	配电线路	公里	
3050501	铁杆配电线路	公里	
3050502	水泥杆配电线路	公里	
3050503	木杆配电线路	公里	
3050504	电缆配电线路	公里	

表 20（续）

代码	名称	计量单位	说明
3050599	其他配电线路	公里	
3050600	变电设备		
3050700	电力专用自动化控制设备		自动化仪表入“2400100 自动化仪表”
3050701	电站自动化控制设备	组	
3050702	电力远动装置	组	
3050799	其他电力专用自动化控制设备		
3050800	架线设备		扩孔机入“3010000 探矿、采矿、选矿和造块设备”有关类
3050801	张力放线机	台	
3050802	液压倒装铁塔联动装置	套	
3050803	机动绞盘	台	
3050899	其他架线设备		
3050900	电站制氢设备	台	
3059900	其他电力工业专用设备		

表 21　3060000 非金属矿物制品工业专用设备

代码	名称	计量单位	说明
3060000	非金属矿物制品工业专用设备		
3060100	水泥及水泥制品专用设备		
3060101	水泥及硅酸盐用炉窑	座	
3060102	水泥专用设备	台	包括冷却机、搅拌机、选粉机等
3060103	水泥制品专用设备	套	包括挤压设备、离心机、振动设备等
3060199	其他水泥及水泥制品专用设备		
3060200	玻璃及玻璃制品制造设备		
3060201	平板玻璃制造设备	套	
3060202	玻璃纤维生产设备	套	
3060203	玻璃棉设备	套	
3060204	玻璃钢设备	套	
3060205	工业技术玻璃专用设备	套	
3060206	玻璃制品加工专用设备	套	
3060299	其他玻璃及玻璃制品制造设备		
3060300	陶瓷制品生产设备		
3060301	陶瓷制品成型设备	台	
3060302	陶瓷制品备料设备	台	
3060303	陶瓷制品施釉设备	台	
3060399	其他陶瓷制品生产设备		
3060400	墙体、地面材料		破碎、磨碎、筛选设备入“3011100 选矿和洗矿设备”有关类
3060401	砖瓦坯、条加工设备	台	炉窑入“3060101 水泥及硅酸盐用炉窑”

表 21（续）

代 码	名 称	计量单位	说 明
3060402	水磨石制坯机械	台	
3060403	砖和砌块成型设备	台	
3060404	制瓦机	台	
3060405	石膏板生产设备	台	
3060406	加气混凝土生产设备	台	
3060499	其他墙体、地面材料生产设备		
3060500	石棉、耐火制品及其他非金属矿物制品设备		
3060501	石棉制品设备	台	
3060502	铸石制品设备	台	
3060503	陶粒生产设备	台	
3060504	沥青毡生产设备	台	
3060505	饰墙材料生产设备	台	
3060506	耐火材料生产设备	台	
3060507	炭素制品生产设备	台	
3060599	其他石棉、耐火制品和其他非金属矿物制品设备		
3060600	非金属矿物切削加工设备		
3060601	光学材料和玻璃加工机床	台	
3060602	石材加工机床	台	
3060603	水泥等非金属矿物制品加工机床	台	玻璃制品加工设备除外
3069900	其他非金属矿物制品工业专用设备		

表 22　3070000 核工业专用设备

代 码	名 称	计量单位	说 明
3070000	核工业专用设备		
3070100	核反应堆专用设备	套	
3070101	核反应堆系统	套	
3070102	反应堆监测控制系统	套	
3070103	反应堆保护系统	套	
3070199	其他核反应堆专用设备		
3070200	核用矿冶设备		
3070201	放射性分选机	套	
3070202	分级设备	套	
3070203	核用水冶设备	套	
3070204	放射性矿山设备	套	
3070299	其他核用矿冶设备		
3070300	核电站设备		
3070301	核电站一回路系统	套	
3070302	核电站二回路系统	套	

表 22（续）

代　码	名　　称	计量单位	说　明
3070303	核电辅助系统专用设备	套	
3070304	核燃料运输贮存与装卸系统	套	
3070305	放射性废物处理系统	套	
3070399	核电站其他专用设备	套	
3070400	核燃料循环专用设备		
3070401	铀转化设备	套	
3070402	铀浓缩设备	套	
3070403	元件设备	套	
3070404	后处理设备	套	
3070405	放射性废物处置处理设备	套	
3070499	核燃料循环其他专用设备	套	
3070500	核地勘专用设备		
3070600	核聚变试验装置		
3070700	核技术应用专用设备		
3070701	辐照装置设备	套	
3070702	加速器设备	套	
3070703	核探测设备	套	
3070799	核技术应用其他专用设备	套	
3079900	其他核工业专用设备	套	

表 23　3080000 航空航天工业专用设备

代　码	名　　称	计量单位	说　明
3080000	航空航天工业专用设备		
3080100	飞机、火箭、导弹、卫星总装调试设备		
3080101	火箭、导弹总装调试设备	套	
3080102	卫星总装调试设备	套	
3080103	飞机总装调试专用设备	套	
3080200	弹(星)体加工专用设备	套	
3080201	弹体加工设备	套	
3080202	星体加工设备	套	
3080300	发动机专用设备	套	
3080301	固体发动机专用设备	套	
3080302	液体发动机专用设备	套	
3080399	其他发动机专用设备	套	
3080400	驾驶系统专用设备	套	
3080401	自动驾驶仪专用设备	套	
3080402	平台陀螺专用设备	套	
3080403	伺服机构专用设备	套	
3080404	舵机专用设备	套	

表 23（续）

代　码	名　　称	计量单位	说　明
3080500	战斗部专用设备	套	
3080600	火工品专用设备	套	
3080700	制造地面系统设备专用设备	套	
3080800	试验专用设备	台	
3080801	环境模拟试验专用设备	台	
3080802	空气动力试验专用设备	台	
3080900	全弹发动机试车台	台	
3080901	全弹试车台	台	
3080902	液体发动机试车台	台	
3080903	冲压发动机试车台	台	
3080904	固体发动机试车台	台	
3080905	高空试车台	台	
3080906	组成件试车台	台	
3080907	氢氧发动机试车台	台	
3080999	其他全弹发动机试车台	台	
3089900	其他航空航天工业专用制造设备	台	

表 24　3100000 工程机械

代　码	名　　称	计量单位	说　明
3100000	工程机械		
3100100	挖掘机械	台	
3100101	大型挖掘机	台	机重 30 吨以上
3100102	中型挖掘机	台	机重 7 吨(不含)～30 吨(不含)
3100103	小型挖掘机	台	机重 7 吨以下
3100104	斗轮挖掘机	台	
3100105	挖掘装载机	台	
3100199	其他挖掘机械	台	
3100200	铲土运输机械	台	
3100201	推土机	台	
3100202	装载机	台	
3100203	铲运机	台	
3100204	平地机	台	
3100205	非公路自卸车	台	
3100299	其他铲土运输机械	台	
3100300	工程起重机械	台	
3100301	汽车起重机	台	
3100302	全地面起重机	台	
3100303	履带式起重机	台	
3100304	轮胎式起重机	台	

表 24（续）

代 码	名 称	计量单位	说 明
3100305	随车起重机	台	
3100306	塔式起重机	台	
3100307	施工升降机	台	
3100308	建筑卷扬机	台	
3100399	其他工程起重机械	台	
3100400	工业车辆	台	
3100401	内燃叉车	台	
3100402	蓄电池叉车	台	
3100403	托盘堆垛车	台	
3100404	侧面叉车	台	
3100405	越野叉车	台	
3100406	拣选车	台	
3100407	伸缩臂叉车	台	
3100408	集装箱叉车	台	
3100409	牵引车	台	
3100410	平台搬运车	台	
3100411	手动液压搬运车	台	
3100499	其他工业车辆	台	
3100500	压实机械	台	
3100501	静碾压路机	台	
3100502	震动压路机	台	
3100503	轮胎压路机	台	
3100504	夯实机	台	
3100599	其他压实机械	台	
3100600	路面及养护机械	台	
3100601	路面基础施工机械	台	包括稳定土摊铺机和设备等
3100602	沥青路面施工机械	台	包括沥青混凝土搅拌站、摊铺机等
3100603	水泥路面施工机械	台	包括水泥摊铺机等
3100604	路面养护机械	台	包括铣刨机、养护工程车等
3100699	其他路面及养护机械	台	
3100700	桩工机械	台	
3100701	旋挖钻机	台	
3100702	柴油打桩机	台	
3100703	柴油锤式打桩机	台	
3100704	振动沉拔桩锤	台	
3100705	振动沉拔桩架	台	
3100706	压桩机	台	
3100707	螺旋钻孔机	台	
3100708	成孔机	台	
3100709	振冲器	台	
3100710	落锤打桩机	台	

表 24（续）

代　码	名　　称	计量单位	说　明
3100799	其他桩工机械	台	
3100800	混凝土机械	台	
3100801	混凝土输送泵	台	包括泵车、拖式泵、车载泵等
3100802	混凝土布料杆	台	
3100803	水泥搅拌站	台	
3100804	混凝土搅拌运输车	台	
3100805	混凝土振动器	台	
3100806	混凝土浇注机械	台	
3100807	混凝土制品机械	台	
3100899	其他混凝土机械	台	
3100900	凿岩与掘进机械	台	
3100901	凿岩机	台	包括气动、内燃、液压、电动凿岩机
3100902	钻车	台	
3100903	钻机	台	
3100904	全断面隧道掘进机	台	
3100905	非开挖设备	台	包括水平定向钻
3100906	凿岩辅助设备	台	
3100907	破碎机	台	
3100999	其他凿岩与掘进机械	台	
3101000	钢筋及预应力机械	台	
3101001	钢筋强化机械	台	
3101002	钢筋加工机械	台	
3101003	钢筋连接机械	台	
3101004	钢筋预应力机械	台	
3101099	其他钢筋及预应力机械	台	
3101100	气动工具	件	
3101101	回转式气动工具	件	包括气钻、气砂轮等
3101102	冲击式气动工具	件	包括风镐、风铲等
3101103	气动马达	件	
3101199	其他气动工具	件	
3101200	装修与高处作业机械	台	
3101201	灰浆制备及喷吐机械	台	包括灰浆搅拌机、灰浆泵等
3101202	涂料喷刷机械	台	喷浆泵、喷涂机等
3101203	油漆制备及喷涂机械	台	
3101204	地面装修机械	台	摸光机、磨光机、打腊机等
3101205	屋面装修机械	台	
3101206	高处作业吊篮及擦窗机	台	
3101207	高处作业平台	台	
3101208	高处作业车	台	
3101209	建筑装修机具	台	型材切割机、射钉机、钻孔机等
3101299	其他装修与高处作业机械	台	

表 24（续）

代　码	名　　称	计量单位	说　明
3101600	工程机械专用配套件	件	
3101601	液压件	件	
3101602	传动件	件	
3101603	行走部件	件	四轮一带、轮胎等
3101604	驾驶室设备	件	驾驶室、司机座椅等
3101605	工程机械仪表及控制设备	件	
3101699	其他工程机械专用配套件	件	回转支撑等
3109900	其他工程机械	台	

表 25　3110000 农业和林业机械

代　码	名　　称	计量单位	说　明
3110000	农业和林业机械		
3110100	拖拉机	台	
3110101	轮式拖拉机	台	
3110102	履带拖拉机(含半履带式拖拉机)	台	
3110103	手扶拖拉机	台	
3110199	其他拖拉机	台	
3110200	土壤耕整机械	台	
3110201	耕地机械	台	犁、旋耕机、耕整机、微耕机、田园管理机、开沟机(器)、浅松机、深松机、浅耕深松机、机滚船、机耕船等
3110202	整地机械	台	耙、起垄机、镇压器、合墒器、灭茬机等
3110203	林地清理机械	台	灌木割除机、伐根清理机、枝桠清理机等
3110299	其他土壤耕整机械	台	
3110300	种植施肥机械	台	种树、种草播种机械入此
3110301	播种机械	台	含条播、穴播、异型种子播、小粒种子播、根茎类播、水稻直播、撒播、喷播、免耕播等各种播种机械
3110302	育苗机械	台	含秧盘播种设备、秧田播种机、种子处理设备、营养钵压制机、起苗机以及其他育苗机械设备
3110303	栽植机械	台	含蔬菜、油菜、水稻插秧、水稻抛秧、甘蔗、草皮、树木以及其他栽植机械
3110304	施肥机械	台	含施肥、撒肥、追肥、中耕追肥以及其他施肥机械
3110305	地膜机械	台	
3110399	其他种植施肥机械	台	
3110400	植物管理机械	台	

表 25(续)

代码	名称	计量单位	说明
3110401	中耕机械	台	含中耕、培土、除草、埋藤以及其他中耕机械
3110402	植保机械	台	含喷雾器、机动喷雾喷粉机、动力喷雾机、喷杆式喷雾机、风送式喷雾机、烟雾机、注射器、注射机、杀虫灯以及其他植保机械
3110403	修剪机械	台	含嫁接设备、茶树修剪机、果树修剪机、草坪机械以及其他修剪机械
3110499	其他植物管理机械	台	
3110500	园林机械		
3110501	乔木管护设备	台	
3110502	灌木管护设备	台	
3110503	庭院用微型设备	台	劈柴机、微型打桩机、抛雪机等
3110599	其他园林机械		
3110600	农作物及林特产品收获机械		
3110601	谷物收获机	台	
3110602	玉米收获机	台	
3110603	棉麻作物收获机	台	
3110604	果实收获机	台	
3110605	蔬菜收获机	台	
3110606	花卉(茶叶)采收机	台	
3110607	籽粒作物收获机	台	
3110608	根茎作物收获机	台	
3110609	饲料作物收获机	台	
3110610	茎杆收集处理机	台	
3110611	林特产品采摘机械	台	
3110699	其他农作物及林特产品收获机械		
3110700	收获后处理机械		
3110701	脱粒机	台	
3110702	清选机	台	
3110703	剥壳(去皮)机	台	
3110704	干燥机	台	
3110705	种子加工机	台	
3110706	仓储机械	台	
3110707	其他收获后处理机械		
3110800	农林产品初加工机械		水果、天然橡胶等机械分别入“3140206 果品加工机械”和“3032801 天然橡胶加工设备”
	碾米机械		入“3170200 碾米机械”
3110801	磨粉(浆)机械	台	
	榨油机械		入“3170400 榨油机械”

表 25（续）

代 码	名 称	计量单位	说 明
3110802	棉花加工机械	台	含轧花、皮棉清理、剥绒、打包、加工等机械
3110803	果蔬加工机械	台	含分级、打蜡、清洗等机械
3110804	茶叶加工机械	台	含杀青、揉捻、炒烘、筛选等机械
3110805	林特产品初加工机械	台	
3110899	其他农林产品初加工机械		
3110900	农用搬运机械		
3110901	农用运输机械	辆	含农用挂车、手扶拖拉机变形运输机、农用运输车辆、挂桨机以及其他运输机械
3110902	农用装卸机械	台	含码垛、农用吊车、农用叉车、农用装载机以及其他
	农用航空器		入“3520304 农用飞机”
3110999	其他农用搬运机械		
3111000	排灌机械		
3111001	水泵	台	
3111002	喷灌机械设备	台	含喷灌机、微喷、滴灌、渗灌设备、水井钻机以及其他喷灌机械
3111099	其他排灌设备		
3111100	农村可再生能源利用设备		
3111101	风力设备	台	含风力发电机、风力提水机
3111102	水力设备	台	含水力提灌、微水电等设备
3111103	太阳能设备	台	含太阳能集热器、太阳灶
3111104	生物制能设备	台	含沼气发生设备、沼气灶、秸秆气化设备、秸秆燃料致密成型设备
3111199	其他生物制能设备		
	农林基本建设机械		挖掘机械、平地机械入“3100000 工程机械”有关类；挖泥船见“3510801 挖泥船”；清淤机入“3280100 清淤机械”有关类
3111200	设施农业设备		
3111201	日光温室设施设备	套	含日光温室结构、卷帘机、保温被、加温炉等
3111202	塑料大棚设施设备	套	含大棚结构、手动卷膜器等
3111203	连栋温室设施设备	套	含连栋温室结构、开窗机、拉幕机、排风机、温帘、二氧化碳发生器、加温系统、灌溉首部等
3111299	其他设施农业设备		
3111300	农用动力机械	台	拖拉机见“3110100 拖拉机”
3111400	草原建设机械		

表 25（续）

代　码	名　　称	计量单位	说　明
3111401	围栏设备	套	
3111402	草皮破碎机	台	
3111403	草原除雪机	台	
3111404	毒饵撒播机	台	
3111405	埋桩机	台	
3111406	梳草机	台	
3111407	起草皮机	台	
3111499	其他草原建设机械		
3111500	草料加工设备	套	
3111600	畜牧饲养机械		
3111601	孵化育雏设备	套	
3111602	喂料饮水设备	台	
3111603	清理消毒设备	台	
3111604	网围栏	套	
3111699	其他畜牧饲养机械	套	
3111700	畜禽产品采集加工机械		
3111701	挤奶机	台	
3111702	剪羊毛机	台	洗毛脱水设备入“3180301 毛处理设备”
3111703	牛奶分离机	台	
3111704	储奶罐	件	
	禽畜屠宰加工设备		入“3140401 禽畜屠宰加工设备”
3111799	其他畜禽产品采集加工机械		
3111800	水产养殖机械		
3111801	增氧机	台	独立工作的增氧机入此
3111802	增氧装置或增氧系统	套	
3111803	投饵机	台	独立工作的投饵机入此
3111804	投饵装置或投饵系统	套	集中投饲组合系统入此
3111805	网箱养殖设备	套	
3111806	水体净化处理设备	套	
3111899	其他水产养殖机械		
3111900	水产品捕捞和采集机械		渔船见“3510400 渔船”
3111901	海洋捕捞机械	台	
3111902	淡水捕捞机械	台	
3111903	水生植物采集机械	台	
3111999	其他水产品捕捞和采集机械		
3112000	水产品初加工机械		
3112001	鱼货起、卸和冻结设备	台	
3112003	贝类加工机械	台	
3112004	海参加工机械	台	
3112005	紫菜加工机械	台	
3112006	鱼类初加工机械	台	

表 25（续）

代码	名称	计量单位	说明
3112099	其他水产品加工机械		
3112100	制网机械		
3112101	织网机	台	
3112102	制绳机	台	
3112103	并线机	台	
3112199	其他制网机械		
3119900	其他农业和林业机械		

表 26　3130000 木材采集和加工设备

代码	名称	计量单位	说明
3130000	木材采集和加工设备		
3130100	木材采伐和集运机械		拖拉机入“3110100 拖拉机”
3130101	采伐机械	台	包括伐木机、油锯等
3130102	集材机	台	
3130103	割灌机	台	
3130104	专用运材设备	台	包括推河机、装排机、过坝机、出河机等
3130199	其他木材采伐和集运机械		
3130200	木工机床		
3130201	木工车床	台	
3130202	木工刨床	台	
3130203	木工铣床	台	
3130204	开榫机	台	
3130205	木工锯机	台	
3130206	木工钻床	台	
3130207	榫槽机	台	
3130208	木工磨光、抛光机	台	
3130209	木工多用机床	台	
3130210	木工冷压机	台	
3130211	木工拼接机	台	
3130300	木质纤维加工设备	台	造纸、粘胶纤维和人造板纤维备料机械均入此，造纸用磨木机、磨浆机入“3200100 造纸机械”有关类
3130301	木制纤维备料设备	台	
3130302	纤维加工分离机械	台	包括减压稀释器、氨水稀释桶、框式搅拌机、纤维分离机等
3130303	其他木质纤维加工设备		
3130400	人造板加工设备		
3130401	削片机	台	
3130402	铺装成型机	台	

表 26（续）

代　码	名　　称	计量单位	说　明
3130403	干燥机	台	
3130404	压机	台	
3130405	裁边机	台	
3130406	砂光机	台	
3130407	施胶机	台	
3130408	运输机	台	
3130409	分选机	台	
3130410	剥皮机	台	
3130411	定心机	台	
3130412	旋切机	台	
3130413	卷板机	台	
3130414	刨切机	台	
3130415	剪板机	台	
3130416	挖孔补节机	台	
3130417	拼缝机	台	
3130418	组坯机	台	
3130419	磨浆机	台	
3130420	后处理设备	台	
3130421	横截机	台	
3130422	装卸机	台	
3130423	分板机	台	
3130424	冷却翻板机	台	
3130425	垫板处理设备	台	
3130426	木片清洗机	台	
3130427	料仓	台	
3130428	分离器	台	
3130429	电磁振动器	台	
3130430	磁选装置	台	
3130431	升降台	台	
3130432	堆拆垛机	台	
3130433	计量设备	台	
3130434	浸渍干燥机	台	
3130435	磨刀机	台	
3130436	容器	台	
3130437	浓度调节器	台	
3130438	拼接板机	台	
3130499	其他人造板设备		
3130500	木材干燥设备		
3130501	常规干燥设备	台	
3130502	除湿干燥设备	台	
3130503	真空干燥设备	台	

表 26（续）

代　码	名　　称	计量单位	说　明
3130504	太阳能干燥设备	台	
3130505	高频干燥设备	台	
3130506	微波干燥设备	台	
3130507	其他干燥设备	台	
3130600	木材防腐设备	台	
3130700	林业生物质工程设备	台	
3139900	其他木材采集和加工机械		

表 27　3140000 食品加工专用设备

代　码	名　　称	计量单位	说　明
3140000	食品加工专用设备		罐头封装设备入“2102300 包装机械”有关类
3140100	制糖机械	台	
3140101	原料处理设备	台	
3140102	提汁设备	台	
3140103	制炼设备	台	
3140104	废粕综合利用设备	台	
3140199	其他制糖机械	台	
3140200	糕点糖果及果品加工机械	套	
3140201	糕点类原料加工机械	台	
3140202	饼干加工机	台	
3140203	糕点加工机	台	
3140204	糖果加工备料机械	台	
3140205	糖果加工成型机械	台	
3140206	果品加工机械	台	
3140207	糕点、糖果、果品生产线	台	
3140299	其他糕点、糖果、果品加工机械		
3140300	菜类食品加工机械	套	
3140301	蔬菜加工机械	台	
3140302	豆制品加工机械	台	
3140303	淀粉制品加工机械	台	
3140399	其他菜类食品加工机械		
3140400	屠宰、肉食品及蛋品加工机械		
3140401	禽畜屠宰加工设备	台	
3140402	肉类加工机械	台	
3140403	乳品加工机械	台	
3140404	蛋品加工设备	台	
3140405	水产品加工机械	台	
3140499	其他屠宰、肉食及蛋品加工机械		

表 27（续）

代　码	名　　称	计量单位	说　明
3140500	食品蒸煮机械	台	
3140600	食品杀菌器械	台	
3140700	食品均质机	台	
3140800	调味品加工机械		
3140801	味精加工机械	台	
3140802	酱制品加工机械	台	
3140803	酱油加工机械	台	
3140804	食醋加工机械	台	
3140899	其他调味品加工机械		
3140900	罐头食品生产线		
3140901	肉类罐头加工线	台	
3140902	蔬菜罐头加工线	台	
3140903	水产品罐头加工线	台	
3141000	饮食炊事机械	台	
3141100	食品检测、监测设备	台	
3149900	其他食品加工专用设备		

表 28　3150000 饮料加工设备

代　码	名　　称	计量单位	说　明
3150000	饮料加工设备		
3150100	酿酒设备		
3150101	通用酿酒设备	套	
3150102	啤酒制造设备	套	
3150103	白酒制造设备	套	
3150104	黄酒制造设备	套	
3150105	果酒制造设备	套	
3150106	食用酒精制造设备	套	
3150199	其他酿酒设备		
3150200	无醇饮料加工设备		
3150201	冷饮设备	套	冰淇淋机等
3150202	咖啡、可可加工设备	套	
3150203	茶饮料加工设备	套	
3150204	果汁加工设备	套	
3150205	饮用水加工设备	套	矿泉水、纯净水等
3150299	其他无醇饮料加工设备	套	
3159900	其他饮料加工设备		

表 29　3160000 烟草加工设备

代　码	名　　称	计量单位	说　明
3160000	烟草加工设备		
3160100	烟用加温加湿机械		
3160101	回潮机	套	
3160102	微波回软设备	套	
3160103	洗梗机	套	
3160199	其他烟用加温加湿机械		
3160200	烟用解把机械		
3160201	解把机	套	
3160202	松散机	套	
3160203	松包机	套	
3160299	其他烟用解把机械		
3160300	烟用除杂、筛分机械		
3160301	筛分机	台	
3160302	筛砂机	台	
3160303	剔除机	台	
3160304	除杂设备	台	
3160305	除麻丝机	台	
3160306	梗签分离机	台	
3160399	其他烟用除杂、筛分机械		
3160400	烟用叶梗分离机械		
3160401	打叶机	台	
3160402	风分机	台	
3160499	其他烟用叶梗分离机械		
3160500	烟用烘烤机械		
3160501	烟梗烤机	台	
3160502	烟片烤机	台	
3160503	自助烟烘干机	台	
3160504	碎烟干燥机	台	
3160599	其他烟用烘烤机械		
3160600	烟用预压打包机械		
3160601	预压机	台	
3160602	打包机	台	
3160699	其他烟用预压打包机械		
3160700	烟用开(拆)包机械		
3160701	拆箱机	台	
3160702	开包机	台	
3160799	其他烟用开(拆)包机械		
3160800	烟用叶片分切机械		
3160801	切片机	台	
3160899	其他烟用叶片分切机械		
3160900	烟用切丝机械		

表 29（续）

代　码	名　　称	计量单位	说　明
3160901	直刃滚刀式切(梗)丝机	台	
3160902	曲刃滚刀式切(梗)丝机	台	
3160999	其他烟用切丝机械		
3161000	烟用烘丝机械		
3161001	烘丝机	台	
3161002	烘(梗)丝机	台	
3161099	其他烟用烘丝机械		
3161100	烟用冷却机械		
3161101	振动式烟丝冷却机	台	
3161102	带式烟丝冷却机	台	
3161199	其他烟用冷却机械		
3161200	烟用香精香料调配及加料加香机械		
3161201	加香机	台	
3161202	加料机	台	
3161203	糖香料厨房设备	台	
3161299	其他烟用香精香料调配及加料加香机械		
3161300	烟用压梗机械		
3161301	压梗机	台	
3161399	其他烟用压梗机械		
3161400	烟丝膨胀机械		
3161401	二氧化碳烟丝膨胀装置	台	
3161402	KC-2 介质烟丝膨胀装置	台	
3161403	氮气烟丝膨胀装置	台	
3161404	气流式烟丝膨胀装置	台	
3161499	其他烟丝膨胀装置		
3161500	烟丝输送机械		
3161501	喂料机	台	
3161502	喂丝机	台	
3161503	吸丝机	台	
3161504	送丝系统	台	
3161505	储存输送系统	台	
3161506	虑棒发射、接收系统	台	
3161599	其他烟用输送机械		
3161600	再造烟叶机械		
3161601	薄片生产设备	台	
3161699	其他再造烟叶机械		
3161700	烟用卷接机械		
3161701	卷烟机	台	
3161702	接装机	台	
3161703	装盘机	台	
3161704	卸盘机	台	

表 29（续）

代码	名称	计量单位	说明
3161705	卷接机组	台	
3161799	其他烟用卷接机械		
3161800	烟用包装机械		
3161801	包装机组	台	
3161802	包装机	台	
3161803	小包机	台	
3161804	条包机	台	
3161805	小包存储器	台	
3161899	其他烟用包装机械		
3161900	烟用虑棒成型机		
3161901	开松上胶机	台	
3161902	虑棒成型机组	台	
3161999	其他烟用虑棒成型机		
3162000	烟用装封箱机		
3162001	封箱机	台	
3162002	装箱机	台	
3162003	条盒提升机	台	
3162004	条盒输送机	台	
3162005	条盒方向转换机	台	
3162006	封装箱机	台	
3162099	其他烟用装封箱机		
3162100	废烟支、烟丝回收装置		
3162101	废烟支处理机	台	
3162199	其他废烟支、烟丝回收装置		
3169900	其他烟草加工机械		

表 30　3170000 粮油作物和饲料加工设备

代码	名称	计量单位	说明
3170000	粮油作物和饲料加工设备	台	
3170100	通用清理机械	台	
3170101	筛	台	
3170102	去石机	台	
3170199	其他通用清理机械	台	
3170200	碾米机械	台	
3170201	原料清理设备	台	
3170202	脱壳分离设备	台	
3170203	碾米机	台	
3170204	涮米设备	台	
3170205	联合碾米设备	台	

表 30（续）

代码	名称	计量单位	说明
3170206	玉米加工设备	台	
3170299	其他碾米机械	台	
3170300	面粉加工设备	台	
3170301	原料清理设备	台	
3170302	磨粉设备	台	
3170303	筛粉机	台	
3170304	清粉机	台	
3170305	松粉机	台	
3170306	撞击机	台	
3170307	打麸机	台	
3170308	刷麸机	台	
3170399	其他面粉加工机械	台	
3170400	榨油机械	台	
3170401	原料清理设备	台	
3170402	压胚设备	台	
3170403	软化设备	台	
3170404	压饼机	台	
3170405	榨油机	台	
3170406	蒸炒锅	台	
3170499	其他榨油机械	台	
3170500	油脂浸出机械	台	
3170501	浸出器	台	
3170502	蒸发器	台	
3170503	汽提塔	台	
3170504	脱溶机	台	
3170505	脱臭机	台	
3170506	蒸脱机	台	
3170507	烘干机和干燥机	台	
3170508	尾气吸收装置	台	
3170599	其他油脂浸出机械	台	
3170600	油脂精炼设备	台	
3170601	锅	台	
3170602	脱臭塔、脱臭炉	台	
3170603	油碱比配机	台	
3170604	混合机械	台	
3170605	罐	台	
3170606	油液捕集器	台	
3170699	其他油脂精炼设备	台	
3170800	饲料加工设备	台	
3170801	混合及配料设备	台	
3170802	颗粒压制设备	台	

表 30（续）

代码	名称	计量单位	说明
3170803	饲料加工机械及机组	台	
3170899	其他饲料加工机械	台	
3170900	食品油脂加工设备	台	
3170901	油料蛋白生产设备	台	
3170902	花生蛋白生产设备	台	
3170903	起酥油设备	台	
3170904	人造奶油设备	台	
3170999	其他食品、油脂加工设备	台	
3179900	其他粮油作物和饲料加工设备	台	

表 31　3180000 纺织设备

代码	名称	计量单位	说明
3180000	纺织设备		
3180100	化纤机械		
3180101	抽丝设备	台	
3180102	维纶设备	台	
3180103	腈纶设备	台	
3180104	涤纶设备	台	
3180105	绵纶设备	台	
3180106	丙纶设备	台	
3180107	纤维素纤维设备	台	又名粘胶纤维设备
3180199	其他化纤机械		
3180200	棉纺织机械		
3180201	棉开松设备	台	
3180202	分梳机	台	
3180203	并条机	台	
3180204	纱机	台	
3180205	纺纱机	台	
3180206	捻线机	台	
3180207	棉纱处理设备	台	
3180208	织机	台	
3180299	其他棉纺织机械		
3180300	毛纺织机械		
3180301	毛处理设备	台	
3180302	毛条设备	台	
3180303	毛纺设备	台	
3180304	捻机	台	
3180305	毛纱处理设备	台	
3180306	毛织机	台	

表 31（续）

代码	名称	计量单位	说明
3180307	绒线设备	台	
3180399	其他毛纺织机械		
3180400	麻纺织机械		
3180401	麻处理设备	台	
3180402	分梳机	台	
3180403	并条机	台	
3180404	麻纺机	台	
3180405	麻织机	台	
3180499	其他麻纺织机械		
3180500	丝绸机械及绢纺机械		
3180501	准备设备	台	
3180502	缫丝设备	台	
3180503	丝织设备	台	
3180504	绢纺设备	台	
3180505	抽丝纱设备	台	
3180599	其他丝绸及绢纺机械		
3180600	针织机械		
3180601	单动针纬编机	台	
3180602	联动针纬编机	台	
3180603	经编机	台	
3180699	其他针织机械		
3180700	染整机械	台	
3180701	印染后整理设备	台	
3180702	针织品染色整理设备	台	
3180799	其他染整机械		
3180800	非织造织物设备	套	
3180900	毛毯加工机械	台	
3189900	其他纺织设备		

表 32　3190000 缝纫、服饰、制革和毛皮加工设备

代码	名称	计量单位	说明
3190000	缝纫、服饰、制革和毛皮加工设备		
3190100	缝纫机	台	
3190101	民用缝纫机	台	
3190102	工业缝纫机	台	
3190200	服装加工机械		
3190201	剪裁机械	台	
3190202	粘合机	台	
3190203	压胶机	台	

表 32（续）

代码	名称	计量单位	说明
3190204	制领机械	台	
3190205	整烫设备	台	
3190206	大白扣机	台	
3190207	服装打号码机	台	
3190208	商标机	台	
3190299	其他服装加工机械		
3190300	羽绒加工设备		成衣设备入“3190200 服装加工机械”
3190301	预分机	台	
3190302	除灰机	台	
3190303	洗毛机	台	
3190304	脱水机	台	
3190305	烘毛机	台	
3190306	分毛机	台	
3190307	冷却机	台	
3190308	拼堆机	台	
3190399	其他羽绒加工设备		
3190400	制鞋机械		
3190401	下料机械	台	
3190402	片帮机械	台	
3190403	缝外线机	台	
3190404	缝内线机	台	
3190405	胶粘机	台	
3190406	压合机	台	
3190407	绷机	台	
3190408	成型机	台	
3190409	钉鞋眼机	台	
3190410	烫平机械	台	
3190499	其他制鞋机械		
3190500	制帽机械	台	
3190600	制革机械		
3190601	制革准备机械	台	
3190602	磨革机	台	
3190603	打光机	台	
3190604	拉伸机械	台	
3190605	平展机械	台	
3190606	干燥机	台	
3190607	烫革机械	台	
3190608	皮革轧花机	台	
3190699	其他制革机械		
3190700	毛皮加工机械		
3190701	毛皮去肉机	台	

表 32（续）

代　码	名　　称	计量单位	说　明
3190702	剪毛机	台	
3190703	烫毛机	台	
3190704	梳毛机	台	
3190705	干铲机	台	
3190706	毛皮挤油机	台	
3190707	刷酸机	台	
3190708	毛皮削匀机	台	
3190709	毛皮拉伸机	台	
3190799	其他毛皮加工机械		
3190800	皮革制品加工机械	台	
3190801	皮箱接头机	台	
3190899	其他皮革制品加工机械	台	
3199900	其他缝纫、服饰、制革和毛皮加工机械		

表 33　3200000 造纸和印刷机械

代　码	名　　称	计量单位	说　明
3200000	造纸和印刷机械		备料设备入“3130301 木制纤维备料设备”
3200100	造纸机械		
3200101	制浆设备	台	
3200102	打浆设备	台	
3200103	洗浆机械	台	
3200104	筛选设备	台	
3200105	漂白设备	台	
3200106	造纸机	台	
3200107	造纸完成机械	台	
3200108	加工纸设备	台	
3200109	造纸辅机	台	
3200199	其他造纸机械		
3200200	印刷机械		
3200201	图像制版机械	台	
3200202	文字制版机械	台	
3200203	印刷机	台	
3200204	盲文印刷机	台	
3200205	装订机械	台	
3200206	辅助设备	台	
3200299	其他印刷机械		
3200300	造纸和印刷用切纸机械		
3200301	造纸纵切机	台	
3200302	切纸机	台	

表 33（续）

代　码	名　　称	计量单位	说　明
3200303	切割机	台	
3200304	盘纸分切机	台	
3200305	切蜡光纸机	台	
3200306	裁纸机	台	
3200399	其他造纸和印刷用切纸机械		
3209900	其他造纸和印刷机械		

表 34　3210000 化学药品和中药专用设备

代　码	名　　称	计量单位	说　明
3210000	化学药品和中药专用设备		
3210100	化学原料药加工机械		制药用过滤机械入“2102103 过滤机”
3210101	摇瓶机	台	
3210102	结晶设备	台	
3210103	发酵设备	台	
3210199	其他化学原料药加工机械	台	
3210200	制剂机械		
3210201	片剂机械	台	
3210202	水针机械	台	
3210203	粉、针机械	台	
3210204	大输液机械	台	
3210205	酊水、糖浆剂设备	台	
3210206	药膜机械	台	
3210207	软膏机械	台	
3210208	胶囊设备	台	
3210209	丸剂机械	台	
3210210	颗粒剂机械	台	
3210299	其他制剂机械		
3210300	中药机械		
3210301	中药饮片加工机械	台	
3210302	提取机械	台	
3210399	其他中药机械		
3210400	药瓶洗理机械		
3210401	洗瓶机	台	
3210402	理瓶机	台	
3210403	供瓶机	台	
3210404	输瓶机	台	
3210499	其他药瓶洗理机械		
3210500	药用干燥设备		
3210501	真空干燥设备	台	

表 34（续）

代　码	名　　称	计量单位	说　明
3210502	喷雾干燥设备	台	
3210503	气流干燥设备	台	
3210504	沸腾干燥设备	台	
3210505	冷冻干燥设备	台	
3210506	热风干燥设备	台	
3210507	双锥干燥设备	台	
3210508	中药干燥设备	台	
3210599	其他药用干燥设备		
3210600	制药蒸发设备和浓缩设备		
3210601	标准式蒸发器	台	
3210602	薄膜式蒸发器	台	
3210603	刮板式蒸发器	台	
3210604	浓缩设备	台	
3210605	列管式蒸发器	台	
3210606	离心薄膜蒸发器	台	
3210699	其他制药蒸发设备和浓缩设备		
3210700	药品专用包装机械		
3210701	片丸药包装机械	台	
3210702	胶囊分装机械	台	
3210799	其他药品专用包装机械		
3210800	粉碎、筛粉设备		
3210801	粉碎设备	台	
3210802	磨粉设备	台	
3210803	球磨机	台	
3210804	胶体磨设备	台	
3210805	圆盘粉筛机	台	
3210806	金钢砂磨设备	台	
3210899	其他粉碎、筛粉设备		
3219900	其他化学药品和中药专用设备	台	

表 35　3220000 医疗设备

代　码	名　　称	计量单位	说　明
3220000	医疗设备		
3220100	手术器械		
3220101	基础外科手术器械	套	
3220102	显微外科手术器械	套	
3220103	神经外科手术器械	套	
3220104	眼科手术器械	套	
3220105	耳鼻喉科手术器械	套	

表 35（续）

代　码	名　　称	计量单位	说　明
3220106	口腔科手术器械	套	
3220107	胸腔心血管外科手术器械	套	
3220108	腹部外科手术器械	套	
3220109	泌尿肛肠外科手术器械	套	
3220110	矫形外科(骨科)手术器械	套	
3220111	儿科手术器械	套	
3220112	妇产科手术器械	套	
3220113	计划生育科手术器械	套	
3220115	注射穿刺器械	套	
3220116	烧伤(整形)科手术器械	套	
3220199	其他手术器械	套	
3220200	普通诊察器械	件	包括体温表、血压计、听诊器等
3220300	医用电子生理参数检测仪器设备		
3220301	心电诊断仪器	件	
3220302	脑电诊断仪器	件	
3220303	肌电诊断仪器	件	
3220304	眼电诊断仪器	件	
3220305	监护仪器	件	
3220306	生理参数遥测仪器	件	
3220307	生理记录仪器	件	
3220309	生理研究实验仪器	件	
3220310	气体分析测定装置	件	
3220311	血流量、容量测定装置	件	
3220313	电子体温测定装置	件	
3220314	电子血压测定装置	件	
3220315	运动生理参数测定装置	件	
3220316	心音诊断仪器	件	
3220317	心磁图仪器	件	
3220320	心输出量测定仪器	件	
3220399	其他医用电子仪器		
3220400	医用光学仪器		
3220401	眼科光学仪器	件	
3220402	手术显微镜及放大镜	件	
3220499	其他医用光学仪器		
3220500	医用超声波仪器及设备		
3220501	超声诊断仪器	台	
3220502	超声治疗设备	台	
3220599	其他医用超声仪器及设备		
3220600	医用激光仪器及设备		
3220601	激光仪器	台	
3220603	激光检测仪器	台	

表 35（续）

代　码	名　　称	计量单位	说　明
3220699	其他医用激光仪器及设备		
3220700	医用内窥镜		
3220701	硬式内窥镜	台	
3220702	纤维内窥镜	台	
3220703	医用内窥镜附属设备	台	
3220799	其他医用内窥镜		
3220800	物理治疗、康复及体育治疗仪器设备	套	
3220801	电疗仪器	套	
3220802	微波及射频治疗设备	套	
3220803	光疗仪器	套	
3220804	水疗设备	套	
3220805	体疗仪器	套	
3220806	高、低压氧仓	套	
3220807	蜡疗设备	套	
3220808	热疗设备	套	
3220809	磁疗设备	套	
3220899	其他物理治疗、康复及体育治疗仪器设备	套	
3220900	中医器械设备	台	
3220901	中医诊断设备	台	
3220902	中医治疗设备	台	
3220903	中医预防、康复设备	台	
3220999	其他中医器械设备	台	
3221000	医用磁共振设备	套	
3221001	磁共振成像装置	套	
3221099	其他医用磁共振设备	套	
3221100	医用 X 线设备		
3221101	通用 X 线诊断设备	台	
3221102	专用 X 线诊断设备	台	
3221103	数字化 X 线诊断设备	台	
3221104	X 线断层诊断设备	台	
3221105	X 线电子计算机断层扫描装置	台	
3221199	其他医用 X 线设备		
3221200	医用 X 线附属设备及部件		
3221201	医用 X 线附属设备	套	
3221202	医用影像显示器	套	
3221299	其他医用 X 线附属设备及部件		
3221300	医用高能射线设备		
3221301	医用高能射线治疗设备	套	
3221302	X 线治疗设备	套	
3221399	其他医用高能射线设备		
3221400	核医学设备		

表 35（续）

代 码	名 称	计量单位	说 明
3221401	核医学诊断设备	套	
3221402	核医学治疗设备	套	
3221403	医用核素检测设备	套	
3221499	其他核医学设备		
3221500	医用射线防护材料和设备		
3221501	医用射线防护用具及装置	套	
3221599	其他医用射线防护材料和设备		
3221600	医用射线监检测设备及用具		
3221601	医用射线专用检测仪器	套	
3221699	其他医用射线监检测设备及用具		
3221700	临床检验设备		
3221701	免疫学设备	套	
3221702	生化分析设备	套	
3221703	微生物学设备	套	
3221704	细胞核组织培养设备	套	
3221705	血液学设备	套	
3221706	输血设备	套	
3221707	尿液化验设备	套	
3221708	病理学器具、设备	套	
3221709	实验室辅助器具、设施及设备	套	
3221710	特殊实验设备	套	
3221799	其他临床检验设备		
3221800	药房设备及器具		
3221801	药品贮藏设备	套	
3221802	药房设备	套	
3221803	中药制备设备及器具	套	
3221899	其他药房设备及器具		
3221900	体外循环设备		
3221901	人工心肺机	台	
3221902	人工心肺设备	台	
3221903	血液透析装置	台	
3221904	血液净化设备辅助装置	台	
3221905	腹膜透析装置	台	
3221906	人工肝支持系统	台	
3221999	其他体外循环设备		
3222000	人工脏器及功能辅助装置		
3222001	人工心脏瓣膜	个	
3222002	人造管腔	个	
3222003	人工器官	个	

表 35（续）

代　码	名　　称	计量单位	说　明
3222004	器官缺损修补材料	个	
3222099	其他人工脏器及功能辅助装置		
3222100	假肢装置及材料		
3222101	假肢	个	
3222199	其他假肢装置及材料		
3222200	手术急救设备及器具		
3222201	心脏急救治疗装置	台	
3222202	通用手术台床	台	
3222203	专科诊疗台床	台	
3222204	手术电刀设备	台	
3222205	麻醉设备	台	
3222206	呼吸设备	台	
3222207	手术照明设备	台	
3222208	吸引设备	台	
3222209	冲洗减压器具	台	
3222210	手术及急救器具	台	
3222299	其他手术急救设备及器具		
3222300	口腔科设备及技工室器具		
3222301	口腔综合治疗设备	台	
3222302	牙科椅	台	
3222303	技工室器具	台	
3222304	技工室设备及配件	台	
3222305	口腔功能检测设备及器具	台	
3222306	牙种植设备及配件	台	
3222399	其他口腔科设备及技工室器具		
3222400	病房护理及医院通用设备		
3222401	护理用设备及器具	台	
3222402	输液设备及器具	台	
3222403	医用供气、输气装置	台	
3222404	病房附加设备及器具	个	
3222405	器械台、柜等器具	个	
3222406	医用推车及器具	个	
3222407	病人生活用车	辆	
3222408	担架及器具	套	
3222409	婴儿保育设备	套	
3222410	医院通讯设备	套	
3222411	医用制气、供气、吸气装置	套	
3222499	其他病房护理及医院通用设备		
3222500	消毒灭菌设备及器具		

表 35（续）

代　码	名　　称	计量单位	说　明
3222501	压力蒸汽灭菌设备	台	
3222502	医用超声波净化设备	台	
3222503	煮沸消毒设备	台	
3222504	气体灭菌设备及器具	台	
3222505	光线、射线灭菌设备	台	
3222506	医院环保设施	台	
3222507	供应室设备	台	
3222599	其他消毒灭菌设备及器具		
3222600	医用低温、冷疗设备		
3222601	医用低温设备	台	
3222602	医用冷疗设备	台	
3222699	其他医用低温、冷疗设备		
3222700	防疫、防护卫生装备及器具		
3222701	医疗箱类	个	
3222702	急救盒类	个	
3222703	急救包类	个	
3222704	防毒设备及器具	套	
3222799	其他防疫、防护卫生装备及器具		
3222800	助残器具		
3222801	电子助视器	个	
3222802	助听器	个	
3222803	轮椅	个	
3222899	其他助残器具		
3222900	骨科材料		
3222901	脊柱植入材料	件	
3222902	人工关节材料	件	
3222903	创伤植入材料	件	
3222904	辅助材料	件	
3222999	其他骨科材料		
3223000	介入诊断和治疗用材料		
3223001	血管介入、植入材料	件	
3223002	心脏除颤、起搏器	件	
3223099	其他介入诊断和治疗用材料		
3223100	兽医设备		
3223101	兽医用电子诊断设备	台	
3223102	疫苗组织捣碎机	台	
3223103	疫苗冷冻干燥机	台	
3223104	动物疫病防治设备	台	
3223199	其他兽医设备		
3229900	其他医疗设备		

表 36　3230000 电工、电子专用生产设备

代　码	名　　称	计量单位	说　明
3230000	电工、电子专用生产设备		
3230100	电工专用生产设备		
3230101	电机生产设备	台	
3230102	低压电器专用生产设备	台	
3230103	电线电缆电用制造设备	台	
3230104	绝缘材料生产专用设备	套	
3230199	其他电工专用生产设备	套	
3230200	电池生产专用设备		
3230201	铅酸蓄电池生产设备	台,条	
3230202	电池制作工艺设备	台,条	
3230299	其他电池生产专用设备		
3230300	电子工业专用生产设备		
3230301	半导体专用设备	台	
3230302	电真空器件生产设备	台	
3230303	电子元件制造设备	台	
3230304	环境例行试验设备	台	
3230305	激光、印刷线路计算机生产设备	台	
3230306	生产线及装配线	条	
3230307	磁盘打印机生产专用设备	台	
3230399	其他电子工业专用生产设备		
3230400	家用电器专用生产设备		
3230401	洗衣机生产专用设备	台	
3230402	电冰箱专用生产设备	台	
3230403	家用空调器专用生产设备	台	
3230404	家用电扇专用生产设备	台	
3230405	家用清洁卫生器具专用生产设备	台	
3230406	家用厨房电器具专用生产设备	台	
3230499	其他家用电器专用生产设备		
3239900	其他电工、电子专用生产设备		

表 37　3240000 安全生产设备

代　码	名　　称	计量单位	说　明
3240000	安全生产设备		
3240100	煤矿安全设备		
3240101	通风检测设备	台	
3240102	瓦斯防治设备	台	
3240103	防灭火设备	台	
3240104	防尘设备	台	
3240199	其他煤矿安全设备		

表 37（续）

代　码	名　　称	计量单位	说　明
3240200	非煤矿山安全设备		
3240201	无轨设备自动灭火系统	套	
3240202	烟雾传感器	台	
3240203	斜井提升用捞车器	台	
3240204	70 ℃防火调节阀	台	
3240205	井下低压不接地系统绝缘检漏装置	套	
3240206	带张力自动平衡悬挂装置的多绳提升容器	个	
3240207	带 BF 型钢丝绳罐道罐笼防坠器的罐笼	个	
3240208	带木罐道罐笼防坠器的罐笼	个	
3240299	其他非煤矿山安全设备		
3240300	危险化学品安全设备		
3240301	毒性气体检测报警器	台	
3240302	地下管道探测器	台	
3240303	管道防腐检测仪	台	
3240304	氧气检测报警器	台	
3240305	便携式二氧化碳检测报警器	台	
3240306	便携式可燃气体检测报警器	台	
3240307	送风式长管呼吸器	台	
3240399	其他危险化学品安全设备		
3240400	烟花爆竹行业安全设备		
3240401	静电火花感度仪	台	
3240499	其他烟花爆竹行业安全设备		
3240500	公路行业安全设备		
3240501	路况快速检测系统(CiCS)	台	
3240599	其他公路行业安全设备		
3240600	铁路行业安全设备		
3240601	红外线轴温探测智能跟踪设备(THDS)	台	
3240602	货车运行故障动态检测成套设备(TFDS)	台	
3240603	货车运行状态地面安全监测成套设备(TPDS)	套	
3240699	其他铁路行业安全设备		
3240700	民航行业安全设备		
3240701	发动机火警探测器	台	
3240702	防冰控制系统设备	台	
3240799	其他民航行业安全设备		
3240800	应急救援设备类		
3240801	正压式空气呼吸器	台	
3240802	隔绝式正压氧气呼吸器	台	
3240803	全防型滤毒罐	台	
3240804	消防报警机	台	

表 37（续）

代　码	名　　称	计量单位	说　明
3240805	核放射探测仪	台	
3240806	可燃气体检测仪	台	
3240807	压缩氧自救器	台	
3240808	矿山救护指挥车	台	
3240899	其他应急救援设备类		
3249900	其他安全生产设备		

表 38　3250000 邮政专用设备

代　码	名　　称	计量单位	说　明
3250000	邮政专用设备		
3250100	邮政内部处理设备		
3250101	悬挂运输机	台	
3250102	邮件传送	台	
3250103	邮件提升机	台	
3250104	邮件开拆机	台	
3250105	包裹分拣机	台	
3250106	信件分拣机	台	
3250199	其他邮政内部处理设备		
3250200	邮政营业投递设备		
3250201	邮资机	台	
3250202	自动取包机	台	
3250203	包裹收寄机	台	
3250204	投币自动出售机	台	
3250205	信函过戳机	台	
3250299	其他邮政营业投递设备		
3250300	邮政除尘设备		
3250301	空袋除尘系统	台	
3250302	开拆除尘系统	台	
3250399	其他除尘系统		
3250400	邮政清洗缝补设备		
3250401	清洗机	台	
3250402	烘干机	台	
3250403	甩干机	台	
3250404	晾晒机	台	
3250405	熨平机	台	
3250406	缝补机	台	
3250499	其他邮政清洗缝补设备		
3250500	邮政储汇设备		
3250501	汇兑稽核数据处理设备	台	
3250502	储汇设备	台	
3259900	其他邮政专用设备		

表 39　3260000 环境污染防治设备

代　码	名　称	计量单位	说　明
3260000	环境污染防治设备		
3260100	大气污染防治设备		
3260101	除尘设备	台	
3260102	有害气体净化设备	台	
3260199	其他大气污染防治设备		
3260200	水质污染防治设备		
3260201	固体液体分离设备	台	
3260202	物理、化学处理设备	台	
3260203	生物化学处理设备	台	
3260204	蒸发法热处理设备	台	
3260205	油污染防治设备	台	
3260206	气净处理设备	台	
3260299	其他水质污染防治设备		
3260300	固体废弃物处理设备		
3260301	分选设备	台	
3260302	焚烧设备	台	
3260399	其他固体废弃物处理设备		
3260400	噪声控制设备	台	
3260401	消音设备	台	
3260402	隔音设备	台	
3260499	其他噪声控制设备		
3260500	环保监测设备	台	
3260501	大气监测装置	台	
3260502	水质监测装置	台	
3260503	噪音与振动监测装置	台	
3260504	电磁辐射监测装置	台	
3260505	电离辐射监测装置	台	
3260599	其他环保监测设备		
3260600	金属废料回收设备	台	
3260700	非金属废料回收设备	台	
3260800	核与辐射安全设备		
3260801	核与辐射安全监测设备	台	
3260802	核与辐射安全防护设备	台	
3260899	其他核与辐射安全设备		
3269900	其他环境污染防治设备		

表 40　3270000 公安专用设备

代码	名称	计量单位	说明
3270000	公安专用设备		
3270100	消防设备		
3270101	消防灭火设备	台,套	
3270102	逃生避难设备	台,套	
3270103	消防侦检设备	台,套	
3270104	抢险救援设备	台,套	
3270105	消防人员防护设备	台,套	
3270106	火灾自动报警设备	台,套	
3270107	消防产品现场检测设备	台,套	
3270108	建筑消防设施检测设备	台,套	
3270109	消防安全检测设备	台,套	
3270199	其他消防设备		
3270200	交通管理设备		
3270201	交通指挥监控系统设备	台,套	
3270202	成套信号灯及控制设备	台,套	
3270203	交通执法取证设备	台,套	
3270204	交通事故勘察和救援设备	台,套	
3270205	车辆检测设备	台,套	
3270206	驾驶员考试用设备	台,套	
3270299	其他交通管理设备		
3270300	物证检验鉴定设备		
3270301	医学检验鉴定设备	台,套	
3270302	物理化验检验鉴定设备	台,套	
3270303	痕迹检验鉴定设备	台,套	
3270304	物证图像采集处理设备	台,套	
3270305	文件检验鉴定设备	台,套	
3270306	指纹检验鉴定设备	台,套	
3270307	爆炸物检验鉴定设备	台,套	
3270308	电子物证检验鉴定设备	台,套	
3270309	声纹检验鉴定设备	台,套	
3270310	心理测试设备	台,套	
3270311	毒品检查设备	台,套	
3270399	其他物证检验鉴定设备		
3270400	安全、检查、监视、报警设备		
3270401	行李包裹检查设备	台,套	
3270402	车辆检查设备	台,套	
3270403	食品检查设备	台,套	
3270404	人员检查设备	台,套	
3270405	公安专用监视设备	台,套	
3270406	报警设备	台,套	
3270499	其他安全、检查、监视、报警设备		

表 40（续）

代 码	名 称	计量单位	说 明
3270500	爆炸物处置设备		
3270501	爆炸物探测设备	台,套	
3270502	防爆设备	台,套	
3270503	排爆设备	台,套	
3270504	储运设备	台,套	
3270599	其他爆炸物处置设备		
3270600	技术侦察取证设备		
3270601	技术侦查设备	台,套	
3270602	技术取证设备	台,套	
3270700	警械设备		
3270701	警棍	个,件	
3270702	手铐	个,件	
3270703	脚镣	个,件	
3270704	强光手电	个,件	
3270705	警用制式刀具	个,件	
3270706	约束装备	个,件	
3270707	警绳	个,件	
3270708	勤务装具	个,件	
3270709	警械专用柜	个,件	
3270710	催泪喷射器	个,件	
3270711	防暴射网器	个,件	
3270799	其他警械设备		
3270800	非杀伤性武器		
3270801	防暴枪	支	
3270802	麻醉枪	支	
3270803	信号枪	支	
3270804	训练枪	支	
3270805	枪支附件	套	
3270899	其他非杀伤性武器		
3270900	防护防暴装备		
3270901	防护装备	个,件	
3270902	防暴装备	个,件	
3271000	出入境设备		
3271001	出入境检查台设备	台,套	
3271002	出入境自助通道设备	台,套	
3271003	出入境证件查验设备	台,套	
3271004	出入境证件制作设备	台,套	
3271005	出入境证件自助受理设备	台,套	
3271006	出入境证件自助发放设备	台,套	
3271099	其他出入境设备		
3271100	网络监察设备		

表 40（续）

代　码	名　　称	计量单位	说　明
3271101	网络侦控设备	台,套	
3271102	网络临侦设备	台,套	
3271199	其他网络监察设备		
3279900	其他公安专用设备		

表 41　3280000 水工机械

代　码	名　　称	计量单位	说　明
3280000	水工机械		
3280100	清淤机械	台	
3280101	沟渠清淤机	台	
3280102	水电站清淤机械	台	
3280103	水库、港口清淤机械	台	
3280104	管道清淤机械	台	
3280199	其他清淤机械	台	
3280200	破冰机械	台	不包括破冰船
3280300	水利闸门启闭机	台,套	
3289900	其他水工机械		

表 42　3390000 殡葬设备及用品

代　码	名　　称	计量单位	说　明
3390000	殡葬设备及用品		
3390100	火化设备		
3390101	燃油火化机	台	
3390102	燃气火化机	台	
3390103	等离子火化机	台	
3390104	宠物火化机	台	
3390105	火化辅助设备	台	
3390199	其他火化机		
3390200	殡仪设备及用品		
3390201	遗物祭品焚烧设备	台	
3390202	火化烟气净化设备	台	
3390203	骨灰处理设备	台	
3390204	殡仪专用电子设备	台	
3390205	遗体冷冻冷藏设备	台	
3390206	遗体接运设备	台	
3390207	遗体整容设备	台	
3390208	骨灰盒	个	
3390299	其他殡仪设备及用品		
3399900	其他殡葬设备及用品		

表 43　3500000 铁路运输设备

代　码	名　　称	计量单位	说　明
3500000	铁路运输设备		
3500100	机车		
3500101	准轨蒸汽机车	台	
3500102	宽轨蒸汽机车	台	
3500103	准轨内燃机车	台	
3500104	宽轨内燃机车	台	
3500105	米轨内燃机车	台	
3500106	电力机车	台	
3500107	轻油机车	台	
3500199	其他机车		
3500200	客车		
3500201	准轨客车	辆	
3500202	试验车	辆	
3500203	维修车	辆	
3500204	文教车	辆	
3500205	发电车	辆	
3500206	行李发电车	辆	
3500207	特种车	辆	
3500208	双层客车	辆	
3500209	米轨客车	辆	
3500210	寸轨硬座车	辆	
3500211	动车组	辆	
3500299	其他客车		
3500300	货车		
3500301	准轨货车	辆	
3500302	米轨货车	辆	
3500303	其他货车		
3500400	大型养路机械		
3500401	整形车	辆	
3500402	捣固车	辆	
3500403	探伤车	辆	
3500404	物料输送车	辆	
3500405	道岔捣固车	辆	
3500406	道岔打磨车	辆	
3500407	大修列车	辆	
3500408	稳定车	辆	
3500409	钢轨打磨车	辆	
3500410	道岔铺设设备	辆	
3500411	清筛机	辆	
3500499	其他大型养路机械		
	轮渡		入“3510204 轮渡船”

表 43（续）

代　码	名　　称	计量单位	说　明
	铁路起重设备		入“2101000 起重设备”有关类
3500500	铁路专用设备		
3500501	铁路移车架车设备	台	
3500502	机车车辆及通信信号试验设备	台	
3500503	闭塞设备	台	
3500504	联锁设备	台	
3500505	驼峰设备	台	
3500506	行车调度指挥设备	台	
3500507	列控信号设备	台	
3500508	铁路专用检测设备	台	
3500509	GSM-R 设备	台	
3500510	接触网设备	台	
3500511	高价互换配件	台	
3500599	其他铁路专用设备		
3509900	其他铁路运输设备		

表 44　3510000 水上交通运输设备

代　码	名　　称	计量单位	说　明
3510000	水上交通运输设备		体育运动用船入“3710800 水上运动设备”，游玩用船入“3720600 游戏游览用车、船”，石油地质钻探船入“3020401 油气勘探设备”
3510100	货船		
3510101	杂货船	艘，总吨	
3510102	多用途货船	艘，总吨	
3510103	集装箱货船	艘，总吨	
3510104	滚装货船	艘，总吨	
3510105	原油船	艘，总吨	
3510106	成品油船	艘，总吨	
3510107	污油船	艘，总吨	
3510108	水船	艘，总吨	
3510109	煤船	艘，总吨	
3510110	矿砂船	艘，总吨	
3510111	天然气船	艘，总吨	
3510112	液化石油气船	艘，总吨	
3510113	化学品船	艘，总吨	
3510114	运木船	艘，总吨	
3510115	冷藏船(鲜货船)	艘，总吨	
3510199	其他货船		

表 44（续）

代码	名称	计量单位	说明
3510200	客船及拖船		
3510201	客船	艘,总吨	
3510202	客货船	艘,总吨	
3510203	旅游船	艘,总吨	
3510204	轮渡船	艘,总吨	
3510205	气垫船	艘,总吨	
3510206	拖船	艘,总吨	
3510299	其他客船及拖船		
3510300	驳船		
3510301	仓口驳船	艘,总吨	
3510302	甲板驳船	艘,总吨	
3510303	分节驳船	艘,总吨	
3510304	原油驳船	艘,总吨	
3510305	成品油驳船	艘,总吨	
3510306	储油驳船	艘,总吨	
3510307	水驳船	艘,总吨	
3510308	煤驳船	艘,总吨	
3510309	油渣驳船	艘,总吨	
3510310	化学品驳船	艘,总吨	
3510311	盐驳船	艘,总吨	
3510312	客驳船	艘,总吨	
3510313	港驳船	艘,总吨	
3510399	其他驳船		
3510400	渔船		
3510401	拖网渔船	艘,总吨	
3510402	围网渔船	艘,总吨	
3510403	钓船	艘,总吨	
3510404	刺网类渔船	艘,总吨	
3510405	敷网类渔船	艘,总吨	
3510406	多种作业船	艘,总吨	
3510407	渔品加工船	艘,总吨	
3510408	收鲜运输船	艘,总吨	
3510409	渔业执法船	艘,总吨	
3510410	渔业调查、实习船	艘,总吨	
3510411	休闲渔船	艘,总吨	
3510412	渔业辅助船	艘,总吨	
3510499	其他渔船		
3510500	海洋、内水调查和开发船		
3510501	科学考察船	艘,总吨	
3510502	科学研究船	艘,总吨	
3510503	测量船	艘,总吨	

表 44（续）

代　码	名　　称	计量单位	说　明
3510599	其他海洋、内水调查和开发船		
3510700	电气作业和海底工程作业船		
3510701	电站船	艘,总吨	
3510702	电焊船	艘,总吨	
3510703	布缆船	艘,总吨	
3510704	带缆船	艘,总吨	
3510705	铺管船	艘,总吨	
3510706	水下作业船	艘,总吨	
3510707	潜水工作船	艘,总吨	
3510708	潜水器母船	艘,总吨	
3510799	其他电气作业和海底工程作业船		
3510800	挖泥、打桩船(驳)		
3510801	挖泥船	艘,总吨	
3510802	吹泥船	艘,总吨	
3510803	挖砂船	艘,总吨	
3510804	抛石船	艘,总吨	
3510805	铲石船	艘,总吨	
3510806	泥驳	艘,总吨	
3510807	砂驳	艘,总吨	
3510808	石驳	艘,总吨	
3510809	打桩船	艘,总吨	
3510810	打夯船	艘,总吨	
3510811	采金船	艘,总吨	
3510812	铺排船	艘,总吨	
3510899	其他挖泥、打桩船(驳)		
3510900	起重船和囤船		
3510901	起重船	艘,总吨	
3510902	抛(起)锚船	艘,总吨	
3510903	囤船	艘,总吨	
3510904	趸船	艘,总吨	
3510999	其他起重船和囤船		
3511000	水面工作船		
3511001	航标船	艘,总吨	
3511002	航政船	艘,总吨	
3511003	引水船	艘,总吨	
3511004	供应船	艘,总吨	
3511005	护堤、护山船	艘,总吨	
3511006	检查监督船	艘,总吨	
3511007	破冰船	艘,总吨	
3511008	水上水厂船	艘,总吨	
3511009	多用途船	艘,总吨	

表 44（续）

代　码	名　　称	计量单位	说　明
3511010	试航辅助船	艘,总吨	
3511011	海监船	艘,总吨	
3511012	浮标作业船	艘,总吨	
3511099	其他水面工作船		
3511100	特种作业船		
3511101	特种运水船	艘,总吨	
3511102	垃圾船	艘,总吨	
3511103	污水处理船	艘,总吨	
3511104	浮油回收船	艘,总吨	
3511105	油、水泵船	艘,总吨	
3511106	消防船	艘,总吨	
3511107	医疗船	艘,总吨	
3511108	打捞船	艘,总吨	
3511109	救生船	艘,总吨	
3511110	环保船	艘,总吨	
3511111	鱼苗船	艘,总吨	
3511199	其他特种作业船		
3511200	机动船		
3511201	交通艇	艘,总吨	
3511202	巡逻艇	艘,总吨	
3511203	缉私艇	艘,总吨	
3511204	工作艇	艘,总吨	
3511205	指挥艇	艘,总吨	
3511206	侦勘艇	艘,总吨	
3511207	装备艇	艘,总吨	
3511208	橡皮艇	艘,总吨	
3511209	冲锋舟	艘,总吨	
3511210	摩托艇	艘,总吨	
3511299	其他机动船		
3511300	浮船坞、码头和维修工作船		
3511301	浮船坞	艘,总吨	
3511302	浮码头	艘,总吨	
3511303	舾装工作船	艘,总吨	
3511304	一般修理船	艘,总吨	
3511305	水线修理船	艘,总吨	
3511399	其他浮船坞、码头和维修工作船		
3511400	船舶制造专用设备		
3511401	放样、号料设备	套	
3511402	钢材预处理流水线	套	
3511403	管子加工流水线	套	
3511404	平面分段流水线	套	

表 44（续）

代　码	名　　称	计量单位	说　明
3511405	联动生产流水线	套	
3511406	船台小车	台	
3511407	船舶试验设备	套	
3511499	其他船舶制造专用设备		
3511500	潜水设备		
3511501	重潜装具	套	
3511502	轻潜装具	套	
3511503	氧气供应系统	套	
3511504	潜水训练舱群	套	
3511505	饱和潜水系统	套	
3511506	无人遥控潜水器	套	
3511507	无人潜水器吊放回收系统	套	
3511508	深水切割设备	套	
3511509	水下切割缆	套	
3511510	深水观察箱	只	
3511511	水下腐蚀测量仪	台	
3511512	减压舱	只	
3511513	潜水罐	套	
3511514	氢氧潜水软头盔	只	
3511515	氢氧潜水硬头盔	只	
3511516	氢氧校音电话	只	
3511517	潜水供热水机	只	
3511599	其他潜水设备		
3511600	航标设施		
3511601	海上浮标	个	
3511602	内河浮标	个	
3511603	内河岸标	个	
3511604	系船浮标	个	
3511605	井位浮标	个	
3511606	浮标锚链(缆)	个	
3511607	指路牌(里程牌)	个	
3511608	雷达应答器	台	
3511609	雷达反射器	台	
3511610	航标遥测遥控终端	台	
3511699	其他航标设施		
3511700	航标灯、闪光器		
3511701	航标灯	个	
3511702	闪光器	个	
3511703	换泡机	个	
3511704	航标透镜	个	
3511799	其他航标灯、闪光器		
3519900	其他水上交通运输设备		

表 45　3520000 航空器及其配套设备

代　码	名　　称	计量单位	说　明
3520000	航空器及其配套设备		专用飞机按照用途入“3520300 专用飞机”下的小类
3520100	固定翼飞机	架	
3520101	货物运输飞机	架	
3520102	客运飞机	架	
3520103	通用航空类飞机	架	通用航空类飞机指仅限于通用航空专业飞行的飞机
3520104	教练机	架	
3520105	初级类飞机	架	
3520199	其他固定翼飞机		
3520200	直升机	架	
3520300	专用飞机		
3520301	警用飞机	架	
3520302	抢险救援飞机	架	
3520303	地质勘测专用飞机	架	
3520304	农用飞机	架	含农用固定翼飞机、农用旋翼飞机
3520305	消防灭火飞机	架	
3520306	海监飞机	架	
3520399	其他专用飞机		
3520400	飞行器	架	
3520401	飞艇	架	
3520402	气球	架	
3520403	滑翔伞	架	
3520500	飞机维修设备		
3520501	内场维修设备	套	
3520502	航线维修设备	套	
3520599	其他飞机维修设备		
3520600	航空港专用设备	套	
3520700	机场地面特种车辆		
3520701	机务特种车辆	辆	
3520702	机场特种车辆	辆	
3520703	商务运输车辆	辆	
3520704	飞行维修车辆	辆	
3520705	航行特种车辆	辆	
3520706	油料车辆	辆	
3520799	其他机场地面特种车辆	辆	
3520800	火箭及发射、维护设施	辆	
3520900	人造卫星	架	
3529900	其他航空器及其配套设备		

表 46　3600000 专用仪器仪表

代　码	名　　称	计量单位	说　明
3600000	专用仪器仪表		
3600100	农林牧渔专用仪器		
3600101	数粒仪	台	
3600102	控温仪	台	
3600103	叶绿素测定仪	台	
3600104	活体叶绿素仪	台	
3600105	光电叶面积仪	台	
3600106	植物生长仪	台	
3600107	牧草生长仪	台	
3600108	双套气流式喷卵仪	台	
3600109	乳脂测定仪	台	
3600110	测膘仪	台	
3600111	牛胃金属异物探测仪	台	
3600112	粮油检样器	台	
3600113	验粉筛	台	
3600114	比重清油分测定仪	台	
3600115	渔业测向仪	台	
3600116	探渔仪	台	
3600117	罗兰 A 定位仪	台	
3600199	其他农林牧渔专用仪器		
3600200	地质勘探、钻采及人工地震仪器		
3600201	重力仪器	台	
3600202	磁法仪器	台	
3600203	人工地震仪器	台	
3600204	电法仪器	台	
3600205	水文地质仪器	台	
3600206	井中物探仪器	台	
3600207	核物探仪器	台	
3600208	化探仪器	台	
3600209	钻探测井仪器	台	
3600210	钻探参数仪器仪表	台	
3600211	泥浆分析仪表	台	
3600212	采油修井仪器仪表	台	
3600213	岩石矿物理性质测试仪器	台	
3600215	地形变化观测仪	台	
3600216	煤尘、矿尘、粉尘测定仪	台	
3600217	矿井风速仪	台	
3600218	推断、解释和数据处理仪器	台	
3600219	野外数据采集仪器	台	
3600220	矿物实验测试仪器	台	
3600299	其他地质勘探、钻采及人工地震仪器		

表 46（续）

代码	名称	计量单位	说明
3600300	地震专用仪器		
3600301	测震观测系统设备	台	
3600302	强震动观测系统设备	台	
3600303	重力观测系统设备	台	
3600304	地形变观测系统设备	台	
3600305	地磁场观测系统设备	台	
3600306	地电场观测系统设备	台	
3600307	地下水观测系统设备	台	
3600308	活断层探测设备	台	
3600309	活断层鉴定设备	台	
3600399	其他地震仪器		
3600400	安全用仪器		避雷器入此
3600401	矿井环境气体检测仪器	台	
3600402	瓦斯警报、断电遥测系统	台	
3600403	通风检测仪器	台	
3600404	矿压检测及监测仪器	台	
3600405	瓦斯检定器校正仪	台	
3600406	自救仪器	台	
3600407	氧气呼吸器	台	
3600408	万能检验仪	台	
3600409	氧气呼吸器核验仪	台	
3600410	氧气输送器	台	
3600411	氧气检定器	台	
3600412	多种气体测定器	台	
3600413	光学瓦斯检定器	台	
3600414	安全集中检测装置	台	
3600499	其他安全仪器		
3600500	大坝观测仪器		
3600501	应变计	台	
3600502	钢筋计	台	
3600503	测缝计	台	
3600504	渗压计	台	
3600505	水工比例电桥	台	
3600506	应力计	台	
3600507	校正仪	台	
3600599	其他大坝观测仪器		
3600600	电站热工仪表		
3600601	单向测振仪	台	
3600602	双向测振仪	台	
3600603	火光检示装置	台	
3600604	电接点水位计	套	

表 46（续）

代　码	名　　称	计量单位	说　明
3600605	数字式温度巡测报警仪	套	
3600699	其他电站热工仪表		
3600700	电力数字仪表		
3600701	数字式毫秒计	台	
3600702	数字式工频相位计	台	
3600703	数字运算式工频计	台	
3600704	工频振荡器	台	
3600799	其他电力数字仪表		
3600800	气象仪器		
3600801	测气压仪器	台	
3600802	气象专用测温仪器	台	
3600803	测湿仪器	台	
3600804	地面风仪器	台	
3600805	降水蒸发仪器	台	
3600806	辐射、日照仪器	台	
3600807	测云仪	台	
3600808	能见度仪	台	
3600809	大气电场仪	台	
3600810	雷电探测仪	台	
3600811	遥测气象仪	台	
3600812	遥感气象仪	台	
3600813	高空探测仪器	台	
3600814	探空仪	台	
3600815	气象火箭	台	
3600816	防雹火箭	台	
3600817	GPS/MET	台	
3600818	GPS 掩星观测设备	台	
3600819	气象仪器计量检定仪器	台	
3600899	其他气象仪器		
3600900	水文仪器		
3600901	自动记录水位仪	台	
3600902	流速仪	台	
3600903	测沙仪	台	
	测深仪		见“3601110 测深仪”
3600904	三用电导仪	台	
3600905	水动态测量仪	台	
3600999	其他水文仪器		
3601000	海洋仪器设备		
3601001	海洋水文仪器设备	台	
3601002	海洋物理仪器设备	台	
3601003	海洋化学仪器设备	台	

表 46（续）

代码	名称	计量单位	说明
3601004	海洋地质地球物理仪器设备	台	
3601005	海洋生物仪器设备	台	
3601006	海洋气象仪器设备	台	
3601007	海洋综合观测系统	台	
3601008	海洋观测通用器具	台	含采样设备
3601009	海水(苦咸水)处理设备	台	
3601099	其他海洋仪器设备		
3601100	测绘专用仪器		
3601101	经纬仪	台	包括光学经纬仪、电子经纬仪
3601102	水准仪	台	包括光学水准仪、电子水准仪
3601103	平板仪	台	
3601104	测距仪	台	
3601105	全站型速测仪	台	
3601106	GPS 测量仪	台	
3601107	重力测量仪	台	
3601108	地下管道探测仪	台	
3601109	三维激光测量仪	台	
3601110	测深仪	台	
3601130	航空摄影设备	台	
3601131	航空激光雷达设备	台	
3601132	航空影像扫描设备	台	
3601133	数据采集设备	台	
3601134	全数字摄影测量系统设备	台	
3601135	精密立体测量仪	台	
3601136	解析测图仪	台	
3601137	正射投影仪	台	
3601138	数控绘图桌设备	台	
3601199	其他测绘专用仪器		
3601200	天文仪器		
3601201	天体测量仪	台	天文望远镜入此
3601202	天体物理仪器	台	
3601299	其他天体仪器		
3601300	教学专用仪器	台	
3601301	教学数学专用仪器	台	
3601302	演示计量仪器	台	
3601303	教学用力学仪器	台	
3601304	教学用光学仪器	台	
3601305	教学用原子物理及核物理仪器	台	
3601306	教学用电磁学实验仪器	台	
3601307	教学用电子学实验仪器	台	
3601308	教学用空气动力学实验仪器	台	

表 46（续）

代　码	名　　称	计量单位	说　明
3601309	教学用天文气象实验仪器	台	
3601310	教学用航空、航天、航海实验仪器	台	
3601311	教学用机电实验仪器	台	
3601312	教学用声学仪器	台	
3601313	教学用热学仪器	台	
3601314	教学用心理学仪器	台	
3601315	数学用化学分析及化工仪器	台	
3601316	教学用生理仪器	台	
3601317	教学用地理仪器	台	
3601318	电教仪器	台	
3601319	教学用技术基础课仪器	台	
3601320	数学用计算机示教仪器	台	
3601399	其他教学专用仪器		
3601400	核子及核辐射测量仪器		
3601401	辐射仪器	台	
3601402	射线谱仪器	台	
3601403	放射性污染探测仪器	台	
3601404	剂量仪器	台	
3601405	定标器	台	
3601406	计数装置	台	
3601407	信号处理及分析仪器	台	
3601408	探头	台	
3601409	组合仪器及插件	台	
3601410	防护装置	台	
3601499	其他核子及核辐射测量仪器		
3601500	航空仪器		
3601501	陀螺仪	台	
3601502	大气参数中心仪	台	
3601503	飞行参数记录仪	台	
3601504	平视仪	台	
3601505	地平仪	台	
3601506	罗盘	台	
3601507	综合航向指示器	台	
3601508	自动驾驶仪	台	
3601509	航行仪	台	
3601510	检测仪	台	
3601511	修正器	台	
3601512	识别器	台	
3601513	显示器	台	
3601514	稳定器	台	
3601599	其他航空仪器		

表 46（续）

代　码	名　　称	计量单位	说　明
3601600	航天仪器		
3601601	光电探测器	台	
3601602	航天六分仪	台	
3601603	星图仪	台	
3601604	六象仪	台	
3601605	水母仪	台	
3601606	回陆着陆系统	台	
3601607	安全救生系统	台	
3601608	姿态指示器	台	
3601609	姿态陀螺仪	台	
3601610	宇宙空气净化调节设备	台	
3601611	宇宙压力调节设备	台	
3601612	宇宙供水、供食设备	台	
3601613	宇宙废物排除装置	台	
3601614	稳定设备	台	
3601699	其他航天仪器		
3601700	船舶专用仪器		
3601701	陀螺罗经	套	
3601702	罗经自动舵组合式仪表	套	
3601703	陀螺方位仪	套	
3601704	计程仪	套	
3601705	操舵仪	套	
3601706	航海六分仪	套	
3601707	船用舵角指示器	套	
3601708	横倾仪	套	
3601709	纵倾仪	套	
3601710	水声测深仪	台	
3601799	其他船舶专用仪器仪表		
3601800	纺织专用仪器		
3601801	纤维原料试验仪器	台	
3601802	纤维试验仪器	台	
3601803	纱线试验仪器	台	
3601804	织物试验仪器	台	
3601899	其他纺织专用仪器		
3601900	建筑工程仪器		渗透仪入“2400608 土工测试仪器”
3601901	数字超声波检测仪	台	
3601902	弹性系数、正弦综合检测仪	台	
3601903	收缩膨胀仪	台	
3601904	稠度仪	台	
3601905	坍落度仪	台	
3601906	含水率测定仪	台	

表 46（续）

代 码	名 称	计量单位	说 明
3601907	蠕变仪	台	
3601908	沥青延伸、闪点、软化检测仪	台	
3601909	吨米指示断电器	台	
3601910	超声波测厚仪	台	
3601911	电梯激光导轨仪	台	
3601999	其他建筑工程仪器		
3602000	汽车拖拉机仪表	台	转向测试仪、多功能汽车检测仪、发动机综合分析仪入此
3602100	动力测量仪器		
3602101	涡流测功机	台	
3602102	直流测功机	台	
3602103	冷磨实验台	台	
3602104	水箱实验台	台	
3602105	燃油泵实验台	台	
3602106	水压实验台	台	
3602107	水利测功机	台	
3602199	其他动力测量仪器		
3602200	心理仪器	台	
3602300	生理仪器	台	
3609900	其他专用仪器仪表		

表 47　3700000 文艺设备

代 码	名 称	计量单位	说 明
3700000	文艺设备		
3700100	乐器		
3700101	弓弦乐器	把	
3700102	吹管、吹奏乐器	把	
3700103	打击乐器	把	
3700104	键盘乐器	把	
3700105	乐器辅助用品及配件	把	
3700199	其他乐器		
3700200	演出服装		
3700201	戏剧服装	件	
3700202	舞蹈服装	件	
3700299	其他演出服装		
3700300	舞台设备		
3700301	舞台机械系统	套	
3700302	幕布系统	套	
3700303	舞台灯具及辅助设备	套	

表 47（续）

代　码	名　　称	计量单位	说　明
3700304	舞台音响设备	套	
3700305	活动舞台	个	
3700320	皮影、木偶	件	
3700321	道具	件	
3700322	布景	件	
3700323	舞台用地胶	件	
3700399	其他舞台设备		
3700400	影剧院设备		
3700401	自动售票系统	套	
3700402	观众座椅	个	
3700403	电影放映设备	件	
3700499	其他影剧院设备		
3709900	其他文艺设备	件	

表 48　3710000 体育设备

代　码	名　　称	计量单位	说　明
3710000	体育设备		
3710100	田赛设备	套	
3710200	径赛设备	套	
3710300	球类设备		
3710301	足球设备	套	
3710302	篮球设备	套	
3710303	排球设备	套	
3710304	乒乓球设备	套	
3710305	羽毛球设备	套	
3710306	网球设备	套	
3710307	垒球设备	套	
3710308	冰球设备	套	
3710309	手球设备	套	
3710310	水球设备	套	
3710311	曲棍球设备	套	
3710312	高尔夫球设备	套	
3710313	马球设备	套	
3710314	橄榄球设备	套	
3710315	藤球设备	套	
3710316	台球设备	套	
3710317	沙弧球设备	套	
3710318	壁球设备	套	
3710319	保龄球设备	套	

表 48（续）

代　码	名　　称	计量单位	说　明
3710320	棒球设备	套	
3710399	其他球类设备	套	
3710400	体操设备	架	
3710500	举重设备	架	
3710600	游泳设备	套	
3710700	跳水设备	套	
3710800	水上运动设备	套	体育运动用船入此，不包括球类设备，水球设备见“3710310 水球设备”
3710900	潜水运动设备	套	
3711000	冰上运动设备	套	不包括球类设备，冰球设备见“3710308 冰球设备”
3711100	雪上运动设备	套	
3711200	射击设备	套	
3711300	击剑设备	套	
3711400	射箭设备	套	
3713000	摩托车运动设备	套	
3713100	自行车运动设备	套	
3713200	赛车运动设备	套	
3713300	赛马和马术运动设备	套	
3714000	拳击、跆拳道设备	套	
3714100	摔跤、柔道设备	套	
3714200	散打、武术设备	套	
3715000	棋牌类运动设备	套	
3715100	航模、海模及其他模型设备	套	
3715200	垂钓器具和用品	套	
3715300	登山设备	套	
3716000	健身设备	套	
3716100	运动康复设备	套	
3717000	残疾人体育及训练设备		
3717001	轮椅篮球设备	套	
3717002	轮椅橄榄球设备	套	
3717003	硬地滚球设备	套	
3717004	脑瘫足球设备	套	
3717005	盲人足球设备	套	
3717006	盲人门球设备	套	
3717007	坐式排球设备	套	
3717060	残疾人健身与康复训练设备	套	
3717099	其他残疾人体育设备		
3719000	体育运动辅助设备	套	
3719900	其他体育设备	套	

表 49　3720000 娱乐设备

代　码	名　　称	计量单位	说　明
3720000	娱乐设备		
3720100	成套游乐场设备	套	
3720200	一般游乐场设备	套	
3720300	智能游艺设备	套	
3720400	博弈设备	套	
3720500	卡拉 OK 设备	套	
3720600	游戏游览用车、船	套	
3720700	娱乐活动辅助设备	套	
3729900	其他娱乐设备		

5.4　文物和陈列品

表 50　4010000 文物

代　码	名　　称	计量单位	说　明
4010000	文物		
4010100	不可移动文物		
4010101	古遗址	处	
4010102	古墓葬	座	
4010103	古建筑	座	
4010104	石窟寺	座	
4010105	原址石刻	件,处	
4010106	近现代重要史迹及代表性建筑	座	
4010199	其他不可移动文物		
4010200	可移动文物		
4010201	考古发掘出土文物	件	
4010202	传世文物	件	
4010203	古生物化石	件	
4010299	其他可移动文物		

表 51　4020000 陈列品

代　码	名　　称	计量单位	说　明
4020000	陈列品		
4020100	标本	件	
4020101	动物标本	件	
4020102	人体标本	件	
4020103	人体病理标本	件	
4020104	植物标本	件	

表 51（续）

代 码	名 称	计量单位	说 明
4020105	医药标本	件	
4020106	矿物标本	件	
4020199	其他标本		
4020200	模型		
4020201	天体模型	个	
4020202	生物模型	个	
4020203	人体模型	个	
4020204	人体病理模型	个	
4020299	其他模型		
4029900	其他陈列品		字画、古玩、雕塑等陈列品入此

5.5 图书、档案

表 52 5010000 图书、档案

代 码	名 称	计量单位	说 明
5010000	图书、档案		
5010100	图书	本	
5010101	普通图书	本	
5010102	盲文图书	本	
5010103	电子图书	件	
5010199	其他图书	本	
5010200	期刊	本	
5010201	普通期刊	本	
5010202	电子期刊	本	
5010299	其他期刊		
5010300	资料		
5010301	特种文献资料	本	文物中的文献入“4010200 可移动文物”
5010302	缩微资料	卷	不包括缩微胶片档案
5010303	视听资料	盘	
5010304	机读资料	盘	
5010399	其他资料		
5010400	档案		
5010401	纸质档案	个、卷	包括全宗、案卷
5010402	声像档案	盘	包括录音磁带、录像磁带、影片档案
5010403	照片档案	张	
5010404	底图	张	
5010405	电子档案	盘、张	包括电子档案磁带、电子档案磁盘、电子档案光盘
5010406	缩微胶片档案	卷	

表 52（续）

代　码	名　　称	计量单位	说　明
5010407	实物档案	件	
5010499	其他档案资料		
5019900	其他图书、档案		

5.6　家具、用具、装具及动植物

表 53　6010000 家具用具

代　码	名　　称	计量单位	说　明
6010000	家具用具		办公家具入此
6010100	床类	件	
6010200	台、桌类	件	
6010300	椅凳类	件	
6010400	沙发类	件	
6010500	柜类	件	
6010501	文件柜	件	
6010502	保险柜	件	
6010599	其他柜	件	
6010600	架类	件	
6010700	厨卫用具		厨卫电器入“2201000 生活用电器”有关类
6010701	厨房操作台	个	
	炊事机械		入“3141000 饮食炊事机械”
6010702	煤气罐(液化气罐)	个	
6010703	水池	个	
6010799	其他厨卫用具		
6019900	其他家具用具		

表 54　6020000 被服装具

代　码	名　　称	计量单位	说　明
6020000	被服装具		
6020100	被服	件	
6020200	床上装具	件	
6020300	室内装具	件	
6020400	室外装具	件	
6029900	其他被服装具		

表 55 6030000 特种用途动物

代码	名称	计量单位	说明
6030000	特种用途动物		
6030100	实验用动物	只	
6030200	动物良种	只	
6030300	观赏动物	只	
6030400	警用动物	只	警犬入此
6030500	助残动物	只	导盲犬入此
6039900	其他动物		

表 56 6040000 特种用途植物

代码	名称	计量单位	说明
6040000	特种用途植物		
6040100	名贵树木	株	
6040200	名贵花卉	株	
6049900	其他植物		

中华人民共和国国家标准

GB 14888.1—2010

食品安全国家标准
食品添加剂 新红

2010-12-21 发布　　　　2011-02-21 实施

中华人民共和国卫生部 发布

前言

本标准代替 GB 14888.1—1994《食品添加剂　新红》。

本标准与 GB 14888.1—1994 相比，主要变化如下：

——增加了安全提示；

——新红含量指标由≥80%修改为≥85%；

——修改了鉴别试验的方法；

——分光光度比色法平行测定的允许差由 2%修改为 1.0%；

——增加了氯化物及硫酸盐指标和检测方法，与干燥减量合并，指标为≤15.0%；

——取消了异丙醚萃取物的质量规格；

——增加了未反应中间体总和指标和检测方法；

——增加了未磺化芳族伯胺（以苯胺计）指标和检测方法；

——砷（As）的检测方法由化学限量法修改为原子吸收法；

——取消了重金属（以 Pb 计）的质量规格；

——增加了铅（Pb）指标和检测方法。

本标准的附录 A、附录 B 和附录 C 为规范性附录，附录 D 为资料性附录。

本标准所代替标准的历次版本发布情况为：

——GB 14888.1—1994。

食品安全国家标准

食品添加剂 新红

1 范围

本标准适用于由对氨基苯磺酸经重氮化后与5-乙酰氨基-4-萘酚-2,7-二磺酸钠偶合,经盐析、精制而成的食品添加剂新红。

2 规范性引用文件

本标准中引用的文件对于本标准的应用是必不可少的。凡是注日期的引用文件,仅所注日期的版本适用于本标准。凡是不注日期的引用文件,其最新版本(包括所有的修改单)适用于本标准。

3 化学名称、结构式、分子式、相对分子质量

3.1 化学名称

7-[(4-磺酸基苯基)偶氮]-1-乙酰氨基-8-萘酚-3,6-二磺酸的三钠盐

3.2 结构式

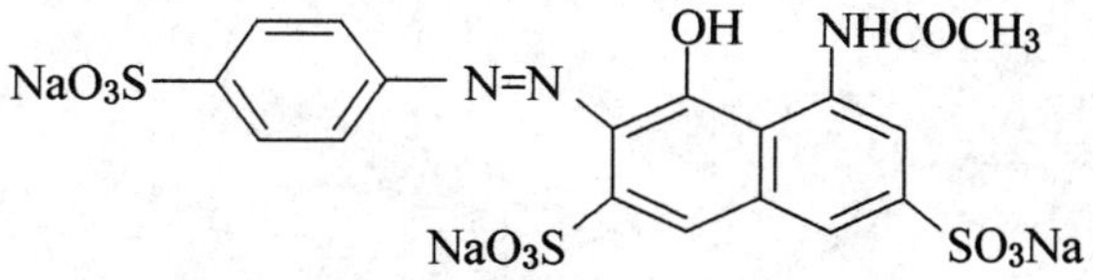

3.3 分子式

$C_{18}H_{12}O_{11}N_3Na_3S_3$

3.4 相对分子质量

611.47(按2007年国际相对原子质量)

4 技术要求

4.1 感官要求:应符合表1的规定。

表1 感官要求

项 目	要 求	检 验 方 法
色泽	红褐色	自然光线下采用目视评定
组织状态	粉末或颗粒	

4.2 理化指标:应符合表 2 的规定。

表 2 理化指标

项 目		指 标	检验方法
新红,w/%	≥	85.0	附录 A 中 A.4
干燥减量、氯化物(以 NaCl 计)及硫酸盐(以 $NaSO_4$ 计)总量,w/%	≤	15.0	附录 A 中 A.5
水不溶物,w/%	≤	0.20	附录 A 中 A.6
副染料,w/%	≤	2.0	附录 A 中 A.7
未反应中间体总和,w/%	≤	0.50	附录 A 中 A.8
未磺化芳族伯胺(以苯胺计),w/%	≤	0.01	附录 A 中 A.9
砷(As)/(mg/kg)	≤	1.0	附录 A 中 A.10
铅(Pb)/(mg/kg)	≤	10.0	附录 A 中 A.11

附　录　A
（规范性附录）
检 验 方 法

A.1　安全提示

本标准试验方法中使用的部分试剂具有毒性或腐蚀性，按相关规定操作，操作时需小心谨慎。若溅到皮肤上应立即用水冲洗，严重者应立即治疗。在使用挥发性酸时，要在通风橱中进行。

A.2　一般规定

本标准所用试剂和水，在没有注明其他要求时，均指分析纯试剂和 GB/T 6682—2008 规定的三级水。试验中所需标准溶液、杂质标准溶液、制剂及制品在没有注明其他规定时，均按 GB/T 601、GB/T 602、GB/T 603 规定配制和标定。

A.3　鉴别试验

A.3.1　试剂和材料

A.3.1.1　硫酸。

A.3.1.2　乙酸铵溶液：1.5 g/L。

A.3.2　仪器和设备

A.3.2.1　分光光度计。

A.3.2.2　比色皿：10 mm。

A.3.3　鉴别方法

应满足如下条件：

A.3.3.1　称取约 0.1 g 试样（精确至 0.001 g），溶于 100 mL 水中，呈红色澄清溶液。

A.3.3.2　称取约 0.2 g 试样（精确至 0.001 g），溶于 20 mL 硫酸中，呈暗紫红色，取此液 2 滴～3 滴，加入 5 mL 水中，振摇，呈红色。

A.3.3.3　称取约 0.1 g 试样（精确至 0.001 g），溶于 100 mL 乙酸铵溶液中，取此溶液 1 mL，加乙酸铵溶液配至 100 mL，该溶液的最大吸收波长为 525 nm±2 nm。

A.4　新红的测定

A.4.1　三氯化钛滴定法（仲裁法）

A.4.1.1　方法提要

在酸性介质中，新红中的偶氮基被三氯化钛还原分解成氨基化合物，按三氯化钛标准滴定溶液的消耗量，计算其含量。

A.4.1.2 试剂和材料

A.4.1.2.1 柠檬酸三钠。

A.4.1.2.2 三氯化钛标准滴定溶液：$c(TiCl_3)=0.1$ mol/L(现用现配，配制方法见附录 B)。

A.4.1.2.3 钢瓶装二氧化碳。

A.4.1.3 仪器和设备

三氯化钛滴定的装置图见图 A.1。

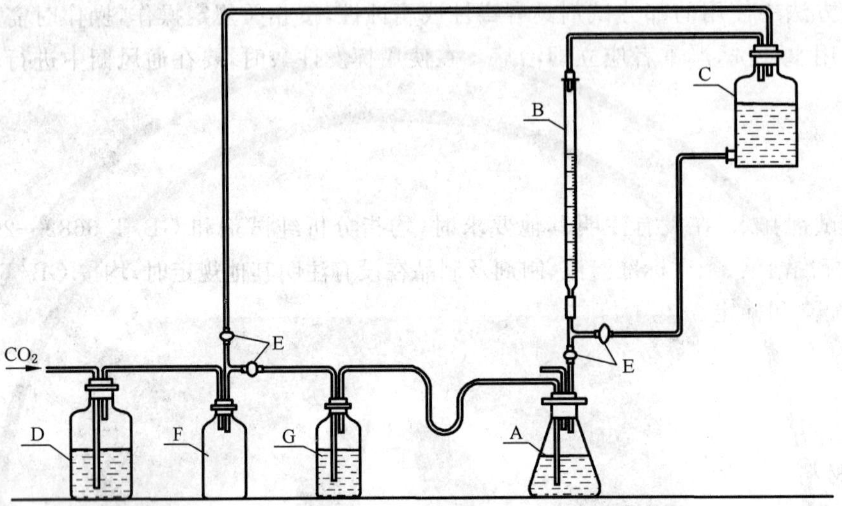

A——锥形瓶(500 mL)；

B——棕色滴定管(50 mL)；

C——包黑纸的下口玻璃瓶(2 000 mL)；

D——装有 100 g/L 碳酸铵溶液和 100 g/L 硫酸亚铁溶液等量混合液的容器(5 000 mL)；

E——活塞；

F——空瓶；

G——装有水的洗气瓶。

图 A.1 三氯化钛滴定法的装置图

A.4.1.4 分析步骤

称取约 0.5 g 试样(精确至 0.000 1 g)，于 500 mL 锥形瓶中，加入 15 g 柠檬酸三钠和 200 mL 煮沸的水，振荡溶解后，按图 A.1 装好仪器，在液面下通入二氧化碳的同时，加热沸腾，用三氯化钛标准滴定溶液滴定使其固有颜色消失为终点。

A.4.1.5 结果计算

新红以质量分数 w_1 计，数值用%表示，按公式(A.1)计算：

$$w_1=\frac{c(V/1\,000)(M/4)}{m_1}\times 100\% \quad\cdots\cdots(A.1)$$

式中：

c ——三氯化钛标准滴定溶液浓度的准确数值，单位为摩尔每升(mol/L)；

V ——滴定试样耗用的三氯化钛标准滴定溶液体积的准确数值，单位为毫升(mL)；

M——新红的摩尔质量数值，单位为克每摩尔(g/mol)[$M(C_{18}H_{12}O_{11}N_3Na_3S_3)$=611.47]；

m_1——试样的质量数值，单位为克(g)。

计算结果表示到小数点后1位。

平行测定结果的绝对差值不大于1.0%(质量分数)，取其算术平均值作为测定结果。

A.4.2 分光光度比色法

A.4.2.1 方法提要

将试样与已知含量的新红标准品分别用水溶解，用乙酸铵溶液稀释定容后，在最大吸收波长处，分别测其吸光度，然后计算其含量。

A.4.2.2 试剂和材料

A.4.2.2.1 乙酸铵溶液：1.5 g/L。

A.4.2.2.2 新红标准品：≥85.0%(质量分数，按A.4.1测定)。

A.4.2.3 仪器和设备

A.4.2.3.1 分光光度计。

A.4.2.3.2 比色皿：10 mm。

A.4.2.4 新红标样溶液的配制

称取约0.25 g新红标准样品(精确到0.000 1 g)，溶于适量水中，移入1 000 mL容量瓶中，加水稀释至刻度，摇匀。吸取10 mL，移入500 mL容量瓶中，加乙酸铵溶液稀释至刻度，摇匀，备用。

A.4.2.5 新红试样溶液的配制

称量与操作方法同A.4.2.4标样溶液的配制。

A.4.2.6 分析步骤

将新红标样溶液和新红试样溶液分别置于10 mm比色皿中，同在最大吸收波长处用分光光度计测定各自的吸光度值，用乙酸铵溶液作参比液。

A.4.2.7 结果计算

新红以质量分数 w_1 计，数值用%表示，按公式(A.2)计算：

$$w_1=\frac{Am_0}{A_0m}\times w_0 \qquad \text{(A.2)}$$

式中：

A——新红试样溶液的吸光度值；

m_0——新红标准品的质量数值，单位为克(g)；

A_0——新红标样溶液的吸光度值；

m——试样的质量数值，单位为克(g)；

w_0——新红标准品的质量分数%。

计算结果表示到小数点后1位。

平行测定结果的绝对差值不大于1.0%(质量分数)，取其算术平均值作为测定结果。

A.5 干燥减量、氯化物(以 NaCl 计)及硫酸盐(以 Na_2SO_4 计)总量的测定

A.5.1 干燥减量的测定

A.5.1.1 分析步骤

称取约 2 g 试样(精确至 0.001 g),置于已在 135 ℃±2 ℃恒温干燥箱中恒量的称量瓶中,在 135 ℃±2 ℃恒温干燥箱中烘至恒量。

A.5.1.2 结果计算

干燥减量以质量分数 w_2 计,数值用%表示,按公式(A.3)计算:

$$w_2 = \frac{m_2 - m_3}{m_2} \times 100\% \qquad \text{(A.3)}$$

式中:

m_2——试样干燥前质量的数值,单位为克(g);

m_3——试样干燥至恒量质量的数值,单位为克(g)。

计算结果表示到小数点后 1 位。

平行测定结果的绝对差值不大于 0.2%(质量分数),取其算术平均值作为测定结果。

A.5.2 氯化物(以 NaCl 计)的测定

A.5.2.1 试剂和材料

A.5.2.1.1 硝基苯。

A.5.2.1.2 活性炭:767 针型。

A.5.2.1.3 硝酸溶液:1+1。

A.5.2.1.4 硝酸银溶液:$c(AgNO_3)=0.1$ mol/L。

A.5.2.1.5 硫酸铁铵溶液:

配制方法:称取约 14 g 硫酸铁铵,溶于 100 mL 水中,过滤,加 10 mL 硝酸,贮存于棕色瓶中。

A.5.2.1.6 硫氰酸铵标准滴定溶液:$c(NH_4CNS)=0.1$ mol/L。

A.5.2.2 试样溶液的配制

称取约 2 g 试样(精确至 0.001 g),溶于 150 mL 水中,加约 15 g 活性炭,温和煮沸 2 min~3 min,加入 1 mL 硝酸溶液,不断摇动均匀,放置 30 min(其间不时摇动)。用干燥滤纸过滤。如滤液有色,则再加 5 g 活性炭,不时摇动下放置 1 h,再用干燥滤纸过滤(如仍有色则更换活性炭重复操作至滤液无色)。每次以 10 mL 水洗活性炭三次,滤液合并移至 200 mL 容量瓶中,加水至刻度,摇匀。用于氯化物和硫酸盐含量的测定。

A.5.2.3 分析步骤

移取 50 mL 试样溶液,置于 500 mL 锥形瓶中,加 2 mL 硝酸溶液和 10 mL 硝酸银溶液(氯化物含量多时要多加些)及 5 mL 硝基苯,剧烈摇动至氯化银凝结,加入 1 mL 硫酸铁铵溶液,用硫氰酸铵标准滴定溶液滴定过量的硝酸银到终点并保持 1 min,同时以同样方法做一空白试验。

A.5.2.4 结果计算

氯化物(以 NaCl 计)以质量分数 w_3 计,数值用%表示,按公式(A.4)计算:

$$w_3 = \frac{c_1[(V_1 - V_0)/1\ 000]M_1}{m_4(50/200)} \times 100\% \quad \cdots\cdots (A.4)$$

式中：

c_1 ——硫氰酸铵标准滴定溶液浓度的准确数值，单位为摩尔每升(mol/L)；

V_1 ——滴定空白溶液耗用硫氰酸铵标准滴定溶液体积的准确数值，单位为毫升(mL)；

V_0 ——滴定试样溶液耗用硫氰酸铵标准滴定溶液体积的准确数值，单位为毫升(mL)；

M_1 ——氯化钠的摩尔质量数值，单位为克每摩尔(g/mol)[M_1(NaCl)=58.4]；

m_4 ——试样的质量数值，单位为克(g)。

计算结果表示到小数点后1位。

平行测定结果的绝对差值不大于0.3%(质量分数)，取其算术平均值作为测定结果。

A.5.3 硫酸盐(以 Na_2SO_4 计)的测定

A.5.3.1 试剂和材料

A.5.3.1.1 氢氧化钠溶液：2 g/L。

A.5.3.1.2 盐酸溶液：1+1 999。

A.5.3.1.3 氯化钡标准滴定溶液：$c(1/2BaCl_2)$=0.1 mol/L(配制方法见附录C)。

A.5.3.1.4 酚酞指示液：10 g/L。

A.5.3.1.5 玫瑰红酸钠指示液：称取0.1 g玫瑰红酸钠，溶于10 mL水中(现用现配)。

A.5.3.2 分析步骤

吸取25 mL试样溶液A.5.2.2，置于250 mL锥形瓶中，加1滴酚酞指示液，滴加氢氧化钠溶液呈粉红色，然后滴加盐酸溶液至粉红色消失，摇匀，溶解后在不断摇动下用氯化钡标准滴定溶液滴定，以玫瑰红酸钠指示液作外指示液，反应液与指示液在滤纸上交汇处呈现玫瑰红色斑点并保持2 min不褪色为终点。

同时以相同方法做空白试验。

A.5.3.3 结果计算

硫酸盐(以 Na_2SO_4 计)以质量分数 w_4 计，数值用%表示，按公式(A.5)计算：

$$w_4 = \frac{c_2[(V_2 - V_3)/1\ 000](M_2/2)}{m_4(25/200)} \times 100\% \quad \cdots\cdots (A.5)$$

式中：

c_2 ——氯化钡标准滴定溶液浓度的准确数值，单位为摩尔每升(mol/L)；

V_2 ——滴定试样溶液耗用氯化钡标准滴定溶液体积的准确数值，单位为毫升(mL)；

V_3 ——滴定空白溶液耗用氯化钡标准滴定溶液体积的准确数值，单位为毫升(mL)；

M_2 ——硫酸钠的摩尔质量的数值，单位为克每摩尔(g/mol)[$M_2(Na_2SO_4)$=142.04]；

m_4 ——试样质量的数值，单位为克(g)。

计算结果表示到小数点后1位。

平行测定结果的绝对差值不大于0.2%(质量分数)，取其算术平均值作为测定结果。

A.5.4 干燥减量、氯化物(以NaCl计)及硫酸盐(以 Na_2SO_4 计)总量的结果计算

干燥减量和氯化物(以NaCl计)及硫酸盐(以 Na_2SO_4 计)的总量以质量分数 w_5 计，数值用%表示，按公式(A.6)计算：

$$w_5 = w_2 + w_3 + w_4 \qquad \cdots\cdots(A.6)$$

式中：

w_2——干燥减量的质量分数，%；

w_3——氯化物(以 NaCl 计)的质量分数，%；

w_4——硫酸盐(以 Na_2SO_4 计)的质量分数，%。

计算结果表示到小数点后 1 位。

A.6 水不溶物的测定

A.6.1 仪器和设备

A.6.1.1 玻璃砂芯坩埚：G_4，孔径为 5 μm～15 μm。

A.6.1.2 恒温干燥箱。

A.6.2 分析步骤

称取约 3 g 试样(精确至 0.001 g)，置于 500 mL 烧杯中，加入 50 ℃～60 ℃热水 250 mL，使之溶解，用已在 135 ℃±2 ℃烘至恒量的 G_4 玻璃砂芯坩埚过滤，并用热水充分洗涤到洗涤液无色，在 135 ℃±2 ℃恒温干燥箱中烘至恒量。

A.6.3 结果计算

水不溶物以质量分数 w_6 计，数值用%表示，按公式(A.7)计算：

$$w_6 = \frac{m_6}{m_5} \times 100\% \qquad \cdots\cdots(A.7)$$

式中：

m_6——干燥后水不溶物质量的数值，单位为克(g)；

m_5——试样质量的数值，单位为克(g)。

计算结果表示到小数点后 2 位。

平行测定结果的绝对差值不大于 0.05%(质量分数)，取其算术平均值作为测定结果。

A.7 副染料的测定

A.7.1 方法提要

用纸上层析法将各组分分离，洗脱，然后用分光光度法定量。

A.7.2 试剂和材料

A.7.2.1 无水乙醇。

A.7.2.2 正丁醇。

A.7.2.3 丙酮溶液：1+1。

A.7.2.4 氨水溶液：4+96。

A.7.2.5 碳酸氢钠溶液：4 g/L。

A.7.3 仪器和设备

A.7.3.1 分光光度计。

A.7.3.2　层析滤纸：1 号中速，150 mm×250 mm。

A.7.3.3　层析缸：φ240 mm×300 mm。

A.7.3.4　微量进样器：100 μL。

A.7.3.5　纳氏比色管：50 mL 有玻璃磨口塞。

A.7.3.6　玻璃砂芯漏斗：G_3，孔径为 15 μm～40 μm。

A.7.3.7　50 mm 比色皿。

A.7.3.8　10 mm 比色皿。

A.7.4　分析步骤

A.7.4.1　纸上层析条件

A.7.4.1.1　展开剂：正丁醇＋无水乙醇＋氨水溶液＝6＋2＋3。

A.7.4.1.2　温度：20 ℃～25 ℃。

A.7.4.2　试样溶液的配制

称取 1 g 试样（精确至 0.001 g），置于烧杯中，加入适量水溶解后，移入 100 mL 容量瓶中，稀释至刻度，摇匀备用，该试样溶液浓度为 1%。

A.7.4.3　试样洗出液的制备

用微量进样器吸取 100 μL 试样溶液，均匀地注在离滤纸底边 25 mm 的一条基线上，成一直线，使其在滤纸上的宽度不超过 5 mm，长度为 130 mm，用吹风机吹干。将滤纸放入装有配制好展开剂的层析缸中展开，滤纸底边浸入展开剂液面下 10 mm，待展开剂前沿线上升至 150 mm 或直到副染料分离满意为止。取出层析滤纸，用冷风吹干。

用空白滤纸在相同条件下展开，该空白滤纸应与上述步骤展开用的滤纸在同一张滤纸上相邻部位裁取。

副染料纸上层析示意图见图 A.2。

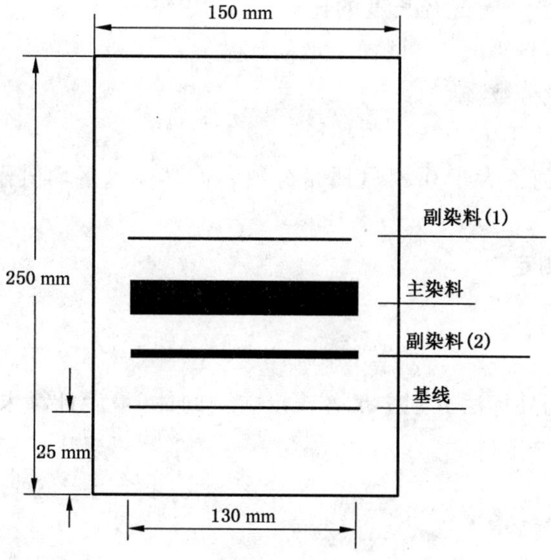

图 A.2　副染料纸上层析示意图

将展开后取得的各个副染料和在空白滤纸上与各副染料相对应的部位的滤纸按同样大小剪下，并剪成约 5 mm×15 mm 的细条，分别置于 50 mL 的纳氏比色管中，准确加入 5 mL 丙酮溶液，摇动 3 min～5 min 后，再准确加入 20 mL 碳酸氢钠溶液，充分摇动，然后分别在玻璃砂芯漏斗中自然过滤，滤液应澄清，无悬浮物。加水至刻度。分别得到各副染料和空白的洗出液。在各自副染料的最大吸收波长处，用 50 mm 比色皿，将各副染料的试料洗出液在分光光度计上测定各自的吸光度值。

在分光光度计上测定吸光度时，以丙酮溶液 5 mL 和碳酸氢钠溶液 20 mL 的混合液作参比液。

A.7.4.4 标准溶液的配制

吸取 2 mL 1%的试样溶液移入 100 mL 容量瓶中，稀释至刻度，摇匀，该溶液为标准溶液。

A.7.4.5 标准洗出液的制备

用微量进样器吸取标准溶液 100 μL，均匀地点注在离滤纸底边 25 mm 的一条基线上，用吹风机吹干。将滤纸放入装有预先配制好展开剂的层析缸中展开，待展开剂前沿线上升 40 mm，取出用冷风吹干，剪下所有展开的染料部分，按 A.7.4.3 的方法进行操作，得到标准洗出液。用 10 mm 比色皿在最大吸收波长处测吸光度值。

同时用空白滤纸在相同条件下展开，按相同方法操作后测洗出液的吸光度值。

A.7.4.6 结果计算

副染料的质量分数以 w_7 计，数值用%表示，按公式(A.8)计算：

$$w_7 = \frac{[(A_1 - b_1) + \cdots\cdots + (A_n - b_n)]/5}{(A_S - b_S)(100/2)} \times S \qquad \text{(A.8)}$$

式中：

$A_1 \cdots A_n$ ——各副染料洗出液以 50 mm 光径长度测定出的吸光度值；

$b_1 \cdots b_n$ ——各副染料对照空白洗出液以 50 mm 光径长度测定出的吸光度值；

A_S ——标准洗出液以 10 mm 光径长度测定出的吸光度值；

b_S ——标准对照空白洗出液以 10 mm 光径长度测定出的吸光度值；

5 ——折算成以 10 mm 光径长度的比数；

100/2 ——标准洗出液折算成 1%试样溶液的比数；

S ——试样的质量分数%。

计算结果表示到小数点后 1 位。

平行测定结果的绝对差值不大于 0.2%(质量分数)，取其算术平均值作为测定结果。

A.8 未反应中间体总和的测定

A.8.1 方法提要

采用反相液相色谱法，用外标法分别定量各未反应中间体，最后计算未反应中间体的总和。

A.8.2 试剂和材料

A.8.2.1 甲醇。

A.8.2.2 乙酸铵溶液：2 g/L。

A.8.2.3 1-乙酰氨基-8-萘酚-3,6-二磺酸。

A.8.2.4 1-氨基-8-萘酚-3,6-二磺酸。

A.8.2.5 对氨基苯磺酸。

A.8.3 仪器和设备

A.8.3.1 液相色谱仪:输液泵-流量范围 0.1 mL/min~5.0 mL/min,在此范围内其流量稳定性为 ±1% 检测器—多波长紫外分光检测器或具有同等性能的紫外分光检测器。

A.8.3.2 色谱柱:长为 150 mm,内径为 4.6 mm 的不锈钢柱,固定相为 C_{18}、粒径 5 μm。

A.8.3.3 色谱工作站或积分仪。

A.8.3.4 超声波发生器。

A.8.3.5 定量环:20 μL。

A.8.4 色谱分析条件

A.8.4.1 检测波长:254 nm。

A.8.4.2 柱温:40 ℃。

A.8.4.3 流动相:A,乙酸铵溶液;B,甲醇;

浓度梯度:50 min 线性浓度梯度从 A(100)比 B(0)至 A(0)比 B(100)。

A.8.4.4 流量:1 mL/min。

A.8.4.5 进样量:20 μL。

可根据仪器不同,选择最佳分析条件,流动相应摇匀后用超声波发生器进行脱气。

A.8.5 试样溶液的配制

称取约 0.01 g 新红试样(精确至 0.000 1 g),加乙酸铵溶液溶解并定容至 100 mL。

A.8.6 标准溶液的配制

称取约 0.01 g(精确至 0.000 1 g)置于真空干燥器中干燥 24 h 后的 1-乙酰氨基-8-萘酚-3,6-二磺酸,用乙酸铵溶液溶解并定容至 100 mL。再吸取此溶液 10 mL,用乙酸铵溶液定容至 100 mL,以此作为标准溶液 A。

称取约 0.01 g(精确至 0.000 1 g)置于真空干燥器中干燥 24 h 后的 1-氨基-8-萘酚-3,6-二磺酸,用乙酸铵溶液溶解并定容至 100 mL。再吸取此溶液 10 mL,用乙酸铵溶液定容至 100 mL,以此作为标准溶液 B。

称取约 0.01 g(精确至 0.000 1 g)置于真空干燥器中干燥 24 h 后的对氨基苯磺酸,用乙酸铵溶液溶解并定容至 100 mL。再吸取此溶液 10 mL,用乙酸铵溶液定容至 100 mL,以此作为标准溶液 C。

然后分别吸取 10.0 mL、5.0 mL、2.0 mL、1.0 mL 上述标准溶液 A、标准溶液 B 和标准溶液 C,分别用乙酸铵溶液定容至 100 mL,配制成 A 系列标准溶液、B 系列标准溶液和 C 系列标准溶液。

A.8.7 分析步骤

在 A.8.4 规定的色谱分析条件下,分别用微量注射器吸取试样溶液及系列标准溶液注入并充满定量环进行色谱检测,待最后一个组分流出完毕,进行结果处理。测定各系列标准溶液物质的峰面积,分别绘制成标准曲线 A、B、C。测定试样溶液中 1-乙酰氨基-8-萘酚-3,6-二磺酸、1-氨基-8-萘酚-3,6-二磺酸和对氨基苯磺酸的峰面积,根据各标准曲线计算各未反应中间体的含量。色谱图见附录 D。

A.8.8 结果计算

未反应中间体的总和以质量分数 w_{11} 计,数值用%表示,按公式(A.9)计算:

$$w_{11} = w_8 + w_9 + w_{10} \quad \cdots\cdots\cdots\cdots (A.9)$$

式中：

w_8——1-乙酰氨基-8-萘酚-3,6-二磺酸的质量分数,%;

w_9——1-氨基-8-萘酚-3,6-二磺酸的质量分数,%;

w_{10}——对氨基苯磺酸的质量分数,%。

A.9 未磺化芳族伯胺(以苯胺计)的测定

A.9.1 方法提要

以乙酸乙酯萃取出试样中未磺化芳族伯胺成分,将萃取液和苯胺标准溶液分别经重氮化和偶合后再测定各自生成染料的吸光度予以比较与判别。

A.9.2 试剂和材料

A.9.2.1 乙酸乙酯。

A.9.2.2 盐酸溶液:1+10。

A.9.2.3 盐酸溶液:1+3。

A.9.2.4 溴化钾溶液:500 g/L。

A.9.2.5 碳酸钠溶液:200 g/L。

A.9.2.6 氢氧化钠溶液:40 g/L。

A.9.2.7 氢氧化钠溶液:4 g/L。

A.9.2.8 R盐溶液:20 g/L。

A.9.2.9 亚硝酸钠溶液:3.52 g/L。

A.9.2.10 苯胺标准溶液:0.100 0 g/L。

配制:用小烧杯称取 0.500 0 g 新蒸馏的苯胺,移至 500 mL 容量瓶中,以 150 mL 盐酸溶液(1+3)分三次洗涤烧杯,并入 500 mL 容量瓶中,水稀释至刻度。移取 25 mL 该溶液至 250 mL 容量瓶中,用水定容。此溶液苯胺浓度为 0.100 0 g/L。

A.9.3 仪器和设备

A.9.3.1 可见分光光度计。

A.9.3.2 40 mm 比色皿。

A.9.4 试样萃取溶液的配制

称取约 2 g 试样(精确至 0.001 g)于 150 mL 烧杯中,加 100 mL 水和 5 mL 氢氧化钠溶液(40 g/L),在温水浴中搅拌至完全溶解。将此溶液移入分液漏斗中,少量水洗净烧杯。每次以 50 mL 乙酸乙酯萃取两次,合并萃取液。以 10 mL 氢氧化钠溶液(4 g/L)洗涤乙酸乙酯萃取液,除去痕量色素。再每次以 10 mL 盐酸溶液(1+3)对乙酸乙酯溶液反萃取三次。合并该盐酸萃取液,然后用水稀释至 100 mL,摇匀。此溶液为试样萃取溶液。

A.9.5 标准对照溶液的制备

吸取 2.0 mL 苯胺标准溶液至 100 mL 容量瓶中,用盐酸溶液(1+10)稀释至刻度,混合均匀,此为标准对照溶液。

A.9.6 重氮化偶合溶液的制备

吸取 10 mL 试样萃取溶液,移入透明洁净的试管中,浸入盛有冰水混合物的烧杯内冷却 10 min。

在试管中加入 1 mL 溴化钾溶液及 0.5 mL 亚硝酸钠溶液，稍用力摇匀后仍置于冰水浴中冷却 10 min，进行重氮化反应。另取一个 25 mL 容量瓶移入 1 mL R 盐溶液和 10 mL 碳酸钠溶液。将上述试管中的苯胺重氮盐溶液加至盛有 R 盐溶液的容量瓶中，边加边略振摇容量瓶，用少许水洗净试管一并加入容量瓶中，再以水定容。充分混匀后在暗处放置 15 min。该溶液为试样重氮化偶合溶液。

标准重氮化偶合溶液的制备，吸取 10 mL 标准对照溶液，其余步骤同上。

A.9.7 参比溶液的制备

吸取 10 mL 盐酸溶液(1+10)、10 mL 碳酸钠溶液及 1 mL R 盐溶液于 25 mL 容量瓶中，水定容。该溶液为参比溶液。

A.9.8 分析步骤

将标准重氮化偶合溶液和试样重氮化偶合溶液分别置于比色皿中，在 510 nm 波长处用分光光度计测定各自的吸光度 A_a、A_b，以 A.9.7 作参比溶液。

A.9.9 结果判定

$A_b \leqslant A_a$ 即为合格。

A.10 砷的测定

A.10.1 方法提要

新红经湿法消解后，制备成试样溶液，用原子吸收光谱法测定砷的含量。

A.10.2 试剂和材料

A.10.2.1 硝酸。
A.10.2.2 硫酸溶液：1+1。
A.10.2.3 硝酸-高氯酸混合溶液：3+1。
A.10.2.4 砷(As)标准溶液：按 GB/T 602 配制和标定后，再根据使用的仪器要求进行稀释配制成含砷相应浓度的三种标准溶液。
A.10.2.5 氢氧化钠溶液：1 g/L。
A.10.2.6 硼氢化钠溶液：8 g/L(溶剂为 1 g/L 的氢氧化钠溶液)。
A.10.2.7 盐酸溶液：1+10。
A.10.2.8 碘化钾溶液：200 g/L。

A.10.3 仪器和设备

A.10.3.1 原子吸收光谱仪。
A.10.3.2 仪器参考条件：砷空心阴极灯分析线波长：193.7 nm；狭缝：0.5 nm～1.0 nm；灯电流：6 mA～10 mA。
A.10.3.3 载气流速：氩气 250 mL/min。
A.10.3.4 原子化器温度：900 ℃。

A.10.4 分析步骤

A.10.4.1 试样消解

称取约 1 g 试样(精确至 0.001 g)，置于 250 mL 三角或圆底烧瓶中，加 10 mL～15 mL 硝酸和

2 mL硫酸溶液，摇匀后用小火加热赶出二氧化氮气体，溶液变成棕色，停止加热，放冷后加入5 mL硝酸-高氯酸混合液，强火加热至溶液透明或微黄色，如仍不透明，放冷后再补加5 mL硝酸-高氯酸混合溶液，继续加热至溶液透明无色或微黄色并产生白烟（避免烧干出现炭化现象），停止加热，放冷后加5 mL水加热至沸，除去残余的硝酸-高氯酸（必要时可再加水煮沸一次），继续加热至发生白烟，保持10 min，放冷后移入100 mL容量瓶（若溶液出现浑浊、沉淀或机械杂质应过滤），用盐酸溶液稀释定容。

同时按相同的方法制备空白溶液。

A.10.4.2 测定

量取25 mL消解后的试样溶液至50 mL容量瓶，加入5 mL碘化钾溶液，用盐酸溶液稀释定容，摇匀，静置15 min。

同时按相同的方法以空白溶液制备空白测试液。

开启仪器，待仪器及砷空心阴极灯充分预热，基线稳定后，用硼氢化钠溶液作氢化物还原发生剂，以标准空白、标准溶液、样品空白测试液及样品溶液的顺序，按电脑指令分别进样。测试结束后电脑自动生成工作曲线及扣除样品空白后的样品溶液中砷浓度，输入样品信息（如：名称、称样量、稀释体积等），即自动换算出试样中砷含量。

平行测定结果的绝对差值不大于0.1 mg/kg，取其算术平均值作为测定结果。

A.11 铅的测定

A.11.1 方法提要

新红经湿法消解后，制备成试样溶液，用原子吸收光谱法测定铅的含量。

A.11.2 试剂和材料

A.11.2.1 铅（Pb）标准溶液：按GB/T 602配制和标定后，再根据使用的仪器要求进行稀释配制成含铅相应浓度的三种标准溶液。

A.11.2.2 氢氧化钠溶液：1 g/L。

A.11.2.3 硼氢化钠溶液：8 g/L（溶剂为1 g/L的氢氧化钠溶液）。

A.11.2.4 盐酸溶液：1+10。

A.11.3 仪器和设备

A.11.3.1 原子吸收光谱仪

A.11.3.2 仪器参考条件：GB 5009.12—2010中第三法火焰原子吸收光谱法。

A.11.4 分析步骤

可直接采用A.10.4.1的试样溶液和空白溶液。

按GB 5009.12—2010中第三法火焰原子吸收光谱法操作。

平行测定结果的绝对差值不大于1.0 mg/kg，取其算术平均值作为测定结果。

附　录　B
（规范性附录）
三氯化钛标准滴定溶液的配制方法

B.1　试剂和材料

B.1.1　盐酸。

B.1.2　硫酸亚铁铵。

B.1.3　硫氰酸铵溶液：200 g/L。

B.1.4　硫酸溶液：1＋1。

B.1.5　三氯化钛溶液。

B.1.6　重铬酸钾标准滴定溶液：$c(1/6K_2Cr_2O_7)=0.1$ mol/L，按 GB/T 602 配制与标定。

B.2　仪器和设备

见图 A.1。

B.3　三氯化钛标准滴定溶液的配制

B.3.1　配制

取 100 mL 三氯化钛溶液和 75 mL 盐酸，置于 1 000 mL 棕色容量瓶中，用煮沸并已冷却到室温的水稀释至刻度，摇匀，立即倒入避光的下口瓶中，在二氧化碳气体保护下贮藏。

B.3.2　标定

称取约 3 g（精确至 0.000 1 g）硫酸亚铁铵，置于 500 mL 锥形瓶中，在二氧化碳气流保护作用下，加入 50 mL 煮沸并已冷却的水，使其溶解，再加入 25 mL 硫酸溶液，继续在液面下通入二氧化碳气流作保护，迅速准确加入 35 mL 重铬酸钾标准滴定溶液，然后用需标定的三氯化钛标准溶液滴定到接近计算量终点，立即加入 25 mL 硫氰酸铵溶液，并继续用需标定的三氯化钛标准溶液滴定到红色转变为绿色，即为终点。整个滴定过程应在二氧化碳气流保护下操作，同时做一空白试验。

B.3.3　结果计算

三氯化钛标准溶液的浓度以 $c(TiCl_3)$ 计，单位以摩尔每升（mol/L）表示，按公式（B.1）计算：

$$c(TiCl_3)=\frac{cV_1}{V_2-V_3} \qquad \cdots\cdots (B.1)$$

式中：

c ——重铬酸钾标准滴定溶液浓度的准确数值，单位为摩尔每升（mol/L）；

V_1——重铬酸钾标准滴定溶液体积的准确数值，单位为毫升（mL）；

V_2——滴定被重铬酸钾标准滴定溶液氧化成高钛所消耗的三氯化钛标准滴定溶液体积的准确数值，单位为毫升（mL）；

V_3——滴定空白消耗三氯化钛标准滴定溶液体积的准确数值，单位为毫升（mL）。

计算结果表示到小数点后 4 位。

以上标定需在分析样品时即时标定。

附 录 C
（规范性附录）
氯化钡标准溶液的配制方法

C.1 试剂和材料

C.1.1 氯化钡。
C.1.2 氨水。
C.1.3 硫酸标准滴定溶液：$c(1/2H_2SO_4)=0.1$ mol/L，按 GB/T 601 配制与标定。
C.1.4 玫瑰红酸钠指示液（称取 0.1 g 玫瑰红酸钠，溶于 10 mL 水中，现用现配）。
C.1.5 广范 pH 试纸。

C.2 配制

称取 12.25 g 氯化钡，溶于 500 mL 水，移入 1 000 mL 容量瓶中，稀释至刻度，摇匀。

C.3 标定方法

吸取 20 mL 硫酸标准滴定溶液，置于 250 mL 锥形瓶中，加 50 mL 水，并用氨水中和到广范 pH 试纸为 8，然后用氯化钡标准滴定溶液滴定，以玫瑰红酸钠指示液作外指示液，反应液与指示液在滤纸上交汇处呈现玫瑰红色斑点且保持 2 min 不褪色为终点。

C.4 结果计算

氯化钡标准滴定溶液浓度以 $c(1/2BaCl_2)$ 计，单位以摩尔每升(mol/L)表示，按公式(C.1)计算：

$$c\left(\frac{1}{2}BaCl_2\right)=\frac{c_1V_4}{V_5} \qquad \cdots\cdots\cdots\cdots(C.1)$$

式中：
c_1 ——硫酸标准滴定溶液浓度的准确数值，单位为摩尔每升(mol/L)；
V_4 ——硫酸标准滴定溶液体积的准确数值，单位为毫升(mL)；
V_5 ——消耗氯化钡标准滴定溶液体积的准确数值，单位为毫升(mL)。
计算结果表示到小数点后 4 位。

附 录 D
（资料性附录）
新红液相色谱图和各组分保留时间

D.1 新红液相色谱示意图见图D.1。

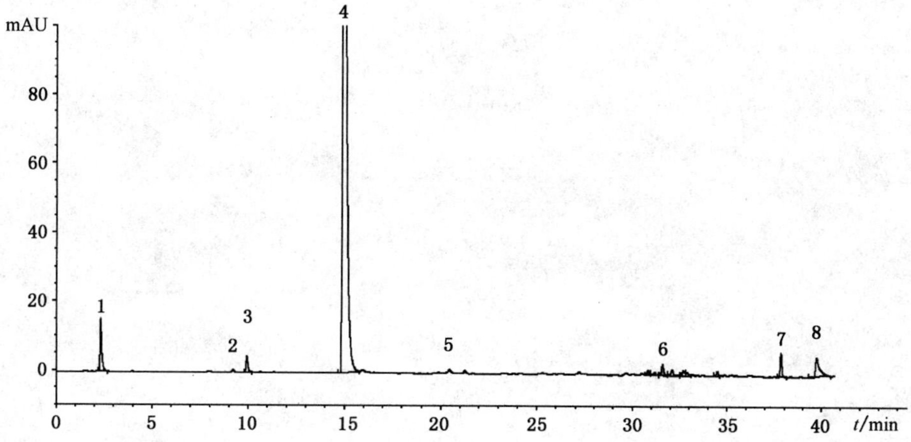

1——1-氨基-8-萘酚-3,6-二磺酸；
2——1-乙酰氨基-8-萘酚-3,6-二磺酸；
3——对氨基苯磺酸钠；
4——新红；
5——未知物；
6——未知物；
7——未知物；
8——未知物。

图D.1 新红液相色谱示意图

D.2 新红各组分保留时间见表D.1。

表D.1 新红各组分保留时间

峰号	组分名称	保留时间/min
1	1-氨基-8-萘酚-3,6-二磺酸	2.19
2	1-乙酰氨基-8-萘酚-3,6-二磺酸	9.20
3	对氨基苯磺酸钠	9.95
4	新红	15.32
注：不同仪器、不同分离柱、甚至不同时间进样各组分的保留时间均会有所不同，但各组分的洗脱顺序是不变的。		

中华人民共和国国家标准

GB 14888.2—2010

食品安全国家标准
食品添加剂 新红铝色淀

2010-12-21 发布 2011-02-21 实施

中华人民共和国卫生部 发布

前　言

本标准代替 GB 14888.2—1994《食品添加剂　新红铝色淀》。

本标准与 GB 14888.2—1994 相比，主要变化如下：

——增加了安全提示；

——修改了鉴别试验方法；

——含量指标由以色酸计修改为以钠盐计；

——分光光度比色法平行测定的允许差由 2%修改为 1.0%；

——取消了水溶性氯化物及硫酸盐（以 Na 盐计）指标和检测方法；

——砷（As）的检测方法由化学限量法修改为原子吸收法；

——取消了重金属（以 Pb 计）的质量规格；

——增加了铅（Pb）指标和检测方法；

——钡（以 Ba 计）的检测方法修改为硫酸钡沉淀限量比色法。

本标准的附录 A 和附录 B 为规范性附录。

本标准所代替标准的历次版本发布情况为：

——GB 14888.2—1994。

食品安全国家标准
食品添加剂 新红铝色淀

1 范围

本标准适用于由食品添加剂新红和氢氧化铝作用生成的添加剂新红铝色淀。

2 规范性引用文件

本标准中引用的文件对于本标准的应用是必不可少的。凡是注日期的引用文件，仅所注日期的版本适用于本标准。凡是不注日期的引用文件，其最新版本(包括所有的修改单)适用于本标准。

3 分子式和相对分子质量

3.1 分子式

$C_{18}H_{12}O_{11}N_3Na_3S_3$

3.2 相对分子质量

611.47(按2007年国际相对原子质量)

4 技术要求

4.1 感官要求:应符合表1的规定。

表1 感官要求

项　目	要　求	检验方法
色泽	红色	自然光线下采用目视评定
组织状态	粉末	

4.2 理化指标:应符合表2的规定。

表2 理化指标

项　目		指　标	检验方法
新红(以钠盐计),w/%	≥	10.0	附录A中A.4
干燥减量,w/%	≤	30.0	附录A中A.5
盐酸和氨水中不溶物,w/%	≤	0.5	附录A中A.6

表 2(续)

项　　目		指　　标	检验方法
副染料,w/%	≤	1.5	附录 A 中 A.7
砷(As)/(mg/kg)	≤	3.0	附录 A 中 A.8
铅(Pb)/(mg/kg)	≤	10.0	附录 A 中 A.9
钡(Ba),w/%	≤	0.05	附录 A 中 A.10

附 录 A
（规范性附录）
检 验 方 法

A.1 安全提示

本标准试验方法中使用的部分试剂具有毒性或腐蚀性，按相关规定操作，操作时需小心谨慎。若溅到皮肤上应立即用水冲洗，严重者应立即治疗。在使用挥发性酸时，要在通风橱中进行。

A.2 一般规定

本标准所用试剂和水，在没有注明其他要求时，均指分析纯试剂和 GB/T 6682—2008 规定的三级水。试验中所需标准溶液、杂质标准溶液、制剂及制品在没有注明其他规定时，均按 GB/T 601、GB/T 602、GB/T 603 规定配制和标定。

A.3 鉴别试验

A.3.1 试剂和材料

A.3.1.1 硫酸。

A.3.1.2 硫酸溶液：1＋20。

A.3.1.3 盐酸溶液：1＋3。

A.3.1.4 氢氧化钠溶液：90 g/L。

A.3.1.5 乙酸铵溶液：1.5 g/L。

A.3.1.6 活性炭。

A.3.2 仪器和设备

A.3.2.1 分光光度计。

A.3.2.2 比色皿：10 mm。

A.3.3 鉴别方法

应满足如下条件：

A.3.3.1 称取试样约 0.1 g(精确至 0.001 g)，加 5 mL 硫酸，在 50 ℃～60 ℃水浴中不时地摇动，加热约 5 min 时，溶液呈暗紫红色。冷却后，取上层澄清液 2 滴～3 滴，加 5 mL 水，溶液呈红色。

A.3.3.2 称取试样约 0.1 g(精确至 0.001 g)，加 5 mL 硫酸溶液，充分摇匀后，加乙酸铵溶液配至 100 mL，溶液不澄清时进行离心分离。然后取此液 1 mL～10 mL，加乙酸铵溶液配至 100 mL，使测定的吸光度值在 0.3～0.7 范围内，此溶液的最大吸收波长为 525 nm±2 nm。

A.3.3.3 称取试样约 0.1 g(精确至 0.001 g)，加入 10 mL 盐酸溶液，在水浴中加热，使大部分溶解。加 0.5 g 活性炭，充分摇匀后过滤。取无色滤液，加氢氧化钠溶液中和后，呈现铝盐反应。

A.4 新红铝色淀的测定

A.4.1 三氯化钛滴定法(仲裁法)

A.4.1.1 方法提要

在酸性介质中,新红铝色淀溶解转成色素,其偶氮基被三氯化钛还原分解,按三氯化钛标准滴定溶液的消耗量,计算其含量。

A.4.1.2 试剂和材料

A.4.1.2.1 酒石酸氢钠。

A.4.1.2.2 三氯化钛标准滴定溶液:$c(TiCl_3)=0.1$ mol/L(现用现配,配制方法见附录B)。

A.4.1.2.3 钢瓶装二氧化碳。

A.4.1.3 仪器和设备

三氯化钛滴定法的装置图见图A.1。

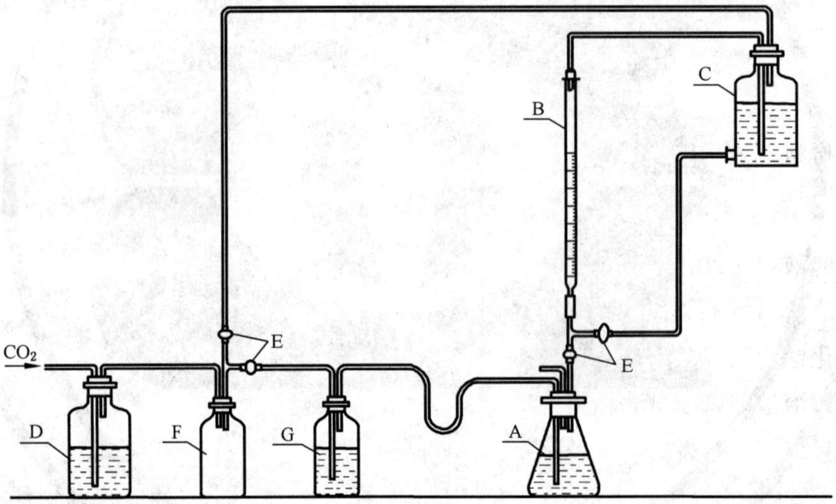

A——锥形瓶(500 mL);
B——棕色滴定管(50 mL);
C——包黑纸的下口玻璃瓶(2 000 mL);
D——装有100 g/L碳酸铵溶液和100 g/L硫酸亚铁溶液等量混合液的容器(5 000 mL);
E——活塞;
F——空瓶;
G——装有水的洗气瓶。

图 A.1 三氯化钛滴定法的装置图

A.4.1.4 分析步骤

称取约1.0 g试样(精确至0.000 1 g),置于500 mL锥形瓶中,加入30 g酒石酸氢钠和200 mL沸水,剧烈振荡溶解后,按图A.1装好仪器,在液面下通入二氧化碳的同时,用三氯化钛标准滴定溶液滴定使其固有颜色消失为终点。

A.4.1.5 结果计算

新红铝色淀(以钠盐计)以质量分数 w_1 计，数值用%表示，按公式(A.1)计算：

$$w_1=\frac{c(V/1\,000)(M/4)}{m_1}\times 100\% \qquad \cdots\cdots(A.1)$$

式中：

c ——三氯化钛标准滴定溶液浓度的准确数值，单位为摩尔每升(mol/L)；

V ——滴定试样耗用的三氯化钛标准滴定溶液体积的准确数值，单位为毫升(mL)；

M ——新红铝色淀的摩尔质量数值，单位为克每摩尔(g/mol)[$M(C_{18}H_{12}O_{11}N_3Na_3S_3)=611.47$]；

m_1——试样的质量数值，单位为克(g)。

计算结果表示到小数点后1位。

平行测定结果的绝对差值不大于1.0%(质量分数)，取其算术平均值作为测定结果。

A.4.2 分光光度比色法

A.4.2.1 方法提要

将试样与已知含量的新红标准品分别在水介质或水中溶解，用乙酸铵溶液稀释定容后，在最大吸收波长处，分别测其吸光度值，然后计算其含量。

A.4.2.2 试剂和材料

A.4.2.2.1 酒石酸氢钠。

A.4.2.2.2 乙酸铵溶液：1.5 g/L。

A.4.2.2.3 新红标准品：≥85.0%(质量分数，按A.4.1测定)。

A.4.2.3 仪器和设备

A.4.2.3.1 分光光度计。

A.4.2.3.2 比色皿：10 mm。

A.4.2.4 新红标样溶液的配制

称取约0.1 g新红标准品(精确到0.000 1 g)，溶于适量水中，移入1 000 mL容量瓶中，加水稀释至刻度，摇匀。吸取10 mL，移入500 mL容量瓶中，加乙酸铵溶液稀释至刻度，摇匀，备用。

A.4.2.5 新红铝色淀试样溶液的配制

称取约0.5 g试样(精确至0.000 1 g)，加入20 mL水和2 g酒石酸氢钠，加热至80 ℃～90 ℃，溶解后移入1 000 mL容量瓶中，加水稀释至刻度，摇匀。吸取10 mL移入500 mL容量瓶中，再加乙酸铵溶液稀释至刻度，摇匀。

A.4.2.6 分析步骤

将新红标样溶液和新红铝色淀试样溶液分别置于10 mm比色皿中，同在最大吸收波长处用分光光度计测定各自的吸光度值，用乙酸铵溶液作参比液。

A.4.2.7 结果计算

新红铝色淀以质量分数 w_1 计，数值用%表示，按公式(A.2)计算：

$$w_1 = \frac{Am_0}{A_0 m} \times w_0 \qquad \cdots\cdots (A.2)$$

式中：

A ——新红铝色淀试样溶液的吸光度值；

m_0——新红标准品质量的数值，单位为克(g)；

w_0——新红标准品的质量分数，%；

A_0——新红标样溶液的吸光度值；

m ——试样质量的数值，单位为克(g)。

计算结果表示到小数点后1位。

平行测定结果的绝对差值不大于1.0%(质量分数)，取其算术平均值作为测定结果。

A.5 干燥减量的测定

A.5.1 分析步骤

称取约2 g试样(精确至0.001 g)，置于已在135 ℃±2 ℃恒温干燥箱中恒量的称量瓶中，在135 ℃±2 ℃恒温干燥箱中烘至恒量。

A.5.2 结果计算

干燥减量的质量分数以w_2计，数值用%表示，按公式(A.3)计算：

$$w_2 = \frac{m_2 - m_3}{m_2} \times 100\% \qquad \cdots\cdots (A.3)$$

式中：

m_2——试样干燥前质量的数值，单位为克(g)；

m_3——试样干燥至恒量的质量数值，单位为克(g)。

计算结果表示到小数点后1位。

平行测定结果的绝对差值不大于0.2%(质量分数)，取其算术平均值作为测定结果。

A.6 盐酸和氨水中不溶物的测定

A.6.1 试剂和材料

A.6.1.1 盐酸。

A.6.1.2 盐酸溶液：3+7。

A.6.1.3 氨水溶液：4+96。

A.6.1.4 硝酸银溶液：$c(AgNO_3)=0.1$ mol/L。

A.6.2 仪器和设备

A.6.2.1 玻璃砂芯坩埚：G4，孔径为5 μm～15 μm。

A.6.2.2 恒温干燥箱。

A.6.3 分析步骤

称取约2 g试样(精确至0.001 g)，置于600 mL烧杯中，加20 mL水和20 mL盐酸，充分搅拌后加入300 mL热水，搅匀，盖上表面皿，在70 ℃～80 ℃水浴中加热30 min，冷却，用已在135 ℃±2 ℃烘至恒量的G4玻璃砂芯坩埚过滤，用约30 mL水将烧杯中的不溶物冲洗到G4玻璃砂芯坩埚中，至洗液无色后，先用 100 mL 氨水溶液洗涤，后用 10 mL 盐酸溶液洗涤，再用水洗涤至洗涤液用硝酸银溶液检验无白色沉淀，然后在 135 ℃±2 ℃恒温干燥箱中烘至恒量。

A.6.4 结果计算

盐酸和氨水中不溶物以质量分数 w_6 计，数值用%表示，按公式(A.4)计算：

$$w_3 = \frac{m_4}{m_5} \times 100\% \qquad \cdots\cdots(A.4)$$

式中：

m_4——干燥后水不溶物质量的数值，单位为克(g)；

m_5——试样质量的数值，单位为克(g)。

计算结果表示到小数点后 2 位。

A.6.5 允许差

两次平行测定结果的绝对差值不大于 0.10%(质量分数)，取其算术平均值作为测定结果。

A.7 副染料的测定

A.7.1 方法提要

用纸上层析法将各组分分离，洗脱，然后用分光光度法定量。

A.7.2 试剂和材料

A.7.2.1 无水乙醇。

A.7.2.2 正丁醇。

A.7.2.3 酒石酸氢钠。

A.7.2.4 丙酮溶液：1+1。

A.7.2.5 氨水溶液：4+96。

A.7.2.6 碳酸氢钠溶液：4 g/L。

A.7.3 仪器和设备

A.7.3.1 分光光度计。

A.7.3.2 层析滤纸：1 号中速，150 mm×250 mm。

A.7.3.3 层析缸：ϕ240 mm×300 mm。

A.7.3.4 微量进样器：100 μL。

A.7.3.5 纳氏比色管：50 mL 有玻璃磨口塞。

A.7.3.6 玻璃砂芯漏斗：G3，孔径为 15 μm～40 μm。

A.7.3.7 50 mm 比色皿。

A.7.3.8 10 mm 比色皿。

A.7.4 分析步骤

A.7.4.1 纸上层析条件

A.7.4.1.1 展开剂：正丁醇+无水乙醇+氨水溶液=6+2+3。

A.7.4.1.2 温度：20 ℃～25 ℃。

A.7.4.2 试样溶液的配制

称取约 2 g 试样(精确至 0.001 g)。置于烧杯中,加入适量水和 5 g 酒石酸氢钠,加热溶解后,移入 100 mL 容量瓶中,稀释至刻度,摇匀备用,该试样溶液浓度为 2%。

A.7.4.3 试样洗出液的制备

用微量进样器吸取 100 μL 试样溶液,均匀地注在离滤纸底边 25 mm 的一条基线上,成一直线,使其在滤纸上的宽度不超过 5 mm,长度为 130 mm,用吹风机吹干。将滤纸放入装有预先配制好展开剂的层析缸中展开,滤纸底边浸入展开剂液面下 10 mm,待展开剂前沿线上升至 150 mm 或直到副染料分离满意为止。取出层析滤纸,用冷风吹干。

用空白滤纸在相同条件下展开,该空白滤纸应与上述步骤展开用的滤纸在同一张滤纸上相邻部位裁取。

副染料纸上层析示意图见图 A.2。

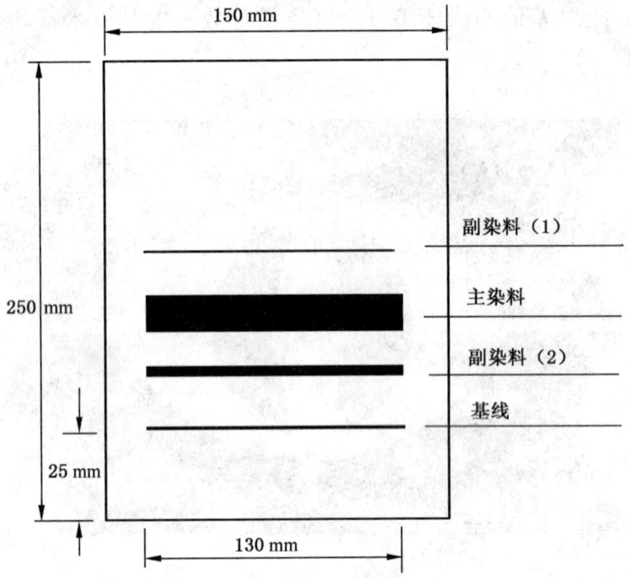

图 A.2 副染料纸上层析示意图

将展开后取得的各个副染料和在空白滤纸上与各副染料相对应的部位的滤纸按同样大小剪下,并剪成约 5 mm×15 mm 的细条,分别置于 50 mL 的纳氏比色管中,准确加入丙酮溶液 5 mL,摇动 3 min～5 min 后,再准确加入 20 mL 碳酸氢钠溶液,充分摇动,然后分别在 G3 玻璃砂芯漏斗中自然过滤,滤液应澄清,无悬浮物。分别得到各副染料和空白的洗出液。在各自副染料的最大吸收波长处,用50 mm 比色皿,将各副染料的洗出液在分光光度计上测定各自的吸光度值。

在分光光度计上测定吸光度值时,以 5 mL 丙酮溶液和 20 mL 碳酸氢钠溶液的混合液作参比液。

A.7.4.4 标准溶液的配制

吸取 6 mL 2%的试样溶液移入 100 mL 容量瓶中,稀释至刻度,摇匀,该溶液为标准溶液。

A.7.4.5 标准洗出液的制备

用微量进样器吸取 100 μL 标准溶液,均匀地点注在离滤纸底边 25 mm 的一条基线上,用吹风机吹干。将滤纸放入装有预先配制好展开剂的层析缸中展开,待展开剂前沿线上升 40 mm,取出用冷风吹干,剪下所有展开的染料部分,按 A.7.4.3 方法进行萃取操作,得到标准洗出液。用 10 mm 比色皿在最大吸收波长处测吸光度值。

同时用空白滤纸在相同条件下展开，按相同方法操作后测洗出液的吸光度值。

A.7.4.6 结果计算

副染料以质量分数 w_4 计，数值用%表示，按公式(A.5)计算：

$$w_4=\frac{[(A_1-b_1)+\cdots\cdots+(A_n-b_n)]/5}{(A_S-b_S)(100/6)}\times S \qquad\cdots\cdots(A.5)$$

式中：

$A_1 \cdots A_n$ ——各副染料洗出液以 50 mm 光径长度测定出的吸光度值；

$b_1 \cdots b_n$ ——各副染料对照空白洗出液以 50 mm 光径长度测定出的吸光度值；

A_S —— 标准洗出液以 10 mm 光径长度测定出的吸光度值；

b_S —— 标准对照空白洗出液以 10 mm 光径长度测定出的吸光度值；

5 ——折算成以 10 mm 光径长度的比数；

100/6 ——标准洗出液折算成 2%试样溶液的比数；

S ——试样的质量分数，%。

计算结果表示到小数点后 1 位。

平行测定结果的绝对差值不大于 0.2%(质量分数)，取其算术平均值作为测定结果。

A.8 砷的测定

A.8.1 方法提要

新红铝色淀经湿法消解后，制备成试样溶液，用原子吸收光谱法测定砷的含量。

A.8.2 试剂和材料

A.8.2.1 硝酸。

A.8.2.2 硫酸溶液：1+1。

A.8.2.3 硝酸-高氯酸混合溶液：3+1。

A.8.2.4 砷(As)标准溶液：按 GB/T 602 配制和标定后，再根据使用的仪器要求进行稀释配制成含砷相应浓度的三种标准溶液。

A.8.2.5 氢氧化钠溶液：1 g/L。

A.8.2.6 硼氢化钠溶液：8 g/L(溶剂为 1 g/L 的氢氧化钠溶液)。

A.8.2.7 盐酸溶液：1+10。

A.8.2.8 碘化钾溶液：200 g/L。

A.8.3 仪器和设备

A.8.3.1 原子吸收光谱仪。

A.8.3.2 仪器参考条件：砷空心阴极灯分析线波长：193.7 nm；狭缝：0.5 nm～1.0 nm；灯电流：6 mA～10 mA。

A.8.3.3 载气流速：氩气 250 mL/min。

A.8.3.4 原子化器温度：900 ℃。

A.8.4 分析步骤

A.8.4.1 试样消解

称取约 1 g 试样(精确至 0.001 g)，置于 250 mL 三角或圆底烧瓶中，加 10 mL～15 mL 硝酸和

2 mL 硫酸溶液，摇匀后用小火加热赶出二氧化氮气体，溶液变成棕色，停止加热，放冷后加入 5 mL 硝酸-高氯酸混合液，强火加热至溶液至透明无色或微黄色，如仍不透明，放冷后再补加 5 mL 硝酸-高氯酸混合溶液，继续加热至溶液澄清无色或微黄色并产生白烟(避免烧干出现炭化现象)，停止加热，放冷后加水 5 mL 加热至沸，除去残余的硝酸-高氯酸(必要时可再加水煮沸一次)，继续加热至发生白烟，保持 10 min，放冷后移入 100 mL 容量瓶(若溶液出现浑浊、沉淀或机械杂质应过滤)，用盐酸溶液稀释定容。

同时按相同的方法制备空白溶液。

A.8.4.2 **测定**

量取 25 mL 消解后的试样溶液至 50 mL 容量瓶，加入 5 mL 碘化钾溶液，用盐酸溶液稀释定容，摇匀，静置 15 min。

同时按相同的方法以空白溶液制备空白测试液。

开启仪器，待仪器及砷空心阴极灯充分预热，基线稳定后，用硼氢化钠溶液作氢化物还原发生剂，以标准空白、标准溶液、样品空白测试液及样品溶液的顺序，按电脑指令分别进样。测试结束后电脑自动生成工作曲线及扣除样品空白后的样品溶液中砷浓度，输入样品信息(如：名称、称样量、稀释体积等)，即自动换算出试样中砷的含量。

平行测定结果的绝对差值不大于0.1 mg/kg，取其算术平均值作为测定结果。

A.9 铅的测定

A.9.1 方法提要

新红铝色淀经湿法消解后，制备成试样溶液，用原子吸收光谱法测定铅的含量。

A.9.2 试剂和材料

A.9.2.1 铅(Pb)标准溶液：按 GB/T 602 配制和标定后，再根据使用的仪器要求进行稀释配制成含铅相应浓度的三种标准溶液。

A.9.2.2 氢氧化钠溶液：1 g/L。

A.9.2.3 硼氢化钠溶液：8 g/L(溶剂为 1 g/L 的氢氧化钠溶液)。

A.9.2.4 盐酸溶液：1+10。

A.9.3 仪器和设备

A.9.3.1 原子吸收光谱仪。

A.9.3.2 仪器参考条件：GB 5009.12—2010 中第三法火焰原子吸收光谱法。

A.9.4 分析步骤

可直接采用 A.8.4.1 的试样溶液和空白溶液。

按 GB 5009.12—2010 中第三法火焰原子吸收光谱法操作。

平行测定结果的绝对差值不大于 1.0 mg/kg，取其算术平均值作为测定结果。

A.10 钡的测定

A.10.1 方法提要

新红铝色淀经干法消解处理后，制备成试样溶液，与钡标准溶液比较，作硫酸钡的浊度限量试验。

A.10.2 试剂和材料

A.10.2.1 硫酸。

A.10.2.2 无水碳酸钠。

A.10.2.3 盐酸溶液:1+3。

A.10.2.4 硫酸溶液:1+19。

A.10.2.5 钡标准溶液:氯化钡($BaCl_2 \cdot 2H_2O$)177.9 mg,用水溶解并定容至1 000 mL。每1 mL含有0.1 mg钡(0.1 mg/mL)。

A.10.3 试样溶液的配制

称取约1 g试样(精确至0.001 g),放于白金坩埚或陶瓷坩埚中,加少量硫酸润湿,徐徐加热,尽量在低温下使之几乎全部炭化。放冷后,再加1 mL硫酸,慢慢加热至几乎不发生硫酸蒸气为止,放入高温炉中,于800 ℃灼烧3 h。冷却后,加无水碳酸钠5 g充分混合,加盖后放入高温炉中,于860 ℃灼烧15 min,冷却后,加水20 mL,在水浴上加热,将熔融物溶解。冷却后过滤,用水洗涤滤纸上的残渣至洗涤液不呈硫酸盐反应为止。然后将纸上的残渣与滤纸一起移至烧杯中,加30 mL盐酸溶液,充分摇匀后煮沸。冷却后过滤,用10 mL水洗涤滤纸上的残渣。将洗涤液与滤液合并,在水浴上蒸发至干。加5 mL水使残渣溶解,必要时过滤,加0.25 mL盐酸溶液,充分混合后,再加水配至25 mL作为试样溶液。

A.10.4 标准比浊溶液的配制

取5 mL钡标准溶液,加0.25 mL盐酸溶液。加水至25 mL,作为标准比浊溶液。

A.10.5 分析步骤

在试样溶液和标准比浊溶液中各加1 mL硫酸溶液混合,放置10 min时,试样溶液混浊程度不得超过标准比浊溶液,即为合格。

附 录 B
（规范性附录）
三氯化钛标准滴定溶液的配制方法

B.1 试剂和材料

B.1.1 盐酸。

B.1.2 硫酸亚铁铵。

B.1.3 硫氰酸铵溶液：200 g/L。

B.1.4 硫酸溶液：1+1。

B.1.5 三氯化钛溶液。

B.1.6 重铬酸钾标准滴定溶液：$c(1/6K_2Cr_2O_7)=0.1$ mol/L，按 GB/T 602 配制与标定。

B.2 仪器和设备

见图 A.1。

B.3 三氯化钛标准滴定溶液的配制

B.3.1 配制

取 100 mL 三氯化钛溶液和 75 mL 盐酸，置于 1 000 mL 棕色容量瓶中，用煮沸并已冷却到室温的水稀释至刻度，摇匀，立即倒入避光的下口瓶中，在二氧化碳气体保护下贮藏。

B.3.2 标定

称取约 3 g（精确至 0.000 1 g）硫酸亚铁铵，置于 500 mL 锥形瓶中，在二氧化碳气流保护作用下，加入 50 mL 煮沸并已冷却的水，使其溶解，再加入 25 mL 硫酸溶液，继续在液面下通入二氧化碳气流作保护，迅速准确加入 35 mL 重铬酸钾标准滴定溶液，然后用需标定的三氯化钛标准溶液滴定到接近计算量终点，立即加入 25 mL 硫氰酸铵溶液，并继续用需标定的三氯化钛标准溶液滴定到红色转变为绿色，即为终点。整个滴定过程应在二氧化碳气流保护下操作，同时做一空白试验。

B.3.3 结果计算

三氯化钛标准溶液的浓度以 $c(TiCl_3)$ 计，单位以摩尔每升（mol/L）表示，按公式（B.1）计算：

$$c(\mathrm{TiCl_3})=\frac{cV_1}{V_2-V_3} \qquad \cdots\cdots\cdots\cdots(\text{B.1})$$

式中：

c ——重铬酸钾标准滴定溶液浓度的准确数值，单位为摩尔每升（mol/L）；

V_1——重铬酸钾标准滴定溶液体积的准确数值，单位为毫升（mL）；

V_2——滴定被重铬酸钾标准滴定溶液氧化成高钛所用去的三氯化钛标准滴定溶液体积的准确数值，单位为毫升（mL）；

V_3——滴定空白用去三氯化钛标准滴定溶液体积的准确数值，单位为毫升(mL)。

计算结果表示到小数点后4位。

以上标定需在分析样品时即时标定。

ICS 25.100.30
J 41

中华人民共和国国家标准

GB/T 14895—2010
代替 GB/T 14895—1994

金属切削刀具术语　切齿刀具

Terms in metal cutting tools—Gear cutters

2010-11-10 发布　　2011-03-01 实施

中华人民共和国国家质量监督检验检疫总局
中国国家标准化管理委员会　发布

前　言

本标准代替 GB/T 14895—1994《金属切削刀具术语　切齿刀具》。

本标准与 GB/T 14895—1994 相比主要变化如下：

——修改了规范性引用文件；

——删除了词条编号规则，增加了条目编号；

——修改了词条的编号、术语、英文对应词和说明，改变了编写方法，增加了与结构参数有关的术语和定义，增加了与型式有关的术语和定义；

——增加了术语：高精度齿轮滚刀、小压力角滚刀、齿轮齿端倒角滚刀、蜗轮飞刀、双导程蜗轮滚刀、单头蜗轮滚刀、圆弧齿蜗轮滚刀、谐波齿轮插齿刀、圆柱齿轮铣刀、高速钢切齿刀具、超硬刀具材料切齿刀具、金属陶瓷切齿刀具、涂层切齿刀具；

——修改了术语首字汉语拼音索引和术语英文索引；

——图形顺序等做了一定的编辑性修改。

本标准由中国机械工业联合会提出。

本标准由全国刀具标准化技术委员会(SAC/TC 91)归口。

本标准主要起草单位：成都工具研究所。

本标准主要起草人：曾宇环、商宏谟、沈士昌。

本标准所代替标准的历次版本发布情况为：

——GB/T 14895—1994。

金属切削刀具术语　切齿刀具

1　范围

本标准规定了切齿刀具的术语、定义，同时列出了术语的英文对应词和索引。与切削有关的术语按照 GB/T 12204。

本标准适用于金属切削专业中正式出版发行的标准和书刊。

2　规范性引用文件

下列文件中的条款通过本标准的引用而成为本标准的条款。凡是注日期的引用文件，其随后所有的修改单(不包括勘误的内容)或修订版均不适用于本标准，然而，鼓励根据本标准达成协议的各方研究是否可使用这些文件的最新版本。凡是不注日期的引用文件，其最新版本适用于本标准。

GB/T 12204　金属切削　基本术语

3　条目编号

本标准术语的条目编号全部按系统划分，章条号直接作为条目编号，不作特别的规定。

4　与结构参数有关的术语和定义

4.1

切齿刀具　gear cutter

用于加工齿轮、链轮、花键等齿廓形状的刀具(除拉削刀具外)的统称。包括**滚刀**(4.34)、**插齿刀**(4.50)、**剃齿刀**(4.58)、**切齿铣刀**(4.71)、**梳齿刀**(4.72)、**锥齿轮刀具**(4.73)等。

4.2

齿顶　top

刀齿的顶部(见图 1)。

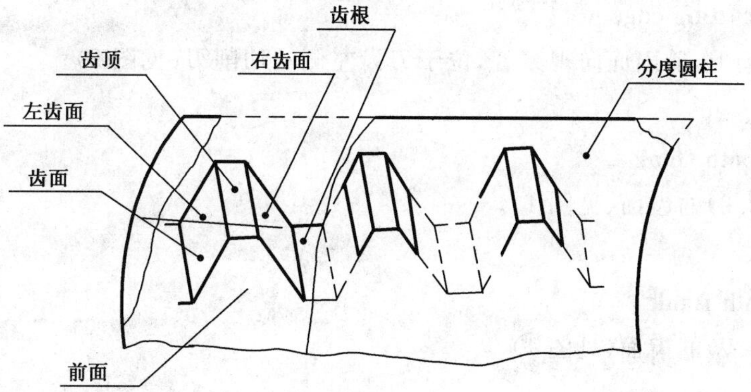

图 1

4.3

齿根　root

齿槽的底部(见图 1)。

4.4

齿侧面　tooth flank

与前面相交构成**左切削刃**(4.7)、**右切削刃**(4.6)的后面(见图1,图17)。

4.5

顶刃　top cutting edge

由**齿顶**(4.2)和前面构成的切削刃(见图2)。

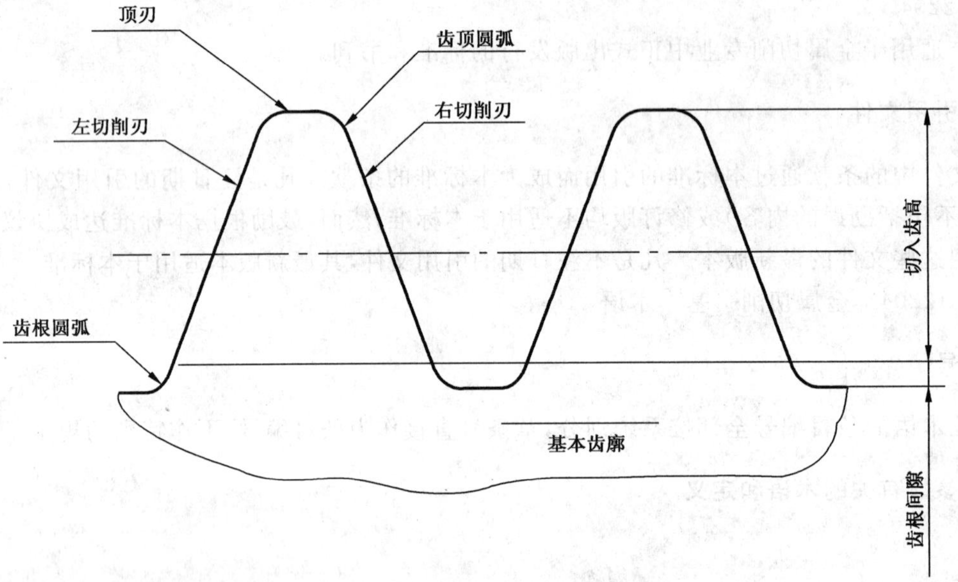

图2

4.6

右切削刃　right cutting edge

假设**齿顶**(4.2)朝上,前面面向观察者,位于刀齿右侧的切削刃(见图2)。

4.7

左切削刃　left cutting edge

假设**齿顶**(4.2)朝上,前面面向观察者,位于刀齿左侧的切削刃(见图2)。

4.8

右齿面　right tooth flank

包含**右切削刃**(4.6)的齿面(见图1)。

4.9

左齿面　left tooth flank

包含**左切削刃**(4.7)的齿面(见图1)。

4.10

齿顶倒角　tip chamfer

齿顶(4.2)和齿面相交的边缘处的倒角。

4.11

齿顶圆弧　tip radius

连接**齿顶**(4.2)和齿面的圆弧(见图2)。

4.12

全齿顶圆弧　full top radius

同时与左、右齿面相切，使**齿顶**(4.2)成为圆弧状的**齿顶圆弧**(4.11)(见图3)。

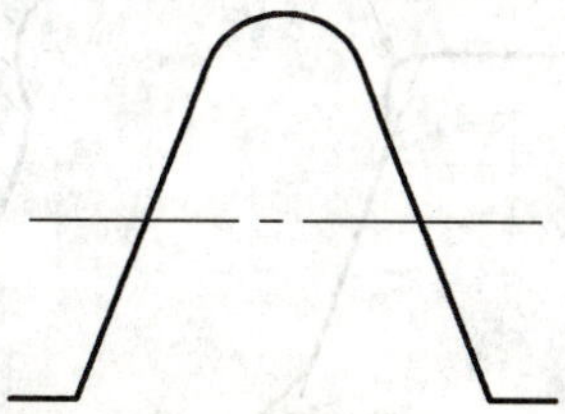

图 3

4.13

齿根圆弧　fillet radius

连接**齿根**(4.3)和齿面的圆弧。

4.14

切入齿高　cutting depth

刀齿从**齿顶**(4.2)起，相当于被加工齿轮全齿高的齿高部分(见图2)。

4.15

齿根间隙　root clearance

刀齿全齿高和切入齿高之差(见图2)。

4.16

基本齿廓　basic tooth profile

与工件齿槽相对应的齿廓(见图2)。

4.17

修形齿廓　modified tooth profile

基本齿廓经过微量修正的齿廓(见图4)。

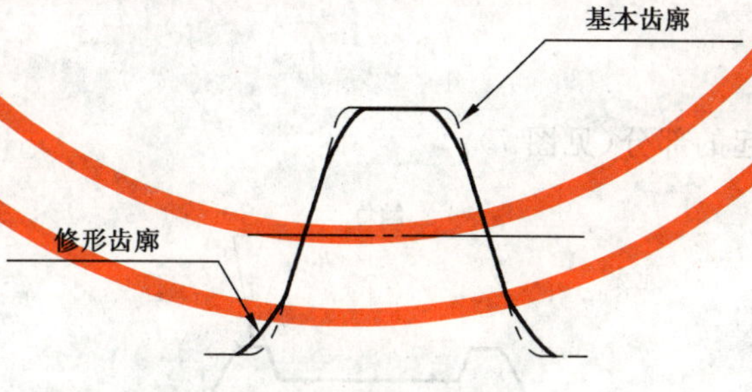

图 4

4.18

修缘齿廓　tooth profile with tip relief modification

为加工修缘齿轮，在刀齿**齿根**(4.3)附近微量凸出的修形齿廓。

4.19

半切顶齿廓　semi-topping tooth profile

为在切齿时，同时把齿轮外圆和齿面相交的边缘倒角，将刀齿齿根处作为起倒角作用的齿廓(见图5)。

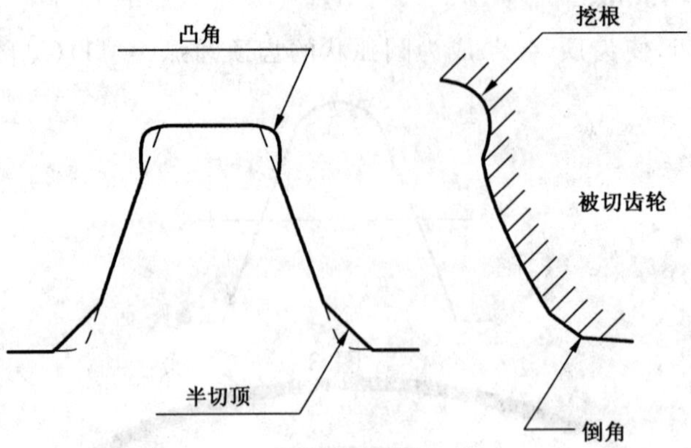

图 5

4.20

切顶齿廓　topping tooth profile

为在切齿时，齿轮外圆也同时被切削，使刀齿**齿根**(4.3)参加切削的齿廓(见图 6)。

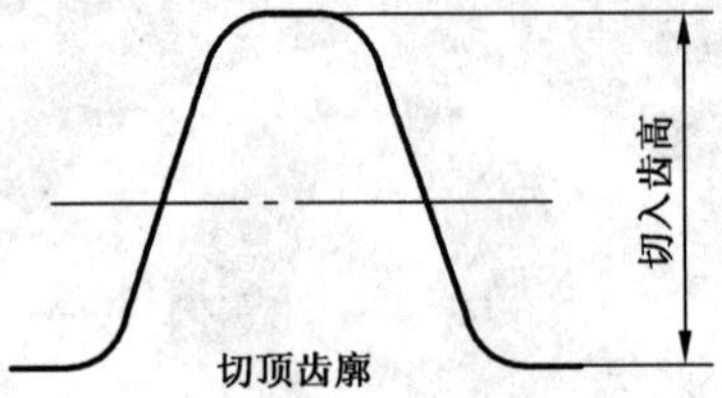

图 6

4.21

凸角　protuberance

为对齿轮进行挖根，在靠近刀齿**齿顶**(4.2)的齿面上凸起的部分(见图 5)。

4.22

触角　lug

在刀齿**齿顶**(4.2)上凸起的部分(见图 7)。

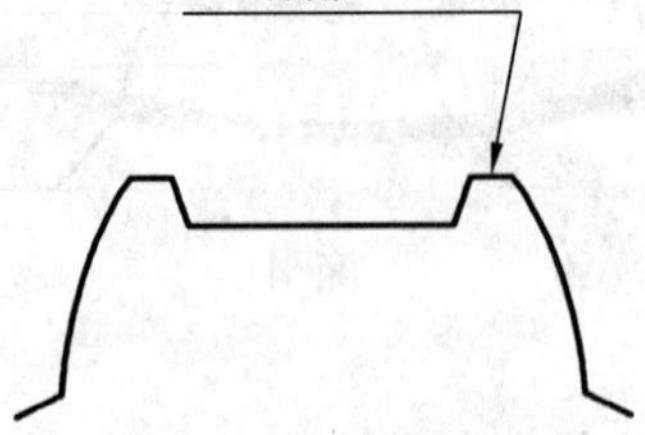

图 7

4.23

齿数　number of teeth

插齿刀(4.50)、**剃齿刀**(4.58)、**梳齿刀**(4.73)等刀齿的数量。

4.24

右旋　right hand

刀齿齿面螺旋线顺时针方向旋转，沿轴线方向离开观察者为右旋。

4.25

左旋 left hand

刀齿齿面螺旋线逆时针方向旋转,沿轴线方向离开观察者为左旋。

4.26

逆向切齿法 conventional hobbing;conventional cutting

在刀具和工件的接触处,**滚刀**(4.34)[或**切齿铣刀**(4.72)]的旋转方向和**滚刀**(4.34)[或**切齿铣刀**(4.72)]相对工件的进给方向相同的切齿方法,铣齿时也称逆铣。

4.27

顺向切齿法 climb hobbing;climb cutting

在刀具和工件的接触处,**滚刀**(4.34)[或**切齿铣刀**(4.72)]的旋转方向和**滚刀**(4.34)[或**切齿铣刀**(4.72)]相对工件的进给方向相反的切齿方法,铣齿时也称顺铣。

4.28

切削行程数 number of cutting strokes

在插齿机及刨齿机上切齿时,刀具在一分钟内的往复行程数。

4.29

前面偏位 rake offset

刀齿前面至平行于前面的径向线间的垂直距离(见图 8)。

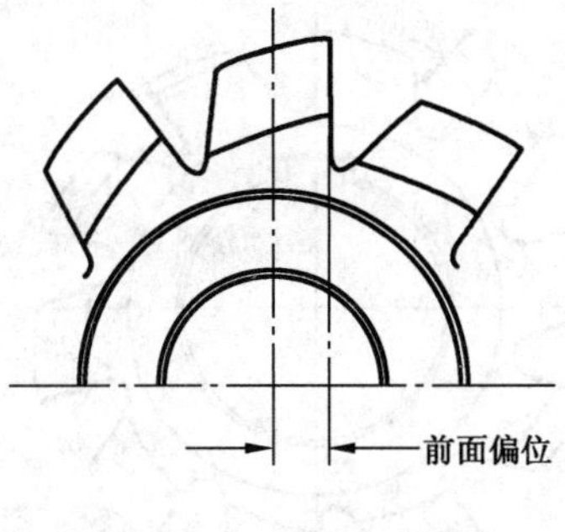

图 8

4.30

高速钢切齿刀具 high speed steel gear cutter

刀具材料采用高速钢的**切齿刀具**(4.1),有强韧性、工艺性及可加工性等方面优良的综合性能。

4.31

超硬刀具材料切齿刀具 hard tool material gear cutter

焊接或镶有 CBN(立方氮化硼)等的**切齿刀具**(4.1),广泛用于精加工、半精加工和粗加工。

4.32

金属陶瓷切齿刀具 cermet gear cutter

切削部分采用金属陶瓷的**切齿刀具**(4.1),该刀具降低被加工表面粗糙度,具有耐磨损性、耐热裂纹性等优点。

4.33

涂层切齿刀具 coated gear cutter

切削部分镀有涂层材料的**切齿刀具**(4.1),常用的涂层方法有 CVD(化学气相沉积法)和 PVD(物理气相沉积法)。

4.34

滚刀　hob

在蜗杆状的实体上具有容屑槽并形成前面和切削刃，刀齿经加工以形成后角的**切齿刀具**(4.1)。

4.35

产形螺旋面　generating helicoid

包容**滚刀**(4.34)切削刃的假想螺旋面，即**滚刀**(4.34)的全部切削刃均处于产形螺旋面上。

4.36

头数　number of threads;number of starts

滚刀(4.34)的螺旋线数。有单头、双头、三头等，双头以上称为多头。

4.37

铲齿　relief

在专用机床上加工**滚刀**(4.34)和**切齿铣刀**(4.72)刀齿的**齿顶**(4.2)和齿面，使刀齿获得后角。

4.38

铲齿量　cam rise

将**滚刀**(4.34)和**切齿铣刀**(4.72)**齿顶**(4.2)沿其螺旋方向延长到相邻的前面，相交线与外圆的距离(见图 9)。

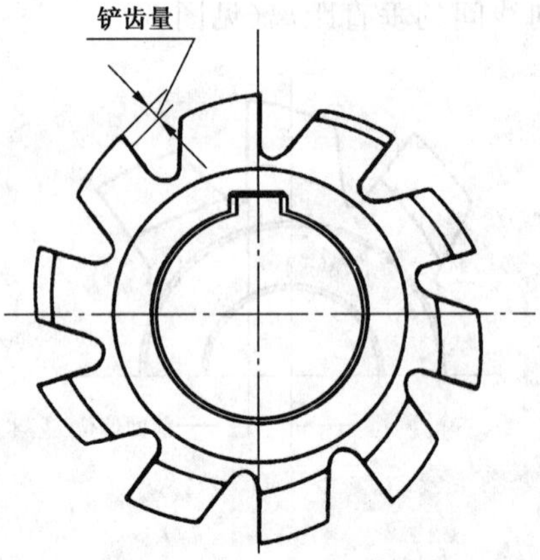

图 9

4.39

切削锥　starting portion of a hob

滚刀(4.34)外圆上的锥度部分(见图 10)。

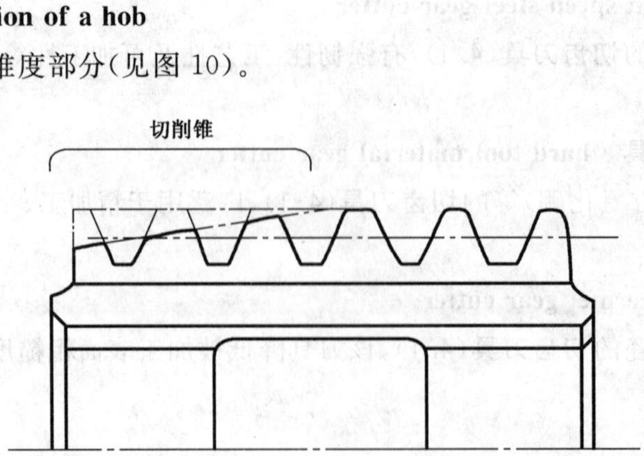

图 10

4.40

槽数　number of gashes

容屑槽的数量。

4.41

滚刀轴向移位　hob shift

为使刀齿都能参加切削，保证其均匀磨损，**滚刀**(4.34)沿轴线方向的位移。

4.42

容屑槽等分误差　adjacent gash spacing error

在分度圆附近的同一圆周上，**滚刀**(4.34)相邻前面的对应点上测得的圆周长度的实际值和理论值之差。

4.43

容屑槽等分累积误差　accumulative gash spacing error

在分度圆附近的同一圆周上，**滚刀**(4.34)任意两个前面的对应点上测得的圆周长度的实际值和理论值之差的最大绝对值。

4.44

前面径向性　straightness and radial alignment of cutting face

在垂直于**滚刀**(4.34)轴线的端平面内，沿刀齿前面测得的实际值和理论值之差。

4.45

容屑槽导程误差　gash lead error

在**滚刀**(4.34)的分度圆附近，与检查长度对应的容屑槽导程的实际值和理论值之差。

4.46

相邻切削刃的螺旋线误差　variation along tooth helix from tooth to tooth

沿着**滚刀**(4.34)分度圆柱附近的螺旋线，任意两个相邻切削刃实际值和理论值之差。

4.47

在 *n* 转内切削刃的螺旋线误差　variation along tooth helix in any *n* consecutive convolutions

沿着**滚刀**(4.34)分度圆柱附近的螺旋线，在 *n* 转内任意两个切削刃实际值和理论值之差。

4.48

相邻切削刃的啮合误差　variation along line of action from tooth to tooth

沿着啮合线方向，**滚刀**(4.34)相邻切削刃的实际值和理论值之差。

4.49

啮合误差　cumulative variation of involute helicoid over active length

沿着啮合线方向，测量**滚刀**(4.34)切削刃时，在啮合线全长范围内的最大误差。

4.50

插齿刀　gear shaper cutter; pinion type cutter

在齿轮状的实体上，以刀齿的前面和后面形成切削刃的**切齿刀具**(4.1)。

4.51

基本截面　basic section

插齿刀(4.50)变位系数为零的截面，该截面与**插齿刀**(4.50)轴线垂直。

4.52

凹面深度　depth of counter bore

过**插齿刀**(4.50)顶刃最高点且垂直于轴线的平面至内支承面的距离(见图 11)。

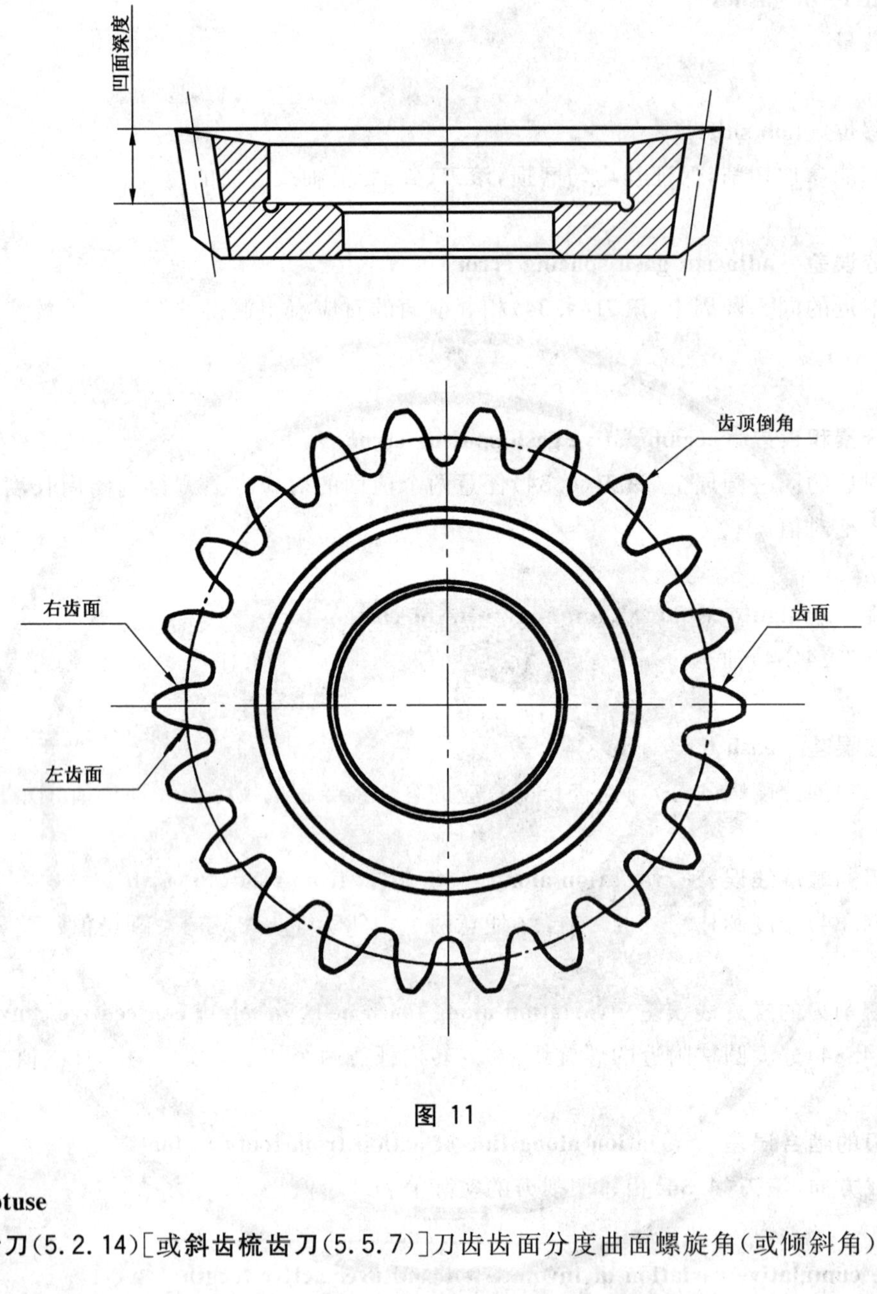

图 11

4.53

钝边　obtuse

斜齿插齿刀(5.2.14)[或**斜齿梳齿刀**(5.5.7)]刀齿齿面分度曲面螺旋角(或倾斜角)较小的一边。

4.54

锐边　acute

斜齿插齿刀(5.2.14)[或**斜齿梳齿刀**(5.5.7)]刀齿齿面分度曲面螺旋角(或倾斜角)较大的一边。

4.55

刃磨方式 1　sharpening-type 1

将**插齿刀**(4.50)前面刃磨成与其轴线同轴的圆锥面。主要用于刃磨**直齿插齿刀**(5.5.6)。

4.56

刃磨方式 2　sharpening-type 2

将斜齿插齿刀(或斜齿梳齿刀)的前面刃磨成和分度曲面上的螺旋线相垂直。主要用于刃磨加工斜齿轮的插齿刀(见图 12,图 13,图 14,图 15)。

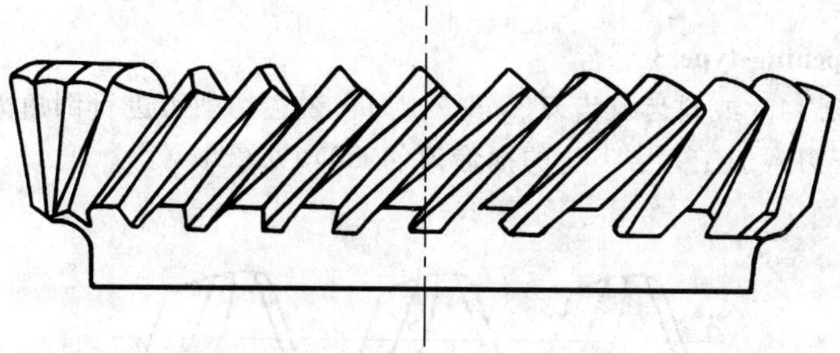

图 12

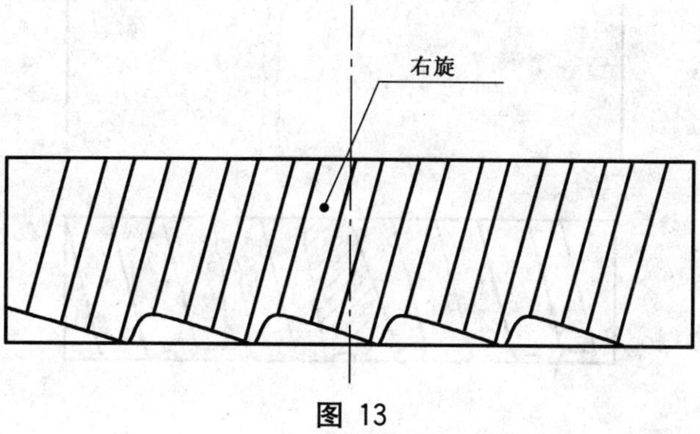

图 13

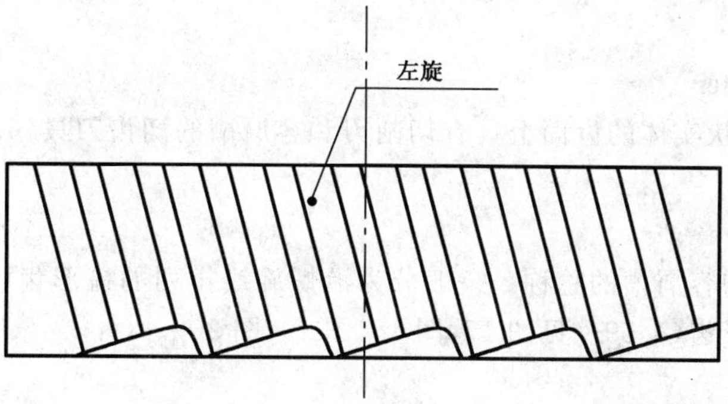

图 14

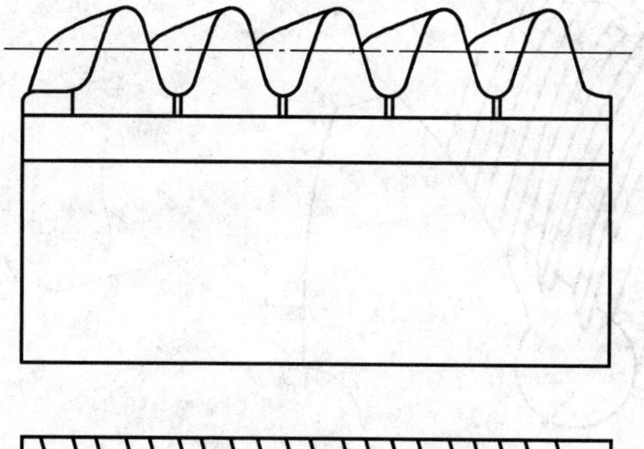

图 15

4.57

刃磨方式 3 sharpening-type 3

将**斜齿插齿刀**(5.2.14)[或**斜齿梳齿刀**(5.5.7)]刀齿锐边切削刃进行倒角刃磨，刀齿钝边切削刃附近磨出凹槽。主要用于刃磨加工人字齿轮的**插齿刀**(4.50)(见图 16)。

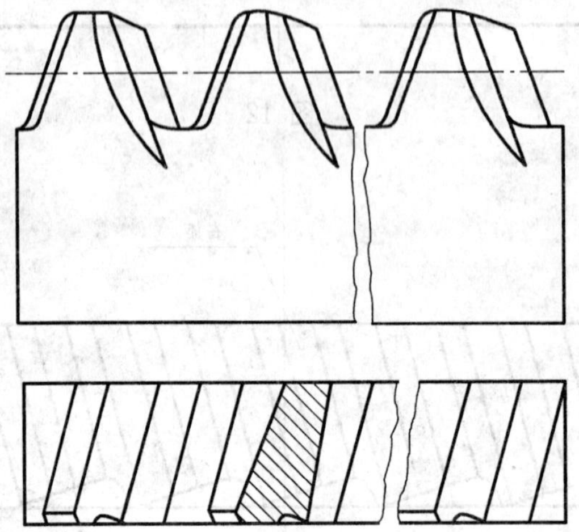

图 16

4.58

剃齿刀 shaving cutter

在齿轮、齿条或蜗杆状实体的齿面上具有切削刃和容屑槽的**切齿刀具**(4.1)。

4.59

梳形齿 serration

剃齿刀(4.58)刃带和容屑槽的总称。一般分为沿螺旋线排列的**梳形齿**(4.59)、交错排列的**梳形齿**(4.59)和环形排列的**梳形齿**(4.59)(见图 17，图 18，图 19，图 20)。

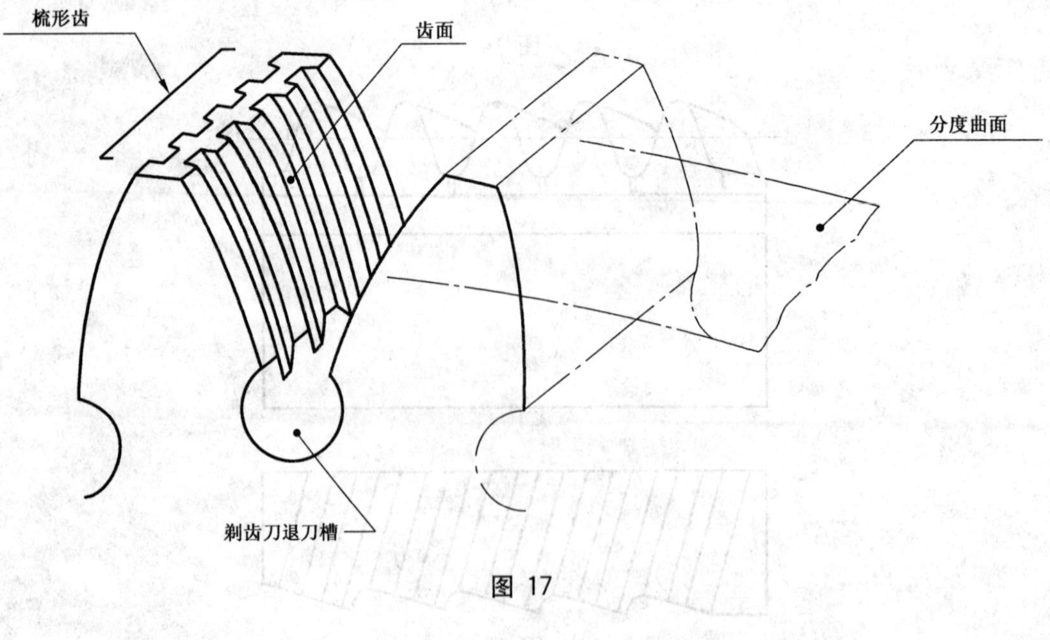

图 17

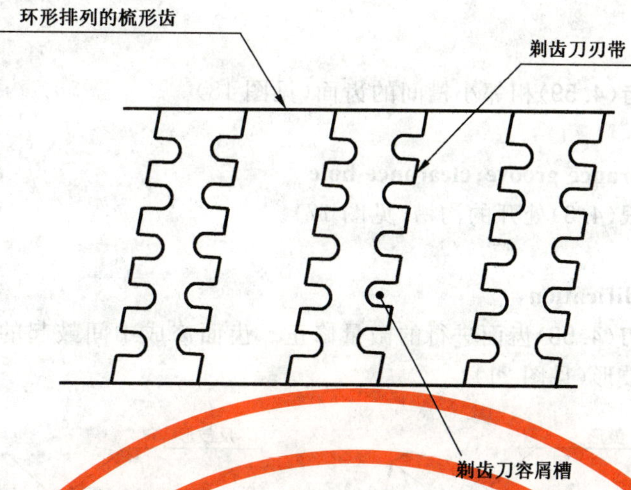

图 18

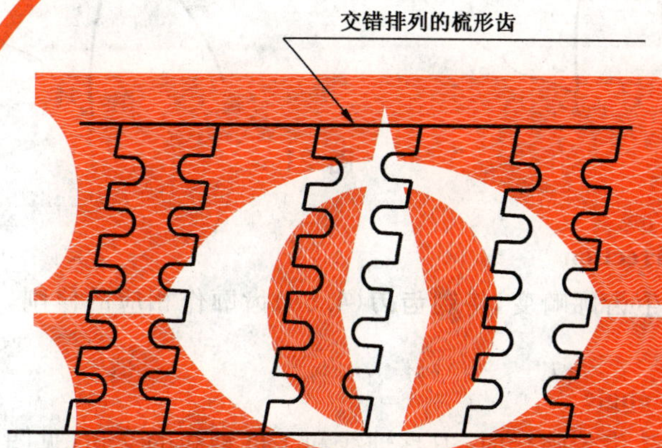

图 19

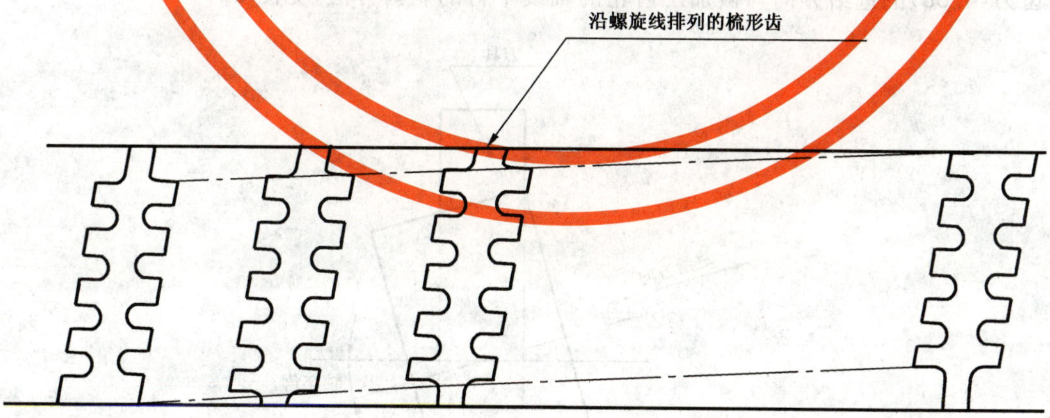

图 20

4.60

剃齿刀容屑槽　slot

在**剃齿刀**(4.58)**齿根**(4.3)到**齿顶**(4.2)的齿面上制成的沟槽。一般小槽分为两种型式，一是小槽的两个侧面都平行于**剃齿刀**(4.58)的端面；二是小槽的两个侧面都垂直于**剃齿刀**(4.58)的齿面。

4.61

剃齿刀刃带 land

剃齿刀(4.58)梳形齿(4.59)相邻小槽间的齿面(见图 18)。

4.62

剃齿刀退刀槽 clearance groove;clearance hole

在剃齿刀(4.58)齿根(4.3)处开的沟槽(见图 17)。

4.63

齿向修形 lead modification

沿齿线方向对剃齿刀(4.58)齿面进行的微量修正。齿面修成中间鼓起的形状称为鼓形;齿面修成中间凹入的形状称为反鼓形(见图 21)。

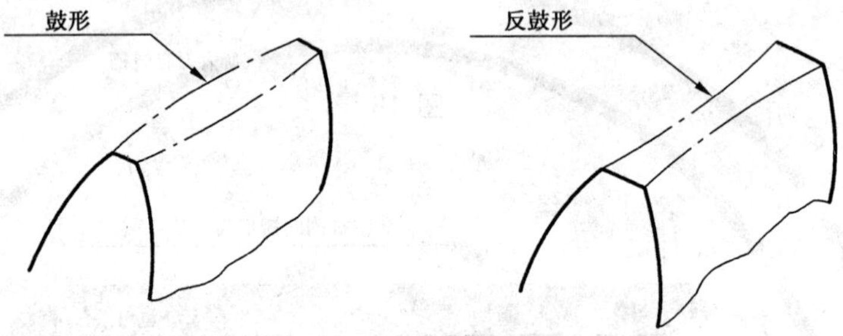

图 21

4.64

齿廓修正 profile correction

为防止齿轮剃削时产生齿廓畸变,将剃齿刀(4.58)齿廓作相应的修削,使齿廓形状偏离理论齿廓。

4.65

轴交角 crossed axes angle

剃齿刀(4.58)和被加工齿轮啮合时,刀具轴线和工件轴线的交角(见图 22,图 23,图 24)。

4.66

轴向剃齿 conventional shaving;axial traverse shaving

剃齿刀(4.58)的进给方向与被加工齿轮的轴线平行的剃齿方法(见图 22)。

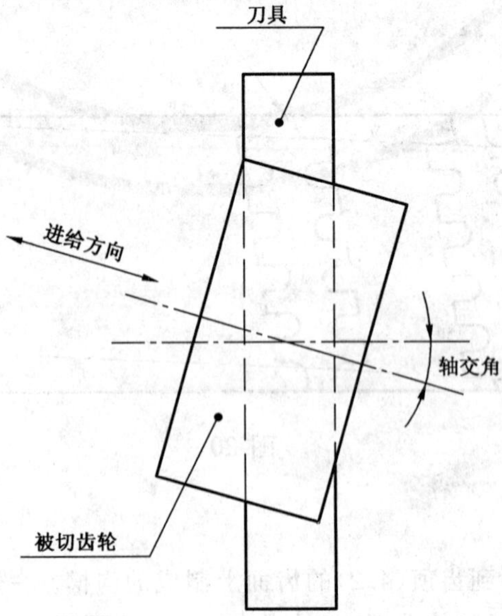

图 22

4.67

对角剃齿　diagonal shaving; angular traverse shaving

剃齿刀(4.58)的进给方向与被加工齿轮的轴线成一定角度的剃齿方法(见图 23)。

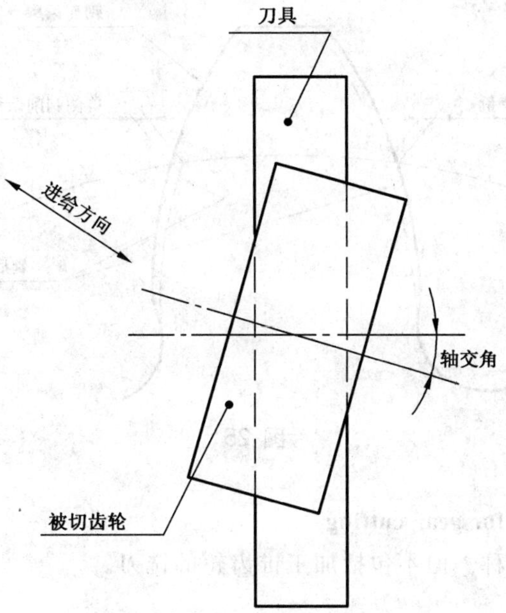

图 23

4.68

切向剃齿　under-pass shaving; right angle traverse shaving

剃齿刀(4.58)的进给方向与被加工齿轮的轴线垂直的剃齿方法(见图 24)。

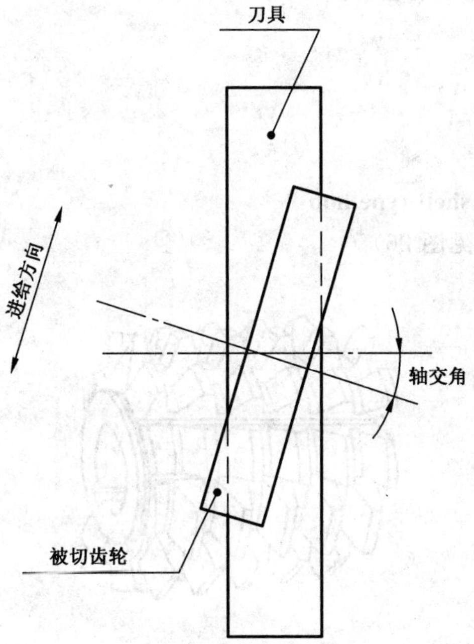

图 24

4.69

径向剃齿　plunge feed shaving

剃齿刀(4.58)沿着被加工齿轮径向进给的剃齿方法。

4.70

剃削余量　shaving stock

剃削的加工余量(见图 25)。

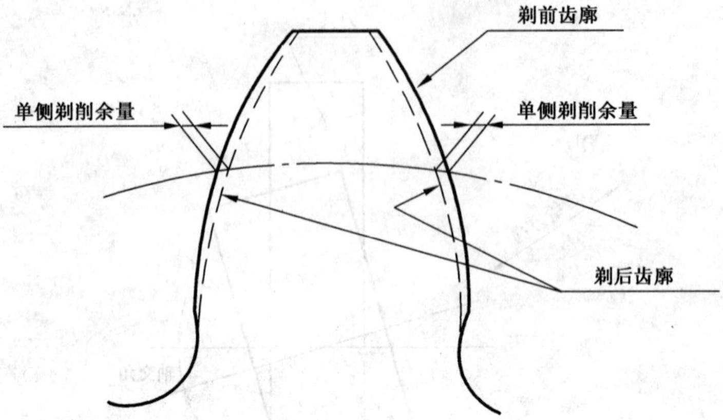

图 25

4.71

切齿铣刀　milling cutter for gear cutting

用于切齿加工的铣刀的统称。但不包括加工锥齿轮的铣刀。

4.72

梳齿刀　rack type cutter

在齿条的实体上,具有切削刃的**切齿刀具**(4.1)。

4.73

锥齿轮刀具　bevel and hypoid gears cutters

加工锥齿轮和准双曲面齿轮的**切齿刀具**(4.1)的统称。

5　与型式有关的术语和定义

5.1　滚刀类

5.1.1

套式滚刀　arbor type hob;shell type hob

具有安装孔的**滚刀**(4.34)(见图 26)。

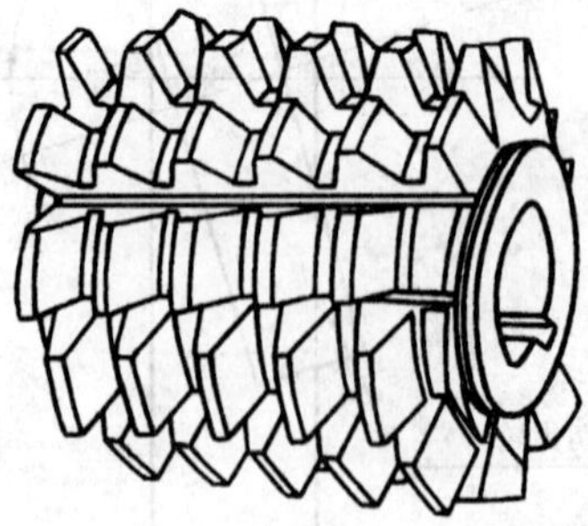

图 26

5.1.2

柄式滚刀　shank type hob

安装部分为直柄或锥柄的**滚刀**(4.34)(见图 27)。

图 27

5.1.3

整体滚刀　solid hob

用同一种材料并制成一体的滚刀(4.34)。

5.1.4

镶齿滚刀　inserted blade hob;clamped blade hob

用机械连接方法把刀片安装在刀体上的滚刀(4.34)。一般有两种安装方式:一是将整体刀片直接安装在刀体上;一是将焊接或装夹有切削部分的刀片安装在刀体上(见图28,图29)。

图 28

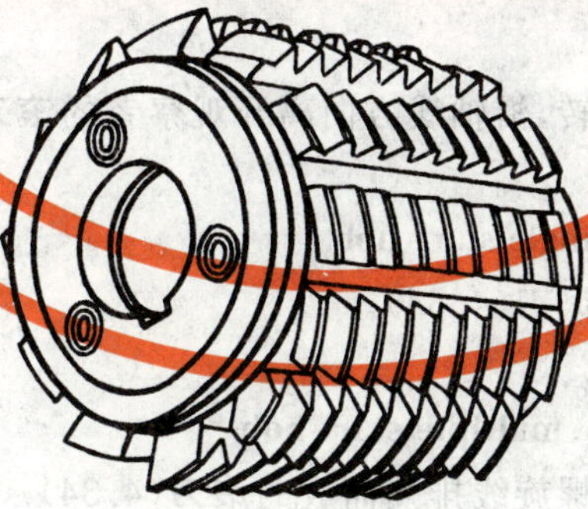

图 29

5.1.5

装配式滚刀　built-up hob

将刀片磨削成形后,装配在刀体上,不再铲齿的镶齿滚刀(5.1.4)(见图29)。

5.1.6

组合式滚刀　multi-section hob

由几段环状刀体组合而成的滚刀(4.34)(见图30)。

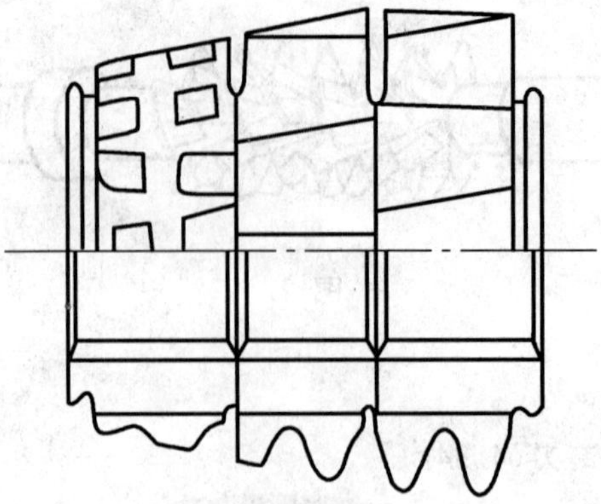

图 30

5.1.7

焊齿滚刀　tipped hob

将切削部分焊接在刀体上的**滚刀**(4.34)。

5.1.8

焊柄滚刀　butt welded hob

将不同材料的刀体和刀柄焊接成一体的**滚刀**(4.34)。

5.1.9

直槽滚刀　straight gash hob

容屑槽平行于滚刀轴线的**滚刀**(4.34)。

5.1.10

螺旋槽滚刀　helical gash hob

容屑槽为螺旋的**滚刀**(4.34)。

5.1.11

右旋滚刀　right hand hob

刀齿齿面螺旋线顺时针方向旋转,沿轴线方向离开观察者的**滚刀**(4.34)。

5.1.12

左旋滚刀　left hand hob

刀齿齿面螺旋线逆时针方向旋转,沿轴线方向离开观察者的**滚刀**(4.34)。

5.1.13

单头滚刀　single thread hob;single start hob

刀齿沿一条螺旋线排列而成的**滚刀**(4.34)。

5.1.14

多头滚刀　multiple thread hob;multiple start hob

刀齿沿两条或两条以上平行的螺旋线排列而成的**滚刀**(4.34)。

5.1.15

铲磨滚刀　ground hob

齿面经过铲磨的**滚刀**(4.34)。

5.1.16

不铲磨滚刀　unground hob

齿面不铲磨的**滚刀**(4.34)。

5.1.17

前角滚刀　raked hob

前面偏位不为零的**滚刀**(4.34)。一般分为正前角滚刀和负前角滚刀。

5.1.18

错齿滚刀　alternate tooth hob

刀齿左、右切削刃沿螺旋线交错排列的**滚刀**(4.34)。

5.1.19

半切顶滚刀　semi-topping hob

具有半切顶齿廓的**滚刀**(4.34)。

5.1.20

切顶滚刀　topping hob

具有切顶齿廓的**滚刀**(4.34)。

5.1.21

凸角滚刀　protuberance type hob

齿廓具有凸角的**滚刀**(4.34)。

5.1.22

修形滚刀　modified tooth profile hob

齿廓经过修形的**滚刀**(4.34)。

5.1.23

特形滚刀　hob for special profile

加工特殊齿廓形状的**滚刀**(4.34)。

5.1.24

高精度齿轮滚刀　high precision gear hob

加工高精度的大直径齿轮的**滚刀**(4.34)。

5.1.25

小压力角滚刀　gear hob cutter with small pressure angle

在保证法向基角相等,用减小压力角方法制造的**滚刀**(4.34)。

5.1.26

齿轮滚刀　gear hob

加工渐开线圆柱齿轮的**滚刀**(4.34)(见图 26)。

5.1.27

小模数齿轮滚刀　fine pitch gear hob

模数小于或等于 1 mm 的**滚刀**(4.34)。

5.1.28

蜗轮滚刀　worm wheel hob

加工蜗轮的**滚刀**(4.34)。为能对齿厚进行微调切齿,有改变左右导程的双导程蜗轮滚刀;为能进行切向进给切齿,有带切削锥的蜗轮滚刀;还有加工圆弧圆柱蜗轮用的蜗轮滚刀等(见图 27)。

5.1.29

圆弧齿轮滚刀　circular-arc gear hob

加工圆弧齿轮的**滚刀**(4.34)。一般分为双圆弧齿轮滚刀和单圆弧齿轮滚刀。

5.1.30

摆线齿轮滚刀　cycloidal gear hob

加工摆线齿轮的**滚刀**(4.34)。

5.1.31

花键滚刀　spline hob

加工花键的**滚刀**(4.34)。按被加工花键的齿廓形状分为渐开线花键滚刀、矩形花键滚刀等(见图 31)。

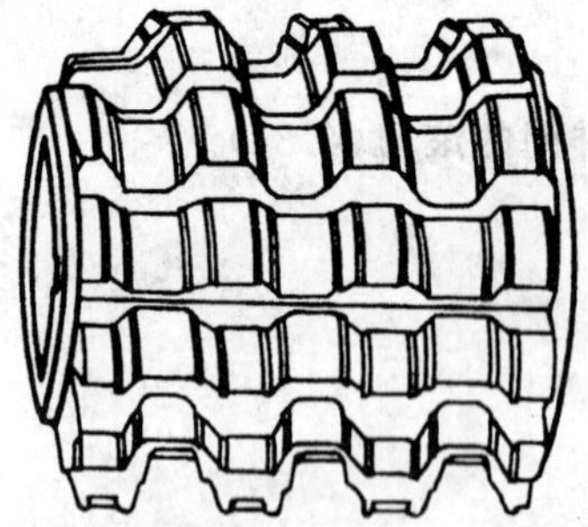

图 31

5.1.32

链轮滚刀 sprocket hob

加工链轮的**滚刀**(4.34)。按被加工链轮种类分为滚子链轮滚刀、齿形链轮滚刀等(见图 32)。

图 32

5.1.33

锯齿滚刀 serration hob

加工锯齿的**滚刀**(4.34)。

5.1.34

定装滚刀 single position hob

切齿时,需采用特定安装位置的**滚刀**(4.34)(见图 33,图 34)。

5.1.35

棘轮滚刀 ratchet hob

加工棘轮的**滚刀**(4.34)。一种保证被加工棘轮齿根无过渡圆弧的定装滚刀(见图 33)。

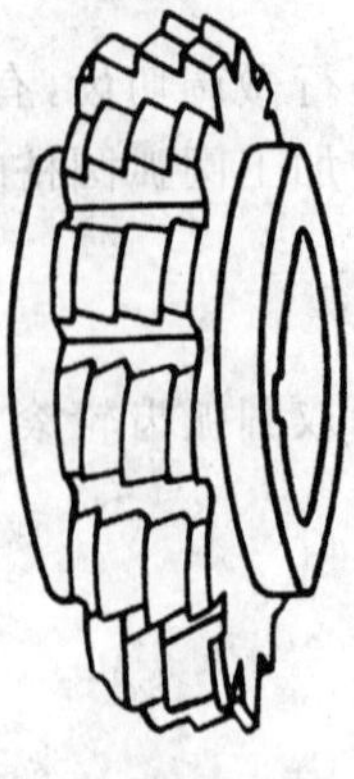

图 33

5.1.36

倒棱滚刀　chamfering hob

对齿轮的齿面进行倒棱的**定装滚刀**(5.1.34)(见图 34)。

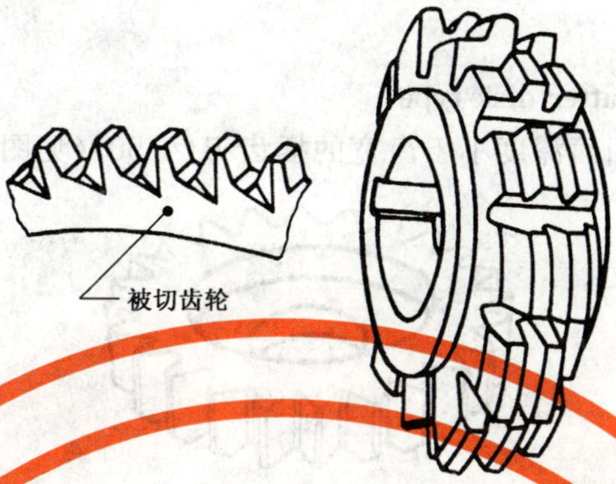

图 34

5.1.37

粗切滚刀　roughing hob

用于粗加工的**滚刀**(4.34)。

5.1.38

精切滚刀　finishing hob

用于精加工的**滚刀**(4.34)。

5.1.39

磨前滚刀　pre-grinding hob

齿轮磨齿加工前用的**滚刀**(4.34)。

5.1.40

剃前滚刀　pre-shaving hob

齿轮剃齿加工前用的**滚刀**(4.34)。

5.1.41

硬质合金滚刀　carbide hob

切削部分或整体采用硬质合金的**滚刀**(4.34)。一般分为:用于淬火后齿轮齿面精加工的硬质合金刮削滚刀和用于高速滚齿的硬质合金高速滚刀。

5.1.42

齿轮齿端倒角滚刀　chamfering the gear teeth edge hob

加工变速齿轮齿端倒角的**滚刀**(4.34)。

5.1.43

蜗轮飞刀　worm wheel flying cutter

在专用的刀杆上装一把切刀来代替**蜗轮滚刀**(5.1.28),可视为单齿的**蜗轮滚刀**(5.1.28)。

5.1.44

双导程蜗轮滚刀　dual lead cylindrical worm wheel hob

能对齿厚进行微调切齿,改变左右导程的**蜗轮滚刀**(5.1.28)(蜗杆的左、右侧螺旋面的导程不相等,因而蜗杆轴向的齿厚从一端到另一端逐渐增大)。

5.1.45

单头蜗轮滚刀　single thread worm wheel hob

刀齿沿一条螺旋线排列而成加工蜗轮的**滚刀**(4.34)。

5.1.46

圆弧齿蜗轮滚刀　circular-arc teeth worm wheel hob

加工圆弧齿蜗轮的**滚刀**(4.34),通过圆弧齿圆柱蜗杆传动。

5.2　插齿刀类

5.2.1

盘形插齿刀　gear shaper cutter-disk type

呈圆盘状,且具有安装孔,凹面深度小于齿宽的**插齿刀**(4.50)(见图35)。

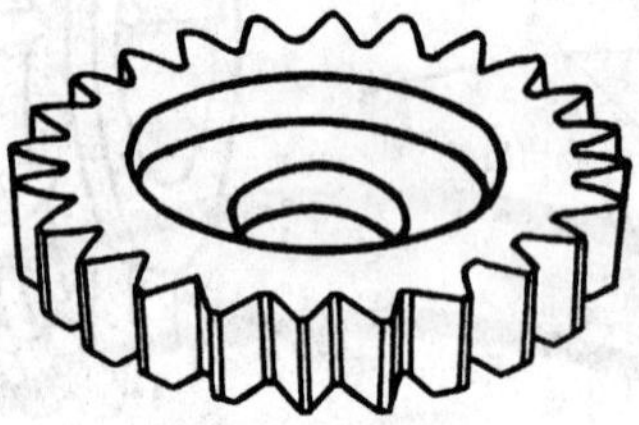

图35

5.2.2

碗形插齿刀　gear shaper cutter-counter-bore type

具有安装孔,凹面深度大于齿宽的**插齿刀**(4.50)(见图36)。

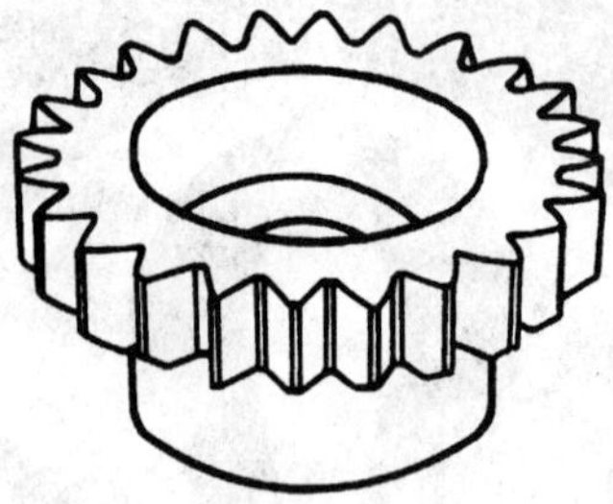

图36

5.2.3

筒形插齿刀　gear shaper cutter-hub type

安装部分带有孔和同心内螺纹的**插齿刀**(4.50)(见图37)。

图37

5.2.4

柄式插齿刀　gear shaper cutter-shank type

安装部分为直柄或锥柄的**插齿刀**(4.50)(见图38)。

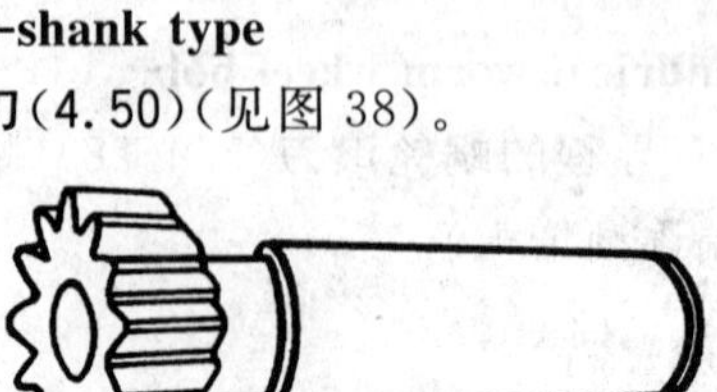

图38

5.2.5

整体插齿刀　solid gear shaper cutter

用同一种材料并制成一体的**插齿刀**(4.50)。

5.2.6

焊齿插齿刀　tipped gear shaper cutter

将切削部分焊接在刀体上的**插齿刀**(4.50)。

5.2.7

焊柄插齿刀　butt welded gear shaper cutter

将不同材料的刀体和刀柄焊接成一体的**插齿刀**(4.50)。

5.2.8

半切顶插齿刀　semi-topping gear shaper cutter

具有半切顶齿廓的**插齿刀**(4.50)。

5.2.9

切顶插齿刀　topping gear shaper cutter

具有切顶齿廓的**插齿刀**(4.50)。

5.2.10

凸角插齿刀　protuberance type gear shaper cutter

齿廓具有凸角的**插齿刀**(4.50)。

5.2.11

修形插齿刀　modified tooth profile gear shaper cutter

齿廓经过修形的**插齿刀**(4.50)。

5.2.12

特形插齿刀　gear shaper cutter for special profile

加工特殊齿廓形状的**插齿刀**(4.50)。

5.2.13

直齿插齿刀　spur type gear shaper cutter

加工直齿轮的**插齿刀**(4.50)(见图 35,图 36,图 37,图 38)。

5.2.14

斜齿插齿刀　helical type gear shaper cutter

加工斜齿轮和人字齿轮的**插齿刀**(4.50)(见图 39)。

图 39

5.2.15

外插齿刀　gear shaper cutter(for external gear)

加工外齿轮和外花键的**插齿刀**(4.50)。

5.2.16

内插齿刀　gear shaper cutter for internal gear

加工内齿轮和内花键的**插齿刀**(4.50)。

5.2.17

小模数插齿刀　fine pitch gear shaper cutter

加工钟表、仪器等所用的小模数齿轮的**插齿刀**(4.50)。

5.2.18

摆线齿轮插齿刀　gear shaper cutter for cycloidal gear

加工摆线齿轮的**插齿刀**(4.50)。

5.2.19

花键插齿刀　gear shaper cutter for spline

加工花键的**插齿刀**(4.50)。按被加工花键的齿廓形状分为渐开线花键插齿刀、矩形花键插齿刀等(见图 40)。

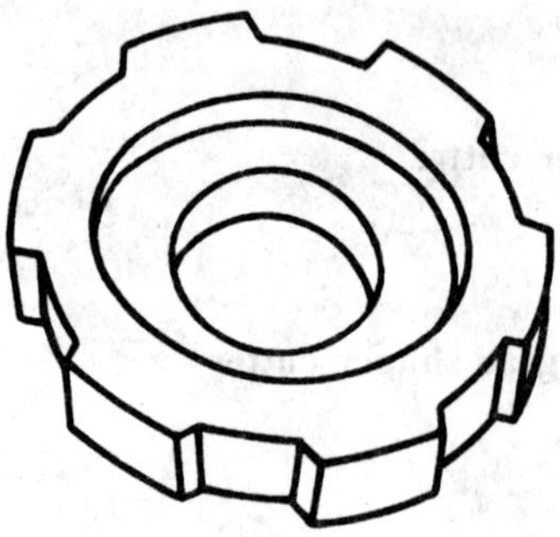

图 40

5.2.20

链轮插齿刀　gear shaper cutter for sprocket

加工链轮的**插齿刀**(4.50)。按被加工链轮种类分为滚子链轮插齿刀、齿形链轮插齿刀等(见图 41)。

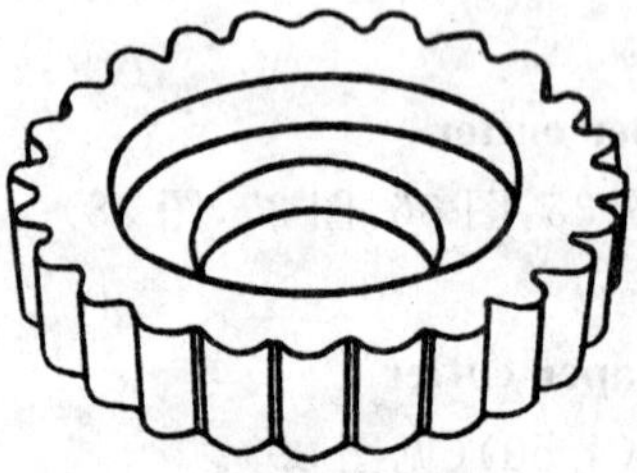

图 41

5.2.21

锯齿插齿刀　gear shaper cutter for serration

加工锯齿花键的**插齿刀**(4.50)。按被加工锯齿花键的齿廓形状分为渐开线锯齿插齿刀等(见图 42)。

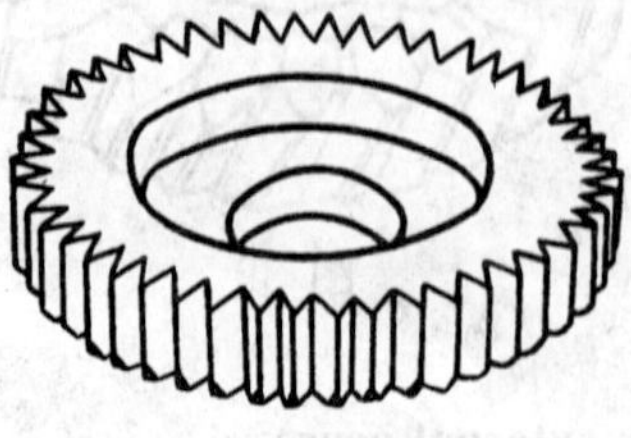

图 42

5.2.22

粗切插齿刀　roughing gear shaper cutter

用于粗加工的**插齿刀**(4.50)。

5.2.23

精切插齿刀　finishing gear shaper cutter

用于精加工的**插齿刀**(4.50)。

5.2.24

磨前插齿刀　pre-grinding gear shaper cutter

齿轮磨齿加工前用的**插齿刀**(4.50)。

5.2.25

剃前插齿刀　pre-shaving gear shaper cutter

齿轮剃齿加工前用的**插齿刀**(4.50)。

5.2.26

硬质合金插齿刀　carbide gear shaper cutter

切削部分采用硬质合金的**插齿刀**(4.50)。一般分为:用于淬火后齿轮齿面精加工的硬质合金刮削插齿刀和用于高速插齿的硬质合金高速插齿刀。

5.2.27

谐波齿轮插齿刀　harmonic gear shaper cutter

加工谐波齿形的**插齿刀**(4.50)。

5.3　剃齿刀类

5.3.1

盘形剃齿刀　rotary gear shaving cutter

分度曲面为圆柱状的**剃齿刀**(4.58)(见图 43)。

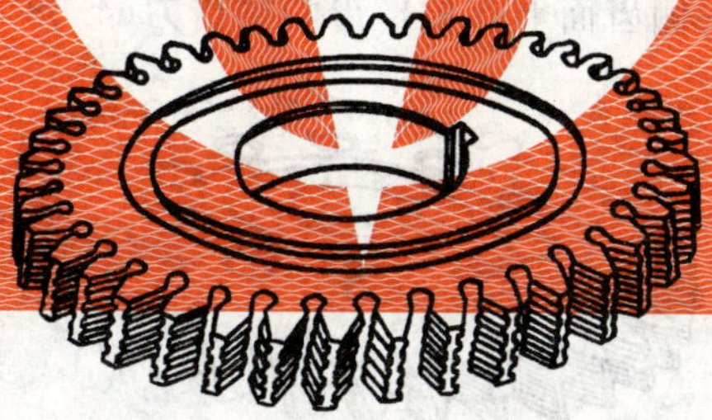

图 43

5.3.2

筒形剃齿刀　rotary gear shaving cutter with hub

带有轴台的**盘形剃齿刀**(5.3.1),主要用于剃削内齿轮(见图 44)。

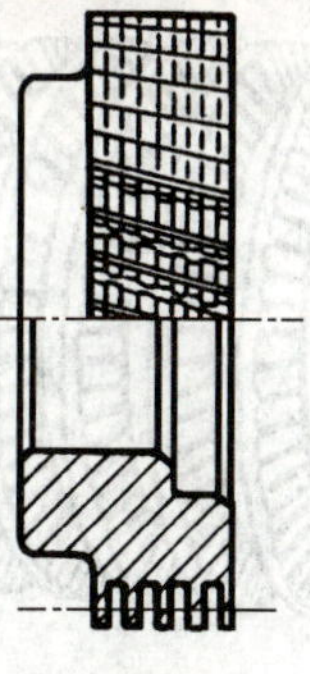

图 44

5.3.3

齿条形剃齿刀　rack type gear shaving cutter

分度曲面为平面的**剃齿刀**(4.58)(见图 45)。

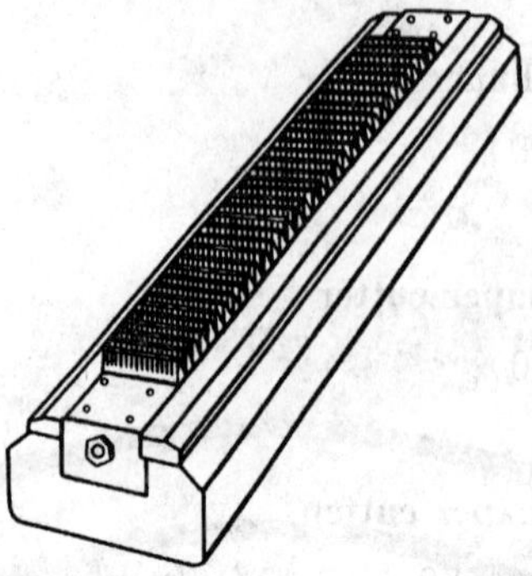

图 45

5.3.4

外齿轮剃齿刀　external gear shaving cutter

剃削外齿轮的**剃齿刀**(4.58)(见图 43,图 45)。

5.3.5

内齿轮剃齿刀　internal gear shaving cutter

剃削内齿轮的**剃齿刀**(4.58)(见图 44)。

5.3.6

齿向修形用剃齿刀　shaving cutter for lead modification

对齿轮进行齿向修形,仅在一侧齿面上有梳形齿的**剃齿刀**(4.58)(见图 46)。

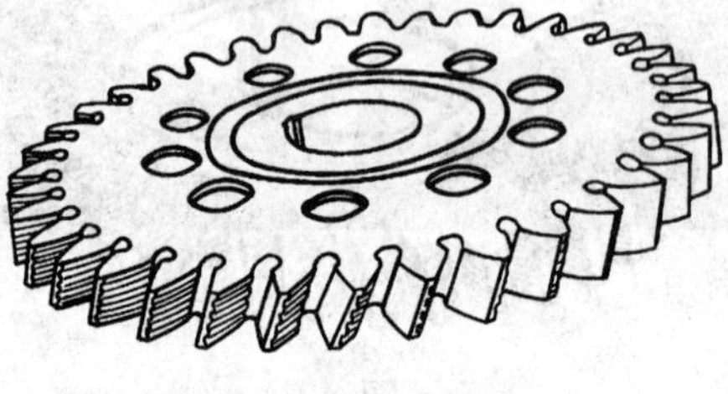

图 46

5.3.7

蜗轮剃齿刀　worm wheel shaving hob

加工蜗轮的蜗杆状**剃齿刀**(4.58)(见图 47)。

图 47

5.4 切齿铣刀类

5.4.1

盘形切齿铣刀　rotary milling cutter for gear cutting

具有安装孔的**切齿铣刀**(4.72)(图 48,图 49,图 50)。

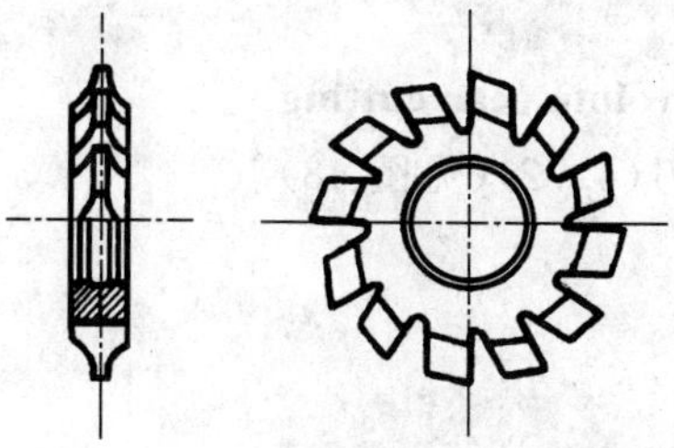

图 48

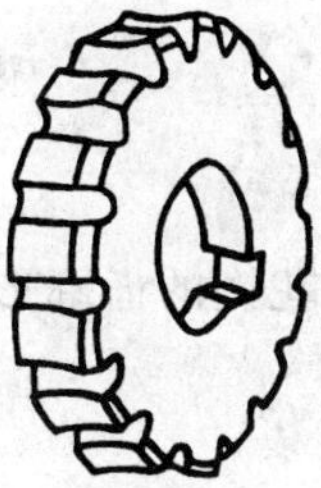

图 49

图 50

5.4.2

指形切齿铣刀　gear cutting end mill

安装部分为直柄或锥柄的**切齿铣刀**(4.72)(见图 51)。

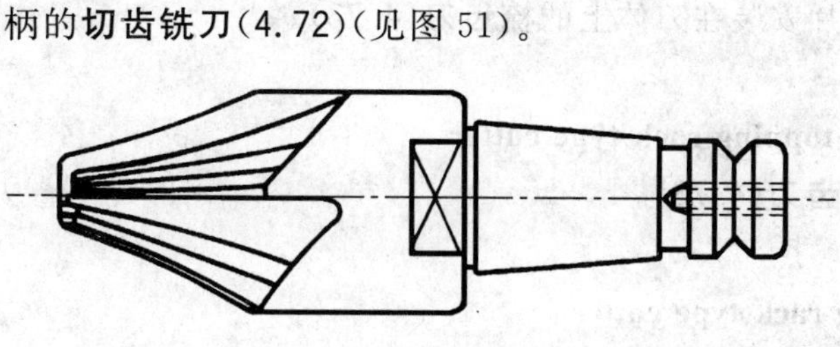

图 51

5.4.3

整体切齿铣刀　solid milling cutter for gear cutting

用同一种材料并制成一体的**切齿铣刀**(4.72)。

5.4.4

镶齿切齿铣刀　inserted blade milling cutter for gear cutting

用机械连接方法把刀片安装在刀体上的**切齿铣刀**(4.72)。

5.4.5

圆柱齿轮铣刀 cylindrical milling cutter for involute gear cutting

按仿形法原理(加工直齿圆柱齿轮)和无瞬心包络法原理(加工斜齿圆柱齿轮)进行工作的刀具,包括**盘形切齿铣刀**(5.4.1)和**指形切齿铣刀**(5.4.2)。

5.4.6

齿轮铣刀 milling cutter for involute gear cutting

加工渐开线圆柱齿轮的**切齿铣刀**(4.72)(见图48)。

5.4.7

蜗杆铣刀 worm milling cutter

加工蜗杆的**切齿铣刀**(4.72)。

5.4.8

摆线齿轮铣刀 cycloidal gear milling cutter

加工摆线齿轮的**切齿铣刀**(4.72)。

5.4.9

花键铣刀 spline milling cutter

加工花键的**切齿铣刀**(4.72)。按被加工花键的齿廓形状分为渐开线花键铣刀、矩形花键铣刀等(见图49)。

5.4.10

链轮铣刀 sprocket milling cutter

加工链轮的**切齿铣刀**(4.72)。按被加工链轮种类分为滚子链轮铣刀、齿形链轮铣刀等(见图50)。

5.4.11

锯齿铣刀 serration milling cutter

加工锯齿花键的**切齿铣刀**(4.72)。按被加工锯齿花键的齿廓形状分为渐开线锯齿铣刀等。

5.5 梳齿刀类

5.5.1

整体梳齿刀 solid rack type cutter

用同一种材料并制成一体的**梳齿刀**(4.73)。

5.5.2

镶齿梳齿刀 inserted blade rack type cutter;clamped blade rack type cutter

用机械连接方法把刀片安装在刀体上的**梳齿刀**(4.73)。

5.5.3

半切顶梳齿刀 semi-topping rack type cutter

具有半切顶齿廓的**梳齿刀**(4.73)。

5.5.4

切顶梳齿刀 topping rack type cutter

具有切顶齿廓的**梳齿刀**(4.73)。

5.5.5

特形梳齿刀 rack type cutter for special profile

加工特殊齿廓形状的**梳齿刀**(4.73)。

5.5.6

直齿梳齿刀 spur type rack type cutter

加工直齿轮及斜齿轮的**梳齿刀**(4.73)(见图52,图53)。

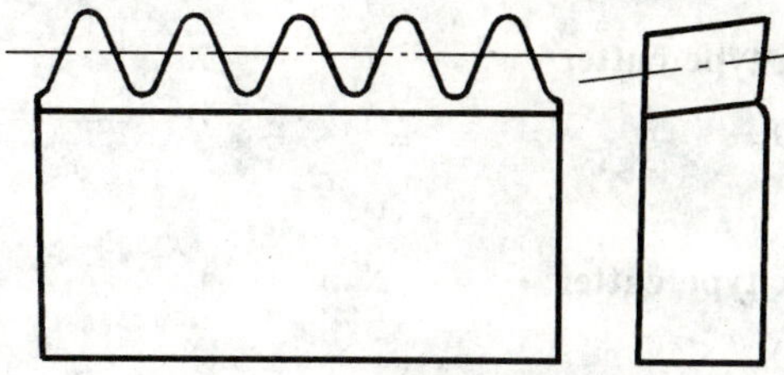

图 52

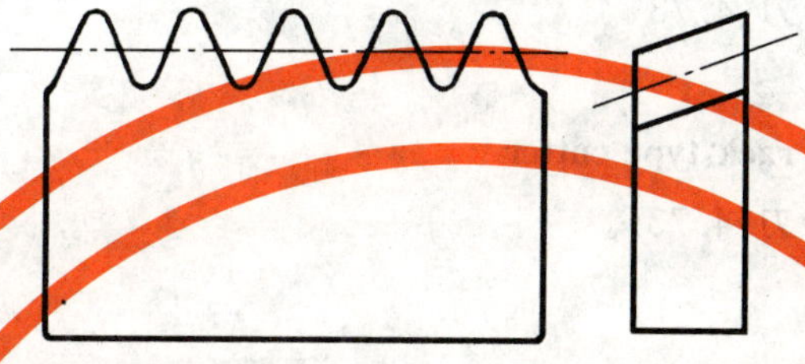

图 53

5.5.7

斜齿梳齿刀　helical type rack type cutter

加工斜齿轮和人字齿轮的梳齿刀(4.73)(见图 54,图 55)。

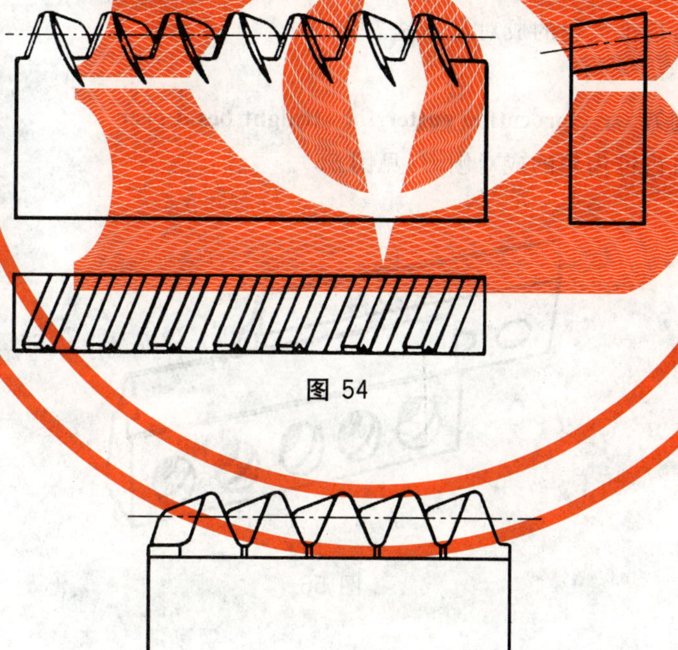

图 54

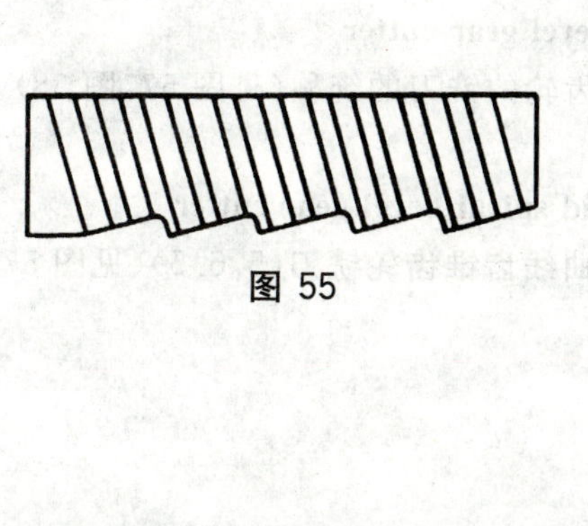

图 55

5.5.8

粗切梳齿刀　roughing rack type cutter

用于粗加工的**梳齿刀**(4.73)。

5.5.9

精切梳齿刀　finishing rack type cutter

用于精加工的**梳齿刀**(4.73)。

5.5.10

磨前梳齿刀　pre-grinding rack type cutter

齿轮磨齿加工前用的**梳齿刀**(4.73)。

5.5.11

剃前梳齿刀　pre-shaving rack type cutter

齿轮剃齿加工前用的**梳齿刀**(4.73)。

5.6　锥齿轮刀具类

5.6.1

直齿锥齿轮成形铣刀　milling cutter for straight bevel gear

采用成形法加工直齿锥齿轮的铣刀。

5.6.2

直齿锥齿轮展成铣刀　circular interlocking cutter for straight bevel gear

采用展成法加工直齿锥齿轮的成对盘形铣刀。

5.6.3

直齿锥齿轮展成刨刀　reciprocating cutter for straight bevel gear

采用展成法加工直齿锥齿轮的成对刨刀(见图56)。

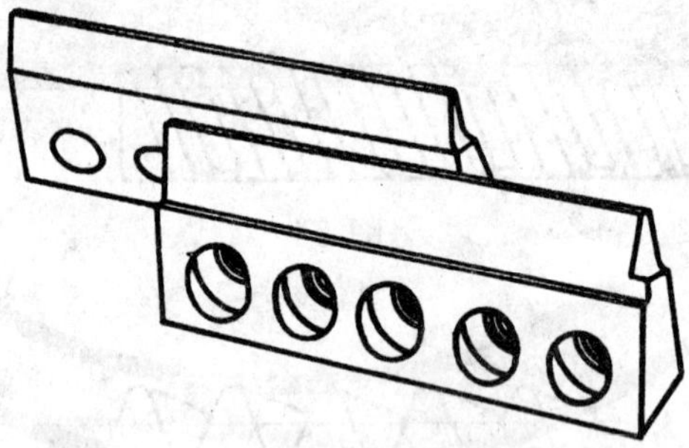

图 56

5.6.4

直齿锥齿轮圆盘拉铣刀　circular broach-type cutter for straight bevel gear

采用无瞬心包络法加工直齿锥齿轮的刀具。

5.6.5

曲线齿锥齿轮铣刀　spiral bevel gear cutter

加工弧齿锥齿轮和摆线齿锥齿轮的铣刀的统称(见图57,图58)。

5.6.6

整体曲线齿锥齿轮铣刀　solid spiral bevel gear cutter

用同一种材料并制成一体的**曲线齿锥齿轮铣刀**(5.6.5)(见图57)。

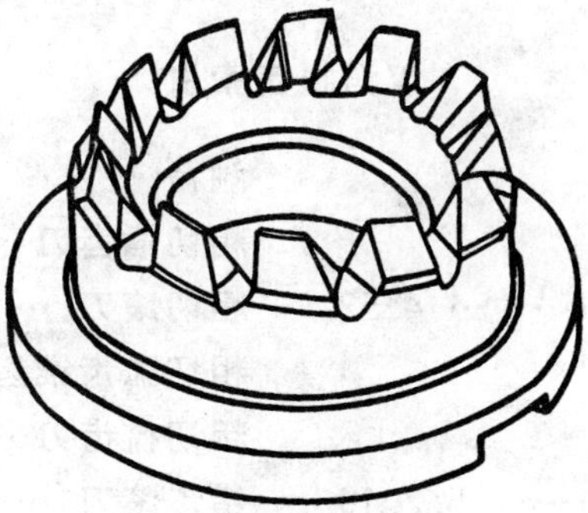

图 57

5.6.7

镶齿曲线齿锥齿轮铣刀　inserted blade spiral bevel gear cutter

用机械连接方法把刀片安装在刀体上的**曲线齿锥齿轮铣刀**(5.6.5)(见图 58)。

图 58

5.6.8

弧齿锥齿轮铣刀　gleason spiral bevel gear cutter

加工弧齿锥齿轮的**曲线齿锥齿轮铣刀**(5.6.5)。一般可分为单面、双面和三面弧齿锥齿轮铣刀,单面弧齿锥齿轮铣刀又可分为内切和外切弧齿锥齿轮铣刀。

5.6.9

粗切弧齿锥齿轮铣刀　roughing gleason spiral bevel gear cutter

用于粗加工的**弧齿锥齿轮铣刀**(5.6.8)。

5.6.10

精切弧齿锥齿轮铣刀　finishing gleason spiral bevel gear cutter

用于精加工的**弧齿锥齿轮铣刀**(5.6.8)。

5.6.11

弧齿锥齿轮圆盘拉刀　circular broach for gleason spiral bevel gear

加工弧齿锥齿轮的旋转拉刀。

5.6.12

摆线齿锥齿轮铣刀　oerlikon spiral bevel gear cutter

加工摆线齿锥齿轮的**曲线齿锥齿轮铣刀**(5.6.5)。一般可分为 TC 型、EN 型、FS 型摆线齿锥齿轮铣刀以及万能摆线齿锥齿轮铣刀等。

汉语拼音索引

X

Y

Z

英 文 索 引

H

I

L

M

ICS 65.020.30
B 44

中华人民共和国国家标准

GB 14923—2010
代替 GB 14923—2001

实验动物 哺乳类实验动物的遗传质量控制

Laboratory animal—Genetic quality control of mammalian laboratory animals

2010-12-23 发布　　2011-10-01 实施

中华人民共和国国家质量监督检验检疫总局
中国国家标准化管理委员会　发布

前　言

本标准的第 3 章(举例内容除外)、4.1.1、4.1.2、4.2.1、4.2.2、4.2.3、5.1、5.3 为强制性的，其余为推荐性的。

本标准代替 GB 14923—2001《实验动物　哺乳类实验动物的遗传质量控制》。

本标准与 GB 14923—2001 相比，主要变化如下：

a) 增加了染色体置换系、核转移系等特殊近交系的内容，与国际上最新版本的权威文件一致；

b) 增加了对遗传修饰动物的说明；

c) 对封闭群动物提出了检测要求；

d) 补充了杂交群的繁殖方法；

e) 对附录进行了修订。

本标准附录 A 为规范性附录，附录 B、附录 C 为资料性附录。

本标准由全国实验动物标准化技术委员会提出并归口。

本标准起草单位：全国实验动物标准化技术委员会。

本标准主要起草人：岳秉飞、高翔、鲍世民、张连峰、邢瑞昌。

本标准于 1994 年 1 月首次发布，2001 年 8 月第一次修订。

实验动物
哺乳类实验动物的遗传质量控制

1 范围

本标准规定了哺乳类实验动物的遗传分类及命名原则、繁殖交配方法和近交系动物的遗传质量标准。

本标准适用于哺乳类实验动物的遗传分类、命名、繁殖及近交系小鼠、大鼠的遗传纯度检测。

2 术语和定义

下列术语和定义适用于本标准。

2.1

近交系 inbred strain

在一个动物群体中,任何个体基因组中99%以上的等位位点为纯合时定义为近交系。

经典近交系经至少连续20代的全同胞兄妹交配培育而成。品系内所有个体都可追溯到起源于第20代或以后代数的一对共同祖先。

经连续20代以上亲子交配与全同胞兄妹交配有等同效果。近交系的近交系数(inbreeding coefficient)应大于99%。

2.2

亚系 substrain

一个近交系内各个分支的动物之间,因遗传分化而产生差异,称为近交系的亚系。

2.3

重组近交系 recombinant inbred strain

RI

由两个近交系杂交后,经连续20代以上兄妹交配育成的近交系。

2.4

重组同类系 recombinant congenic strain

RC

由两个近交系杂交后,子代与两个亲代近交系中的一个近交系进行数次回交(通常回交2次),再经不对特殊基因选择的连续兄妹交配(通常大于14代)而育成的近交系。

2.5

同源突变近交系 coisogenic inbred strain

除了在一个特定位点等位基因不同外,其他遗传基因全部相同的两个近交系。

一般由近交系发生基因突变或者人工诱变(如基因剔除)形成。用近交代数表示出现突变的代数,如F110+F23,是近交系在110代出现突变后近交23代。

2.6

同源导入近交系 congenic inbred strain

同类近交系

通过回交(backcross)方式形成的一个与原来的近交系只是在一个很小的染色体片段上有所不同的新的近交系。

要求至少回交10个世代，供体品系的基因组占基因组总量在0.01以下。

2.7

染色体置换系 consomic strains or chromosome substitution strains

为把某一染色体全部导入到近交系中，反复进行回交而育成的近交系。与同类系相同，将F1作为第1个世代，要求至少回交10个世代。

2.8

核转移系 conplastic strains

将某个品系的核基因组移到其他品系细胞质而培育的品系。

2.9

混合系 mixed inbred strains

由两个亲本品系（其中一个是重组基因的ES细胞株）混合制作的近交系。

2.10

互交系 advanced intercross lines

两个近交系间繁殖到F2，采取避免兄妹交配的互交所得到的多个近交系。由于其较高的相近基因位点间的重组率而被应用于突变基因的精细定位分析。

2.11

遗传修饰动物 genetic modified animals

经人工诱发突变或特定类型基因组改造建立的动物。包括转基因动物、基因定位突变动物、诱变动物等。

2.12

封闭群 closed colony

远交群 outbred stock

以非近亲交配方式进行繁殖生产的一个实验动物种群，在不从外部引入新个体的条件下，至少连续繁殖4代以上的群体。

2.13

杂交群 hybrids

由两个不同近交系杂交产生的后代群体。子一代简称F1。

3 实验动物的遗传分类及命名

3.1 遗传分类

根据遗传特点的不同，实验动物分为近交系、封闭群和杂交群。

3.2 命名

3.2.1 近交系

3.2.1.1 命名

近交系一般以大写英文字母命名，亦可以用大写英文字母加阿拉伯数字命名，符号应尽量简短。如A系、TA1系等。

3.2.1.2 近交代数

近交系的近交代数用大写英文字母F表示。例如当一个近交系的近交代数为87代时，写成（F87）。如果对以前的代数不清楚，仅知道近期的近交代数为25，可以表示为（F？＋25）。

3.2.1.3 亚系的命名

亚系的命名方法是在原品系的名称后加一道斜线，斜线后标明亚系的符号。

亚系的符号可以是以下几种：

a） 培育或产生亚系的单位或个人的缩写英文名称，第一个字母用大写，以后的字母用小写。使用缩写英文名称应注意不要和已公布过的名称重复。例如:A/He,表示 A 近交系的 Heston 亚系;CBA/J,由美国杰克逊研究所保持的 CBA 近交系的亚系;

b) 当一个保持者保持的一个近交系具有两个以上的亚系时,可在数字后再加保持者的缩写英文名称来表示亚系。如:C57BL/6J,C57BL/10J 分别表示由美国杰克逊研究所保持的 C57BL 近交系的两个亚系;

c) 一个亚系在其他机构保种,形成了新的群体,在原亚系后加注机构缩写。如:C3H/HeH 是由 Hanwell(H)保存的 Heston(He)亚系;

d) 作为以上命名方法的例外情况是一些建立及命名较早,并为人们所熟知的近交系,亚系名称可用小写英文字母表示,如 BALB/c、C57BR/cd 等。

3.2.1.4 重组近交系和重组同类系命名

3.2.1.4.1 重组近交系的命名

在两个亲代近交系的缩写名称中间加大写英文字母 X 命名。相同双亲交配育成的一组近交系用阿拉伯数字予以区分,雌性亲代在前,雄性亲代在后。

示例:

由 BALB/c 与 C57BL 两个近交系杂交育成的一组重组近交系,分别命名为 CXB1、CXB2……

如果雄性亲代缩写为数字,如 CX8,为区分不同 RI 组,则用连接符表示为 CX8-1、CX8-2……

常用近交系小鼠的缩写名称如下:

近交系	缩写名称
C57BL/6	B6
BALB/c	C
DBA/2	D2
C3H	C3
CBA	CB

3.2.1.4.2 重组同类系的命名

在两个亲代近交系的缩写名称中间加小写英文字母 c 命名,用其中做回交的亲代近交系(称受体近交系)在前,供体近交系在后。相同双亲育成的一组重组同类系用阿拉伯数字予以区分。如 CcS1,表示以 BALB/c(C)为亲代受体近交系,以 STS(S)品系为供体近交系,经 2 代回交育成的编号为 1 的重组同类系。

同样,如果雄性亲代缩写为数字,如 Cc8,为区分不同 RC 组,则用连接符表示为 Cc8-1。

3.2.1.5 同源突变近交系的命名

在发生突变的近交系名称后加突变基因符号(用英文斜体印刷体)组成,二者之间以连接号分开,如:DBA/Ha-*D*,表示 DBA/Ha 品系突变基因为*D* 的同源突变近交系。

当突变基因必须以杂合子形式保持时,用"+"号代表野生型基因,如:A/Fa-*+/c*。

129S7/SvEvBrd-*Fyn*^{tm1Sor}表示用来源 129S7/SvEvBrd 品系的 AB1 ES 细胞株制作的*Fyn* 基因变异的同源突变系。

3.2.1.6 同源导入近交系(同类近交系)

同源导入系名称由以下几部分组成:

a) 接受导入基因(或基因组片段)的近交系名称;

b) 提供导入基因(或基因组片段)的近交系的缩写名称,并与 a 之间用英文句号分开;

c) 导入基因(或基因组片段)的符号(用英文斜体),与 b 之间以连字符分开;

d) 经第三个品系导入基因(或基因组片段)时,用括号表示;

e) 当染色体片段导入多个基因(或基因组片段)或位点,在括号内用最近和最远的标记表示出来。

示例：

B10.129-*H-12b* 表示该同源导入近交系的遗传背景为C57BL/10sn(即B10)，导入B10的基因为*H-12b*，基因提供者为129/J近交系。

C.129P(B6)-*Il2tm1Hor* 经过第三个品系B6导入的。

B6.Cg-(*D4Mit25-D4Mit80*)/Lt 导入的片段标记为*D4Mit25-D4Mit80*。

3.2.1.7 染色体置换系的命名

表示方法为HOST STRAIN-Chr $\#^{\text{DONOR STRAIN}}$，如C57BL/6J-Chr 19^{SPR}为*M. spretus* 的第19染色体回交于B6的染色体置换系。

3.2.1.8 核转移系的命名

命名方法为NUCLEAR GENOME-$\text{mt}^{\text{CYTOPLASMIC GENOME}}$，如：C57BL/6J-$\text{mt}^{\text{BALB/c}}$指带有C57BL/6J核基因组和BALB/c细胞质的品系。这样的品系是以雄的C57BL/6J小鼠和雌的BALB/c小鼠交配，子代雌鼠与C57BL/6J雄鼠反复回交10代而成。

3.2.1.9 混合系的命名

3.2.1.9.1 两个品系缩写之间用分号，如：B6；129-$Acvr2^{tm1Zuk}$为C57BL/6J和敲除*Acvr2*基因的129ES细胞株制作的品系。

3.2.1.9.2 由两个以上亲本品系制作的近交系，或者受不明遗传因素影响的突变系，作为混合系，用STOCK空格后加基因或染色体异常来表示，如STOCK Rb(16.17)5Bnr为具有Rb(16.17)5Bnr的、含有未知或复杂遗传背景的混合系。

3.2.1.10 互交系的命名

由实验室缩写编码：母系亲本，父系亲本-G＃表示。如Pri：B6，D2-G＃为Priceton研究所用C57BL/6J和DBA/2制作的互交品系，G＃表示自F2后交配的代数。

3.2.1.11 遗传修饰动物的命名

遗传修饰动物包括转基因、基因定位突变、诱变等动物，属于特殊近交系，其命名见附录A。

3.2.2 封闭群(远交群)的命名

封闭群由2个～4个大写英文字母命名，种群名称前标明保持者的英文缩写名称，第一个字母须大写，后面的字母小写，一般不超过4个字母。保持者与种群名称之间用冒号分开。

示例：

N：NIH表示由美国国立卫生研究院(N)保持的NIH封闭群小鼠。

Lac：LACA表示由英国实验动物中心(Lac)保持的LACA封闭群小鼠。

某些命名较早，又广为人知的封闭群动物，名称与上述规则不一致时，仍可沿用其原来的名称。如：Wistar大鼠封闭群，日本的ddy封闭群小鼠等。

把保持者的缩写名称放在种群名称的前面，而二者之间用冒号分开，是封闭群动物与近交系命名中最显著的区别。除此之外，近交系命名中的规则及符号也适用于封闭群动物的命名。

3.2.3 杂交群的命名

杂交群应按以下方式命名：以雌性亲代名称在前，雄性亲代名称居后，二者之间以大写英文字母“X”相连表示杂交。将以上部分用括号括起，再在其后标明杂交的代数(如F1、F2等)。

对品系或种群的名称常使用通用的缩写名称。

示例：

(C57BL/6 X DBA/2)F1＝B6D2F1

B6D2F2：指B6D2F1同胞交配产生的F2；

B6(D2AKRF1)：是B6为母本，与(DBA/2 X AKR/J)的F1父本回交所得。

4 实验动物的繁殖方法

4.1 近交系动物的繁殖方法

4.1.1 原则

选择近交系动物繁殖方法的原则是保持近交系动物的同基因性及其基因纯合性。

4.1.2 引种

作为繁殖用原种的近交系动物必须遗传背景明确，来源清楚，有较完整的资料(包括品系名称、近交代数、遗传基因特点及主要生物学特征等)。引种动物应来自近交系的基础群(foundation stock)。

4.1.3 近交系动物的繁殖

分为基础群(foundation stock)、血缘扩大群(pedigree expansion stock)和生产群(production stock)。当近交系动物生产供应数量不是很大时，一般不设血缘扩大群，仅设基础群和生产群。

4.1.4 基础群

4.1.4.1 设基础群的目的，一是保持近交系自身的传代繁衍，二是为扩大繁殖提供种动物。

4.1.4.2 基础群严格以全同胞兄妹交配方式进行繁殖。

4.1.4.3 基础群应设动物个体记录卡(包括品系名称、近交代数、动物编号、出生日期、双亲编号、离乳日期、交配日期、生育记录等)和繁殖系谱。

4.1.4.4 基础群动物不超过5代～7代都应能追溯到一对共同祖先。

4.1.5 血缘扩大群

4.1.5.1 血缘扩大群的种动物来自基础群。

4.1.5.2 血缘扩大群以全同胞兄妹交配方式进行繁殖。

4.1.5.3 血缘扩大群动物应设个体繁殖记录卡。

4.1.5.4 血缘扩大群动物不超过5代～7代都应能追溯到其在基础群的一对共同祖先。

4.1.6 生产群

4.1.6.1 设生产群的目的是生产供应实验用近交系动物，生产群种动物来自基础群或血缘扩大群。

4.1.6.2 生产群动物一般以随机交配方式进行繁殖。

4.1.6.3 生产群动物应设繁殖记录卡。

4.1.6.4 生产群动物随机交配繁殖代数一般不应超过4代。

4.2 封闭群动物的繁殖方法

4.2.1 原则

选择封闭群动物繁殖方法的原则是尽量保持封闭群的动物的基因异质性及多态性，避免近交系数随繁殖代数增加而过快上升。

4.2.2 引种

作为繁殖用原种的封闭群动物必须遗传背景明确，来源清楚，有较完整的资料(包括种群名称、来源、遗传基因特点及主要生物学特性等)。

为保持封闭群动物的遗传异质性及基因多态性，引种动物数量要足够多，小型啮齿类封闭群动物引种数目一般不能少于25对。

4.2.3 繁殖

为保持封闭群动物的遗传基因的稳定，封闭群应足够大，并尽量避免近亲交配。根据封闭群的大小，选用循环交配法等方法进行繁殖。具体方法参见附录B。

4.3 杂交群的繁殖方法

将适龄的雌性亲代品系动物与雄性亲代品系动物杂交，即可得到F1动物。雌雄亲本交配顺序不同，得到的F1动物也不一样。F1动物自繁成为F2动物。除特殊需要外F1动物一般不进行繁殖。

5 近交系动物的遗传质量监测

5.1 近交系动物的遗传质量标准

近交系动物应符合以下要求：

a) 具有明确的品系背景资料，包括品系名称、近交代数、遗传组成、主要生物学特性等，并能充分表明新培育的或引种的近交系动物符合近交系定义的规定；

b) 用于近交系保种及生产的繁殖系谱及记录卡应清楚完整，繁殖方法科学合理；

c) 经遗传检测（生化标记基因检测法，免疫标记基因检测法等）质量合格。

5.2 近交系小鼠、大鼠遗传检测方法及实施

5.2.1 生化标记检测（纯度检测的常规方法）

5.2.1.1 抽样

对基础群，凡在子代留有种鼠的双亲动物都应进行检测。

对生产群，按表1要求从每个近交系中随机抽取成年动物，雌雄各半。

表 1

生产群中雌性种鼠数量	抽样数目
100 只以下	6 只
100 只以上	≥6%

5.2.1.2 生化标记基因的选择及常用近交系动物的生化遗传概貌

近交系小鼠选择位于10条染色体上的14个生化位点，近交系大鼠选择位于6条染色体上的11个生化位点，作为遗传检测的生化标记。以上生化标记基因的名称及常用近交系动物的生化标记遗传概貌参见附录C。

5.2.1.3 结果判断

见表2。

表 2

检测结果	判　断	处　理
与标准遗传概貌完全一致	未发现遗传变异，遗传质量合格	—
有一个位点的标记基因与标准遗传概貌不一致	可疑	增加检测位点数目和增加检测方法后重检，确实只有一个标记基因改变可命名为同源突变系
两个或两个以上位点的标记基因与标准遗传概貌不一致	不合格	淘汰，重新引种

5.2.2 免疫标记检测

5.2.2.1 皮肤移植法：每个品系随机抽取至少10只相同性别的成年动物，进行同系异体皮肤移植。移植全部成功者为合格，发生非手术原因引起的移植物的排斥判为不合格。

5.2.2.2 微量细胞毒法：按照5.2.1.1的抽样数量检测小鼠H-2单倍型，结果符合标准遗传概貌的为合格，否则为不合格。

5.2.3 其他方法

除以上两种方法外，还可选用其他方法进行遗传质量检测，如毛色基因测试（coat color gene testing）、下颌骨测量法（mandible measurement）、染色体标记检测（chromosome markers testing）、DNA多态性检测法（DNA polymorphisms）、基因组测序法（genomic sequence）等。

5.3 检测时间间隔

近交系动物生产群每年至少进行一次遗传质量检测。

6 封闭群动物的遗传质量监测

6.1 封闭群动物的遗传质量标准

封闭群动物应符合以下要求：

a) 具有明确的遗传背景资料，来源清楚，有较完整的资料（包括种群名称、来源、遗传基因特点及主要生物学特性等）；

b) 用于保种及生产的繁殖系谱及记录卡应清楚完整，繁殖方法科学合理；

c) 封闭繁殖，保持动物的基因异质性及多态性，避免近交系数随繁殖代数增加而过快上升；

d) 经遗传检测（生化标记基因检测法，DNA 多态性分析等）基因频率稳定，下颌骨测量法（mandible measurement）判定为相同群体。

6.2 封闭群动物小鼠、大鼠遗传检测方法及实施

6.2.1 生化标记基因检测（多态性检测）

6.2.1.1 抽样

随机抽取雌雄各 25 只以上动物进行基因型检测。

6.2.1.2 生化标记基因的选择

选择代表种群特点的生化标记基因，如小鼠选择位于 10 条染色体上的 14 个生化位点，大鼠选择位于 6 条染色体上的 11 个生化位点，作为遗传检测的生化标记。

6.2.1.3 群体评价

按照哈代-温伯格（Hardy-Weinberg）定律，无选择的随机交配群体的基因频率保持不变，处于平衡状态。根据各位点的等位基因数计算封闭群体的基因频率，进行 χ^2 检验，判定是否处于平衡状态。处于非平衡状态的群体应加强繁殖管理，避免近交。

6.2.2 其他方法

除以上方法外，还可选用其他方法进行群体遗传质量检测，如下颌骨测量法（mandible measurement）、DNA 多态性检测法（DNA polymorphisms）以及统计学分析法等。统计项目包括生长发育、繁殖性状、血液生理和生化指标等多种参数，通过连续监测把握群体的正常范围。

6.3 检测时间间隔

封闭群动物每年至少进行一次遗传质量检测。

7 杂交群动物的遗传质量监测

由于 F1 动物遗传特性均一，不进行繁殖而直接用于试验，一般不对这些动物进行遗传质量监测，需要时参照近交系的检测方法进行质量监测。

附 录 A
（规范性附录）
遗传修饰动物

A.1 分类与定义

遗传修饰动物是指经人工诱发突变或特定类型基因组改造建立的动物。主要分为转基因、基因定位突变、诱发突变动物等。以小鼠为例定义如下：

示例1：转基因小鼠（transgenic mouse）

通过非同源重组（比如，原核显微注射）、逆转录病毒感染插入或者同源插入等方法，把一个外源DNA片断整合或者插入到目的小鼠的基因组中形成的小鼠。

示例2：基因定位突变小鼠（mouse with targeted mutations）

把外源性DNA或内源性的基因通过同源重组的方法介导基因破坏、置换或者重复到目的小鼠的基因组内建立的小鼠。具体步骤主要包括首先在胚胎干细胞内实现定位突变，然后将经过遗传修饰的胚胎干细胞注射进宿主8-细胞囊胚期的胚胎中。注射完成后的胚胎移植到假孕宿主母鼠体内，产生嵌合鼠。如果生殖系配子带有定位突变，嵌合鼠和野生型鼠交配后可以在子代得到杂合的突变鼠。

示例3：诱变小鼠（mouse with induced mutations）

指使用各种化学、物理及生物试剂等，比如乙基亚硝基脲（ethylnitrosourea，ENU）、X-射线、DNA载体和跳跃子（transposon）等处理小鼠或小鼠胚胎干细胞，造成携带突变生殖细胞的小鼠，通过遗传培育最终建立携带突变的小鼠品系。

A.2 命名

A.2.1 转基因动物命名

转基因动物的命名遵循以下原则：背景品系加连接符加转基因符号。

符号：一个转基因符号由以下三部分组成，均以罗马字体表示：

TgX (YYYYYY)# # # # # Zzz，

其中各部分符号表示含意为：

TgX = 方式（mode）

(YYYYYY)=插入片段标示（insert designation）

= 实验室指定序号 （laboratory-assigned number）及

Zzz = 实验室注册代号（laboratory code）

以上各部分具体含意及表示如下：

a） 方式：

转基因符号通常冠以Tg字头，代表转基因（transgene）。随后的一个字母（X）表示DNA插入的方式：H代表同源重组，R代表经过逆转录病毒载体感染的插入，N代表非同源插入。

b） 插入片段标示：

插入片段标示是由研究者确定的表明插入基因显著特征的符号。通常由放在圆括号内的字符组成：可以是字母（大写或小写），也可由字母与数字组合而成，不用斜体字、上标、下标、空格及标点等符号。研究者在确定插入标示时，应注意以下几点：

标示应简短，一般不超过六个字符。

如果插入序列源于已经命名的基因，应尽量在插入标示中使用基因的标准命名或缩写，但基因符号中的连字符应省去。

确定插入片段指示时，推荐使用一些标准的命名缩写，目前包括：

An	匿名序列
Ge	基因组
Im	插入突变
Nc	非编码序列
Rp	报告基因
Sn	合成序列
Et	增强子捕获装置
Pt	启动子捕获装置

插入片断标示只表示插入的序列，并不表明其插入的位置或表型。

c) 实验室指定序号及实验室注册代号：

实验室指定序号是由实验室对已成功的转基因系给予的特定编号，最多不超过5位数字。而且，插入片断标示的字符与实验室指定序号的数字位数之和不能超过11。

实验室注册代号是对从事转基因动物研究生产的实验室给予的特定符号。

示例：

C57BL/6J-TgN(*CD8Ge*)23Jwg 来源于美国杰克逊研究所(J)的C57BL/6品系小鼠被转入人的*CD8*基因组(Ge)；转基因在Jon W. Gordon(Jwg)实验室完成，获取于一系列显微注射后得到的序号为23的小鼠。

TgN(*GPDHIm*)1 Bir是以人的甘油磷酸脱氢酶基因(*GPDH*)插入(C57BL/6J X SJL/J)F1代雌鼠的受精卵中，并引起插入突变(Im)，这是Edward H. Birkenmeier(Bir)实验室命名的第一只转基因小鼠。

根据转基因动物命名的原则，如果转基因动物的遗传背景是由不同的近交系或封闭群之间混合而成时，则该转基因符号应不使用动物品系或种群的名称。

转基因符号的缩写：

转基因符号可以缩写，即去掉插入片断标示部分，例如TgN(*GPDHIm*)1Bir可缩写为TgN 1 Bir。一般在文章中第一次出现时使用全称，以后再出现时可使用缩写名称。

A.2.2 基因定位突变动物的命名

原则：背景品系-基因名$^{tm[实验室序号][实验室代号]}$

其中tm为定位突变基因。

例如基因敲出129X1-*Cftr*^{tm1Unc}为北卡大学(unc)利用129 X1小鼠第一个做出的囊性纤维化*Cftr*基因敲出小鼠。

基因敲入129X1-*En1*$^{tm1(Otx2)Wrst}$为W. Wurst laboratory利用129 X1小鼠第一个做出的用*Otx2*基因替代En1的小鼠。

A.2.3 诱变动物的命名

参考本标准第3章进行命名。

A.3 鉴定与质量控制

A.3.1 转基因动物

A.3.1.1 阳性动物的鉴定

通过PCR、DNA印迹等检测方法确认阳性基因在子代动物中表达。经鉴定为阳性的小鼠成为首建鼠(founder)。

A.3.1.2 建系

将首建鼠与野生型小鼠交配，检测子代阳性鼠，将阳性纯合鼠同胞交配即可建系。纯合子小鼠繁殖困难的可选择杂合子进行繁殖建系。

A.3.1.3 外源基因的表达鉴定

外源基因的稳定表达是转基因成功的关键环节之一，采用RT-PCR、Northern杂交等方法确认外源基因的表达。明确表达的靶器官、表达水平。

A.3.1.4 质量控制

在建系过程需要检测每代阳性鼠，确认转入基因在后代中稳定遗传。

选择纯合子或杂合子交配的方式进行繁殖，同时检测靶器官表达水平，确保转基因的稳定表达和遗传。

A.3.2 基因定位突变动物

通过分子生物学技术(Southern bolt，PCR或测序等)检测纯合子或杂合子小鼠靶位点突变，选用纯合子或杂合子进行建系繁殖，确立突变品系。

A.3.3 诱变动物

通过检测动物的突变位点，建系得到稳定遗传的品系。

附 录 B
（资料性附录）
实验动物封闭群的繁殖方法

B.1 基本要求

保持封闭群条件，无选择，以非近亲交配方式进行繁殖，每代近交系数上升不超过百分之一。

B.2 方法的选择

B.2.1 封闭群的种群大小、选种方法及交配方法是影响封闭群的繁殖过程中近交系数上升的主要因素，应根据种群的大小，选择适宜的繁殖交配方法。

B.2.2 当封闭群中每代交配的雄种动物数目为10只～25只时，一般采用最佳避免近交法，也可采用循环交配法。

B.2.3 当封闭群中每代交配的雄种动物数目为26只～100只时，一般采用循环交配法，也可采用最佳避免近交法。

B.2.4 当封闭群中每代交配的雄种动物数目多于100只时，一般采用随选交配法，也可采用循环交配法。

B.3 交配方法

B.3.1 最佳避免近交法

B.3.1.1 留种

每只雄种动物和每只雌种动物，分别从子代各留一只雄性动物和雌性动物，作为繁殖下一代的种动物。

B.3.1.2 交配

动物交配时，尽量使亲缘关系较近的动物不配对繁殖，编排方法尽量简单易行。

对某些动物品种，如小鼠，大鼠等，生殖周期较短，易于集中安排交配，可按下述方法编排配对进行繁殖：假设一个封闭群有16对种动物，分别标以笼号1、2、3、……、16。设n为繁殖代数（n为自1开始的自然数）。n代所生动物与$n+1$代交配编排见表B.1。

表 B.1 最佳避免近交法的交配编排

$n+1$代笼号	雌种来自n代笼号	雄种来自n代笼号
1	1	2
2	3	4
3	5	6
……	……	……
8	15	16
9	2	1
10	4	3
……	……	……
16	16	15

某些动物品种:如狗、猫、家兔等,生殖周期较长,难于按上述方式编排交配。只要保持种群规模不低于10只雄种,20只雌种的水平,留种时每只雌、雄种各留一只子代雌、雄动物作种,交配时尽量避免近亲交配,则可以把繁殖中每代近交系数的上升控制在较低的程度。

B.3.2 循环交配法

B.3.2.1 应用范围

循环交配法广泛适用于中等规模以上的实验动物封闭群,其优点一是可以避免近亲交配,二是可以保证种动物对整个封闭群有比较广泛的代表性。

B.3.2.2 实施办法

B.3.2.2.1 将封闭群划分成若干个组,每组包含有多个繁殖单位(一雄一雌单位,一雄二雌单位,一雄多雌单位等)。

B.3.2.2.2 安排各组之间以系统方法进行交配。

示例:一封闭群每代有48笼繁殖用种动物(一雄种一雌种,或一雄种多雌种)。先将其分成8个组,每组有6笼。各组内随机选留一定数量的种动物,然后在各组之间按以下排列方法进行交配(见表B.2):

表B.2 循环交配法组间交配编排

新组编号	雄种动物原组编号	雌种动物原组编号
1	1	2
2	3	4
3	5	6
4	7	8
5	2	1
6	4	3
7	6	5
8	8	7

B.3.3 随选交配法

B.3.3.1 应用范围

当封闭群的动物数量非常多(繁殖种动物在100个繁殖单位以上),不易用循环交配法进行繁殖时,可用随选交配法。

B.3.3.2 实施办法

从整个种群中随机选取种动物,然后任选雌雄种动物交配繁殖。

附　录　C
（资料性附录）
常用近交系小鼠、大鼠的遗传标记基因

C.1　常用近交系小鼠的遗传标记基因，见表C.1。

表C.1　常用近交系小鼠的遗传标记基因

遗传标记			主要近交系小鼠的标记基因				
生化位点	染色体	中文名称	A	AKR	C3H/He	C57BL/6	CBA/J
Akp1	1	碱性磷酸酶-1	b	b	b	a	a
Car2	3	碳酸酐酶-2	b	a	b	a	b
Ce2	17	过氧化氢酶-2	a	b	b	a	b
Es1	8	酯酶-1	b	b	b	a	b
Es3	11	酯酶-3	c	c	c	a	c
Es10	14	酯酶-10	a	b	b	a	b
Gpd1	4	葡萄糖-6-磷酸脱氢酶-1	b	b	b	a	b
Gpi1	7	葡萄糖磷酸异构酶-1	a	a	b	b	b
Hbb	7	血红蛋白β链	d	d	d	s	d
Idh1	1	异柠檬酸脱氢酶-1	a	b	a	a	b
Mod1	9	苹果酸酶-1	a	b	a	b	b
Pgm1	5	磷酸葡萄糖变位酶-1	a	a	b	a	a
Pep3	1	肽酶-3	b	b	b	a	b
Trf	9	转铁蛋白	b	b	b	b	a
H-2D	17	组织相容性抗原-*2D*	—	k	k	b	k
H-2K	17	组织相容性抗原-*2K*	—	k	k	b	k

遗传标记			主要近交系小鼠的标记基因					
生化位点	染色体	中文名称	BALB/c	DBA/1	DBA/2	TA1/TM	TA2	615
Akp1	1	碱性磷酸酶-1	b	a	a	b	b	a
Car2	3	碳酸酐酶-2	b	a	b	b	a	a
Ce2	17	过氧化氢酶-2	a	b	a	b	b	b
Es1	8	酯酶-1	b	b	b	a	b	b
Es3	11	酯酶-3	a	c	c	a	c	c
Es10	14	酯酶-10	a	b	b	b	a	a
Gpd1	4	葡萄糖-6-磷酸脱氢酶-1	b	a	b	b	b	b
Gpi1	7	葡萄糖磷酸异构酶-1	a	a	a	a	b	a
Hbb	7	血红蛋白β链	d	d	d	s	d	s
Idh1	1	异柠檬酸脱氢酶-1	a	b	b	a	a	a
Mod1	9	苹果酸酶-1	a	a	a	b	b	b

表 C.1（续）

遗传标记			主要近交系小鼠的标记基因					
生化位点	染色体	中文名称	BALB/c	DBA/1	DBA/2	TA1/TM	TA2	615
Pgm1	5	磷酸葡萄糖变位酶-1	a	b	b	a	b	b
Pep3	1	肽酶-3	a	b	b	c	b	a
Trf	9	转铁蛋白	b	b	b	b	b	b
H-2D	17	组织相容性抗原-*2D*	d	q	d	b	b	k
H-2K	17	组织相容性抗原-*2K*	d	q	d	b	b	k

C.2　常用近交系大鼠的生化标记基因，见表 C.2。

表 C.2　常用近交系大鼠的生化标记基因

遗传标记			主要近交系大鼠的标记基因						
生化位点	染色体	中文名称	ACI	BN	F344	LEW/M	LOU/C	SHR	WKY
Akp1	9	碱性磷酸酶-1	b	a	a	a	a	a	b
Alp	9	血清碱性磷酸酶	b	b	b	b	b	a	b
Cs1	2	过氧化氢酶	a	a	a	a	a	b	b
Es1	19	酯酶-1	b	a	a	a	a	a	a
Es3	11	酯酶-3	a	d	a	d	a	b	d
Es4	19	酯酶-4	b	b	b	b	b	a	b
Es6	8	酯酶-6	b	b	a	a	b	a	a
Es8	19	酯酶-8	b	a	b	b	b	b	a
Es9	19	酯酶-9	a	c	a	c	a	a	c
Es10	19	酯酶-10	a	b	a	a	a	a	b
Hbb	1	血红蛋白	b	a	a	b	a	a	a

ICS 65.120
B 20

中华人民共和国国家标准

GB 14924.3—2010
代替 GB 14924.3～14924.8—2001

实验动物 配合饲料营养成分

Laboratory animals—Nutrients for formula feeds

2010-12-23 发布　　　　2011-10-01 实施

中华人民共和国国家质量监督检验检疫总局
中国国家标准化管理委员会　发布

前　言

GB 14924本部分的3.2.1中饲料常规营养成分指标及3.2.2中饲料氨基酸指标中赖氨酸，蛋氨酸＋胱氨酸指标为强制性的，其余为推荐性的。

本部分代替GB 14924.3—2001《实验动物　小鼠大鼠配合饲料》、GB 14924.4—2001《实验动物　兔配合饲料》、GB 14924.5—2001《实验动物　豚鼠配合饲料》、GB 14924.6—2001《实验动物　地鼠配合饲料》、GB 14924.7—2001《实验动物　犬配合饲料》、GB 14924.8—2001《实验动物　猴配合饲料》。

本部分与前一版本相比，主要变化如下：

a）本部分是将GB 14924.3—2001、GB 14924.4—2001、GB 14924.5—2001、GB 14924.6—2001、GB 14924.7—2001、GB 14924.8—2001内容整合形成的标准；

b）修订了原标准中部分常规营养成分含量指标（地鼠维持饲料、生长繁殖饲料粗蛋白质含量；犬维持饲料粗纤维含量，生长繁殖饲料粗脂肪和粗蛋白质含量）；

c）规定了配合饲料常规营养成分、氨基酸和常量矿物质含量单位以g/kg表示；

d）规定了配合饲料维生素含量和常量矿物质及微量矿物质含量最高上限为下限值的2倍。

本部分由全国实验动物标准化技术委员会提出并归口。

本部分起草单位：全国实验动物标准化技术委员会。

本部分主要起草人：刘源、施美莲、周瑞华、苏卫、王竹、苏晓鸥。

本部分所代替标准历次版本发布情况：

——GB 14924—1994；

——GB 14924.3—2001；

——GB 14924.4—2001；

——GB 14924.5—2001；

——GB 14924.6—2001；

——GB 14924.7—2001；

——GB 14974.8—2001。

实验动物 配合饲料营养成分

1 范围

本部分规定了实验动物配合饲料营养成分的要求。

本部分适用于实验动物配合饲料(不包括模型动物特殊要求的饲料)。

2 规范性引用文件

下列文件中的条款通过GB/T 14924的本部分的引用而成为本部分的条款。凡是注日期的引用文件,其随后所有的修改单(不包括勘误的内容)或修订版均不适用于本部分,然而,鼓励根据本部分达成协议的各方研究是否可使用这些文件的最新版本。凡是不注日期的引用文件,其最新版本适用于本部分。

GB 14924.1 实验动物 配合饲料通用质量标准

GB/T 14924.9 实验动物 配合饲料 常规营养成分的测定

GB/T 14924.10 实验动物 配合饲料 氨基酸的测定

GB/T 14924.11 实验动物 配合饲料 维生素的测定

GB/T 14924.12 实验动物 配合饲料 矿物质和微量元素的测定

3 营养成分

3.1 配合饲料原料的质量要求、检测规则、标签、包装、贮存、运输等应符合GB 14924.1中的规定。

3.2 饲喂时配合饲料常规营养成分指标应符合表1的规定。

表1 配合饲料常规营养成分指标(每千克饲粮含量)

指　　标	小鼠、大鼠		豚鼠		地鼠		兔		犬		猴	
	维持饲料	生长、繁殖饲料	维持饲料	生长、繁殖饲料	维持饲料	生长、繁殖饲料	维持饲料	生长、繁殖饲料	维持饲料	生长、繁殖饲料	维持饲料	生长、繁殖饲料
水分和其他挥发性物质/g ≤	100	100	110	110	100	100	110	110	100	100	100	100
粗蛋白/g ≥	180	200	170	200	200	220	140	170	200	260	160	210
粗脂肪/g ≥	40	40	30	30	30	30	30	30	45	75	40	50
粗纤维/g	≤50	≤50	100～150	100～150	≤60	≤60	100～150	100～150	≤40	≤30	≤40	≤40
粗灰分/g ≤	80	80	90	90	80	80	90	90	90	90	70	70

表 1（续）

指标	小鼠、大鼠		豚鼠		地鼠		兔		犬		猴	
	维持饲料	生长、繁殖饲料	维持饲料	生长、繁殖饲料	维持饲料	生长、繁殖饲料	维持饲料	生长、繁殖饲料	维持饲料	生长、繁殖饲料	维持饲料	生长、繁殖饲料
钙/g	10～18	10～18	10～15	10～15	10～18	10～18	10～15	10～15	7～10	10～15	8～12	10～14
总磷/g	6～12	6～12	5～8	5～8	6～12	6～12	5～8	5～8	5～8	8～12	6～8	7～10
钙：总磷	1.2：1～1.7：1	1.2：1～1.7：1	1.3：1～2.0：1	1.3：1～2.0：1	1.2：1～1.7：1	1.2：1～1.7：1	1.3：1～2.0：1	1.3：1～2.0：1	1.2：1～1.4：1	1.2：1～1.4：1	1.2：1～1.5：1	1.2：1～1.5：1

3.3 饲喂时配合饲料氨基酸指标应符合表 2 的规定。

表 2 配合饲料氨基酸指标（每千克饲粮含量）

指标	小鼠、大鼠		豚鼠		地鼠		兔		犬		猴	
	维持饲料	生长、繁殖饲料	维持饲料	生长、繁殖饲料	维持饲料	生长、繁殖饲料	维持饲料	生长、繁殖饲料	维持饲料	生长、繁殖饲料	维持饲料	生长、繁殖饲料
赖氨酸/g ≥	8.2	13.2	7.5	8.5	11.8	13.2	7.0	8.0	7.1	11.1	8.5	12.0
蛋氨酸＋胱氨酸/g ≥	5.3	7.8	5.4	6.8	7.0	7.8	5.0	6.0	5.4	7.2	6.0	7.9
精氨酸/g ≥	9.9	11.0	8.0	10.0	11.3	13.8	7.0	8.0	6.9	13.5	9.9	12.9
组氨酸/g ≥	4.0	5.5	3.4	4.0	4.5	5.5	3.0	3.5	2.5	4.8	4.4	4.8
色氨酸/g ≥	1.9	2.5	2.4	2.8	2.5	2.9	2.2	2.7	2.1	2.3	2.3	2.7
苯丙氨酸＋酪氨酸/g ≥	11.0	13.0	12.0	15.0	12.7	17.3	11.0	13.0	10.0	15.6	13.1	15.4
苏氨酸/g ≥	6.5	8.8	6.5	7.5	8.0	8.8	5.6	6.5	6.5	7.8	6.3	7.9
亮氨酸/g ≥	14.4	17.6	12.5	13.5	15.0	17.6	11.5	13.0	8.1	16.0	13.5	15.9
异亮氨酸/g ≥	7.0	10.3	7.2	8.0	10.3	11.8	6.0	7.2	5.0	7.9	7.2	8.2
缬氨酸/g ≥	8.4	11.7	8.0	9.3	10.5	11.2	7.5	8.3	5.4	10.4	9.0	10.9

3.4 饲喂时配合饲料维生素指标应符合表 3 的规定。

表 3 配合饲料维生素指标(每千克饲粮含量)

指标	小鼠、大鼠		豚鼠		地鼠		兔		犬		猴	
	维持饲料	生长、繁殖饲料	维持饲料	生长、繁殖饲料	维持饲料	生长、繁殖饲料	维持饲料	生长、繁殖饲料	维持饲料	生长、繁殖饲料	维持饲料	生长、繁殖饲料
维生素 A/IU ≥	7 000	14 000	7 500	12 500	10 000	14 000	6 000	12 500	8 000	10 000	10 000	15 000
维生素 D/IU ≥	800	1 500	700	1 250	2 000	2 400	700	1 250	2 000	2 000	2 200	2 200
维生素 E/IU ≥	60	120	50	70	100	120	50	70	40	50	55	65
维生素 K/mg ≥	3.0	5.0	0.3	0.4	3.0	5.0	0.3	0.4	0.1	0.9	1.0	1.0
维生素 B_1/mg ≥	8	13	7	10	8	13	7	10	6	13	4	16
维生素 B_2/mg ≥	10	12	8	15	10	12	8	15	4	5	5	16
维生素 B_6/mg ≥	6	12	6	9	6	12	6	9	5	6	5	13
烟酸/mg ≥	45	60	40	55	45	60	40	55	50	50	50	60
泛酸/mg ≥	17	24	12	19	17	24	12	19	9	27	13	42
叶酸/mg ≥	4.00	6.00	1.00	3.00	4.00	6.00	1.00	3.00	0.16	1.00	0.20	2.00
生物素/mg ≥	0.10	0.20	0.20	0.45	0.10	0.20	0.20	0.45	0.20	0.20	0.10	0.40
维生素 B_{12}/mg ≥	0.020	0.022	0.020	0.030	0.020	0.022	0.020	0.030	0.030	0.068	0.030	0.050
胆碱/mg ≥	1 250	1 250	1 000	1 200	1 250	1 250	1 000	1 200	1 400	2 000	1 300	1 500
维生素 C/mg ≥	—	—	1 500	1 800	—	—	—	—	—	—	1 700	2 000
配合饲料维生素含量最高上限为下限值的 2 倍。												

3.5 饲喂时配合饲料矿物质指标应符合表4的规定。

表4 配合饲料常量矿物质和微量矿物质指标(每千克饲粮含量)

指 标	小鼠、大鼠		豚鼠		地鼠		兔		犬		猴	
	维持饲料	生长、繁殖饲料	维持饲料	生长、繁殖饲料	维持饲料	生长、繁殖饲料	维持饲料	生长、繁殖饲料	维持饲料	生长、繁殖饲料	维持饲料	生长、繁殖饲料
镁/g ≥	2.0	2.0	2.0	3.0	2.0	2.0	2.0	3.0	1.5	2.0	1.0	1.5
钾/g ≥	5	5	6	10	5	5	6	10	5	7	7	8
钠/g ≥	2.0	2.0	2.0	3.0	2.0	2.0	2.0	3.0	3.9	4.4	3.0	4.0
铁/mg ≥	100	120	100	150	100	120	100	150	150	250	120	180
锰/mg ≥	75	75	40	60	75	75	40	60	40	60	40	60
铜/mg ≥	10	10	9	14	10	10	9	14	12	14	13	16
锌/mg ≥	30	30	50	60	30	30	50	60	50	60	110	140
碘/mg ≥	0.5	0.5	0.4	1.1	0.5	0.5	0.4	1.1	1.4	1.7	0.5	0.8
硒/mg	0.1～0.2	0.1～0.2	0.1～0.2	0.1～0.2	0.1～0.2	0.1～0.2	0.1～0.2	0.1～0.2	0.1～0.2	0.1～0.2	0.1～0.2	0.1～0.2
配合饲料矿物质含量最高上限为下限值的2倍。												

4 检测方法

配合饲料营养成分指标检测方法按GB/T 14924.9、GB/T 14924.10、GB/T 14924.11、GB/T 14924.12执行。

ICS 65.020.30
B 44

中华人民共和国国家标准

GB 14925—2010
代替 GB 14925—2001

实验动物　环境及设施

Laboratory animal—Requirements of environment and housing facilities

2010-12-23 发布　　　　2011-10-01 实施

中华人民共和国国家质量监督检验检疫总局
中国国家标准化管理委员会　发布

前　言

本标准的4.2.4,4.4.1,4.4.5,4.4.6,5.2.1,5.2.2,5.2.3,6.1.2.4,6.2.3,7.2,7.3,7.4,8.2.2,8.3.2,9.1.7,9.2.3为强制性,其余为推荐性。

本标准代替GB 14925—2001《实验动物　环境及设施》。

本标准与GB 14925—2001相比,主要变化如下:

a）对标准的范围、引用标准、定义进行了规范;

b）对设施、环境、工艺布局的规定更具可操作性;

c）对污水、废弃物及动物尸体处理、笼具、垫料、饮水、动物运输的规定较为具体。

本标准附录A、附录B、附录C、附录D、附录E、附录F、附录G、附录H、附录I均为规范性附录。

本标准由全国实验动物标准化技术委员会提出并归口。

本标准起草单位:全国实验动物标准化技术委员会。

本标准主要起草人:刘云波、王清勤、陈振文、萨晓婴、张道茹、刘年双。

本标准于1994年1月首次发布,于1999年8月进行第一次修订,2001年第二次修订。

实验动物 环境及设施

1 范围

本标准规定了实验动物及动物实验设施和环境条件的技术要求及检测方法,同时规定了垫料、饮水和笼具的原则要求。

本标准适用于实验动物生产、实验场所的环境条件及设施的设计、施工、检测、验收及经常性监督管理。

2 规范性引用文件

下列文件中的条款通过本标准的引用而成为本标准的条款。凡是注日期的引用文件,其随后所有的修改单(不包括勘误的内容)或修订版均不适用于本标准,然而,鼓励根据本标准达成协议的各方研究是否可使用这些文件的最新版本。凡是不注日期的引用文件,其最新版本适用于本标准。

GB 5749 生活饮用水卫生标准

GB 8978 污水综合排放标准

GB 18871 电离辐射防护与辐射源安全基本标准

GB 19489 实验室 生物安全通用要求

GB 50052 供配电系统设计规范

GB 50346 生物安全实验室建筑技术规范

3 术语和定义

下列术语和定义适用于本标准。

3.1

实验动物 laboratory animal

经人工培育,对其携带微生物和寄生虫实行控制,遗传背景明确或者来源清楚,用于科学研究、教学、生产、检定以及其他科学实验的动物。

3.2

实验动物生产设施 breeding facility for laboratory animal

用于实验动物生产的建筑物和设备的总和。

3.3

实验动物实验设施 experiment facility for laboratory animal

以研究、试验、教学、生物制品和药品及相关产品生产、检定等为目的而进行实验动物试验的建筑物和设备的总和。

3.4

实验动物特殊实验设施 hazard experiment facility for laboratory animal

包括感染动物实验设施(动物生物安全实验室)和应用放射性物质或有害化学物质等进行动物实验的设施。

3.5

普通环境 conventional environment

符合实验动物居住的基本要求,控制人员和物品、动物出入,不能完全控制传染因子,适用于饲育基础级实验动物。

3.6

屏障环境 barrier environment

符合动物居住的要求，严格控制人员、物品和空气的进出，适用于饲育清洁级和/或无特定病原体(specific pathogen free, SPF)级实验动物。

3.7

隔离环境 isolation environment

采用无菌隔离装置以保持无菌状态或无外源污染物。隔离装置内的空气、饲料、水、垫料和设备应无菌，动物和物料的动态传递须经特殊的传递系统，该系统既能保证与环境的绝对隔离，又能满足转运动物时保持与内环境一致。适用于饲育无特定病原体级、悉生(gnotobiotic)及无菌(germ free)级实验动物。

3.8

洁净度5级 cleanliness class 5

空气中大于等于0.5 μm 的尘粒数大于352 pc/m^3 到小于等于3 520 pc/m^3，大于等于1 μm 的尘粒数大于83 pc/m^3 到小于等于832 pc/m^3，大于等于5 μm 的尘粒数小于等于29 pc/m^3。

3.9

洁净度7级 cleanliness class 7

空气中大于等于0.5 μm 的尘粒数大于35 200 pc/m^3 到小于等于352 000 pc/m^3，大于等于1 μm 的尘粒数大于8 320 pc/m^3 到小于等于83 200 pc/m^3，大于等于5 μm 的尘粒数大于293 pc/m^3 到小于等于2 930 pc/m^3。

3.10

洁净度8级 cleanliness class 8

空气中大于等于0.5 μm 的尘粒数大于352 000 pc/m^3 到小于等于3 520 000 pc/m^3，大于等于1 μm 的尘粒数大于83 200 pc/m^3 到小于等于832 000 pc/m^3，大于等于5 μm 的尘粒数大于2 930 pc/m^3 到小于等于29 300 pc/m^3。

4 设施

4.1 分类

按照设施的使用功能，分为实验动物生产设施、实验动物实验设施和实验动物特殊实验设施。

4.2 选址

4.2.1 应避开自然疫源地。生产设施宜远离可能产生交叉感染的动物饲养场所。

4.2.2 宜选在环境空气质量及自然环境条件较好的区域。

4.2.3 宜远离有严重空气污染、振动或噪声干扰的铁路、码头、飞机场、交通要道、工厂、贮仓、堆场等区域。

4.2.4 动物生物安全实验室与生活区的距离应符合GB 19489和GB 50346的要求。

4.3 建筑卫生要求

4.3.1 所有围护结构材料均应无毒、无放射性。

4.3.2 饲养间内墙表面应光滑平整，阴阳角均为圆弧形，易于清洗、消毒。墙面应采用不易脱落、耐腐蚀、无反光、耐冲击的材料。地面应防滑、耐磨、无渗漏。天花板应耐水、耐腐蚀。

4.4 建筑设施一般要求

4.4.1 建筑物门、窗应有良好的密封性，饲养间门上应设观察窗。

4.4.2 走廊净宽度一般不应少于1.5 m，门大小应满足设备进出和日常工作的需要，一般净宽度不少于0.8 m。饲养大型动物的实验动物设施，其走廊和门的宽度和高度应根据实际需要加大尺寸。

4.4.3 饲养间应合理组织气流和布置送、排风口的位置，宜避免死角、断流、短路。

4.4.4 各类环境控制设备应定期维修保养。

4.4.5 实验动物设施的电力负荷等级，应根据工艺要求按 GB 50052 要求确定。屏障环境和隔离环境应采用不低于二级电力负荷供电。

4.4.6 室内应选择不易积尘的配电设备，由非洁净区进入洁净区及洁净区内的各类管线管口，应采取可靠的密封措施。

5 环境

5.1 分类

按照空气净化的控制程度，实验动物环境分为普通环境、屏障环境和隔离环境，见表 1。

表 1 实验动物环境的分类

环境分类		使用功能	适用动物等级
普通环境	—	实验动物生产、动物实验、检疫	基础动物
屏障环境	正压	实验动物生产、动物实验、检疫	清洁动物、SPF 动物
	负压	动物实验、检疫	清洁动物、SPF 动物
隔离环境	正压	实验动物生产、动物实验、检疫	SPF 动物、悉生动物、无菌动物
	负压	动物实验、检疫	SPF 动物、悉生动物、无菌动物

5.2 技术指标

5.2.1 实验动物生产间的环境技术指标应符合表 2 的要求。

表 2 实验动物生产间的环境技术指标

项目	指标								
	小鼠、大鼠		豚鼠、地鼠			犬、猴、猫、兔、小型猪			鸡
	屏障环境	隔离环境	普通环境	屏障环境	隔离环境	普通环境	屏障环境	隔离环境	屏障环境
温度/℃	20～26		18～29	20～26		16～28	20～26		16～28
最大日温差/℃ ≤	4								
相对湿度/%	40～70								
最小换气次数/(次/h) ≥	15[a]	20	8[b]	15[a]	20	8[b]	15[a]	20	—
动物笼具处气流速度/(m/s) ≤	0.20								
相通区域的最小静压差/Pa ≥	10	50[c]	—	10	50[c]	—	10	50[c]	10
空气洁净度/级	7	5 或 7[d]	—	7	5 或 7[d]	—	7	5 或 7[d]	5 或 7
沉降菌最大平均浓度/(CFU/0.5 h·Φ90 mm 平皿) ≤	3	无检出	—	3	无检出	—	3	无检出	3
氨浓度/(mg/m³) ≤	14								
噪声/dB(A) ≤	60								

表 2（续）

项目		指标								
		小鼠、大鼠		豚鼠、地鼠			犬、猴、猫、兔、小型猪			鸡
		屏障环境	隔离环境	普通环境	屏障环境	隔离环境	普通环境	屏障环境	隔离环境	屏障环境
照度/(lx)	最低工作照度 ≥	200								
	动物照度	15～20					100～200			5～10
昼夜明暗交替时间/h		12/12 或 10/14								

注 1：表中—表示不作要求。

注 2：表中氨浓度指标为动态指标。

注 3：普通环境的温度、湿度和换气次数指标为参考值，可在此范围内根据实际需要适当选用，但应控制日温差。

注 4：温度、相对湿度、压差是日常性检测指标；日温差、噪声、气流速度、照度、氨气浓度为监督性检测指标；空气洁净度、换气次数、沉降菌最大平均浓度、昼夜明暗交替时间为必要时检测指标。

注 5：静态检测除氨浓度外的所有指标，动态检测日常性检测指标和监督性检测指标，设施设备调试和/或更换过滤器后检测必要检测指标。

[a] 为降低能耗，非工作时间可降低换气次数，但不应低于 10 次/h。

[b] 可根据动物种类和饲养密度适当增加。

[c] 指隔离设备内外静压差。

[d] 根据设备的要求选择参数。用于饲养无菌动物和免疫缺陷动物时，洁净度应达到 5 级。

5.2.2　动物实验间的环境技术指标应符合表 3 的要求。特殊动物实验设施动物实验间的技术指标除满足表 3 的要求外，还应符合相关标准的要求。

表 3　动物实验间的环境技术指标

项目	指标								
	小鼠、大鼠		豚鼠、地鼠			犬、猴、猫、兔、小型猪			鸡
	屏障环境	隔离环境	普通环境	屏障环境	隔离环境	普通环境	屏障环境	隔离环境	隔离环境
温度/℃	20～26		18～29	20～26		16～26	20～26		16～26
最大日温差/℃ ≤	4								
相对湿度/%	40～70								
最小换气次数/(次/h) ≥	15[a]	20	8[b]	15[a]	20	8[b]	15[a]	20	—
动物笼具处气流速度/(m/s) ≤	0.2								
相通区域的最小静压差/Pa ≥	10	50[c]	—	10	50[c]	—	10	50[c]	50[c]
空气洁净度/级	7	5 或 7[d]	—	7	5 或 7[d]	—	7	5 或 7[d]	5

表 3（续）

项目	小鼠、大鼠 屏障环境	小鼠、大鼠 隔离环境	豚鼠、地鼠 普通环境	豚鼠、地鼠 屏障环境	豚鼠、地鼠 隔离环境	犬、猴、猫、兔、小型猪 普通环境	犬、猴、猫、兔、小型猪 屏障环境	犬、猴、猫、兔、小型猪 隔离环境	鸡 隔离环境
沉降菌最大平均浓度/（CFU/0.5 h·Φ90 mm 平皿） ≤	3	无检出	—	3	无检出	—	3	无检出	无检出
氨浓度/（mg/m³） ≤	14								
噪声/dB(A) ≤	60								
照度/lx 最低工作照度 ≥	200								
照度/lx 动物照度	15～20					100～200			5～10
昼夜明暗交替时间/h	12/12 或 10/14								

注 1：表中—表示不作要求。

注 2：表中氨浓度指标为动态指标。

注 3：温度、相对湿度、压差是日常性检测指标；日温差、噪声、气流速度、照度、氨气浓度为监督性检测指标；空气洁净度、换气次数、沉降菌最大平均浓度、昼夜明暗交替时间为必要时检测指标。

注 4：静态检测除氨浓度外的所有指标，动态检测日常性检测指标和监督性检测指标，设施设备调试和/或更换过滤器后检测必要检测指标。

a 为降低能耗，非工作时间可降低换气次数，但不应低于 10 次/h。

b 可根据动物种类和饲养密度适当增加。

c 指隔离设备内外静压差。

d 根据设备的要求选择参数。用于饲养无菌动物和免疫缺陷动物时，洁净度应达到 5 级。

5.2.3 屏障环境设施的辅助用房主要技术指标应符合表 4 的规定。

表 4 屏障环境设施的辅助用房主要技术指标

房间名称	洁净度级别	最小换气次数/（次/h） ≥	相通区域的最小压差/Pa ≥	温度/℃	相对湿度/%	噪声/dB(A) ≤	最低照度/lx ≥
洁物储存室	7	15	10	18～28	30～70	60	150
无害化消毒室	7 或 8	15 或 10	10	18～28	—	60	150
洁净走廊	7	15	10	18～28	30～70	60	150
污物走廊	7 或 8	15 或 10	10	18～28	—	60	150
入口缓冲间	7	15 或 10	10	18～28	—	60	150
出口缓冲间	7 或 8	15 或 10	10	18～28	—	60	150
二更	7	15	10	18～28	—	60	150
清洗消毒室	—	4	—	18～28	—	60	150

表 4（续）

房间名称	洁净度级别	最小换气次数/（次/h）≥	相通区域的最小压差/Pa ≤	温度/℃	相对湿度/%	噪声/dB(A) ≤	最低照度/lx ≥
淋浴室	—	4	—	18～28	—	60	100
一更（脱、穿普通衣、工作服）	—	—	—	18～28	—	60	100

实验动物生产设施的待发室、检疫观察室和隔离室主要技术指标应符合表 2 的规定。

动物实验设施的检疫观察室和隔离室主要技术指标应符合表 3 的规定。

动物生物安全实验室应同时符合 GB 19489 和 GB 50346 的规定。

正压屏障环境的单走廊设施应保证动物生产区、动物实验区压力最高。正压屏障环境的双走廊或多走廊设施应保证洁净走廊的压力高于动物生产区、动物实验区；动物生产区、动物实验区的压力高于污物走廊。

注：表中—表示不作要求。

6 工艺布局

6.1 区域布局

6.1.1 前区的设置

包括办公室、维修室、库房、饲料室、一般走廊。

6.1.2 饲育区的设置

6.1.2.1 生产区：包括隔离检疫室、缓冲间、风淋室、育种室、扩大群饲育室、生产群饲育室、待发室、清洁物品贮藏室、消毒后室、走廊。

6.1.2.2 动物实验区：包括缓冲间、风淋室、检疫间、隔离室、操作室、手术室、饲育间、清洁物品贮藏室、消毒后室、走廊。基础级大动物检疫间必须与动物饲养区分开设置。

6.1.2.3 辅助区：包括仓库、洗刷消毒室、废弃物品存放处理间（设备）、解剖室、密闭式实验动物尸体冷藏存放间（设备）、机械设备室、淋浴室、工作人员休息室、更衣室。

6.1.2.4 动物实验设施应与动物生产设施分开设置。

6.2 其他设施

6.2.1 有关放射性动物实验室除满足本标准外，还应按照 GB 18871 进行。

6.2.2 动物生物安全实验室除满足本标准外，还应符合 GB 19489 和 GB 50346 的要求。

6.2.3 感染实验、染毒试验均应在负压设施或负压设备内操作。

6.3 设备

6.3.1 实验动物生产使用设备及其辅助设施应布局合理，其技术指标应达到生产设施环境技术指标要求（表 2、表 4）。

6.3.2 动物实验使用设备及其辅助设施应布局合理，技术指标应达到实验设施环境技术指标要求（表 3、表 4）。

7 污水、废弃物及动物尸体处理

7.1 实验动物和动物实验设施应有相对独立的污水初级处理设备或化粪池，来自于动物的粪尿、笼器具洗刷用水、废弃的消毒液、实验中废弃的试液等污水应经处理并达到 GB 8978 二类一级标准要求后排放。

7.2 感染动物实验室所产生的废水，必须先彻底灭菌后方可排出。

7.3 实验动物废垫料应集中作无害化处理。一次性工作服、口罩、帽子、手套及实验废弃物等应按医院污物处理规定进行无害化处理。注射针头、刀片等锐利物品应收集到利器盒中统一处理。感染动物实验所产生的废弃物须先行高压灭菌后再作处理。放射性动物实验所产生放射性沾染废弃物应按GB 18871的要求处理。

7.4 动物尸体及组织应装入专用尸体袋中存放于尸体冷藏柜(间)或冰柜内,集中作无害化处理。感染动物实验的动物尸体及组织须经高压灭菌器灭菌后传出实验室再作相应处理。

8 笼具、垫料、饮水

8.1 笼具

8.1.1 笼具的材质应符合动物的健康和福利要求,无毒、无害、无放射性、耐腐蚀、耐高温、耐高压、耐冲击、易清洗、易消毒灭菌。

8.1.2 笼具的内外边角均应圆滑、无锐口,动物不易噬咬、咀嚼。笼子内部无尖锐的突起伤害到动物。笼具的门或盖有防备装置,能防止动物自己打开笼具或打开时发生意外伤害或逃逸。笼具应限制动物身体伸出受到伤害,伤害人类或邻近的动物。

8.1.3 常用实验动物笼具的大小最低应满足表5的要求,实验用大型动物的笼具尺寸应满足动物福利的要求和操作的需求。

表5 常用实验动物所需居所最小空间

项目	小鼠			大鼠			豚鼠		
	＜20 g 单养时	＞20 g 单养时	群养(窝)时	＜150 g 单养时	＞150 g 单养时	群养(窝)时	＜350 g 单养时	＞350 g 单养时	群养(窝)时
底板面积/m^2	0.006 7	0.009 2	0.042	0.04	0.06	0.09	0.03	0.065	0.76
笼内高度/m	0.13	0.13	0.13	0.18	0.18	0.18	0.18	0.21	0.21

项目	地鼠			猫		猪		鸡	
	＜100 g 单养时	＞100 g 单养时	群养(窝)时	＜2.5 kg 单养时	＞2.5 kg 单养时	＜20 kg 单养时	＞20 kg 单养时	＜2 kg 单养时	＞2 kg 单养时
底板面积/m^2	0.01	0.012	0.08	0.28	0.37	0.96	1.2	0.12	0.15
笼内高度/m	0.18			0.76(栖木)		0.6	0.8	0.4	0.6

项目	兔			犬			猴		
	＜2.5 kg 单养时	＞2.5 kg 单养时	群养(窝)时	＜10 kg 单养时	10～20 kg 单养时	＞20 kg 单养时	＜4 kg 单养时	4～8 kg 单养时	＞8 kg 单养时
底板面积/m^2	0.18	0.2	0.42	0.6	1	1.5	0.5	0.6	0.9
笼内高度/m	0.35	0.4	0.4	0.8	0.9	1.1	0.8	0.85	1.1

8.2 垫料

8.2.1 垫料的材质应符合动物的健康和福利要求,应满足吸湿性好、尘埃少、无异味、无毒性、无油脂、耐高温、耐高压等条件。

8.2.2 垫料必须经灭菌处理后方可使用。

8.3 饮水

8.3.1 基础级实验动物的饮水应符合GB 5749的要求。

8.3.2 清洁级及其以上级别实验动物的饮水应达到无菌要求。

9 动物运输

9.1 运输笼具

9.1.1 运输活体动物的笼具结构应适应动物特点，材质应符合动物的健康和福利要求，并符合运输规范和要求。

9.1.2 运输笼具必须足够坚固，能防止动物破坏、逃逸或接触外界，并能经受正常运输。

9.1.3 运输笼具的大小和形状应适于被运输动物的生物特性，在符合运输要求的前提下要使动物感觉舒适。

9.1.4 运输笼具内部和边缘无可伤害到动物的锐角或突起。

9.1.5 运输笼具的外面应具有适合于搬动的把手或能够握住的把柄，搬运者与笼具内的动物不能有身体接触。

9.1.6 在紧急情况下，运输笼具要容易打开门，将活体动物移出。

9.1.7 运输笼具应符合微生物控制的等级要求，并且必须在每次使用前进行清洗和消毒。

9.1.8 可移动的动物笼具应在动物笼具顶部或侧面标上“活体实验动物”的字样，并用箭头或其他标志标明动物笼具正确立放的位置。运输笼具上应标明运输该动物的注意事项。

9.2 运输工具

9.2.1 运输工具能够保证有足够的新鲜空气维持动物的健康、安全和舒适的需要，并应避免运输时运输工具的废气进入。

9.2.2 运输工具应配备空调等设备，使实验动物周围环境的温度符合相应等级要求，以保证动物的质量。

9.2.3 运输工具在每次运输实验动物前后均应进行消毒。

9.2.4 如果运输时间超过 6 h，宜配备符合要求的饲料和饮水设备。

10 检测

10.1 设施环境技术指标检测方法见本标准附录 A～附录 I。

10.2 设备环境技术指标检测方法参考附录 A～附录 I 执行。除检测设备内部技术指标外，还应检测设备所处房间环境的温湿度、噪声指标。

附　录　A
（规范性附录）
温湿度测定

A.1　测定条件

A.1.1　在设施竣工空调系统运转 48 h 后或设施正常运行之中进行测定。测定时，应根据设施设计要求的空调和洁净等级确定动物饲育区及实验工作区，并在区内布置测点。

A.1.2　一般饲育室应选择动物笼具放置区域范围为动物饲育区。

A.1.3　恒温恒湿房间离围护结构 0.5 m，离地面高度 0.1 m～2 m 处为饲育区。

A.1.4　洁净房间垂直平行流和乱流的饲育区与恒温恒湿房间相同。

A.2　测量仪器

A.2.1　测量仪器精密度为 0.1 以上标准水银干湿温度计及热敏电阻式数字型温湿度测定仪。

A.2.2　测量仪器应在有效检定期内。

A.3　测定方法

A.3.1　当设施环境温度波动范围大于 2 ℃，室内相对湿度波动范围大于 10%，温湿度测定宜连续进行 8 h，每次测定间隔为 15 min～30 min。

A.3.2　乱流洁净室按洁净面积不大于 50 m^2 至少布置测定 5 个测点，每增加 20 m^2～50 m^2 增加 3 个～5 个位点。

附　录　B
（规范性附录）
气流速度测定

B.1　测定条件

在设施运转接近设计负荷，连续运行 48 h 以上进行测定。

B.2　测量仪器

B.2.1　测量仪器为精密度为 0.01 以上的热球式电风速计，或智能化数字显示式风速计，校准仪器后进行检测。
B.2.2　测量仪器应在有效检定期内。

B.3　测定方法

B.3.1　布点

B.3.1.1　应根据设计要求和使用目的确定动物饲育区和实验工作区，要在区内布置测点。
B.3.1.2　一般空调房间应选择放置在实验动物笼具处的具有代表性的位置布点，尚无安装笼具时在离围护结构 0.5 m，离地高度 1.0 m 及室内中心位置布点。

B.3.2　测定方法

B.3.2.1　检测在实验工作区或动物饲育区内进行，当无特殊要求时，于地面高度 1.0 m 处进行测定。
B.3.2.2　乱流洁净室按洁净面积不大于 50 m^2 至少布置测定 5 个测点，每增加 20 m^2～50 m^2 增加 3 个～5 个位点。

B.4　数据整理

B.4.1　每个测点的数据应在测试仪器稳定运行条件下测定，数字稳定 10 s 后读取。
B.4.2　乱流洁净室内取各测定点平均值，并根据各测定点各次测定值判定室内气流速度变动范围及稳定状态。

附 录 C
（规范性附录）
换气次数测定

C.1 测定条件

在实验动物设施运转接近设计负荷连续运行 48 h 以上进行测定。

C.2 测量仪器

C.2.1 测量仪器为精密度为 0.01 以上的热球式电风速计，或智能化数字显示式风速计，或风量罩，校准仪器后进行检测。
C.2.2 测量仪器应在有效检定期内。

C.3 测定方法

C.3.1 通过测定送风口风量（正压式）或出风口（负压式）及室内容积来计算换气次数。
C.3.2 风口为圆形时，直径在 200 mm 以下者，在径向上选取 2 个测定点进行测定；直径在 200 mm～300 mm 时，用同心圆做 2 个等面积环带，在径向上选取 4 个测定点进行测定；直径为 300 mm～600 mm 时，做成 3 个同心圆，在径向上选取 6 个点；直径大于 600 mm 时，做成 5 个同心圆测定 10 个点，求出风速平均值。
C.3.3 风口为方形或长方形者，应将风口断面分成 100 mm×150 mm 以下的若干个等分面积，分别测定各个等分面积中心点的风速，求出平均值，作为平均风速。
C.3.4 在装有圆形进风口的情况下，可应用与之管径相等、1 000 mm 长的辅助风道或应用风斗型辅助风道，按 C.3.2 中所述方法取点进行测定；如送风口为方形或长方形，则应用相应形状截面的辅助风道，按 C.3.3 中所述方法取样进行测定。
C.3.5 使用风量罩测定时，直接将风量罩扣到送（排）风口测定。

C.4 结果计算

按式（C.1）求得换气量。

$$Q = 3\,600 S\bar{v} \qquad \cdots\cdots(C.1)$$

式中：
Q——所求换气量，单位为立方米每小时（m^3/h）；
S——有效横截面积，单位为平方米（m^2）；
$\bar{v}$——平均风速，单位为米每秒（m/s）。

换气量再乘以校正系数即可求得标准状态下的换气量。校正系数进风口为 1.0，出风口为 0.8，以 20 ℃为标准状态按式（C.2）进行换算：

$$Q_0 = 3\,600[(273+20)/(273+t)]S\bar{v} \qquad \cdots\cdots(C.2)$$

式中：
Q_0——标准状态时的换气量，单位为立方米每小时（m^3/h）；
t——送风温度，单位为摄氏度（℃）；
$\bar{v}$——平均风速，单位为米每秒（m/s）。

换气次数则由式（C.3）求得：

附 录 E
（规范性附录）
空气洁净度检测方法

E.1 检测条件

E.1.1 静态检测

在实验动物设施内环境净化空调系统正常连续运转 48 h 以上，工艺设备已安装，室内无动物及工作人员的情况下进行检测。

E.1.2 动态检测

在实验动物设施处于正常生产或实验工作状态下进行检测。

E.2 检测仪器

E.2.1 尘埃粒子计数器。

E.2.2 测量仪器应在有效检定期内。

E.3 测定方法

E.3.1 静态检测

E.3.1.1 应对洁净区及净化空调系统进行彻底清洁。

E.3.1.2 测量仪器充分预热，采样管必须干净，连接处严禁渗漏。

E.3.1.3 采样管长度，应为仪器的允许长度，当无规定时，不宜大于 1.5 m。

E.3.1.4 采样管口的流速，宜与洁净室断面平均风速相接近。检测人员应在采样口的下风侧。

E.3.2 动态检测

在实验工作区或动物饲育区内，选择有代表性测点的气流上风向进行检测，检测方法和操作与静态检测相同。

E.4 测点布置

E.4.1 检测实验工作区时，如无特殊实验要求，取样高度为距地面 1.0 m 高的工作平面上。

E.4.2 检测动物饲育区内时，取样高度为笼架高度的中央，水平高度约为 0.9 m～1.0 m 的平面上。

E.4.3 测点间距为 0.5 m～2.0 m，层流洁净室测点总数不少于 20 点。乱流洁净室面积不大于 50 m^2 的布置 5 个测点，每增加 20 m^2～50 m^2 应增加 3 个～5 个测点。每个测点连续测定 3 次。

E.5 采样流量及采样量

E.5.1 5 级要求洁净实验动物设施（装置）采样流量为 1.0 L/min，采样量不小于 1.0 L。

E.5.2 6 级及以上级别要求的实验动物设施（装置）采样流量不大于 0.5 L/min，采样量不少于 1.0 L。

E.6 结果计算

E.6.1 每个测点应在测试仪器稳定运行条件下采样测定 3 次，计算求取平均值，为该点的实测结果。

E.6.2 对于大于或等于 0.5 μm 的尘埃粒子数确定：层流洁净室取各测定点的最大值。乱流洁净室取各测点的平均值作为实测结果。

附　录　F
（规范性附录）
空气沉降菌检测方法

F.1　测定条件

实验动物设施环境空气中沉降菌的测定应在实验动物设施空调净化系统正常运行至少 48 h，经消毒灭菌后进行。

F.2　测点选择

每 5 m^2～10 m^2 设置 1 个测定点，将培养皿放于地面上。

F.3　测定方法

平皿打开后放置 30 min，加盖，放于 37 ℃恒温箱内培养 48 h 后计算菌落数（个/皿）。

营养琼脂培养基的制备：

成分：营养琼脂培养基。

制法：将已灭菌的营养琼脂培养基（pH7.6），隔水加热至完全溶化。冷却至 50 ℃左右，轻轻摇匀（勿使有气泡），立即倾注灭菌平皿内（直径为 90 mm），每皿注入 15 mL～25 mL。待琼脂凝固后，翻转平皿（盖在下），放入 37 ℃恒温箱内，经 24 h 无菌培养，无细菌生长，方可用于检测。

附 录 G
（规范性附录）
噪声检测方法

G.1 检测条件

G.1.1 静态检测

在实验动物设施内环境通风、净化、空调系统正常连续运转 48 h 后，工艺设备已安装，室内无动物及生产实验工作人员的条件下进行检测。

G.1.2 动态检测

在实验动物设施处于正常生产或实验工作状态条件下进行检测。

G.2 检测仪器

G.2.1 测量仪器为声级计。

G.2.2 测量仪器应在有效检定期内。

G.3 测定方法

G.3.1 测点布置：面积小于或等于 10 m^2 的房间，于房间中心离地 1.2 m 高度设一个点；面积大于 10 m^2 的房间，在室内离开墙壁反射面 1.0 m 及中心位置，离地面 1.2 m 高度布点检测。

G.3.2 实验动物设施内噪声测定以声级计 A 档为准进行测定。

附 录 H
（规范性附录）
照度测定方法

H.1 测定条件

实验动物设施内照度，在工作光源接通，并正常使用状态下进行测定。

H.2 测定仪器

H.2.1 测定仪器为便携式照度计。

H.2.2 测量仪器应在有效检定期内。

H.3 测定方法

H.3.1 在实验动物设施内选定几个具有代表性的点测定工作照度。距地面 0.9 m，离开墙面 1.0 m 处布置测点。

H.3.2 关闭工作照度灯，打开动物照度灯，在动物饲养盒笼盖或笼网上测定动物照度，测定时笼架不同层次和前后都要选点。

H.3.3 使用电光源照明时，应注意电压时高时低的变化，应使电压稳定后再测。

附 录 I
（规范性附录）
氨气浓度测定方法

I.1 测定条件

在实验动物设施处于正常生产或实验工作状态下进行，垫料更换符合时限要求。

I.2 测定原理

实验动物设施环境中氨浓度检测应用纳氏试剂比色法进行。其原理是：氨与纳氏试剂在碱性条件下作用产生黄色，比色定量。

此法检测灵敏度为 2 μg/10 mL。

I.3 检测仪器

I.3.1 检测仪器为大型气泡吸收管，空气采样机，流量计 0.2 L/min～1.0 L/min，具塞比色管（10 mL），分光光度计。基于纳氏试剂比色法的现场氨测定仪。

I.3.2 检测仪器应在有效检定期内。

I.4 样品采集

I.4.1 试剂

吸收液：0.05 mol/L 硫酸溶液。

纳氏试剂：称取 17 g 氯化汞溶于 300 mL 蒸馏水中，另将 35 g 碘化钾溶于 100 mL 蒸馏水中，将氯化汞溶液滴入碘化钾溶液直至形成红色不溶物沉淀出现为止。然后加入 600 mL 20%氢氧化钠溶液及剩余的氯化汞溶液。将试剂贮存于另一个棕色瓶内，放置暗处数日。取出上清液放于另一个棕色瓶内，塞好橡皮塞备用。

标准溶液：称取 3.879 g 硫酸铵[$(NH_4)_2SO_4$]（80 ℃干燥 1 h），用少量吸收液溶解，移入 1 000 mL 容量瓶中，用吸收液稀释至刻度，此溶液 1 mL 含 1 mg 氨（NH_3）贮备液。

量取贮备液 20 mL 移入 1 000 mL 容量瓶，用吸收液稀释至刻度，配成 1 mL 含 0.02 mg 氨（NH_3）的标准溶液备用。

I.4.2 样品采集方法

应用装有 5 mL 吸收液的大型气泡吸收管安装在空气采样器上，以 0.5 L/min 速度在笼具中央位置抽取 5 L 被检气体样品。

I.5 分析步骤

采样结束后，从采样管中取 1 mL 样品溶液，置于试管中，加 4 mL 吸收液，同时按表 I.1 配制标准色列，分别测定各管的吸光度，绘制标准曲线。

表 I.1 氨标准色列管的配制

管号	0	1	2	3	4	5	6	7	8	9	10
标准液/mL	0	0.2	0.4	0.6	0.8	1.0	1.2	1.4	1.6	1.8	2.0
0.05 mol H_2SO_4/mL	5	4.8	4.6	4.4	4.2	4.0	3.8	3.6	3.4	3.2	3.0
纳氏试剂/mL	0.5	0.5	0.5	0.5	0.5	0.5	0.5	0.5	0.5	0.5	0.5
氨含量/mg	0	0.004	0.008	0.012	0.016	0.02	0.024	0.028	0.032	0.036	0.04
吸光度											

向样品管中加入0.5 mL纳氏试剂，混匀，放置5 min后用分光光度计在500 nm处比色，读取吸光度值，从标准曲线表中查出相对应的氨含量。

I.6 计算

I.6.1 将采样体积按式(I.1)换算成标准状态下采样体积

$$V_0 = V_t \times \frac{t_0}{273+t} \times \frac{P}{P_0} \quad \cdots\cdots\cdots\cdots(\text{I}.1)$$

式中：

V_0——标准状态下的采样体积，单位为升(L)；

V_t——采样体积，单位为升(L)；

t——采样点的气温，单位为摄氏度(℃)；

t_0——标准状态下的绝对温度273 K；

P——采样点的大气压，单位为千帕(kPa)；

P_0——标准状态下的大气压，101 kPa。

I.6.2 空气中氨浓度，式(I.2)：

$$X = \frac{C \times \text{稀释倍数} \times \text{取样量}}{V_0} \quad \cdots\cdots\cdots\cdots(\text{I}.2)$$

式中：

X——空气中氨浓度，单位为毫克每立方米(mg/m^3)；

C——样品溶液中氨含量，单位为微克(μg)；

V_0——换算成标准状况下的采样体积，单位为升(L)。

I.7 注意事项

当氨含量较高时，则形成棕红色沉淀，需另取样品，增加稀释倍数，重新分析；甲醛和硫化氢对测定有干扰；所有试剂均需用无氨水配制。

GB 14925—2010《实验动物　环境及设施》
国家标准第1号修改单

本修改单经国家标准化管理委员会于2011年9月6日批准，自2011年10月1日起实施。

一、标准前言中最后一行“本标准于1994年1月首次发布，于1999年8月进行第一次修订，2001年第二次修订”改为“本标准于1994年1月首次发布，于2001年第一次修订”。

二、3.5和8.3.1中“基础级实验动物”改为“普通级实验动物”；表1中“适用动物等级”栏第1行“基础动物”改为“普通动物”；6.1.2.2中“基础级大动物”改为“普通级大动物”。

三、表3中项目栏第6行中“相通区域的最小静压差/Pa≤”和表4中第1行[包括表4(续)]中“相通区域的最小压差/Pa≤”改为“相通区域的最小静压差/Pa≥”。

ICS 35.040
A 24

中华人民共和国国家标准

GB/T 14945—2010
代替 GB/T 14945—1994

货物运输常用残损代码

General codes for broken & damaged cargo in transport

2010-12-01 发布

2011-05-01 实施

中华人民共和国国家质量监督检验检疫总局
中国国家标准化管理委员会 发布